Mathematik für Wirtschaftswissenschaftler

Band 2

Heinrich Rommelfanger

Mathematik für Wirtschaftswissenschaftler

Band 2

5. Auflage

Autor

Prof.Dr. Heinrich Rommelfanger
Universität Frankfurt
Fachbereich Wirtschaftswissenschaften
Institut für Statistik und Mathematik
Robert-Mayer-Str. 1
D-60054 Frankfurt

e-mail: rommelfanger@wiwi.uni-frankfurt.de

Bibliografische Information der Deutschen Nationalbibliothek
Die Deutsche Nationalbibliothek verzeichnet diese Publikation in der Deutschen Nationalbibliografie; detaillierte bibliografische Daten sind im Internet über http://dnb.d-nb.de abrufbar.

Springer ist ein Unternehmen von Springer Science+Business Media
springer.de

Nachdruck der 5. Auflage 2009

Spektrum Akademischer Verlag ist ein Imprint von Springer

09 10 11 12 13 5 4 3

Planung und Lektorat: Dr. Andreas Rüdinger, Bianca Alton
Umschlaggestaltung: SpieszDesign, Neu–Ulm

Additional material to this book can be downloaded from http://extras.springer.com

ISBN 978-3-8274-1191-4

Vorwort zur fünften Auflage

Erfreulicherweise ist schon wieder eine neue Auflage dieses Lehrbuches notwendig. Gute Erfahrungen aus dem Einsatz in Lehrveranstaltungen und das positive Echo von Studenten und Kollegen haben mich in dem Beschluß gestärkt, auf eine größere Überarbeitung des Inhaltes zu verzichten und im wesentlichen nur Druckfehler zu korrigieren und das Erscheinungsbild zu verbessern. Der Dank gilt daher allen Personen, vor allem den vielen ungenannt bleibenden Studenten, die Hinweise auf mögliche Korrekturen gaben.
Danken möchte ich aber vor allem meinen MitarbeiterInnen, die mich bei der Erstellung der neuen Druckvorlage unterstützt haben. Zu Dank verpflichtet bin ich Frau Jutta Preußler, Frau Dr. Susanne Eickemeier, Frau Ingrid Hellebrandt und Herrn Dipl. Kfm. Jochen Flach.

Frankfurt, den 29. September 2001 Heinrich Rommelfanger

Vorwort zur vierten Auflage

Nachdem in den bisherigen Neuauflagen lediglich Druckfehler korrigiert wurden, war ein wesentliches Ziel der vierten Auflage die Verbesserung des äußeren Erscheinungsbildes. Das mit Schreibmaschine geschriebene Manuskript genügte nicht mehr den in den letzten Jahren stark gestiegenen Ansprüchen an das Druckbild. Mit dem Textverarbeitungssystem WINWORD 7.0 wurde daher eine völlig neue Druckvorlage erarbeitet. Dagegen wurde die Konzeption dieses Werkes nicht geändert, da sie sich in Lehrveranstaltungen an mehreren Universitäten bewährt hat. Die Neugestaltung ermöglichte aber eine Vielzahl kleinerer Überarbeitungen und Ergänzungen des Textes.

Die Erstellung eines druckreifen Manuskripts war nur dank der tatkräftigen Unterstützung meiner Mitarbeiter realisierbar. Herr cand. rer. pol. Christian Gibitz hat den mit vielen mathematischen Formeln gespickten Text neu geschrieben. Die redaktionelle Feinarbeit übernahmen Frau Dr. Susanne Eickemeier, Frau Dipl. Math. Dagmar Neubauer und Herr Dipl. Kfm. Jochen Flach. Die Zeichnungen wurden von Herrn Dipl. Kfm. Michael Schüpke mit COREL DRAW 4.0 neu gestaltet. Alle Mitarbeiter haben sich am Korrekturlesen beteiligt. Mein Dank geht darüber hinaus an Frau Prof. Dr. Doris Planer und Herrn Dipl. Kfm. Peter Rausch, die das neu geschriebene Manuskript akribisch gelesen und weitere Verbesserungsvorschläge eingebracht haben.

Danken möchte ich auch dem Spektrum Verlag, insbesondere Herrn Dr. Georg Botz, für die Unterstützung bei der formalen Gestaltung der Druckvorlage.

Frankfurt am Main, den 27. November 1996 Heinrich Rommelfanger

Vorwort zur ersten Auflage

Während im Buch „Mathematik I für Wirtschaftswissenschaftler" überwiegend Gebiete behandelt werden, die traditionsgemäß zum Lehrstoff höherer Schulen gehören, steht im Mittelpunkt des Bandes II die lineare Algebra, die erst in den letzten Jahren und auch nur in geringem Umfang Eingang in die Lehrpläne der gymnasialen Oberstufe gefunden hat. Im Gegensatz dazu werden in der wirtschaftlichen Praxis Methoden der linearen Wirtschaftsalgebra in großem Ausmaß zur Lösung von Entscheidungsproblemen herangezogen. Es ist daher für Studenten der Wirtschaftswissenschaften unerläßlich, sich mit den Grundbegriffen der linearen Algebra und mit Standardverfahren zur Lösung linearer Systeme zu beschäftigen.

Aus didaktischen Gründen werden in diesem Buch zunächst lineare Gleichungs- und lineare Optimierungssysteme behandelt, geeignete Lösungsalgorithmen entwickelt und in Form von Ablaufplänen strukturiert. Erst anschließend wird dann die Vektoren-, Matrizen- und Determinantentheorie dargestellt. Da sich viele Fragestellungen der linearen Algebra auf lineare Gleichungssysteme zurückführen lassen, hat diese Vorgehensweise den Vorteil, daß abstrakte Probleme mit einer schon vertrauten Rechentechnik gelöst werden können.

Im letzten Kapitel dieses Buches werden relative Extrema von Funktionen mehrerer unabhängiger Variablen mit und ohne Nebenbedingung(en) behandelt. Dieses Teilgebiet der Analysis gehört zwar vom Inhalt her zu Band I, aber erst die Kenntnis der Matrizen- und Determinantentheorie ermöglicht eine einfache Formulierung von hinreichenden Bedingungen, mit denen auch Nichtmathematiker problemlos arbeiten können.

Zahlreiche Beispiele, darunter viele ökonomische Anwendungsfälle, erleichtern das Verständnis und machen den Leser mit den Rechentechniken vertraut. Zur Überprüfung des Wissensstandes werden in jedem Kapitel Kontrollaufgaben gestellt, deren Lösungen am Ende des Buches angegeben sind.

Das vorliegende Lehrbuch basiert auf langjährigen Erfahrungen mit einer gleichnamigen Vorlesung an den Universitäten in Saarbrücken und Frankfurt am Main. Auf Grund von Diskussionen mit wissenschaftlichen Mitarbeitern, Tutoren und Studenten wurde das Vorlesungsskript mehrfach überarbeitet und didaktisch neu gestaltet.

Mein Dank gilt allen, die zur Verbesserung des Manuskriptes beigetragen haben, insbesondere den Personen, die mir bei der Erstellung der nun vorliegenden Fassung geholfen haben: Frau Marie Luise Kramer hat mit großer Geduld und Sorgfalt das mit zahlreichen Formeln gespickte Manuskript in druckreife Form gebracht. Frau Dipl. Hdl. Ute Goedecke-Friedrich hat den Textentwurf kritisch gelesen, wertvolle Verbesserungsvorschläge eingebracht und das Register erstellt. Herr Dipl. Geogr. Vito Bilello hat den größten Teil der Tuschezeichnungen angefertigt. Die Herren Dipl. Kfm. Niels Paysen und Dipl. Kfm. Thomas Bagus haben sich am Korrekturlesen beteiligt und dankenswerte Anregungen gegeben.

Frankfurt am Main, den 12.12.1988 Heinrich Rommelfanger

Inhaltsverzeichnis

Verzeichnis wichtiger Symbole

Die Symbole sind in der Reihenfolge ihres ersten Auftretens verzeichnet. Die Zahlenangaben beziehen sich auf die Seiten, auf denen die Symbole das erste Mal auftreten.

$\mathbf{R}$ Menge der reellen Zahlen 16

$\mathbf{R}_0$ Menge der nichtnegativen reellen Zahlen 3

$\mathbf{R}^n$ n-te cartes. Potenz von $\mathbf{R}$ 12

$y \in \mathbf{R}_0$ y ist Element von $\mathbf{R}_0$ 3

$\leqq, \leq$ kleiner gleich 7

$\leq$ semikleiner gleich 126

$\geqq, \geq$ größer gleich 7

$\geq$ semigrößer gleich 126

$s \neq 0$ s ist ungleich 0 23

$:=$ Definitionsgleichheitszeichen 27

$\forall$ für alle 33

$\Leftrightarrow$ ist äquivalent 33

$\Rightarrow$ Aus ... folgt ... 34

$\boldsymbol{a} = \begin{pmatrix} a_1 \\ a_2 \\ \vdots \\ a_n \end{pmatrix}$ Spaltenvektor 101, 105

$\mathbf{0}$ Nullvektor 100

$\boldsymbol{a}' = (a_1, a_2 \ldots a_n)$ Zeilenvektor 101

$\| \boldsymbol{a} \|$ Norm von $\boldsymbol{a}$ 103

$\boldsymbol{e}_i$ Einheitstupel 104

$[\boldsymbol{a}_1, \boldsymbol{a}_2 \ldots \boldsymbol{a}_n]$ von den Vektoren $\boldsymbol{a}_1, \boldsymbol{a}_2, \ldots \boldsymbol{a}_n$ erzeugter Raum 114

$\mathbf{A} = \begin{pmatrix} a_{11} & \cdots & a_{1n} \\ \vdots & & \\ a_{m1} & \cdots & a_{mn} \end{pmatrix} = (a_{ij})$ $n \times m$-Matrix mit den Elementen a_{ij} 122

$\mathbf{E}_n$ n-reihige Einheitsmatrix 124

$\mathbf{A}^{\mathrm{T}} = \mathbf{A}'$ transponierte Matrix zu $\mathbf{A}$ 128

$\mathbf{A}^n$ n-te Potenz der Matrix $\mathbf{A}$ 138

$r(\mathbf{A})$ Rang der Matrix $\mathbf{A}$ 147

$\mathbf{A}^{-1}$ Inverse Matrix 151

$\det \mathbf{A} = |\mathbf{A}| = \begin{vmatrix} a_{11} & \cdots & a_{1n} \\ \vdots & & \\ a_{n1} & \cdots & a_{nn} \end{vmatrix}$ Determinante zur $n \times n$ -Matrix $\mathbf{A}$ 176

$\mathbf{A}_{ij}$ Unterdeterminante von $\mathbf{A}$ zum Element a_{ij} 181

A_{ij} Kofaktor von $a_{ij} \in \mathbf{A}$ 183

$\mathbf{A}_{ad}$ Adjungierte zu $\mathbf{A}$ 186

$\mathrm{Q}(\mathbf{x})$ quadratische Form 196

$f_x = \frac{\partial f}{\partial x}$ partielle Ableitung von f nach x 208

$\mathbf{grad}\, f$ Gradient von f 208

$\mathbf{F}(\bar{\mathbf{x}})$ HESSEsche Matrix von f in $\bar{\mathbf{x}}$ 210

(3.8) Numerierung von Gleichungen bzw. Restriktionensystemen, hier: Gleichung mit der Nummer 8 im 3. Kapitel

< 2.5 > Numerierung der Beispiele, hier: Beispiel mit der Nr. 5 im 2. Kapitel

♦ Ende des Beispiels

Einleitung

Die Komplexität ökonomischer Zusammenhänge erlaubt es im allgemeinen nicht, die Gesamtheit aller Einflußfaktoren und deren Interdependenzen zu überschauen oder auch nur die optimale Handlungsalternative unmittelbar zu erkennen. Es ist deshalb notwendig, die Realität in einem gedanklichen Abbild zu erfassen, auch wenn dieses lediglich die subjektive Sicht des Betrachters wiedergeben kann.

Bedingt durch die persönlichen Interessen und die beschränkten Informationsverarbeitungsmöglichkeiten eines Menschen wird dabei das Abbild so vereinfacht, daß nur die im Hinblick auf die zu behandelnde Fragestellung wesentlichen ökonomischen Größen und deren Verflechtungen berücksichtigt werden. Dies geschieht durch Weglassen von Objekten, Vernachlässigen von Eigenschaften der betrachteten Größen und Aussparen von Beziehungen zwischen den Objekten. Einen solchen Vereinfachungsprozeß nennt man *Abstraktion.*

Bezeichnen wir die gedankliche Zusammenfassung einer Menge von Objekten, deren Eigenschaften und deren Beziehungen als ein *System*, so wollen wir nach [JAEGER, WÄSCHER 1987, S. 10] "unter einem *Modell* ein System verstehen, das *zu einem fachspezifischen Zweck* mit Hilfe von Abstraktionsprozessen aus einer tatsächlichen oder auch nur gedachten realen, möglicherweise noch unstrukturierten Situation gewonnen wurde".

Ein schwieriges Problem jeder Modellbildung ist die Festlegung des Ausmaßes der Vereinfachung. Einerseits möchte man ein möglichst wirklichkeitsgetreues Abbild der Realität erhalten, andererseits müssen die dazu benötigten Daten bestimmt und gegebenenfalls eine Modellösung ermittelt werden können.

Üblicherweise geht man so vor, daß man zunächst ein *Realmodell* konstruiert als ein empirisch überprüftes System von Hypothesen über das Realproblem. In einem zweiten Abstraktionsschritt wird dann das Realmodell weiter vereinfacht zu einem *Formalmodell*, vgl. Abbildung 0.1 auf Seite 2.

Das Problem ist nun in der präzisen Sprache der Mathematik formuliert, und man versucht, durch Anwendung geeigneter mathematischer Methoden eine Lösung zu ermitteln. Die im Formalmodell gefundene Lösung ist zunächst am Realmodell zu überprüfen, bevor sie in bezug auf das Realproblem interpretiert und ausgeführt wird.

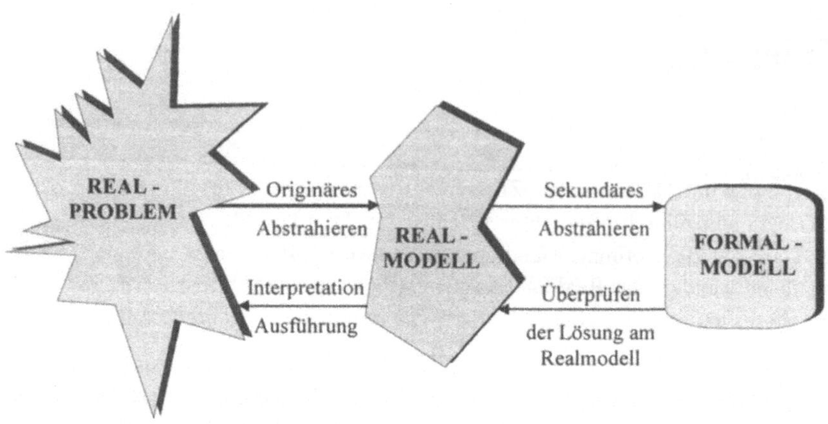

Abb. 0.1: Modellbildungsprozeß

In vielen Anwendungsfällen werden die beiden Abstraktionsstufen gleichzeitig durchgeführt und somit direkt ein Formalmodell des Realproblems formuliert. Dies birgt allerdings die Gefahr, daß man sich voreilig auf ein Modellkonzept festlegt, in das dann das Realproblem durch "Vereinfachung" gezwängt werden muß.

In diesem Buch sollen aber weder die Konstruktion noch die Analyse von Modellen behandelt werden. Dazu fehlt dem angesprochenen Leserkreis, Studenten des 2. Fachsemesters in Wirtschaftswissenschaften, zumeist die erforderliche, nicht unerhebliche Sachkenntnis auf dem entsprechenden ökonomischen Anwendungsgebiet. Wir wollen hier lediglich mathematische Grundkenntnisse vermitteln, die zur Formulierung und Lösung linearer Modelle benötigt werden. Lineare Modelle stellen nicht nur die einfachsten Modelltypen dar, sie haben darüber hinaus den wesentlichen Vorzug, daß sie sich in der Praxis durchgesetzt haben und in vielfältiger Weise zur Anwendung gelangen.

Anhand des nachfolgenden detaillierten Beispiels aus der Produktionstheorie soll verdeutlicht werden, wie sich ökonomische Problemstellungen durch lineare Modelle beschreiben lassen. So wird sichtbar, daß sich Beschränkungen, denen die Produktionsvorgänge eines Unternehmens unterworfen sind, unter akzeptablen Annahmen durch lineare Gleichungen bzw. Ungleichungen ausdrücken lassen.

< **0.1** > Betrachten wir ein Unternehmen, das zur Herstellung eines Produktes 1 die Güter 2 und 3 als Inputs benötigt. Dieser Zusammenhang zwischen Herstellung und Verbrauch läßt sich vollständig durch ein Spaltentupel charakterisieren, wenn man die Mengenangaben eines hergestellten Produktes mit einem positiven Vorzeichen und die Mengenangaben eines verbrauchten Gutes (eines Rohstoffes oder eines

Zwischenproduktes) mit einem negativen Vorzeichen versieht, und es klar ist, welche Mengenangaben sich auf welches Gut beziehen.

Ein derart definiertes Spaltentupel wollen wir nach JAEGER und WENKE [1969, S. 32] *Aktivitätstupel* nennen[1], wobei das Wort *Aktivität* zum Ausdruck bringt, daß auf diese Weise eine Vielzahl von Vorgängen beschrieben werden kann, während mit dem Begriff *Tupel* in der Mathematik geordnete Größen bezeichnet werden, vgl. [ROMMELFANGER 1995, S. 101].

Benötigt man zur Herstellung von 1 (Netto-)Mengeneinheit (ME) des Produktes 1 als Input 1,5 ME des Gutes 2 und 0,5 ME des Gutes 3, so läßt sich dieser Prozeß durch das Aktivitätstupel

$$\begin{pmatrix} +1 \\ -1{,}5 \\ -0{,}5 \end{pmatrix} \begin{matrix} 1.\text{Gut} \\ 2.\text{Gut} \\ 3.\text{Gut} \end{matrix} \quad \text{charakterisieren.}$$

Nehmen wir nun an, daß dieser Produktionsprozeß nur in *konstanten Proportionen* durchgeführt werden kann, d. h. daß bei einer Erhöhung und Herabsetzung aller Einsätze (Inputs) um das y-fache, $y \in \mathbf{R}_0$, auch die Ausbringungen (Outputs) auf das y-fache wachsen oder abnehmen, dann kann dieser Produktionsprozeß durch jedes Aktivitätstupel

$$\begin{pmatrix} +1y \\ -1{,}5y \\ -0{,}5y \end{pmatrix} \text{ charakterisiert werden.}$$

Stellt eines dieser Tupel die in irgendeinem Sinne *normale Produktion(-sleistung)* dar, z. B. Output pro Maschine und pro Stunde, so gibt das x-fache dieses Tupels an, daß das x-fache der normalen Produktion erbracht wurde. Wird die normale Produktionsleistung durch das Tupel $\begin{pmatrix} +2 \\ -3 \\ -1 \end{pmatrix}$ beschrieben, so gibt das Tupel $\begin{pmatrix} +10 \\ -15 \\ -5 \end{pmatrix}$ an, daß die Produktion um das 5-fache gesteigert wurde. Die Größe $x \in \mathbf{R}_0$ wird dabei als *Aktivitätsgrad* oder *Intensität* dieses Produktionsprozesses bezeichnet.

---

[1] Dieses Beispiel und das Kapitel *1. Lineare Restriktionensysteme* ist stark beeinflußt durch die Arbeit von Arno JAEGER und Klaus WENKE: Lineare Wirtschaftsalgebra, Stuttgart 1969, S. 32-74. Das von diesen Autoren entwickelte Konzept halte ich, insbesondere vom didaktischen Standpunkt aus gesehen, für äußerst gelungen. Deshalb werden auch die von JAEGER und WENKE geprägten Begriffe wie *entschlüsseltes Gleichungssystem, Schlüsselvariable, Schlüssel* udgl. in diesem Buch eingeführt.

Nehmen wir nun weiter an, daß in diesem Unternehmen noch weitere Produktionsprozesse durchgeführt werden, die bei normaler Produktionsleistung charakterisiert werden durch die Tupel

$$\begin{pmatrix} +8 \\ 0 \\ -10 \\ +3 \\ -4 \end{pmatrix} \quad \text{und} \quad \begin{pmatrix} -8 \\ -1 \\ 0 \\ +1 \\ +10 \end{pmatrix} \begin{matrix} \text{1.Gut} \\ \text{2.Gut} \\ \text{3.Gut} \\ \text{4.Gut} \\ \text{5.Gut} \end{matrix}$$

2. Aktivität 3. Aktivität

Auch bei diesen beiden Produktionsprozessen soll die Eigenschaft der Proportionalität gelten. Da jeweils zwei Güter hergestellt werden, liegt *Kuppelproduktion* vor.

Die Gesamtproduktion dieses Unternehmens kann dann durch die *Aktivitätstabelle* oder *Aktivitätsmatrix* charakterisiert werden, die in Tabelle 0.1 dargestellt ist.

Tab. 0.1: Aktivitätsmatrix

	Aktivität 1	Aktivität 2	Aktivität 3
Gut 1	+2	+8	-8
Gut 2	-3	0	-1
Gut 3	-1	-10	0
Gut 4	0	+3	+1
Gut 5	0	-4	+10

Tab.0.2: Aktivitätsmatrix

	Aktivität 1	Aktivität 2	Aktivität 3
Gut 1	a_{11}	a_{12}	a_{13}
Gut 2	a_{21}	a_{22}	a_{23}
Gut 3	a_{31}	a_{32}	a_{33}
Gut 4	a_{41}	a_{42}	a_{43}
Gut 5	a_{51}	a_{52}	a_{53}

In der Aktivitätstabelle 0.1 sind die Aktivitätstupel in **der** Reihenfolge aufgeführt, die der Numerierung der Aktivitäten entspricht. Bei der allgemeinen Darstellung von Aktivitätsmatrizen kann die Numerierung der Güter und Aktivitäten zur Kennzeichnung der Input- bzw. Outputgrößen benutzt werden, wie dies in der Tabelle 0.2 deutlich wird. Der 1. Index gibt dabei die Zeilennummer an, während der 2. Index der Spaltennummer entspricht.

Betreibt man alle drei Aktivitäten mit normaler Produktionsleistung, so werden vom Produkt 1 in den Aktivitäten 1 und 2 genau 2 ME bzw. 8 ME hergestellt, während in der Aktivität 3 gerade 8 ME verbraucht werden. Auch dies läßt sich durch ein Tupel, und zwar das Zeilentupel $(+2, +8, -8)$, charakterisieren.

Wir wollen nun zusätzlich annehmen, daß das durch komponentenweise Addition der Aktivitätstupel gebildete Tupel die Gesamtaktivität des Unternehmens beschreibt. Ökonomisch bedeutet dies, daß - bei gegebenen Aktivitätsgraden - der

Gesamt-Output und der Gesamt-Input unabhängig davon sind, ob die einzelnen Produktionsprozesse gleichzeitig oder nacheinander durchgeführt werden. Diese Eigenschaften wollen wir als *Additivität* bezeichnen. Auch wenn die Aktivitäten in diesem Sinne unabhängig voneinander ausgeführt werden können, wird damit nicht ausgeschlossen, daß sie aus wirtschaftlichen Gründen aufeinander abgestimmt werden können, vgl. dazu die nachfolgenden Seiten 6 bis 10.

Erfüllen die Produktionsprozesse eines Unternehmens sowohl die Eigenschaft der konstanten Proportionen als auch die der Additivität, so wollen wir sagen, sie erfüllen die Eigenschaft der *Linearität.* Diese Bezeichnung läßt sich damit begründen, daß die geforderten Eigenschaften zur Formulierung von Restriktionen führen, in denen die unbekannten Aktivitätsgrade nur in 1. Potenz vorkommen.

Wird die Aktivität i mit der Intensität x_i, $i = 1, 2, 3$, betrieben, so ergibt sich die Aktivitätstabelle 0.3, die wir zur Verringerung des Schreibaufwandes auch schreiben wollen in Form der Tabelle 0.3a.

Tab. 0.3: Aktivitätstabelle mit den Aktivitätsgraden x_i

	Aktivität 1	Aktivität 2	Aktivität 3
Gut 1	$+2x_1$	$+8x_2$	$-8x_3$
Gut 2	$-3x_1$	$0x_2$	$-1x_3$
Gut 3	$-x_1$	$-10x_2$	$0x_3$
Gut 4	$0x_1$	$+3x_2$	$+x_3$
Gut 5	$0x_1$	$-4x_2$	$+10x_3$

Tab. 0.3a: Aktivitätstabelle mit den Aktivitätsgraden x_i

	Aktivität 1	Aktivität 2	Aktivität 3
	x_1	x_2	x_3
Gut 1	+2	+8	-8
Gut 2	-3	0	-1
Gut 3	-1	-10	0
Gut 4	0	+3	+1
Gut 5	0	-4	+10

Die Darstellung in Tabelle 0.3a beinhaltet die Anweisung, die Elemente des i-ten Aktivitätsvektors mit dem darüberstehenden Aktivitätsgrad x_i, $i = 1, 2, 3$ zu multiplizieren.

Nehmen wir nun an, das Unternehmen solle einen Netto-Output von 8 ME des Produktes 1, 8 ME des Produktes 4 und 12 ME des Produktes 5 aufweisen. Da die Produkte 2 und 3 in diesem Unternehmen nicht hergestellt, sondern nur verbraucht werden, wollen wir sie vorübergehend nicht weiter berücksichtigen, vgl. aber Seite 8. Die Aufgabe der Fertigungsplanung besteht nun darin, die Aktivitätsgrade so zu wählen, daß dieser Output geliefert werden kann.

Stellt man nun mittels der Aktivitätstabelle 0.3 bzw. 0.3a für jedes Produkt die Mengenbilanz auf, indem man in der i-ten Zeile der Aktivitätstabelle die Mengeneinheiten des Produktes i, $i \in \{1, 4, 5\}$, addiert und gleich dem gewünschten Output setzt, so erhält man das folgende System mit 3 Gleichungen:

$$\begin{aligned} 2x_1 + 8x_2 - 8x_3 &= 8 \\ 0x_1 + 3x_2 + 1x_3 &= 8 \\ 0x_1 - 4x_2 + 10x_3 &= 12 \end{aligned} \tag{0.1}$$

Dieses Gleichungssystem können wir auch formal als Tabelle darstellen, indem wir die Aktivitätstabelle 0.3a um ein Tupel, das den gewünschten Output angibt, erweitern. Stehen in der Spalte "Beziehung" nur Gleichheitszeichen, so kann zur Abkürzung der Schreibweise diese Spalte weggelassen werden.

Tab. 0.4: Variable Aktivitäten und gewünschter Output

	Aktivität 1	Aktivität 2	Aktivität 3		
	x_1	x_2	x_3		gewünschter Output
Produkt 1	+2	+8	-8	=	8
Produkt 4	0	+3	+1	=	8
Produkt 5	0	-4	+10	=	12

Tab. 0.4a

	gewünschter Output
≥	6
≥	1
≥	12

Die Aufgabe der Fertigungsplanung läßt sich mathematisch nun so formulieren: Bestimmen Sie ein Tupel nichtnegativer Zahlen (x_1, x_2, x_3), das gleichzeitig allen Gleichungen des Systems (0.1) genügt. Wie man leicht durch Einsetzen überprüfen kann, ist $(x_1, x_2, x_3) = (4, 2, 2)$ eine Lösung dieses Gleichungssystems. Wir werden später in Beispiel < 1.15 > zeigen, daß dies auch die einzige Lösung des Systems (0.1) ist.

Es kann nun - besonders beim Vorliegen von Kuppelprodukten - i. allg. nicht erwartet werden, daß es für jede Wahl eines gewünschten Output-Tupels möglich ist, nichtnegative reelle Zahlen zu finden, die das dann vorliegende Gleichungssystem lösen.

Als Beispiel betrachten wir den gewünschten Output in Tabelle 0.4a. Dieser Bedarf kann mit den drei gegebenen Produktionsprozessen nicht **genau** hergestellt werden, da zur Produktion von 12 ME des Gutes 5, der Aktivitätsgrad x_3 größer oder gleich 1,2 zu wählen ist. Dann wird aber von Produkt 4 auf jeden Fall zu viel hergestellt. Aus diesem Grund darf man die Mengenbilanz für die einzelnen Produkte nicht unbedingt als Gleichungen schreiben, sondern wird sie i. allg. in Form von Ungleichungen formulieren.

Es kann auch sein, daß die zur Produktion benötigten Inputs nicht in unbegrenztem Umfang zur Verfügung stehen, sei es, daß ein Rohstoff knapp ist, sei es, daß ein benötigtes Zwischenprodukt durch Kapazitätsbeschränkungen der Herstellerfirma nur in beschränktem Umfang erhältlich ist.

Nehmen wir nun an, daß nur 50 ME des Gutes 2 und 100 ME des Gutes 3 zur Verfügung stehen, so läßt sich dies durch die Bilanzgleichungen (0.2) ausdrücken.

$$\begin{aligned} +3x_1 \qquad\quad + x_3 &\leq 50 \\ + x_1 + 10x_2 \qquad\quad &\leq 100 \end{aligned} \tag{0.2}$$

Mit diesen Bilanzgleichungen und den vorstehend schon erwähnten Nichtnegativitätsbedingungen läßt sich die Tabelle 0.4a erweitern zur Tabelle 0.5. Dabei werden, weil es sich bei den modellierten Aktivitäten um Verbrauch handelt, die Bilanzgleichungen (0.2) zuvor mit (-1) multipliziert:

$$\begin{aligned} -3x_1 \qquad\quad - x_3 &\geq -50 \\ - x_1 - 10x_2 \qquad\quad &\geq -100. \end{aligned}$$

Weitere Restriktionsungleichungen können sich dadurch ergeben, daß ein Aktivitätsgrad x_i, $i \in \{1, 2, 3\}$ aus technischen oder ökonomischen Gründen oberen oder unteren Schranken unterworfen ist. Die Aktivitätsgrade können auch dadurch beschränkt sein, daß verschiedene Produktionsprozesse auf denselben Produktionsanlagen durchgeführt werden müssen. In der Tabelle 0.5 sind auch Beschränkungen dieser Art dargestellt.

Die Aufgabe der Fertigungsplanung besteht nun darin, ein Tupel $(x_1, x_2, x_3) \in \mathbf{R}_0^3$, zu finden, das sämtlichen in der Tabelle 0.5 aufgeführten Restriktionen genügt.

Dabei können die folgenden drei Fälle auftreten:

i. Es existiert **kein** derartiges Zahlentupel, d. h., der gewünschte Bedarf kann nicht erzeugt werden.

ii. Es existiert **genau eine** Lösung; dann ist die Aufgabe gelöst.

iii. **Mehrere** Zahlentupel erfüllen alle Restriktionen. In diesem Fall, der bei Vorliegen von Restriktionsungleichung die Regel ist, wird man dann aus der Menge der Lösungstupel eines auswählen, das eine weitere wünschenwerte Eigenschaft aufweist.

Tab 0.5: Variable Aktivitäten, Bedarf bzw. Höchstgrenzen, Nichtnegativität und Schranken für die Aktivitätsgrade.

	Aktivität 1	Aktivität 2	Aktivität 3		
	x_1	x_2	x_3		Bedarf bzw. Höchstgrenze
Produkt 1	+2	+8	-8	$\geq$	6
Produkt 2	-3	0	-1	$\geq$	-50
Produkt 3	-1	-10	0	$\geq$	-100
Produkt 4	0	+3	+1	$\geq$	1
Produkt 5	0	-4	+10	$\geq$	12
Nichtnegativität von x_1	+1			$\geq$	0
Nichtnegativität von x_2		+1		$\geq$	0
Nichtnegativität von x_3			+1	$\geq$	0
untere Schranke für x_1	+1			$\geq$	0,5
obere Schranke für x_1	+1			$\leq$	20
obere Schranke für x_3			+1	$\leq$	15
Schranke für wahlweise Benutzung		+1	+1	$\leq$	20

In dem vorliegenden Produktionsmodell könnte man z. B. als weiteres Auswahlkriterium fordern, daß der gewünschte Output mit dem geringsten Kostenaufwand zu realisieren ist.

Lassen wir fixe Kosten unberücksichtigt, und nehmen wir an, daß die Kosten proportional dem Aktivitätsgrad steigen und bei "normaler" Produktionsleistung 300 DM für die Aktivität 1, 100 DM für die Aktivität 2, 200 DM für die Aktivität 3 betragen, so ist die Funktion der variablen Kosten

$K_v(x_1,x_2,x_3) = 300x_1 + 100x_2 + 200x_3$ eine lineare Funktion.

Für unser Beispiel existieren, wie man leicht nachprüfen kann, unter anderem die beiden folgenden Lösungen:

Plan*: $(x_1^*, x_2^*, x_3^*) = (8; 0; 1{,}2)$

Er führt dazu, daß 6,4 ME des Produktes Produktes 1, 1,2 ME des Produktes 4 und 12 ME des Produktes 5 hergestellt werden.

Plan**: $(x_1^{**}, x_2^{**}, x_3^{**}) = (3, 2, 2)$

Er hat zur Folge, daß 6 ME des Produktes 1, 8 ME des Produktes 4 und 12 ME des Produktes 5 produziert werden.

Da $K_v(x_1^*, x_2^*, x_3^*) = 8 \cdot 300 + 1{,}2 \cdot 200 = 2.640$ [DM] und

$K_v(x_1^{**}, x_2^{**}, x_3^{**}) = 3 \cdot 300 + 2 \cdot 100 + 2 \cdot 200 = 1500$ [DM]

wird nach dem Kostenkriterium der Plan** dem Plan* vorgezogen.

Aber auch der Plan** ist unter den gegebenen Bedingungen nicht die kostengünstigste Lösung, da z. B. der

Plan***: $(x_1^{***}, x_2^{***}, x_3^{***}) = (0{,}5; 3{,}0417; 2{,}4167)$,

gemäß dem 6 ME des Produktes 1, 11,5408 ME des Produktes 4 und 12,002 ME des Produktes 5 herzustellen sind, ebenfalls allen Restriktionen genügt, aber nur zu Produktionskosten in Höhe von 937,50 [DM] führt. ♦

Das vorstehende Beispiel verdeutlicht, daß die Bestimmung einer zielminimierenden bzw. einer zielmaximierenden Lösung für Unternehmen von großer Bedeutung sein kann. Wir werden dieses wichtige ökonomische Problem im 2. Kapitel dieses Buches näher untersuchen. Mit dem dort beschriebenen Lösungsalgorithmus läßt sich dann auch nachprüfen, daß der Plan*** eine kostenminimale Lösung des Produktionsproblems im Beispiel < 0.1 > ist.

In vielen Büchern über lineare Algebra für Ökonomen werden, wie dies auch in den Lehrbüchern für Mathematiker und Naturwissenschaftler üblich ist, zunächst die Vektoren- und die Matrizentheorie dargestellt und dann anschließend lineare Gleichungssysteme als wichtiger Anwendungsfall dieser mathematischen Konzepte behandelt. Da aber für Wirtschaftswissenschaftler lineare Systeme im Mittelpunkt des Interesses stehen und geeignete Lösungsalgorithmen auch ohne Kenntnis der Matrizenrechnung entwickelt werden können, wollen wir in diesem Buch aus didaktischen Gründen zunächst lineare Restriktionensysteme und lineare Optimierungsmodelle untersuchen. Darüber hinaus lassen sich viele Probleme der Vektoren- und Matrizenrechnung als lineare Gleichungssysteme formulieren und interpretieren. Diese Vorgehensweise hat daher den Vorzug, daß der Leser mit einer ihm schon vertrauten Rechentechnik arbeiten kann.

Im Kapitel *1 Lineare Restriktionensysteme* untersuchen wir zunächst lineare Gleichungssysteme und entwickeln in anschaulicher Weise den GAUSS*schen Algorithmus*. Dieses einfache Lösungsverfahren dient auch zur Bestimmung der Lösung allgemeiner linearer Restriktionensysteme, da Ungleichungen durch die Einführung von Schlupfvariablen in Gleichungen überführt werden können.

Darüber hinaus bildet der Gaußsche Algorithmus auch die Grundlage der *Simplex-Methode*, des wohl bekanntesten Verfahrens zur Lösung linearer Optimierungsmodelle. Die Darstellung und Analyse dieses Lösungsverfahrens bildet den Kern des Kapitels *2 Lineare Optimierungssysteme*. Auf die Darstellung weiterer Lösungsalgorithmen und der mathematischen Theorie der linearen Programmierung wollen wir in diesem Einführungsbuch verzichten und verweisen auf die reichhaltige Literatur zur mathematischen Optimierung, vgl. z. B. [GASS 1985; KISTNER 1988; NEUMANN 1975; SWANSON 1980].

In Kapitel *3 Vektoren* werden wir zunächst den Vektorbegriff allgemein definieren und dann zeigen, daß die Tupel reeller Zahlen und die in der Physik gebräuchlichen Ortsvektoren die geforderten Eigenschaften aufweisen. Im Mittelpunkt der Untersuchung steht dabei der Begriff der linearen Unabhängigkeit von Vektoren und der darauf basierende Begriff der Basis eines Vektorraumes.

Das Kapitel *4 Matrizen* beinhaltet neben Matrizenoperationen, inversen Matrizen udgl., auch allgemeine Aussagen über die Existenz und die Eindeutigkeit der Lösung linearer Gleichungssysteme.

Die in Kapitel 5 behandelten *Determinanten* sind leicht handhabbare mathematische Hilfsmittel, um Eigenschaften quadratischer Matrizen festzustellen.

Bei der Untersuchung von *Funktionen mehrerer Variablen auf relative Extrema* haben wir im Buch "Mathematik I für Wirtschaftswissenschaftler", vgl. [ROMMELFANGER 1995, S. 270-285], zwar notwendige Bedingungen formuliert, die Existenz hinreichender Bedingungen aber offen gelassen. Diese wollen wir in Kapitel 7 für Funktionen mit m unabhängigen Variablen, $m \geq 2$, diskutieren. Eine wesentliche Rolle spielen dabei Aussagen über die Definitheit der Matrix der partiellen Ableitung 2. Ordnung. Wir werden daher zunächst in Kapitel 6 darlegen, was unter der Definitheit *quadratischer Formen* zu verstehen ist und wie diese bestimmt werden kann.

1. Lineare Restriktionensysteme

1.1 Grundbegriffe linearer Systeme

Wie das Einführungsbeispiel < 0.1 > gut veranschaulicht, treten bei der Behandlung wirtschaftswissenschaftlicher Probleme häufig Gleichungen oder Ungleichungen der Form

$$a_1x_1 + a_2x_2 + \cdots + a_nx_n \,\square\, b \tag{1.1}$$

als Restriktionen für die Variablen $x_1, x_2, \ldots, x_n$ auf. Dabei sind $a_1, a_2, \ldots, a_n$ und b konstante reelle Zahlen und das Quadrat $\square$ steht abkürzend für eine der drei Ordnungsrelationen "=", "≤" oder "≥" [2].

In der Literatur bezeichnet man eine Funktion mit der Gleichung

$$f(x_1, x_2, \ldots, x_n) = a_0 + a_1x_1 + a_2x_2 + \cdots + a_nx_n$$

als *lineares Polynom* in den Variablen $x_1, x_2, \ldots, x_n$. Speziell nennt man ein lineares Polynom *homogen,* wenn $a_0 = 0$ und *inhomogen,* wenn $a_0 \neq 0$ ist.

Eine Restriktion der Form (1.1), bei der auf der linken Seite der (Un-) Gleichung ein homogenes lineares Polynom und auf der rechten Seite eine konstante reelle Zahl b steht, wird daher als *lineare Restriktion* bezeichnet. Diese Bezeichnung wird auf alle Restriktionen erweitert, die nach geeigneter Umstellung auf die Form (1.1) gebracht werden können.

Weiterhin heißt eine lineare Gleichung

$$a_1x_1 + a_2x_2 + \cdots + a_nx_n = 0$$

deren *Inhomogenität* b gleich Null ist, *homogen.* Dagegen werden lineare Gleichungen mit einer Inhomogenität $b \neq 0$ als *inhomogen* bezeichnet.

Faßt man zwei oder mehrere lineare Restriktionen zu einem Ganzen zusammen, so spricht man von einem *System von linearen Restriktionen* oder kürzer von einem *linearen (Restriktionen-)System.* Wichtigster Spezialfall ist ein *System von linearen Gleichungen,* das auch als *lineares Gleichungsystem* bezeichnet wird.

---

[2] In praktischen Anwendungsfällen kann man die strikten Ungleichheitszeichen < und > vermeiden, denn eine strikte Ungleichung, $a_1x_1 + a_2x_2 + \cdots + a_nx_n < b$ ist fast gleichwertig mit $a_1x_1 + a_2x_2 + \cdots + a_nx_n \leq b - \varepsilon$, wenn man beachtet, daß die positive Zahl ε im Rahmen der Rechengenauigkeit beliebig klein gemacht werden kann.

Die allgemeine Form eines linearen Restriktionensystems ist somit

$$\begin{array}{ccccccccc} a_{11}x_1 & + & a_{12}x_2 & + & \cdots & + & a_{1n}x_n & \boxed{1} & b_1 \\ a_{21}x_1 & + & a_{22}x_2 & + & \cdots & + & a_{2n}x_n & \boxed{2} & b_2 \\ \vdots & & \vdots & & & & \vdots & & \vdots \\ a_{m1}x_1 & + & a_{m2}x_2 & + & \cdots & + & a_{mn}x_n & \boxed{m} & b_m \end{array} \tag{1.2}$$

wobei jedes der bezifferten Quadrate abkürzend für eine der Relationsbeziehungen "=", "≤" oder "≥" steht. In der allgemeinen Darstellung (1.2) sind dabei die Koeffizienten der Variablen durch ein Indexpaar (*i, j*) gekennzeichnet, wobei der 1. Index die Nummer der Restriktion und der 2. Index die Nummer der Variablen angibt.

Besteht ein lineares Gleichungssystem nur aus homogenen Gleichungen, d. h. gilt $b_i = 0$ für alle i = 1,...,m, so bezeichnet man es genauer als *homogenes lineares Gleichungssystem*. Ist wenigstens ein $b_i \neq 0$, so heißt das lineare Gleichungssystem *inhomogen*.

Unter einer *Lösung* oder besser einem *Lösungstupel* eines Restriktionensystems versteht man ein Tupel $(x_1^*, x_2^*, \ldots, x_n^*) \in \mathbf{R}^n$ mit der Eigenschaft:

Ersetzt man im System (1.2) die Variablen x_j durch die entsprechenden Werte $x_j^*, j = 1, \ldots, n$, d. h. x_1 durch x_1^*, x_2 durch $x_2^*, \ldots, x_n$ durch x_n^*, so sind sämtliche Restriktionen des Systems erfüllt.

1.2 Graphische Lösung eines linearen Gleichungssystems

Einfache Spezialfälle linearer Gleichungssysteme lassen sich graphisch lösen. Dies gilt vor allem für den Fall $n = 2$, da sich die Lösungsmenge $\{(x_1, x_2)\}$ jeder Gleichung $a_{i1}x_1 + a_{i2}x_2 = b_i$ als Gerade in einem $x_1 - x_2$-Koordinatensystem darstellen läßt.

< 1.1 >

a. Das Gleichungssystem

$$\begin{aligned} x_1 + x_2 &= 3 \\ 3x_1 - 2x_2 &= 4 \end{aligned}$$

hat die **eindeutige Lösung**

$(x_1^*, x_2^*) = (1, 2)$,

da die beiden Geraden genau einen Schnittpunkt haben.

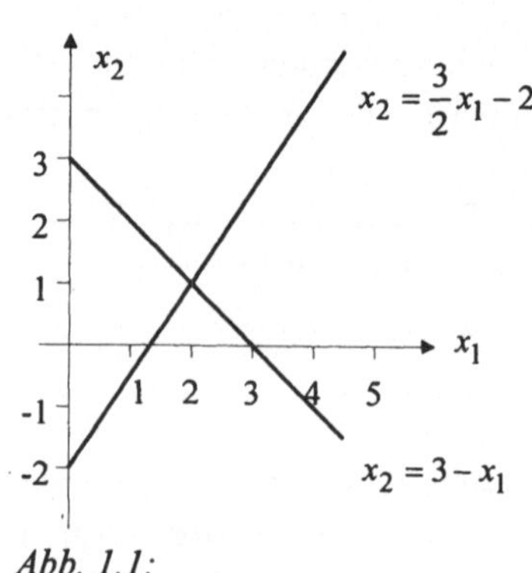

Abb. 1.1:

b. Das Gleichungssystem

$$x_1 + x_2 = 3$$
$$5x_1 + 5x_2 = 15$$

hat unendlich viele Lösungen, da beide Geraden zusammenfallen.

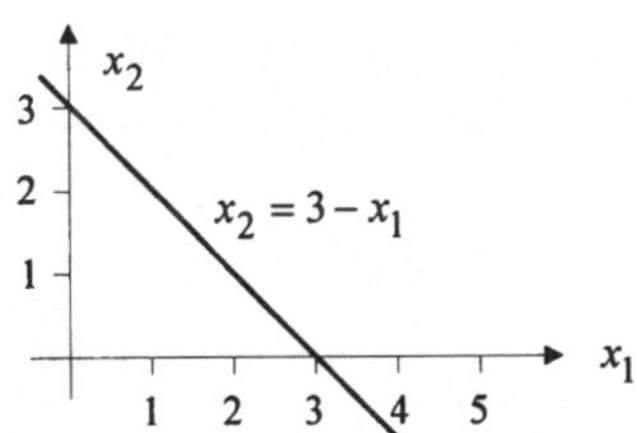

Abb. 1.2:

c. Das Gleichungssystem

$$x_1 + x_2 = 3$$
$$x_1 + x_2 = 4$$

hat **keine Lösung,** da die parallelen Geraden keinen Punkt gemeinsam haben.

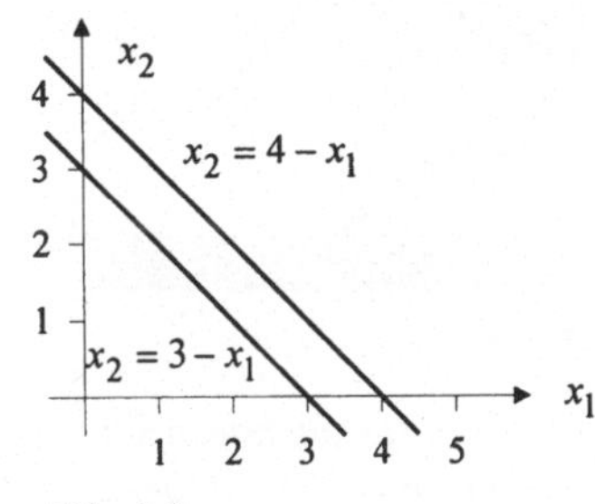

Abb. 1.3: ♦

Auch für drei Variable x_1, x_2 und x_3 läßt sich ein lineares Gleichungssystem geometrisch interpretieren. Die Lösung jeder Gleichung

$$a_{i1}x_1 + a_{i2}x_2 + a_{i3}x_3 = b_i$$

bildet eine Ebene in einem dreidimensionalen Koordinatensystem, und je nach Lage der Ebenen zueinander gibt es einen eindeutigen gemeinsamen Schnittpunkt, unendlich viele gemeinsame Schnittpunkte oder keinen gemeinsamen Schnittpunkt. Für drei Gleichungen und damit drei Ebenen können u. a. die folgenden Fälle auftreten:

Fall 1: Eindeutige Lösung

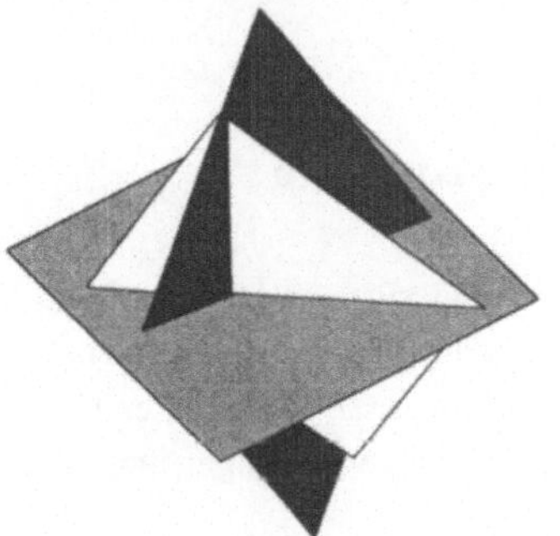

Abb. 1.4: Die drei Ebenen haben genau einen gemeinsamen Schnittpunk.t

Fall 2a: Lösbarkeit mit 1 Freiheitsgrad

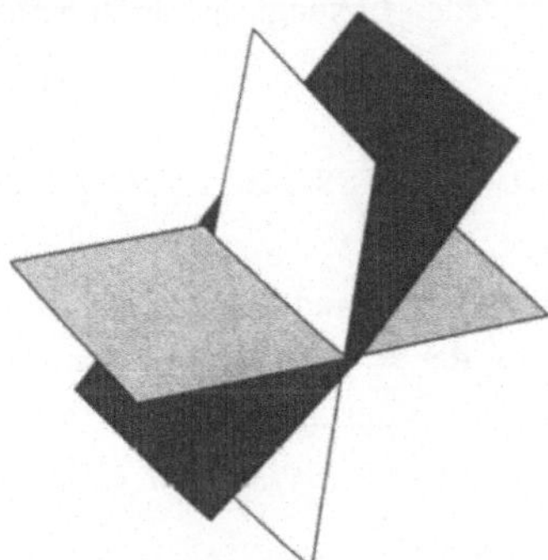

Abb. 1.5: Die drei Ebenen haben genau eine Schnittgerade gemeinsam.

Fall 2b: Lösbarkeit mit zwei Freiheitsgraden
Alle Ebenen fallen zusammen (ohne Abbildung)

Fall 3a: Keine Lösung

Abb.1.6: Die drei Ebenen haben keinen gemeinsamen Schnittpunkt.

Fall 3b: Keine Lösung

Abb.1.7: Die drei parallelen Ebenen haben keinen gemeinsamen Schnittpunkt.

Die vorstehende Beobachtung, daß ein lineares Gleichungssystem

1. eine eindeutige Lösung,
2. unendlich viele Lösungen,
3. keine Lösung

aufweisen kann, läßt sich auch auf Systeme mit mehr als drei Variablen übertragen. Da aber die menschliche Vorstellungswelt auf den dreidimensionalen Raum beschränkt ist, ist eine geometrische Veranschaulichung der Lösungsmengen nicht mehr möglich. Wir werden uns daher in den nachfolgenden Abschnitten mit einem rechnerischen Lösungsverfahren befassen.

1.3 Entschlüsselte Lineare Gleichungssysteme

Der Rechenaufwand beim Lösen linearer Gleichungssysteme hängt außerordentlich stark von der Anordnung und den numerischen Werten der von Null verschiedenen Koeffizienten der auftretenden Variablen ab. So kann man bei linearen Gleichungssystemen des nachfolgenden Typs sämtliche möglichen Lösungen unmittelbar ablesen.

$$\begin{array}{llllllllll} x_1 & & & + a_{1m+1}\cdot x_{m+1} & + a_{1m+2}\cdot x_{m+2} & + \cdots & + a_{1n}\cdot x_n & = b_1 \\ & x_2 & & + a_{2m+1}\cdot x_{m+1} & + a_{2m+2}\cdot x_{m+2} & + \cdots & + a_{2n}\cdot x_n & = b_2 \\ & & \ddots & \vdots & \vdots & & \vdots & \\ & & x_m & + a_{mm+1}\cdot x_{m+1} & + a_{mm+2}\cdot x_{m+2} & + \cdots & + a_{mn}\cdot x_n & = b_m \end{array} \tag{1.3}$$

Dieses System von m Gleichungen in n Variablen $(n \geq m)$ hat die vorteilhafte Eigenschaft, daß von den ersten m Variablen

die l. Variable nur in der l. Gleichung,
die 2. Variable nur in der 2. Gleichung,
⋮
die m-te Variable nur in der m-ten Gleichung auftritt,

während die restlichen Variablen in jeder Gleichung auftreten können.

Die Werte der ersten m Variablen $x_1,\ldots,x_m$ sind dann eindeutig festgelegt, sobald man den n-m restlichen Variablen $x_{m+1},\ldots,x_n$ irgendwelche reelle Zahlenwerte zuteilt, die wir der besseren Übersicht wegen mit $t_{m+1}, t_{m+2},\ldots,t_n$ bezeichnen wollen.

Betrachten wir zur Veranschaulichung des Lösungsganges das folgende Zahlenbeispiel:

< 1.2 >

$$\begin{array}{llllllll} x_1 & & & + 2x_4 & - 2x_5 & & = 2 \\ & x_2 & & + x_4 & + 3x_5 & - 5x_6 & = 6 \\ & & x_3 & + 3x_4 & - x_5 & - 7x_6 & = 3 \end{array} \tag{1.4}$$

Wir ordnen nun den Variablen x_4, x_5, x_6 die beliebig zu wählenden Zahlenwerte $t_4, t_5, t_6 \in \mathbf{R}$ zu,

d. h. $\begin{pmatrix} x_4 \\ x_5 \\ x_6 \end{pmatrix} = \begin{pmatrix} t_4 \\ t_5 \\ t_6 \end{pmatrix} \in \mathbf{R}^3$,

setzen diese Zahlen in das Gleichungssystem (1.4) ein und bringen dann alle Summanden, die keine Variable x_i enthalten, auf die rechte Seite:

$$\begin{pmatrix} x_1 \\ x_2 \\ x_3 \end{pmatrix} = \begin{pmatrix} 2 - 2t_4 + 2t_5 \\ 6 - t_4 - 3t_5 + 5t_6 \\ 3 - 3t_4 + t_5 + 7t_6 \end{pmatrix}$$

Durch Direktaddition[3] dieser beiden Spalten-Tupel erhält man dann die Lösung des linearen Gleichungssystems (1.4):

$$\begin{pmatrix} x_1 \\ x_2 \\ x_3 \\ x_4 \\ x_5 \\ x_6 \end{pmatrix} = \begin{pmatrix} 2 & - & 2t_4 & + & 2t_5 & & \\ 6 & - & t_4 & - & 3t_5 & + & 5t_6 \\ 3 & - & 3t_4 & + & t_5 & + & 7t_6 \\ & & t_4 & & & & \\ & & & & t_5 & & \\ & & & & & & t_6 \end{pmatrix}, \quad t_4, t_5, t_6 \in \mathbf{R}.$$

Für jede Wahl $(t_4, t_5, t_6) \in \mathbf{R}^3$ erhält man eine spezielle Lösung des Gleichungssystems (1.4), zum Beispiel

- für $t_4 = t_5 = t_6 = 0$ die Lösung $(x_1, x_2, x_3, x_4, x_5, x_6) = (2, 6, 3, 0, 0, 0)$,
- für $t_4 = t_5 = t_6 = 1$ die Lösung $(x_1, x_2, x_3, x_4, x_5, x_6) = (2, 7, 8, 1, 1, 1)$. ♦

Die Menge der durch die Gleichung (1.5) mit beliebigen Werten $t_4, t_5, t_6 \in \mathbf{R}$ charakterisierten Lösungstupel stellt die Gesamtheit aller Lösungen des Gleichungssystems (1.4) dar. Man bezeichnet daher das Lösungstupel in Gleichung (1.5) auch als die *allgemeine Lösung* dieses Gleichungssystems.

Jedes Gleichungssystem der Form (1.3) und jedes System, das sich durch Umnumerieren der Gleichungen und/oder der Variablen auf die Form (1.3) bringen läßt, wollen wir *entschlüsselt* nennen. Speziell heißt jedes System der Form (1.3) *natürlich entschlüsselt.*

< 1.3 > Auch das lineare Gleichungssystem

$$\begin{array}{rcrcrcrcrcrcl} 2x_1 & & & & & & & - & 2x_5 & + & x_6 & = & 2 \\ 3x_1 & & & + & x_3 & - & 7x_4 & - & x_5 & & & = & 3 \\ x_1 & + & x_2 & & & - & 5x_4 & + & 3x_5 & & & = & 6 \end{array} \qquad (1.6)$$

ist ein entschlüsseltes System. Es läßt sich in natürlich entschlüsselter Form schreiben, indem man die Numerierung der Variablen x_1 und x_6 vertauscht, dann die

---

[3] Als Direktaddition des Spalten-r-Tupels $\begin{pmatrix} c_1 \\ \vdots \\ c_r \end{pmatrix}$ mit dem Spalten-s-Tupel $\begin{pmatrix} d_1 \\ \vdots \\ d_s \end{pmatrix}$ bezeichnet man die Bildung des Spalten-$(r+s)$-Tupels $\begin{pmatrix} c_1 \\ \vdots \\ c_r \\ d_1 \\ \vdots \\ d_s \end{pmatrix}$.

natürliche Reihenfolge der Variablenanordnung wieder herstellt und zusätzlich die 2. mit der 3. Gleichung austauscht.

Aber auch für das Gleichungssystem in der vorgegebenen Form läßt sich sofort die allgemeine Lösung angeben. Setzen wir $x_1 = t_1,\ x_4 = t_4,\ x_5 = t_5$, so gilt

$$\begin{pmatrix} x_1 \\ x_2 \\ x_3 \\ x_4 \\ x_5 \\ x_6 \end{pmatrix} = \begin{pmatrix} & & t_1 & & & & \\ 6 & - & t_1 & + & 5t_4 & - & 3t_5 \\ 3 & - & 3t_1 & + & 7t_4 & + & t_5 \\ & & & & t_4 & & \\ & & & & & & t_5 \\ 2 & - & 2t_1 & & & + & 2t_5 \end{pmatrix}, \qquad t_1, t_4, t_5 \in \mathbf{R}.$$

♦

Verwendet man die im Einführungsbeispiel < 0.1 > benutzte tabellarische Darstellungsform für lineare Restriktionensysteme, so läßt sich das lineare Gleichungssystem (1.3) auch durch die nachfolgende Tabelle 1.1 vollständig beschreiben:

Tab. 1.1: Lineares Gleichungssystem

x_1	x_2	…	x_{m-1}	x_m	x_{m+1}	…	x_n	RS
1	0	…	0	0	a_{1m+1}	…	a_{1n}	b_1
0	1	…	0	0	a_{2m+1}	…	a_{2n}	b_2
⋮	⋮		⋮	⋮	⋮		⋮	⋮
0	0	…	1	0	$a_{m-1\ m+1}$	…	$a_{m-1\ n}$	b_{m-1}
0	0	…	0	1	$a_{m\ m+1}$	…	a_{mn}	b_m

In dieser Darstellungsform wird offensichtlich, daß ein lineares Gleichungssystem mit m Gleichungen genau dann entschlüsselt ist, wenn sich unter den Koeffizientenspalten *m verschiedene Einheitstupel* befinden, d. h. Spalten-m-Tupel, deren Koordinaten alle 0 sind bis auf eine, die gleich 1 ist. Bei einem natürlich entschlüsselten Gleichungssystem stehen die Einsen an den Positionen (1, 1), (2, 2),..., (m, m), wobei die 1. Komponente jeweils die Zeilennummer und die 2. Komponente die Spaltennummer angibt.

Jedes Indexpaar, welches die Position einer solchen **Eins** angibt, wollen wir einen *Schlüssel* (der betrachteten Entschlüsselung) nennen. Faßt man alle Schlüssel einer Entschlüsselung zusammen, so wollen wir von dem *Schlüsselbund* dieser Entschlüsselung sprechen.

Aus den vorstehenden Überlegungen folgt, daß in einem entschlüsselten Gleichungssystem die Anzahl der Schlüssel eines Schlüsselbundes gleich der Anzahl der Gleichungen des betreffenden Systems sein muß, und daß zwei verschiedene

Schlüssel weder den 1. noch den 2. Index gemeinsam haben dürfen. Ist (i, j) ein Schlüssel, so heißt die j-te Koeffizientenspalte eine *entschlüsselte Spalte*.
Kommt ein Einheitstupel unter den Koeffizientenspalten mehrfach vor, so darf es nur einmal berücksichtigt werden, wobei die Auswahl beliebig ist.

< **1.4** > Das Gleichungssystem

$$\begin{aligned} x_1 + x_3 + x_4 &= 2 \\ x_2 \quad &= 4 \\ x_5 &= 3 \end{aligned}$$

oder

x_1	x_2	x_3	x_4	x_5	RS
1	0	1	1	0	2
0	1	0	0	0	4
0	0	0	0	1	3

ist gleichzeitig nach drei Schlüsselbünden entschlüsselt, denn man kann den Schlüssel der 1. Zeile in die 1., die 3. oder die 4. Spalte setzen und erhält entsprechend

den Schlüsselbund (1, 1), (2, 2), (3, 5) oder

den Schlüsselbund (1, 3), (2, 2), (3, 5) oder

den Schlüsselbund (1, 4), (2, 2), (3, 5). ♦

Die Variablen, die zu den entschlüsselten Spalten eines Schlüsselbundes gehören, z. B. in (1.3) die ersten m Variablen, wollen wir *Schlüsselvariablen* oder *gebundene Variablen* nennen. Da die Entschlüsselung erlaubt, ihre Werte aus den frei wählbaren Werten der übrigen Variablen abzuleiten, die deshalb als *freie Variablen (bzgl. des vorliegenden Schlüsselbundes)* oder *Nichtschlüsselvariablen* bezeichnet werden.

Bemerkung:
In der Literatur werden entschlüsselte Gleichungssysteme zumeist als *kanonische Gleichungssysteme* oder als *Gleichungssysteme von kanonischer Form* bezeichnet. Wir halten aber das Wort *entschlüsselt* und das damit verbundene Bild eines *Schlüsselbundes mit Schlüsseln,* mit dem das Gleichungssystem geöffnet (gelöst) werden kann, für bedeutend aussagekräftiger als das in der mathematischen Literatur in vielen unterschiedlichen Bedeutungen benutzte Wort *kanonisch.*

Eine besonders einfache Lösung eines entschlüsselten Systems erhält man, wenn man sämtliche freien Variablen gleich Null setzt. Eine solche Lösung heißt die zu dem Schlüsselbund gehörende *Basislösung.* Die gebundenen Variablen eines Schlüsselbundes nennt man *Basisvariablen,* da höchstens diesen Variablen in der Basislösung von Null verschiedene Werte zugeordnet werden.

Bei einem **natürlich entschlüsselten** Gleichungssystem ist die Basislösung gleich der Direktaddition des Tupels der rechten Seite dieses Gleichungssystems und einem Nulltupel der Länge (n-m). So hat das lineare Gleichungssystem (1.3) die Basislösung

$$(x_1, x_2,...,x_m, x_{m+1},...,x_n) = (b_1, b_2,...,b_m, 0,...,0)$$

und das Gleichungssystem (1.4) die Basislösung

$$(x_1, x_2, x_3, x_4, x_5, x_6) = (2, 6, 3, 0, 0, 0).$$

Noch einfacher ist es, die Basislösung eines **homogenen** linearen Gleichungssystems anzugeben. Da jede Gleichung die Inhomogenität 0 aufweist, ist die Basislösung stets gleich

$$(x_1, x_2,..., x_m, x_{m+1},..., x_n) = (0, 0,...,0, 0,...,0)$$

Da offensichtlich jedes homogene lineare Gleichungssystem das entsprechende *Nulltupel* als Lösung aufweist, spricht man auch von der *trivialen Lösung.*

Bei einem entschlüsselten **homogenen** System erhält man in einfacher Weise vom Nulltupel verschiedene, sogenannte *nicht-triviale* Lösungen, wenn man **eine** freie Variable gleich Eins und alle übrigen freien Variablen gleich Null setzt. Solche Lösungen sollen *Fundamentallösungen* (des homogenen Systems) heißen. Es gibt also genauso viele Fundamentallösungen in einem entschlüsselten homogenen Gleichungssystem wie freie Variablen.

< **1.5** > Das zum Gleichungssystem (1.4) in Beispiel < 1.2 > zugehörige homogene lineare Gleichungssystem

$$\begin{array}{ccccccccccccc} x_1 & & & + & 2x_4 & - & 2x_5 & & & = & 0 \\ & x_2 & & + & x_4 & + & 3x_5 & - & 5x_6 & = & 0 \\ & & x_3 & + & 3x_4 & - & x_5 & - & 7x_6 & = & 0 \end{array} \tag{1.7}$$

hat die Fundamentallösungen

$$\begin{pmatrix} x_1 \\ x_2 \\ x_3 \\ x_4 \\ x_5 \\ x_6 \end{pmatrix} = \begin{pmatrix} -2 \\ -1 \\ -3 \\ 1 \\ 0 \\ 0 \end{pmatrix} ; \quad \begin{pmatrix} x_1 \\ x_2 \\ x_3 \\ x_4 \\ x_5 \\ x_6 \end{pmatrix} = \begin{pmatrix} 2 \\ -3 \\ 1 \\ 0 \\ 1 \\ 0 \end{pmatrix} ; \quad \begin{pmatrix} x_1 \\ x_2 \\ x_3 \\ x_4 \\ x_5 \\ x_6 \end{pmatrix} = \begin{pmatrix} 0 \\ 5 \\ 7 \\ 0 \\ 0 \\ 1 \end{pmatrix}$$

$$t_4 = 1, t_5 = t_6 = 0 \qquad t_4 = t_6 = 0, t_5 = 1 \qquad t_4 = t_5 = 0, t_6 = 1$$ ♦

Betrachten wir nun die folgenden Definitionen für das Rechnen mit Zahlentupeln:

Definition 1.1 (*Addition zweier Tupel*):

Als *Summe* zweier m-Tupel $\begin{pmatrix} b_1 \\ b_2 \\ \vdots \\ b_m \end{pmatrix}$ und $\begin{pmatrix} c_1 \\ c_2 \\ \vdots \\ c_m \end{pmatrix}$ bezeichnet man das m-Tupel

$$\begin{pmatrix} b_1 \\ b_2 \\ \vdots \\ b_m \end{pmatrix} + \begin{pmatrix} c_1 \\ c_2 \\ \vdots \\ c_m \end{pmatrix} = \begin{pmatrix} b_1 + c_1 \\ b_2 + c_2 \\ \vdots \\ b_m + c_m \end{pmatrix}. \tag{1.8}$$

Tupel werden somit *komponentenweise addiert.* Dabei dürfen nur Tupel des gleichen Typs und der gleichen Anzahl an Komponenten miteinander addiert werden.

Definition 1.2 *(Multiplikation eines Tupels mit einer reellen Zahlen):*
Ein Tupel wird mit einer reellen Zahl multipliziert, indem man jede Komponente des Tupels mit dieser Zahl multipliziert, d. h.

$$\lambda \cdot \begin{pmatrix} b_1 \\ b_2 \\ \vdots \\ b_m \end{pmatrix} = \begin{pmatrix} \lambda b_1 \\ \lambda b_2 \\ \vdots \\ \lambda b_m \end{pmatrix}, \quad \lambda, b_1, \ldots, b_m \in \mathbf{R}, \tag{1.9a}$$

$$\mu(a_1, a_2, \ldots, a_n) = (\mu a_1, \mu a_2, \ldots, \mu a_n), \qquad \mu, a_1, \ldots, a_n \in \mathbf{R}. \tag{1.9b}$$

Definition 1.3:
Jede Summe der Gestalt

$$\lambda_1 \begin{pmatrix} a_{11} \\ a_{21} \\ \vdots \\ a_{m1} \end{pmatrix} + \lambda_2 \begin{pmatrix} a_{12} \\ a_{22} \\ \vdots \\ a_{m2} \end{pmatrix} + \cdots + \lambda_n \begin{pmatrix} a_{1n} \\ a_{2n} \\ \vdots \\ a_{mn} \end{pmatrix} \quad \text{mit} \quad \lambda_1, \lambda_2, \ldots, \lambda_n \in \mathbf{R} \tag{1.10}$$

bezeichnet man als *Linearkombination* dieser Tupel.

< 1.6 >

a. $\begin{pmatrix} 1 \\ 3 \\ -2 \end{pmatrix} + \begin{pmatrix} 0 \\ -4 \\ 5 \end{pmatrix} = \begin{pmatrix} 1+0 \\ 3-4 \\ -2+5 \end{pmatrix} = \begin{pmatrix} 1 \\ -1 \\ 3 \end{pmatrix},$

b. $(2, -1, 5, 0) + (1, 1, 3, -2) = (3, 0, 8, -2),$

c. $3 \cdot \begin{pmatrix} 1 \\ 2 \\ -4 \end{pmatrix} = \begin{pmatrix} 3 \cdot 1 \\ 3 \cdot 2 \\ 3 \cdot (-4) \end{pmatrix} = \begin{pmatrix} 3 \\ 6 \\ -12 \end{pmatrix}$, $\begin{pmatrix} -1 \\ -2 \\ 4 \end{pmatrix} = (-1) \cdot \begin{pmatrix} 1 \\ 2 \\ -4 \end{pmatrix} = -\begin{pmatrix} 1 \\ 2 \\ -4 \end{pmatrix}$.

d. Die Linearkombination aus den Fundamentallösungen des homogenen Gleichungssystems (1.7)

$$t_4 \begin{pmatrix} -2 \\ -1 \\ -3 \\ 1 \\ 0 \\ 0 \end{pmatrix} + t_5 \begin{pmatrix} 2 \\ -3 \\ 1 \\ 0 \\ 1 \\ 0 \end{pmatrix} + t_6 \begin{pmatrix} 0 \\ 5 \\ 7 \\ 0 \\ 0 \\ 1 \end{pmatrix}, \qquad t_4, t_5, t_6 \in \mathbf{R}$$

stimmt offensichtlich mit der allgemeinen Lösung dieses homogenen Systems überein. Weiterhin stimmt die Summe, bestehend aus der Basislösung des inhomogenen Gleichungssystems (1.4) und der Linearkombination der Fundamentallösungen des zugehörigen homogenen Systems (1.7)

$$\begin{pmatrix} 2 \\ 6 \\ 3 \\ 0 \\ 0 \\ 0 \end{pmatrix} + t_4 \begin{pmatrix} -2 \\ -1 \\ -3 \\ 1 \\ 0 \\ 0 \end{pmatrix} + t_5 \begin{pmatrix} 2 \\ -3 \\ 1 \\ 0 \\ 1 \\ 0 \end{pmatrix} + t_6 \begin{pmatrix} 0 \\ 5 \\ 7 \\ 0 \\ 0 \\ 1 \end{pmatrix}, \qquad t_4, t_5, t_6 \in \mathbf{R}$$

überein, mit der in Gleichung (1.5) angegebenen allgemeinen Lösung des inhomogenen Systems (1.4). ♦

Da sich der in Beispiel < 1.6 d > festgestellte Zusammenhang zwischen den allgemeinen Lösungen eines inhomogenen Gleichungssystems und des zugehörigen homogenen Systems auf beliebige lineare Gleichungssysteme übertragen läßt, und da die Basislösung jedes homogenen linearen Gleichungssystems das entsprechende Nulltupel ist, gilt der

Satz 1.1:

Jede Lösung eines entschlüsselten linearen Gleichungssystems läßt sich darstellen als Summe der Basislösung dieses Systems mit einer Linearkombination der Fundamentallösungen (des zugehörigen homogenen Gleichungssystems), und jede derartige Summe ist eine Lösung des Systems.

In Kapitel 4 werden wir auf Seite 150 eine allgemeinere Fassung dieses Satzes 1.1 beweisen.

< 1.7 > Die allgemeine Lösung des inhomogenen Gleichungssystems (1.6) in Beispiel < 1.3 > läßt sich auch darstellen als

$$\begin{pmatrix} x_1 \\ x_2 \\ x_3 \\ x_4 \\ x_5 \\ x_6 \end{pmatrix} = \begin{pmatrix} & t_1 & & \\ 6 & -t_1 & +5t_4 & -3t_5 \\ 3 & -3t_1 & +7t_4 & +t_5 \\ & & t_4 & \\ & & & t_5 \\ 2 & -2t_1 & & +2t_5 \end{pmatrix} = \begin{pmatrix} 0 \\ 6 \\ 3 \\ 0 \\ 0 \\ 2 \end{pmatrix} + \begin{pmatrix} 1 \\ -1 \\ -3 \\ 0 \\ 0 \\ -2 \end{pmatrix} t_1 + \begin{pmatrix} 0 \\ 5 \\ 7 \\ 1 \\ 0 \\ 0 \end{pmatrix} t_4 + \begin{pmatrix} 0 \\ -3 \\ 1 \\ 0 \\ 1 \\ 2 \end{pmatrix} t_5, \quad t_1, t_4, t_5 \in \mathbf{R}.$$

◆

Offensichtlich besitzt ein **entschlüsseltes** Gleichungssystem stets (mindestens) eine Lösung. Stimmt dabei die Anzahl der Gleichungen mit der Anzahl der Variablen überein, d. h. $m = n$, so existiert nur eine einzige Lösung dieses Systems, die Basislösung. Man nennt daher ein solches Gleichungssystem auch *(exakt) bestimmt*. Dies ist der bei den graphischen Lösungen beobachtete Fall einer "eindeutigen Lösung". Tritt dagegen (mindestens) eine freie Variable auf, und weist die zugehörige Fundamentallösung wenigstens einen von Null verschiedenen Koeffizienten auf, so besitzt das entschlüsselte Gleichungssystem unendlich viele Lösungen. Da jeder freien Variablen eine beliebige reelle Zahl zugeordnet werden darf und diese Zuordnungen für die einzelnen freien Variablen unabhängig voneinander erfolgen, entspricht jede freie Variable einem Freiheitsgrad der Lösung. Ein Gleichungssystem, das mehr Variable als Gleichungen aufweist, wird *unterbestimmt* genannt.

1.4 Das Entschlüsseln von linearen Gleichungssystemen

In praktischen Anwendungsfällen hat man zumeist Gleichungssysteme zu lösen, die nicht in entschlüsselter Form vorliegen. Da sich aber, wie wir im vorangehenden Abschnitt gesehen haben, die Lösungen entschlüsselter Gleichungssysteme leicht angeben lassen, empfiehlt es sich, das jeweils gegebene System in ein entschlüsseltes System umzuformen, das die gleichen Lösungen besitzt wie das Ausgangssystem.

Definition 1.4:

Zwei lineare Restriktionensysteme, die genau dieselbe Lösungsmenge besitzen, werden als *äquivalente* Systeme bezeichnet.

Vom Rechnen mit reellen Zahlen wissen wir, daß die Lösungsmenge eines linearen Gleichungssystems nicht verändert wird, wenn:

G1 eine Gleichung des Systems ersetzt wird durch ein s-faches dieser Gleichung, mit einer beliebigen reellen Zahl $s \neq 0$,

G2 eine Gleichung des Systems ersetzt wird durch die Summe aus dieser Gleichung und dem t-fachen einer anderen Gleichung des Systems, mit einer beliebigen reellen Zahl t,

G3 eine Gleichung, bei der sowohl alle Koeffizienten als auch die Inhomogenität gleich Null sind, ausgelassen oder dem System hinzugefügt wird *(Nullgleichung)*.

Durch eine Folge von Umformungen dieser Art läßt sich nun jedes beliebige lineare Gleichungssystem durch ein äquivalentes entschlüsseltes Gleichungssystem ersetzen.

Dabei wird die Regel G1 benutzt, um den Koeffizienten a_{pq} in der Gleichung p auf 1 zu *normieren*. Dies geschieht durch Multiplikation der p-ten Gleichung mit $\frac{1}{a_{pq}}$ (bzw. durch Division dieser Gleichung mit a_{pq}). Dieser Rechenvorgang wird notwendig, wenn ein Schlüssel an die Stelle (p, q) gesetzt werden soll.

< **1.8** > Das Gleichungssystem

$$\begin{array}{rcl} 2x_1 + 6x_2 - 2x_3 = 10 & & G_1 \\ 2x_1 - x_2 + x_3 = 6 & & G_2 \\ 3x_1 + 2x_2 - 5x_3 = 6 & & G_3 \end{array}$$

soll so entschlüsselt werden, daß ein Schlüssel an der Position (1, 1) sitzt.

Um dies zu erreichen, multiplizieren wir die 1. Gleichung mit $\frac{1}{2}$ und erhalten:

$$1x_1 + 3x_2 - 1x_3 = 5 \qquad G_1' = \tfrac{1}{2} G_1$$ ♦

Mit der Regel G2 lassen sich dann die übrigen Gleichungen so umformen, daß die Schlüsselvariable x_q in diesen Gleichungen den Koeffizienten 0 aufweist, d. h. nicht mehr vorkommt. Dazu wird die i-te Gleichung ersetzt durch die Summe aus dieser Gleichung und dem $(-a_{iq})$-fachen der bzgl. des Koeffizienten a_{pq} normierten p-ten Gleichung, $i \in \{1,.., m\}$, $i \neq p$.

< **1.9** > Um im Gleichungssystem in Beispiel < 1.8 > einen Schlüssel an die Position (1, 1) zu setzen, wird nun
die Gleichung G_2 ersetzt durch

$$0x_1 - 7x_2 + 3x_3 = -4 \qquad G_2' = G_2 - 2G_1' = G_2 - G_1$$

und die Gleichung G_3 ersetzt durch

$$0x_1 - 7x_2 - 2x_3 = -9 \qquad G_3' = G_3 - 3G_1' \ .$$ ♦

Die Regel (G.3) besagt, daß eine *Nullgleichung*

$$0x_1 + 0x_2 + \cdots + 0x_n = 0$$

keinerlei Beschränkung für die Variablen darstellt und daher ausgelassen werden kann. Tritt beim Entschlüsseln eines Gleichungssystems eine Nullgleichung auf, so bedeutet dies, daß die vorgegebenen Gleichungen voneinander abhängig sind; vgl. dazu die genaueren Ausführungen auf den Seiten 110 ff.

Die vorstehenden Rechenschritte sind so lange zu wiederholen, bis ein entschlüsseltes Gleichungssystem vorliegt. Der Übersichtlichkeit wegen wird man dabei ein natürlich entschlüsseltes System anstreben. Andererseits soll aber bei einer Durchführung "von Hand" der Rechenaufwand möglichst gering sein, insbesondere sind nicht-ganzzahlige Koeffizienten soweit wie möglich zu meiden. Dieses Ziel kann (zumindest kurzfristig) dadurch erreicht werden, indem man die Schlüssel so setzt, daß keine Normierung notwendig ist bzw. daß bei der Normierung keine Brüche auftreten.

Bei der Ausführung der obigen Umformungen ist es sowohl umständlich als auch unübersichtlich, wenn die äquivalenten Gleichungssysteme stets in Form von Gleichungen dargestellt werden. Der Schreibaufwand läßt sich beträchtlich reduzieren, wenn zur Rechenausführung das im Beispiel < 0.1 > eingeführte Tableau benutzt wird, bei dem die Variablen "nach oben geschoben" sind.

Bevor wir das Verfahren zur Entschlüsselung linearer Gleichungssysteme allgemein formulieren, wollen wir den Rechengang an zwei Beispielen erläutern:

< 1.10 > Das Gleichungssystem

$$\begin{array}{rcrcrcrcrcr} x_1 & + & 2x_2 & + & x_3 & + & 3x_4 & & & = & 1 \\ 2x_1 & - & x_2 & + & 3x_3 & + & 4x_4 & + & 3x_5 & = & 1 \\ x_1 & + & x_2 & + & 4x_3 & + & 11x_4 & + & 2x_5 & = & 5 \\ -x_1 & & & + & x_3 & + & 5x_4 & & & = & 3 \end{array}$$

wird in der nachfolgenden Tableauform dargestellt und so umgeformt, wie dies auf der rechten Seite des Tableaus angegeben ist.

x_1	x_2	x_3	x_4	x_5	RS	
1	2	1	3	0	1	G_1
2	-1	3	4	3	1	G_2
1	1	4	11	2	5	G_3
-1	0	1	5	0	3	G_4

x_1	x_2	x_3	x_4	x_5	RS	
1	2	1	3	0	1	$G_1' = G_1$
0	-5	1	-2	3	-1	$G_2' = G_2 - 2G_1$
0	-1	3	8	2	4	$G_3' = G_3 - G_1$
0	2	2	8	0	4	$G_4' = G_4 + G_1$
1	0	-1	-5	0	-3	$G_1'' = G_1' - 2G_4''$
0	0	6	18	3	9	$G_2'' = G_2' + 5G_4''$
0	0	4	12	2	6	$G_3'' = G_3' + G_4''$
0	1	1	4	0	2	$G_4'' = \frac{1}{2}G_4'$
1	0	-1	-5	0	-3	$G_1''' = G_1''$
0	0	0	0	0	0	$G_2''' = G_2'' - 3G_3'''$
0	0	2	6	1	3	$G_3''' = -\frac{1}{2}G_3''$
0	1	1	4	0	2	$G_4''' = G_4''$

Die Gleichung G_2''' des letzten Tableaus ist eine Nullgleichung und kann gestrichen werden. Das entschlüsselte Gleichungssystem hat daher die Form

$$\begin{array}{rcrcrcrcr} x_1 & & & - & x_3 & - & 5x_4 & & & = & -3 \\ & & & & 2x_3 & + & 6x_4 & + & x_5 & = & 3 \\ & & x_2 & + & x_3 & + & 4x_4 & & & = & 2 \end{array}$$

aus der sich die allgemeine Lösung unmittelbar ablesen läßt:

$$\begin{pmatrix} x_1 \\ x_2 \\ x_3 \\ x_4 \\ x_5 \end{pmatrix} = \begin{pmatrix} -3 \\ 2 \\ 0 \\ 0 \\ 3 \end{pmatrix} + \begin{pmatrix} 1 \\ -1 \\ 1 \\ 0 \\ -2 \end{pmatrix} t_3 + \begin{pmatrix} 5 \\ -4 \\ 0 \\ 1 \\ -6 \end{pmatrix} t_4 , \qquad t_3, t_4 \in \mathbf{R}.$$

♦

< 1.11 > Bei der Bestimmung einer Lösung des Gleichungssystems

$$\begin{array}{rcrcrcrcr} 2x_1 & + & 3x_2 & - & x_3 & + & x_4 & = & 2 \\ x_1 & - & 2x_2 & - & 2x_3 & & & = & 5 \\ 3x_1 & + & x_2 & - & 3x_3 & + & x_4 & = & 2 \end{array}$$

vgl. dazu das folgende Rechentableau, zeigt die Gleichung

$$0x_1 + 0x_2 + 0x_3 + 0x_4 = 5 \qquad G_2''$$

an, daß das aus den Gleichungen G_1'', G_2'' und G_3'' bestehende System keine Lösung besitzt. Es gibt kein Tupel $(x_1, x_2, x_3, x_4) \in \mathbf{R}^4$, das die Gleichung G_2'' erfüllt.

Da im Rechenschema nur äquivalente Umformungen durchgeführt wurden, besitzt dann auch das Ausgangssystem keine Lösung.

x_1	x_2	x_3	x_4	RS	
2	3	-1	1	2	G_1
1	-2	-2	0	5	G_2
3	1	-3	1	2	G_3
2	3	-1	1	2	$G_1' = G_1$
1	-2	-2	0	5	$G_2' = G_2$
1	-2	-2	0	0	$G_3' = G_3 - G_1$
0	7	3	1	2	$G_1'' = G_1' - 2G_3$
0	0	0	0	5	$G_2'' = G_2' - G_3'$
1	-2	-2	0	0	$G_3'' = G_3'$

Die Nicht-Existenz einer Lösung konnte man auch schon im obigen Tableau daran erkennen, daß zwar die linken Seiten der Gleichungen G_2' und G_3' miteinander übereinstimmen, die rechten Seiten aber verschieden sind. Dies ist ein Widerspruch zu den Definitionen der Addition und der Multiplikation reeller Zahlen, nach denen die Produkt- und die Summenbildung zu eindeutigen Ergebnissen führen. ♦

Ein einzelner Entschlüsselungsschritt, d. h. das Setzen **eines** Schlüssels und der damit verbundene Rechengang, wird in der Literatur zumeist *Pivotieren* genannt. In dem **vorliegenden** Tableau bezeichnet man dann

- die für den Schlüssel ausgewählte Position (p, q) als *Pivot*,
- das zu den Koeffizienten gehörige Element a_{pq} als *Pivotelement*,
- die zugehörige Gleichung G_p als *Pivotgleichung* oder *Pivotzeile*,
- die zugehörige Koeffizientenspalte als *Pivotspalte* und
- die Variable x_q als *Pivotvariable.*

Das allgemeine Verfahren zur Entschlüsselung eines linearen Gleichungssystems wollen wir in Form eines Ablaufplanes strukturieren:

Gauß-Algorithmus

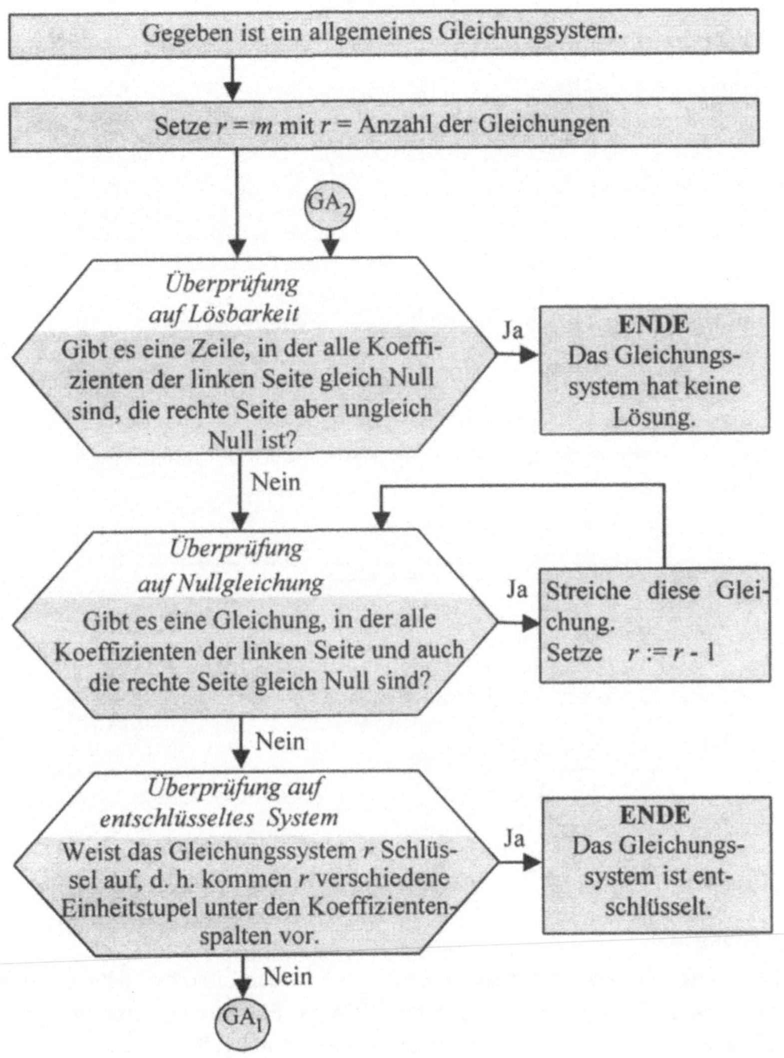

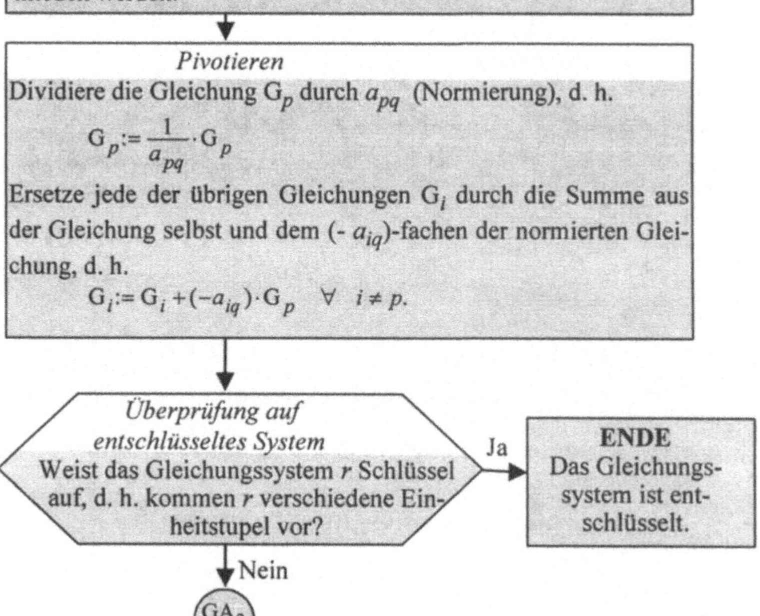

Bemerkungen

1. Der Name „GAUSSscher Algorithmus“ wird in der Literatur nicht einheitlich verwandt. Z. B. versteht OBERHOFER [1978, S. 61] darunter eine modifizierte Methode, bei der zusätzlich ein Variablentausch durchgeführt wird. Andererseits sind für das vorstehende Verfahren eine Vielzahl weiterer Namen gebräuchlich, so sprechen JAEGER; WENKE [1969, S. 55] von der "Methode der schrittweisen Entschlüsselung", SCHWARZE [1979, S. 83] bezeichnet es als "Lösungsverfahren der vollständigen Elimination", JAEGER; WAESCHER [1987, S. 66] nennen es "Modifizierten GAUSS-Algorithmus".

2. In der Literatur wird zumeist in Schritt 5 direkt die Transformationsregel für den Koeffizienten und die rechten Seiten angegeben:

$$a_{pj} := \frac{a_{pj}}{a_{pq}} \text{ für alle } j = 1,\ldots, n; \qquad b_p := \frac{b_p}{a_{pq}},$$

$$\left.\begin{array}{ll} a_{ij} := a_{ij} - a_{iq}a_{pj} & \text{für alle } j = 1,\ldots,n \\ b_i := b_i - a_{iq}b_p & \end{array}\right\} \text{für alle } i \neq p.$$

Diese Formeln sind für die EDV-mäßige Bearbeitung des GAUSSschen Algorithmus unverzichtbar, lassen aber die Struktur des Verfahrensablaufes schlechter erkennen als die von uns gewählte Darstellungsform.

In manchen Anwendungsfällen empfiehlt es sich, zur Verminderung des Rechenaufwandes (Vermeidung von Brüchen) vom strengen GAUSSschen Algorithmus abzuweichen. So kann, wie das nachfolgende Beispiel < 1.12 > zeigt, auch die Rechenregel (G2) benutzt werden, um eine Gleichung zu normieren. Auch kann beim Pivotieren anstelle der normierten Gleichung das Vielfache einer anderen Gleichung benutzt werden. Bei diesen Varianten ist aber darauf zu achten, daß kein schon vorhandener Schlüssel zerstört wird und daß durch gegenseitiges Abziehen von Gleichungen keine Restriktionen verlorengehen.

< 1.12 > Das lineare Gleichungssystem

$$\begin{array}{rcrcrcr} 4x_1 & & & + & 5x_3 & = & 6 \\ & & x_2 & - & 6x_3 & = & -2 \\ 3x_1 & & & + & 4x_3 & = & 3 \end{array}$$

hat, wie die Entschlüsselung zeigt,

x_1	x_2	x_3	RS	
4	0	5	6	G_1
0	1	-6	-2	G_2
3	0	4	3	G_3
1	0	1	3	$G_1' = G_1 - G_3$
0	1	-6	-2	$G_2' = G_2$
0	0	1	-6	$G_3' = G_3 - 3G_1'$
1	0	0	9	$G_1'' = G_1' - G_3''$
0	1	0	-38	$G_2'' = G_2' + 6G_3''$
0	0	1	-6	$G_3'' = G_3'$

die einzige Lösung $(x_1, x_2, x_3) = (9, -38, -6)$. ♦

Aus unseren bisherigen Untersuchungen läßt sich schon jetzt eine erste Aussage über den *Freiheitsgrad eines linearen Gleichungssystems*, d. h. über die Anzahl der freien Variablen, treffen. Sei

m	die Anzahl der gegebenen Gleichungen,
n	die Anzahl der Variablen,
r	die Anzahl der Gleichungen des äquivalenten entschlüsselten Systems, d. h. die Anzahl der Schlüsselvariablen,
f	die Anzahl der freien Variablen,

so gilt $f = n - r\,.$ (1.11)

< **1.13** > Für das Gleichungssystem im Beispiel < 1.10 > gilt:

$$m = 4, n = 5, r = 3$$

und im Einklang mit Gleichung (1.11) $f = 5 - 3 = 2$. ♦

Bei Textaufgaben kommt es häufig vor, daß wegen der inhaltlichen Bedeutung der Variablen zusätzliche Restriktionen, insbesondere Nichtnegativitätsbedingungen zu beachten sind. Dies ist auch in dem nachfolgenden Beispiel gegeben:

< **1.14** > Ein Werk für Betonfertigteile stellt 3 Arten von Balkonbrüstungen her:

Typ 1: Einfache Ausführung mit glatter Oberfläche,

Typ 2: Ausführung mit glatter Oberfläche, aber mit Lichtdurchbrüchen,

Typ 3: Luxusausführung mit Reliefstruktur.

Zur Herstellung einer Balkonbrüstung werden benötigt:

	Beton (in Tonnen)	Arbeitsleistung (in Facharbeiterstunden)
bei Typ 1	1,2	3
Typ 2	0,8	4
Typ 3	1	5

Pro Monat stehen 66 Tonnen Beton und 270 Facharbeiterstunden zur Verfügung.

a. Wieviel Balkonbrüstungen können von jedem Typ hergestellt werden, wenn beide Ressourcen vollständig zu verbrauchen sind?

b. Wieviel Balkonbrüstungen vom Typ 1 bzw. vom Typ 3 können bei voller Ausschöpfung der Ressourcen hergestellt werden, wenn vom Typ 2 genau 40 Stück zu produzieren sind?

Lösung:
Bezeichnen wir die Anzahl der vom Typ j herzustellenden Balkonbrüstungen mit x_j, $j = 1, 2, 3$, so müssen die Variablen x_1, x_2, x_3 dem Gleichungssystem

$$\begin{aligned} 1{,}2x_1 + 0{,}8x_2 + x_3 &= 66 \\ 3x_1 + 4x_2 + 5x_3 &= 270 \end{aligned} \quad \text{genügen.}$$

Dabei darf eine ökonomisch sinnvolle Lösung nur nichtnegative Zahlen aufweisen .

x_1	x_2	x_3	RS
1,2	0,8	1	66
3	4	5	270
1,2	0,8	1	66
-3	0	0	-60
0	0,8	1	42
1	0	0	20

Die allgemeine Lösung dieses Gleichungssystems ist

$$\begin{pmatrix} x_1 \\ x_2 \\ x_3 \end{pmatrix} = \begin{pmatrix} 20 \\ 0 \\ 42 \end{pmatrix} + \begin{pmatrix} 0 \\ 1 \\ -0{,}8 \end{pmatrix} t_2, \qquad t_2 \in \mathbf{R}.$$

a. Ökonomisch sinnvoll sind nur ganzzahlige Lösungen mit $t_2 \geq 0$ und $42 - 0{,}8\, t_2 \geq 0$, d. h. mit $0 \leq t_2 \leq 52{,}5$.
Zu ökonomisch relevanten Lösungen führen somit nur die Werte $t_2 = 0, 5, 10, \ldots, 50$.

b. Ist $t_2 = 40$, so nimmt in der allgemeinen Lösung die Variable x_3 den Wert $42 - 0{,}8 \cdot 40 = 10$ an, d. h., wenn vom Typ 2 genau 40 Stück hergestellt werden, dann müssen vom Typ 1 genau 20 Stück und vom Typ 3 genau 10 Stück produziert werden, um alle Ressourcen voll auszuschöpfen. ♦

1.5 Simultane Gleichungssysteme

Schon im Einführungsbeispiel < 0.1 > stellte sich in den Tabellen 0.4 und 0.4a auf Seite 6 die Aufgabe, zwei Gleichungssysteme mit identischen linken, aber unterschiedlichen rechten Seiten zu lösen. Weitere Aufgaben dieser Art finden wir in den Beispielen < 3.12 >, < 4.34 > und < 4.36 >.

Da sich die Entschlüsselung eines linearen Gleichungssystems im wesentlichen an den linken Seiten orientiert, wird man Gleichungssysteme mit identisch gleichen linken Seiten i. allg. auch nach dem gleichen Schlüsselbund entschlüsseln.

Die Entschlüsselung läßt sich dabei für alle Gleichungssysteme simultan durchführen, indem man das Rechentableau um zusätzliche Spalten erweitert. Jeder Spaltenvektor rechts des Doppelstriches stellt dabei eine Variante der rechten Seite dar. Das vorstehende Rechentableau enthält damit *r simultane Gleichungssysteme*.

x_1	x_2	...	x_n	RS1	RS2	...	RSr
a_{11}	a_{12}	...	a_{1n}	b_{11}	b_{12}	...	b_{1r}
a_{21}	a_{22}	...	a_{2n}	b_{21}	b_{22}	...	b_{2r}
$\vdots$	$\vdots$		$\vdots$	$\vdots$	$\vdots$		$\vdots$
a_{m1}	a_{m2}	...	a_{mn}	b_{m1}	b_{m2}	...	b_{mr}

< **1.15** > Neben den in den Tabellen 0.4/0.4a beschriebenen Gleichungssystemen soll zusätzlich der Produktionsplan so bestimmt werden, daß das in Beispiel < 0.1 > betrachtete Unternehmen genau den Output $(2, 9, d)$ erzeugt. Da der Output in Form des Gutes 5 noch nicht zahlenmäßig festgelegt ist, stellt sich die Frage, welche Werte d annehmen kann, damit ein Produktionsplan existiert, der **genau** den vorgegebenen Output liefert. Zu lösen sind dann die simultanen Gleichungssysteme in dem nachfolgenden Rechentableau:

x_1	x_2	x_3	RS1	RS2	RS3	
2	8	-8	8	6	2	G_1
0	3	1	8	1	9	G_2
0	-4	10	12	12	d	G_3
1	4	-4	4	3	1	$G_1' = \frac{1}{2} G_1$
0	3	1	8	1	9	$G_2' = G_2$
0	-4	10	12	12	d	$G_3' = G_3$
1	16	0	36	7	37	$G_1'' = G_1' + 4G_2''$
0	3	1	8	1	9	$G_2'' = G_2'$
0	-34	0	-68	2	d-90	$G_3'' = G_3' - 10G_2''$
1	0	0	4	$\frac{135}{17}$	$\frac{1}{17}(8d-91)$	$G_1''' = G_1'' - 16G_3'''$
0	0	1	2	$\frac{20}{17}$	$\frac{3}{34}(d+12)$	$G_2''' = G_2'' - 3G_3'''$
0	1	0	2	$-\frac{1}{17}$	$-\frac{1}{34}(d-90)$	$G_3''' = -\frac{1}{34} G_3''$

Aus dem entschlüsselten Rechentableau lassen sich die folgenden Ergebnisse ablesen:

a. Der einzige Produktionsplan, der genau den Output (8, 8, 12) erzeugt, ist $(x_1^*, x_2^*, x_3^*) = (4, 2, 2)$.

b. Das zweite Gleichungssystem hat ebenfalls eine eindeutige Lösung. Da aber der Produktionsprozeß 2 nicht mit einem negativen Aktivitätsgrad betrieben werden kann, ist die ermittelte Lösung des Gleichungssystems $(x_1^{**}, x_2^{**}, x_3^{**}) = \left(\frac{135}{17}, -\frac{1}{17}, \frac{20}{17}\right)$ ökonomisch irrelevant.

c. Für das dritte Gleichungssystem ergibt sich in Abhängigkeit von d die eindeutige Lösung $\begin{pmatrix} x_1^{***} \\ x_2^{***} \\ x_3^{***} \end{pmatrix} = \frac{1}{34}\begin{pmatrix} 16d - 182 \\ -d + 90 \\ 3d + 36 \end{pmatrix}$.

Ökonomisch sinnvoll sind nur Lösungen mit einem Output $d \geq 0$, für die alle Aktivitätsgrade nichtnegativ sind, d. h. d muß den Ungleichungen

$$\begin{aligned} 16d - 182 &\geq 0 \Leftrightarrow d \geq \tfrac{182}{16} = 11{,}375 \\ -d + 90 &\geq 0 \Leftrightarrow d \leq 90 \\ 3d + 36 &\geq 0 \Leftrightarrow d \geq -12 \end{aligned}$$

genügen.

Offensichtlich erfüllen gerade die Parameter $d \in [11{,}375\ ,\ 90]$ alle drei Ungleichungen. Somit existiert nur für $d \in [11{,}375\ ,\ 90]$ ein Aktivitätstupel $(x_1^{***}, x_2^{***}, x_3^{***})$, das genau den Output (2, 9, d) liefert. ♦

1.6 Lineare Restriktionensysteme mit Ungleichungen

Enthält ein lineares Restriktionensystem Ungleichungen mit den Ordnungsrelationen "≤" oder "≥", so stehen zur lösungsneutralen Umformung linearer Ungleichungen die folgenden Rechenregeln zur Verfügung, vgl. [ROMMELFANGER 1995, S. 35].

U1 Eine Ungleichung bleibt erhalten, wenn auf beiden Seiten dieselbe Zahl addiert wird.

$$a \leq b \Leftrightarrow a + c \leq b + c \quad \forall c \in \mathbf{R}$$
$$a \geq b \Leftrightarrow a + c \geq b + c \quad \forall c \in \mathbf{R}$$

U2 Eine Ungleichung bleibt erhalten, wenn beide Seiten mit derselben positiven Zahl multipliziert werden.

$a \leq b \Leftrightarrow a \cdot c \leq b \cdot c \quad \forall c > 0$

$a \geq b \Leftrightarrow a \cdot c \geq b \cdot c \quad \forall c > 0$

U3 Eine Ungleichung wechselt ihre Richtung, wenn beide Seiten mit derselben negativen Zahl multipliziert werden.

$a \leq b \Leftrightarrow a \cdot c \geq b \cdot c \quad \forall c < 0$

$a \geq b \Leftrightarrow a \cdot c \leq b \cdot c \quad \forall c < 0$

Weiterhin gelten die Regeln:

U4 Gilt neben einer Ungleichung auch die entgegengesetzte Ungleichung, so sind die beiden Seiten der Ungleichungen gleich.

$a \leq b$ und $a \geq b \Leftrightarrow a = b$

U5 Zwei gleichgerichtete Ungleichungen können addiert werden.

$a \leq b$ und $c \leq d \Rightarrow a + c \leq b + d$

$a \geq b$ und $c \geq d \Rightarrow a + c \geq b + d$

Schon der Folgepfeil in den vorstehenden Formeln deutet an, daß U5 keine lösungsneutrale Umformung ist. Dies wird auch im nachfolgenden Gegenbeispiel deutlich.

< 1.16 > Die linearen Restriktionensysteme

$$\begin{array}{rcl} x_1 & & \geq 0 \\ & x_2 & \geq 0 \end{array} \quad \text{und} \quad \begin{array}{rcl} x_1 & & \geq 0 \\ x_1 & + \; x_2 & \geq 0 \end{array}$$

sind nicht äquivalent. Die Lösungsmenge des ersten Systems ist der 1. Quadrant einschließlich der nichtnegativen Achsenabschnitte eines x_1-x_2-Koordinatensystems. Dagegen ist die Lösungsmenge des zweiten Systems die in der Abbildung 1.8 schraffierte Punktemenge. Z. B. ist der Punkt P = (3, -1) eine Lösung des zweiten Systems, nicht aber des ersten.

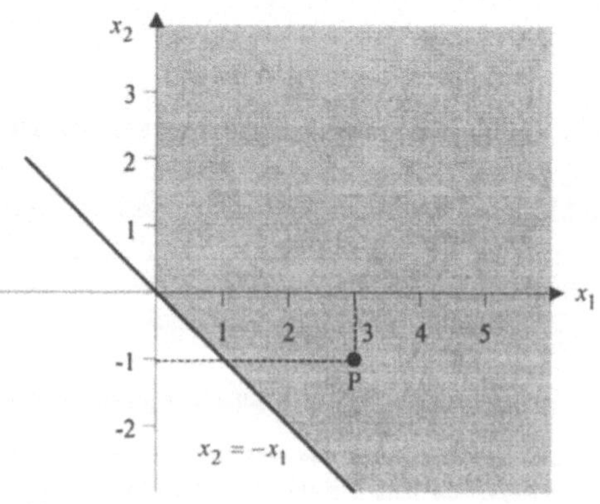

Abb. 1 .8:

Das vorstehende Beispiel < 1.16 > läßt erkennen, daß der GAUSSsche Algorithmus kein geeignetes Verfahren zur Umformung eines linearen Restriktionensystems mit Ungleichungen in ein äquivalentes System ist. Die Rechenregel G2 läßt sich nicht auf Ungleichungen erweitern, da die Regel U5 weder lösungsneutral ist noch umgekehrt werden kann.
Ein geeigneter Weg zur Bestimmung der Lösungen eines linearen Restriktionensystems mit Ungleichungen besteht darin, alle Ungleichungen durch einen Kunstgriff in Gleichungen umzuwandeln.

Dazu beachte man, daß jede Ungleichung der Form $a \leq b$

ersetzt werden kann durch die Gleichung $a + c = b$,

wenn die Größe c definiert wird durch $c = b - a \geq 0$.

Die **nichtnegative** Größe c ist dabei ein *Maß für die Größe des Ungleichseins,* sie wird auch *Schlupf* der Ungleichung genannt.

Sind a und/oder b Aussageformen, so ist c eine **nichtnegative** Variable, die man *Schlupfvariable* nennt. Zur Unterscheidung von diesen Hilfsvariablen werden die ursprünglichen Variablen als *Strukturvariablen* bezeichnet.

Wird eine vorgegebene Ungleichung

$$a_1x_1 + a_2x_2 + \ldots + a_nx_n \leq b \tag{1.12}$$

durch das gemischte Restriktionensystem

$$a_1x_1 + a_2x_2 + \ldots + a_nx_n + s = b, \quad s \geq 0 \tag{1.13}$$

ersetzt, so stellt dieser Übergang rein formal keine lösungsneutrale Umformung dar, da in (1.12) die Schlupfvariable s überhaupt nicht vorkommt. Offensichtlich gilt aber, daß sich aus jeder Lösung

$$(x_1^*, x_2^*, \ldots, x_n^*, s^*)$$

von (1.13) sofort eine Lösung von (1.12) ableiten läßt, nämlich

$$(x_1^*, x_2^*, \ldots, x_n^*).$$

Andererseits existiert auch zu jeder Lösung $(x_1^{**}, x_2^{**}, \ldots, x_n^{**})$ von (1.12) eine reelle Zahl $s^{**} \geq 0$, so daß $(x_1^{**}, x_2^{**}, \ldots, x_n^{**}, s^{**})$ Lösung des Systems (1.13) ist.

Die Nichtnegativität von s^* ist eine notwendige Voraussetzung für diese Schlußfolgerung, denn für $s^* < 0$ ist der Ausdruck

$$a_1x_1^* + a_2x_2^* + \ldots + a_nx_n^*$$

größer als b, und damit kann $(x_1^*, \ldots, x_n^*)$ keine Lösung von (1.12) sein.

Analog läßt sich eine Ungleichung der Form

$$a_1x_1 + a_2x_2 + \ldots + a_nx_n \geq b \tag{1.14}$$

umschreiben in ein gemischtes Restriktionensystem

$$a_1x_1 + a_2x_2 + \ldots + a_nx_n - s = b, \quad s \geq 0 \tag{1.15}$$

und für jede Lösung $(x_1^*, x_2^*, \ldots, x_n^*, s^*)$ von (1.15) ist $(x_1^*, x_2^*, \ldots, x_n^*)$ eine Lösung von (1.14).

Ist die Inhomogenität b nichtnegativ, so wird die Schlupfvariable gemäß ihrer inhaltlichen Bedeutung speziell als

- *Schwundvariable* bezeichnet, wenn eine "≤"-Ungleichung vorliegt bzw.
- *Überschußvariable* genannt, wenn eine "≥"-Ungleichung umgeformt wird.

< **1.17** > Zum besseren Verständnis der Begriffe *Schwund-* und *Überschußvariable* betrachten wir nochmals das Einführungsbeispiel < 0.1 >. Die Restriktionen für die Produkte 1 und 2 können nach Tabelle 0.5 geschrieben werden als

$$2x_1 + 8x_2 - 8x_3 \geq 6 \quad \text{und} \tag{1.16}$$

$$3x_1 \qquad + \; x_3 \leq 50\,. \tag{1.17}$$

Durch Einführung einer Schlupfvariablen s_1 läßt sich die Ungleichung (1.16) schreiben als

$$2x_1 + 8x_2 - 8x_3 - s_1 = 6\;.$$

Dabei gibt die Überschußvariable s_1 an, wieviel Einheiten des Produktes 1 mehr produziert werden als der Bedarf 6.

Wird dagegen durch Einfügen einer Schlupfvariablen s_2 die Ungleichung (1.17) in eine Gleichung der Form

$$3x_1 + x_3 + s_2 = 50$$

transformiert, so gibt die **Schwund**variable s_2 an, wieviel von den 50 zur Verfügung stehenden Einheiten des Produktes 2 bei Ausführung des Produktionsplanes (x_1, x_2, x_3) nicht benötigt werden. Die Variable s_2 ist also ein Maß für **nicht genutzte Ressourcen**. ♦

Indem man in jede vorkommende Ungleichung eine Schlupfvariable einführt, kann jedes Restriktionensystem mit Ungleichungen so in ein Gleichungssystem umgewandelt werden, daß man aus den Lösungen des Gleichungssystems die Lösungen des Ungleichungssystems ableiten kann. Da Schlupfvariablen stets nichtnegativ sind, müssen sie

- in einer "≤"-Ungleichung mit einem positiven Vorzeichen und
- in einer "≥"-Ungleichung mit einem negativen Vorzeichen eingeführt werden.

< 1.18 > Das Restriktionensystem

$$\begin{array}{rcrcrcl} 2x_1 & + & x_2 & + & x_3 & \leq & 37 \\ x_1 & + & 4x_2 & + & 2x_3 & \leq & 18 \\ x_1 & + & 2x_2 & + & x_3 & \geq & 3 \end{array}$$

läßt sich durch Einführung der nichtnegativen Schlupfvariablen s_1, s_2 und s_3 umwandeln in das Gleichungssystem

$$\begin{array}{rcrcrcrcrcrcl} 2x_1 & + & x_2 & + & x_3 & + & s_1 & & & & & = & 37 \\ x_1 & + & 4x_2 & + & 2x_3 & & & + & s_2 & & & = & 18\,. \\ x_1 & + & 2x_2 & + & x_3 & & & & & - & s_3 & = & 3 \end{array}$$

Die Lösungsmenge eines vorgegebenen Restriktionensystems stimmt dann mit der Teilmenge der Lösungsmenge des Gleichungssystems überein, die sich ergibt, wenn alle Schlupfvariablen nur nichtnegative Werte annehmen. Um die allgemeine Lösung des Restriktionensystems angeben zu können, empfiehlt es sich daher, das Gleichungssystem so umzuschlüsseln, daß alle Schlupfvariablen freie Variablen sind:

x_1	x_2	x_3	s_1	s_2	s_3	RS	
2	1	1	1	0	0	37	G_1
1	4	2	0	1	0	18	G_2
1	2	1	0	0	-1	3	G_3
1	-1	0	1	0	1	34	$G_1' = G_1 - G_3$
-1	0	0	0	1	2	12	$G_2' = G_1 - 2G_3$
1	2	1	0	0	-1	3	$G_3' = G_3$
0	-1	0	1	1	3	46	$G_1'' = G_1' + G_2'$
1	0	0	0	-1	-2	-12	$G_2'' = -G_2'$
0	2	1	0	1	1	15	$G_3'' = G_3' + G_2'$
0	1	0	-1	-1	-3	-46	$G_1''' = -G_1''$
1	0	0	0	-1	-2	-12	$G_2''' = G_2''$
0	0	1	2	3	7	107	$G_3''' = G_3'' + 2G_1''$

Die allgemeine Lösung des Gleichungssystems ist

$$\begin{pmatrix} x_1 \\ x_2 \\ x_3 \\ s_1 \\ s_2 \\ s_3 \end{pmatrix} = \begin{pmatrix} -12 \\ -46 \\ 107 \\ 0 \\ 0 \\ 0 \end{pmatrix} + \begin{pmatrix} 0 \\ 1 \\ -2 \\ 1 \\ 0 \\ 0 \end{pmatrix} s_1 + \begin{pmatrix} 1 \\ 1 \\ -3 \\ 0 \\ 1 \\ 0 \end{pmatrix} s_2 + \begin{pmatrix} 2 \\ 3 \\ -7 \\ 0 \\ 0 \\ 1 \end{pmatrix} s_3 \quad \text{mit beliebigen } s_1, s_2, s_3 \in \mathbf{R}.$$

Daraus läßt sich die allgemeine Lösung des Restriktionensystems ableiten als

$$\begin{pmatrix} x_1 \\ x_2 \\ x_3 \end{pmatrix} = \begin{pmatrix} -12 \\ -46 \\ 107 \end{pmatrix} + \begin{pmatrix} 0 \\ 1 \\ -2 \end{pmatrix} s_1 + \begin{pmatrix} 1 \\ 1 \\ -3 \end{pmatrix} s_2 + \begin{pmatrix} 2 \\ 3 \\ -7 \end{pmatrix} s_3 \quad \text{mit beliebigen } s_1,\ s_2,\ s_3 \in R_0.$$

Wählt man z. B. für $s_1 = 0$, $s_2 = 1$, $s_3 = 6$, so erhält man die Lösung $(x_1^*, x_2^*, x_3^*) = (1, -27, 62)$, die das Restriktionensystem erfüllt.

$$\begin{array}{ccccccccc} 2 & - & 27 & + & 62 & = & 37 & \le & 37 \\ 1 & - & 108 & + & 124 & = & 17 & \le & 18 \\ 1 & - & 54 & + & 62 & = & 9 & \ge & 3 \end{array}$$

♦

Algorithmus zur Bestimmung der Allgemeinen Lösung eines Linearen Restriktionensystems

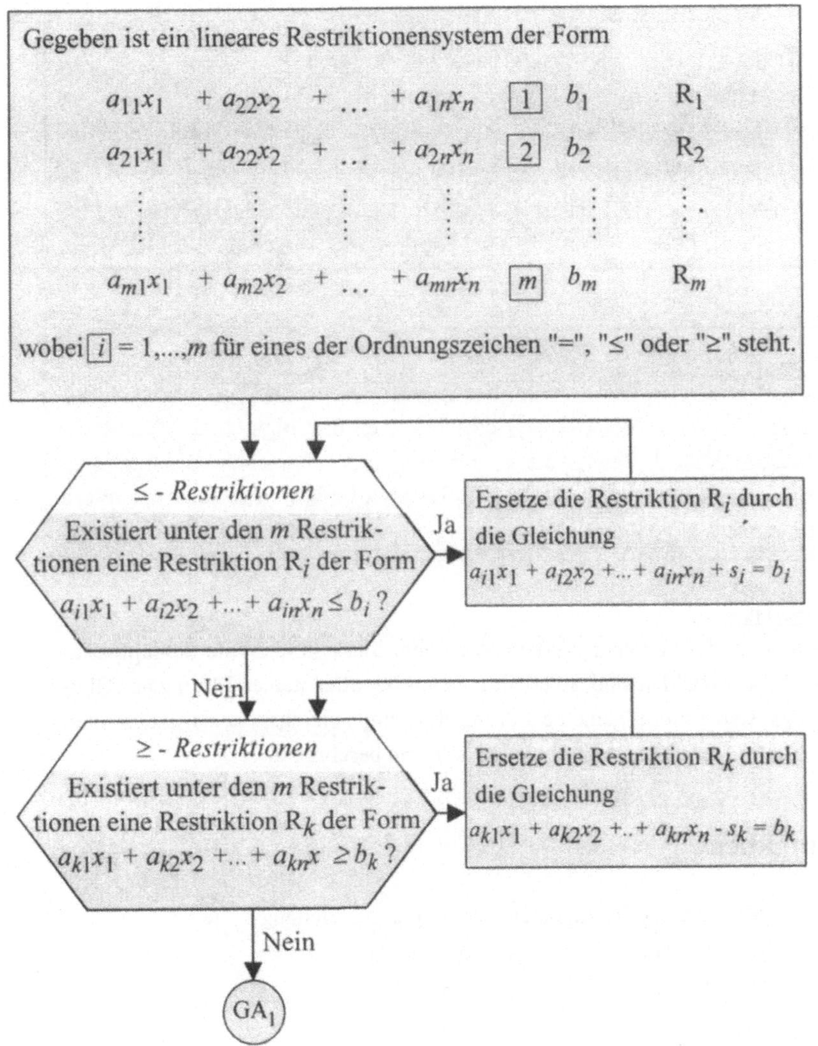

Umschlüsselung des Systems

Das nun vorliegende Gleichungssystem, bestehend aus m Gleichungen mit n Strukturvariablen x_j, $j = 1,...,n$, und höchstens m Schlupfvariablen s_l, $l \in \{1,...,m\}$, ist mit Hilfe des GAUSSchen Algorithmus so zu entschlüsseln, daß - soweit möglich - alle Schlupfvariablen s_l freie Variablen werden.

Allgemeine Lösung des Ungleichungsystems

Aus der allgemeinen Lösung des gemäß dem vorangegangenen Schritt entschlüsselten Gleichungsystems läßt sich die allgemeine Lösung des linearen Restriktionensystems ableiten, indem man nur das Lösungstupel übernimmt, für das die Schlupfvariablen nichtnegative Werte annehmen.

Bemerkung:

Gelingt es, das Gleichungsystem so zu entschlüsseln, daß alle Schlupfvariablen freie Variablen sind, so erhält man aus der allgemeinen Lösung des Gleichungsystems die allgemeine Lösung des Ungleichungssystems, indem man die Schlupfvariablen auf nichtnegative Werte beschränkt.

Aufgaben

1.1 Bestimmen Sie die allgemeine Lösung des Gleichungssystems

$$\begin{array}{rcrcrcrcr} 3x_1 & + & 4x_2 & & & + & 2x_4 & = & 3 \\ 2x_1 & + & 2x_2 & + & 4x_3 & + & 4x_4 & = & 8 \\ x_1 & & & + & 2x_3 & + & 3x_4 & = & 1 \end{array}$$

1.2 Bestimmen Sie in dem linearen Gleichungssystem

$$\begin{array}{rcrcrcr} 2x_1 & + & 3x_2 & + & ax_3 & = & 3 \\ x_1 & + & x_2 & - & x_3 & = & 1 \\ x_1 & + & ax_2 & + & 3x_3 & = & 2 \end{array}$$

den reellen Parameter a so, daß

a. keine Lösung,

b. mehr als eine Lösung,

c. eine eindeutige Lösung existiert.

1.3 Bestimmen Sie die allgemeine Lösung des Gleichungssystems:

$$\begin{array}{rcrcrcrcr} 3x_1 & + & x_2 & + & x_3 & - & x_4 & = & 6 \\ -2x_1 & - & 4x_2 & + & 2x_3 & + & 2x_4 & = & -6 \\ 2x_1 & - & x_2 & + & 2x_3 & & & = & 5 \end{array}$$

1.4 Aus den Stoffen A, B und C soll ein Gemisch konstruiert werden, welches 35% A, 35% B und 30% C enthalten soll. Es stehen aber nur die drei Mischungen M_1, M_2 und M_3 mit den folgenden Zusammensetzungen zur Verfügung

M_1 : 25% A, 30% B, 45% C

M_2 : 30% A, 40% B, 30% C

M_3 : 50% A, 30% B, 20% C

Ist es möglich, die Mischungen so zu kombinieren, daß sich das gewünschte Gemisch ergibt? Wenn ja, geben Sie eine mögliche Kombination an.

1.5 Die Firma P.A. Pier unterhält die Papierfabriken A, B und C, die aus technischen Gründen die drei verschiedenen Papiersorten Schreibpapier, Karton und Packpapier als Kuppelprodukte in konstanten, fabrikspezifischen Proportionen herstellen. Die auf einen Monat bezogenen Kapazitäten werden durch die folgende Tabelle gegeben:

Fabrik	A	B	C
Schreibpapier	10t	20t	50t
Karton	20t	30t	40t
Packpapier	30t	40t	40t

Es sollen in einem bestimmten Monat 47t Schreibpapier, 56t Karton und 70t Packpapier erzeugt werden. Ist dies ohne eine überschüssige Produktion möglich? Falls ja: Liegt nun schon die Produktionsplanung für jede der drei Fabriken fest? Mit welcher Kapazitätsauslastung sollen die Fabriken A, B und C produzieren?

1.6 Für die Herstellung von drei Produkten P_1, P_2 und P_3 benötigt ein Betrieb zwei verschiedene Materialarten M_1 und M_2. Um eine Einheit (EH) von P_1 herzustellen, braucht man 3 EH von M_1 und 7 EH von M_2, um eine Einheit von P_2

herzustellen 6 EH von M_1 und 5 EH von M_2, um eine Einheit von P_3 herzustellen 8 EH von M_1 und 4 EH von M_2. Vom Material M_1 stehen 640 EH und vom Material M_2 490 EH zur Verfügung.

Wieviele Einheiten sind von den einzelnen Erzeugnissen herzustellen, damit das gesamte Material verbraucht wird?

a. Stellen Sie das Gleichungssystem auf!

b. Bestimmen Sie die allgemeine Lösung dieses Systems!

c. Geben Sie eine (ökonomisch sinnvolle) ganzzahlige Lösung an!

1.7 Bestimmen Sie die allgemeine Lösung des Restriktionensystems

$$\begin{array}{rcrcrcrcr} 2x_1 & + & 3x_2 & & & + & x_4 & = & 16 \\ x_1 & + & x_2 & + & 2x_3 & + & x_4 & \geq & 2 \\ & & x_2 & & & + & x_4 & \leq & 8 \\ 2x_1 & + & x_2 & & & - & x_4 & = & 6 \end{array}$$

1.8 Bei dem Entschlüsseln eines Gleichungssystems ergibt sich die folgende Tabelle:

x_1	x_2	x_3	x_4	RS
0	1	3	$2a - 7$	10
0	0	0	$a^2 - a - 6$	$6 - 2a$
1	0	-2	$5 + a$	$3 - 4a$
0	0	1	$1 - a$	$a - 2$

Für welche Werte des Parameters $a \in \mathbf{R}$ hat das Gleichungssystem

α. eine eindeutige Lösung?

β. keine Lösung?

γ. unendlich viele Lösungen? Geben Sie in diesem Fall die allgemeine Lösung an.

2. Lineare Optimierung

In praktischen Anwendungsfällen besitzen lineare Restriktionensysteme, insbesondere wenn sie Ungleichungen aufweisen, zumeist unendlich viele Lösungen. Alle diese Lösungen sind bzgl. der vorgegebenen Bedingungen gleichwertig. Dennoch wird man sich i. allg. nicht zufällig für eine dieser Lösungen entscheiden, sondern der Entscheidungsträger wird die sich bietende Gelegenheit nützen und eine Lösung auswählen, die ein weiteres wünschenswertes Ziel möglichst gut erfüllt.

Eine der einfachsten Formen der Zielbewertung besteht darin, jedem Lösungstupel $(x_1, x_2,..., x_n)$ mittels einer *linearen* Zielfunktion

$$x_0 = f(x_1, x_2,..., x_n) = b_0 + c_1x_1 + c_2x_2 +...+ c_nx_n \qquad (2.1)$$

mit $b_0, c_1,..., c_n \in \mathbf{R}$ einen Zielwert $x_0 \in \mathbf{R}$ zuzuordnen.

Die Aufgabe besteht dann darin, unter allen Lösungen eines gegebenen Restriktionensystems eine Lösung zu finden, für die die Zielfunktion einen möglichst großen (bzw. möglichst kleinen) Zielwert annimmt. Man spricht dann vom Problem der *linearen Maximierung* (bzw. *linearen Minimierung*); beide Aufgabentypen werden zusammen als *lineare Programmierung* oder *lineare Optimierung* bezeichnet. Die gesuchte Lösung nennt man entsprechend *maximal* (bzw. *minimal*), allgemein *optimal*.

2.1 Graphische Lösung

Für eine **lineare Programmierungsaufgabe mit nur zwei Strukturvariablen** läßt sich die optimale Lösung zeichnerisch ermitteln. Beachtet man, daß

- die Menge der Lösungen einer linearen Gleichung

$$a_{i1}x_1 + a_{i2}x_2 = b_i \quad \Leftrightarrow \quad x_2 = -\frac{a_{i1}}{a_{i2}}x_1 + \frac{b_i}{a_{i2}}$$

  eine Gerade im $\mathbf{R}^2$ darstellt und

- die Menge der Lösungen einer linearen Ungleichung

$$a_{k1}x_1 + a_{k2}x_2 \leq b_k \quad bzw. \quad a_{k1}x_1 + a_{k2}x_2 \geq b_k$$

  einer Halbebene im $\mathbf{R}^2$ entspricht, die durch die Gerade

$$x_2 = -\frac{a_{k1}}{a_{k2}}x_1 + \frac{b_k}{a_{k2}}$$

begrenzt wird, so läßt sich die Menge M der Lösungen eines linearen Restriktionensystems bestimmen als Durchschnitt der Lösungsmengen der zu diesem System gehörenden Gleichungen bzw. Ungleichungen.

Weiterhin ist der geometrische Ort aller Punkte $(x_1, x_2) \in \mathbf{R}^2$, die bei gegebener Zielfunktion

$$x_0 = f(x_1, x_2) = b_0 + c_1 x_1 + c_2 x_2$$

zu dem gleichen Zielwert x_0 führen, die Gerade mit der Gleichung

$$x_2 = -\frac{c_1}{c_2} x_1 + \frac{x_0 - b_0}{c_2} .$$

Aus der Schar paralleler Geraden mit der Steigung $-\frac{c_1}{c_2}$ ist dann diejenige auszuwählen, die mit der Lösungsmenge M des linearen Restriktionensystems noch wenigstens einen Punkt gemeinsam hat und - je nach Aufgabenstellung - einen maximalen Zielwert x_{0Max} bzw. einen minimalen Zielwert x_{0Min} aufweist. Ein Punkt aus M, der auf der so bestimmten Extremgeraden liegt, ist eine optimale Lösung der linearen Optimierungsaufgabe. Zur Unterscheidung von optimalen Lösungen bezeichnet man die Lösungen des linearen Restriktionensystems als *zulässige Lösungen* des linearen Programmierungsproblems.

Der vorstehend beschriebene Lösungsweg wird nochmals anhand der nachfolgenden numerischen Beispiele veranschaulicht.

< **2.1** > Eine Möbelfabrik stellt zwei Typen von Fernsehsesseln her. Jeder Sessel wird - vgl. nachstehende Tabelle - eine gewisse Zahl von Stunden in der Schreinerei, in der Polsterei und in der Veredlungswerkstatt bearbeitet. Insgesamt stehen pro Tag je 33 Arbeitsstunden in der Schreinerei und in der Veredlungswerkstatt und 67 Arbeitsstunden in der Polsterei zur Verfügung. Für den Fernsehsessel vom Typ 1 wird eine spezielle Kippmechanik benötigt, von der pro Tag höchstens 16 Stück geliefert werden können.

	benötigte Arbeitsstunden pro Stück in der		
	Schreinerei	Polsterei	Veredlungswerkstatt
Sessel vom Typ 1	2	3	1
Sessel vom Typ 2	1	5	3

Wieviele Sessel sollen von beiden Typen hergestellt werden, wenn der Gewinn pro Sessel vom Typ 1 DM 54,- und vom Typ 2 DM 90,- beträgt und die Möbelfabrik ihren Gewinn maximieren will?

Lösung: Bezeichnen wir mit x_j die Anzahl von Sesseln, die pro Tag vom Typ j, $j = 1,2$, hergestellt werden sollen, so läßt sich diese Aufgabe mathematisch wie folgt formulieren:

$$x_0 = 54x_1 + 90x_2 \quad \rightarrow \quad \text{Max}$$

unter Beachtung der Restriktionen

$2x_1 + x_2 \leq 33$		*Arbeitsstunden in der Schreinerei*
$3x_1 + 5x_2 \leq 67$		*Arbeitsstunden in der Polsterei*
$x_1 + 3x_2 \leq 33$		*Arbeitsstunden in der Veredlungswerkstatt*
$x_1 \leq 16$		*spezielle Kippmechanik*
$x_1 \geq 0$		*Nichtnegativitätsbedingung*
$x_2 \geq 0$		*Nichtnegativitätsbedingung*

Die Menge der zulässigen Lösungen dieses linearen Maximierungsproblems ist

$$\begin{aligned} M = &\{(x_1, x_2) \mid x_1 \geq 0 \text{ und } x_2 \geq 0\} \cap \{(x_1, x_2) \mid x_2 \leq 33 - 2x_1\} \\ &\cap \{(x_1, x_2) \mid x_2 \leq \tfrac{67}{5} - \tfrac{3}{5}x_1\} \cap \{(x_1, x_2) \mid x_2 \leq 11 - \tfrac{1}{3}x_1\} \\ &\cap \{(x_1, x_2) \mid x_1 \leq 16\} \ . \end{aligned}$$

Diese Menge M ist in der nachfolgenden Abbildung 2.1 dargestellt. Dabei gehören zu M alle Zahlenpaare (x_1, x_2) des schraffierten Sechsecks einschließlich der Randpunkte.

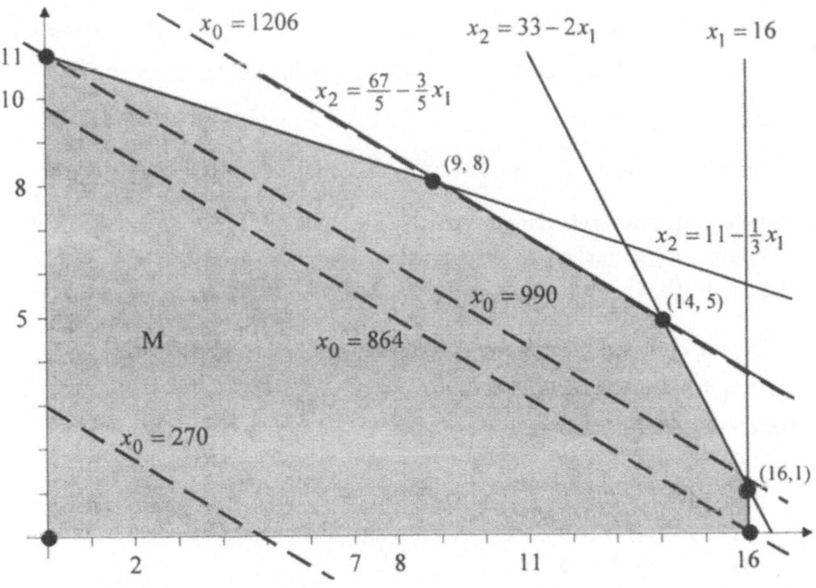

Abb. 2.1: Menge der zulässigen Lösungen

Um aus der Menge der zulässigen Lösungen eine gewinnmaximale auszuwählen, zeichnen wir in Abbildung 2.1 eine Schar paralleler Geraden mit der Gleichung

$$x_2 = -\tfrac{54}{90}x_1 + \tfrac{1}{90}x_0 = -\tfrac{3}{5}x_1 + \tfrac{1}{90}x_0$$

für verschiedene $x_0 \in \mathbf{R}^+$ ein. Dabei ist wegen $\frac{x_0}{90} > 0$ der Zielwert x_0 einer Geraden aus dieser Schar um so höher, je weiter die Gerade nach oben verschoben wird.

Durch Parallelverschiebung der Zielgeraden läßt sich aus der Zeichnung ablesen, daß die Gerade mit dem maximalen Zielwert durch die Punkte (9, 8) und (14, 5) verläuft. Dies wird auch durch die Rechnung bestätigt, denn die Schar paralleler Geraden weist mit $-\frac{54}{90} = -\frac{3}{5}$ dieselbe Steigung auf wie die Restriktionengrenzgerade $3x_1 + 5x_2 = 67$.

Dieses lineare Optimierungsproblem besitzt somit keine eindeutige Lösung, sondern jedes Punktepaar (x_1, x_2) auf dem Geradenstück zwischen den Punkten (9, 8) und (14, 5) einschließlich dieser Endpunkte ist eine maximale Lösung des Problems.

Die allgemeine Lösung ist dann $\begin{pmatrix} x_1 \\ x_2 \end{pmatrix} = \begin{pmatrix} t_1 \\ \frac{67}{5} - \frac{3}{5}t_1 \end{pmatrix}, \quad t_1 \in [9, 14]$

und der mit jeder dieser optimalen Handlungsalternative erzielbare maximale Gewinn ist gleich $x_{0Max} = 54 \cdot 9 + 90 \cdot 8 = 1206$ [DM] . ♦

< **2.2** > Ändern wir die Aufgabenstellung im Beispiel < 2.1 > so ab, daß der Gewinn pro Sessel vom Typ 1 DM 50,- beträgt, so gilt für die Steigung $-\frac{c_1}{c_2} = -\frac{50}{90}$ der Schar paralleler Geraden

$$-0{,}6 = -\tfrac{3}{5} < -\tfrac{50}{90} = -\tfrac{5}{9} = -0{,}\overline{5}\ldots < -\tfrac{1}{3} = -0{,}\overline{3}\ldots \ .$$

Die optimale Zielgerade geht dann durch den Eckpunkt (9, 8) des Sechsecks M. Die lineare Optimierungsaufgabe hat nun eine eindeutige Lösung, und zwar

$$(x_1^*, x_2^*) = (9, 8) \quad \text{mit} \quad x_{0Max} = 50 \cdot 9 + 90 \cdot 8 = 1.170 \text{ [DM]}.$$ ♦

< **2.3** > Um die optimale Lösung des linearen Programmierungsproblems

$$x_0 = x_1 + x_2 \to \text{Min}$$

unter Beachtung der Restriktionen

$$\begin{aligned} -3x_1 + 8x_2 &\le 32 \\ x_1 &\le 8 \\ x_1 + 6x_2 &\ge 6 \\ 2x_1 + 3x_2 &\ge 6 \end{aligned}$$

zu bestimmen, zeichnen wir in eine x_1-x_2-Ebene die Menge M der zulässigen Lösungen:

$$M = \{(x_1,x_2) \mid x_2 \le 4 + \tfrac{3}{8}x_1\} \cap \{(x_1,x_2) \mid x_1 \le 8\}$$
$$\cap \{(x_1,x_2) \mid x_2 \ge 1 - \tfrac{1}{6}x_1\} \cap \{(x_1,x_2) \mid x_2 \ge 2 - \tfrac{2}{3}x_1\}.$$

Die Menge M ist das schraffierte Viereck in Abbildung 2.2 einschließlich der Randpunkte.

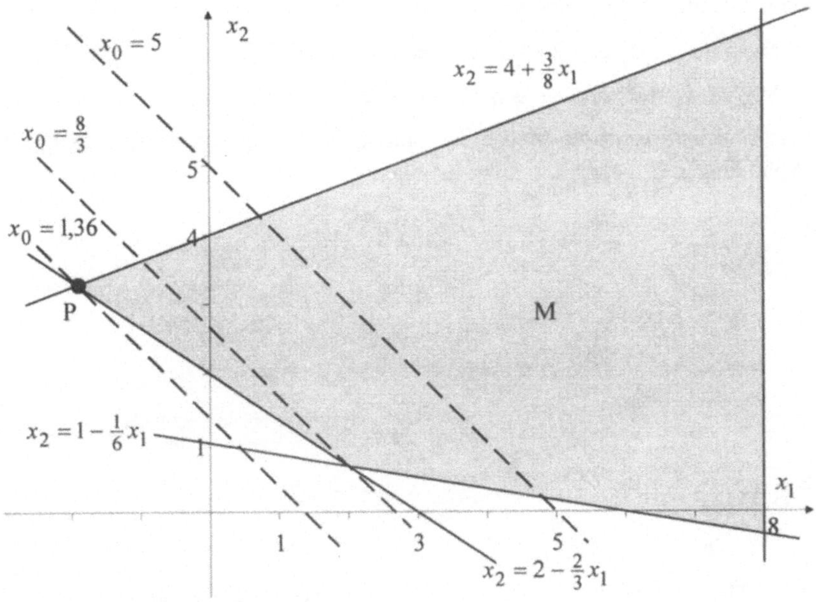

Abb. 2.2: Menge M *der zulässigen Lösungen*

Die Gerade aus der Schar paralleler Geraden mit der Steigung $\frac{c_1}{c_2} = -1$, die das kleinste Niveau $x_0 = x_1 + x_2$ aufweist und noch wenigstens einen Punkt (x_1, x_2) mit M gemeinsam hat, geht durch den Eckpunkt P, der als Schnittpunkt der Geraden $x_2 = 4 + \frac{3}{8}x_1$ und $x_2 = 2 - \frac{2}{3}x_1$ die Koordinaten

$$4 + \tfrac{3}{8}x_1 = 2 - \tfrac{2}{3}x_1 \Leftrightarrow \tfrac{3}{8}x_1 + \tfrac{2}{3}x_1 = -2$$
$$\Leftrightarrow x_1^* = -2 \cdot \frac{24}{3 \cdot 3 + 2 \cdot 8} = -\frac{48}{25} = -1{,}92$$

und $x_2^* = 2 - \frac{2}{3}(-\frac{48}{25}) - \frac{82}{25} = 3{,}28$ hat.

Der minimale Zielwert ist daher

$$x_{0Min} = -1{,}92 + 3{,}28 = 1{,}36 .$$

♦

< **2.4** > Die lineare Optimierungsaufgabe

$$x_0 = 3x_1 + 4x_2 \rightarrow \text{Max}$$

unter Beachtung der Restriktionen

$$\begin{aligned} 2x_1 + 3x_2 &\leq 6 \\ 4x_1 + 7x_2 &\geq 28 \\ x_1 &\geq 0 \end{aligned}$$

hat keine Lösung, da die Mengen

$$M_1 = \{(x_1, x_2) \mid x_2 \leq 2 - \tfrac{2}{3}x_1 \text{ und } x_1 \geq 0\} \quad \text{und}$$

$$M_2 = \{(x_1, x_2) \mid x_2 \geq 4 - \tfrac{4}{7}x_1 \text{ und } x_1 \geq 0\}$$

disjunkt sind und damit die Menge der zulässigen Lösungen die leere Menge ist, vgl. Abbildung 2.3.

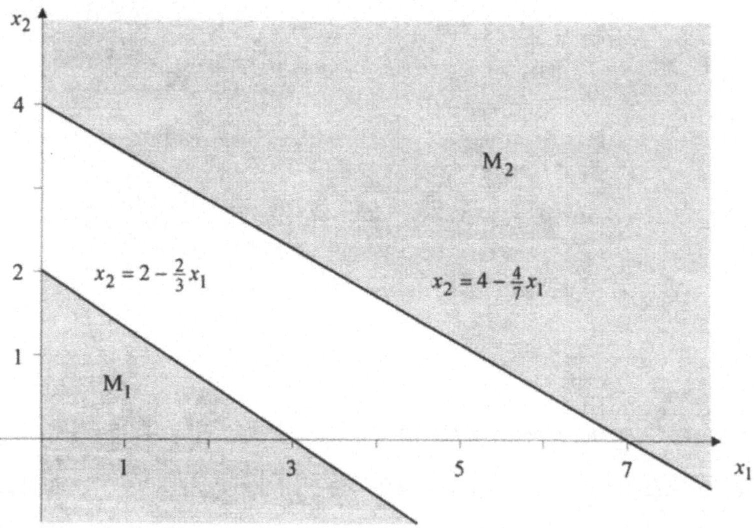

Abb.2.3 ♦

< **2.5** > Auch die lineare Programmierungsaufgabe

$$x_0 = 3x_1 + 4x_2 \rightarrow \text{Max}$$

unter Beachtung der Restriktionen

$$\begin{array}{rcrcl} 2x_1 & + & 3x_2 & \geq & 6 \\ x_1 & + & 6x_2 & \geq & 6 \\ x_1 & & & \geq & 0 \\ & & x_2 & \geq & 0 \end{array}$$

hat keine Lösung. Hier existiert zwar eine Menge M der zulässigen Lösungen, vgl. Abbildung 2.4, diese ist aber nicht beschränkt, und der Zielwert x_0 kann auf M beliebig groß werden, so daß kein Maximum existiert.

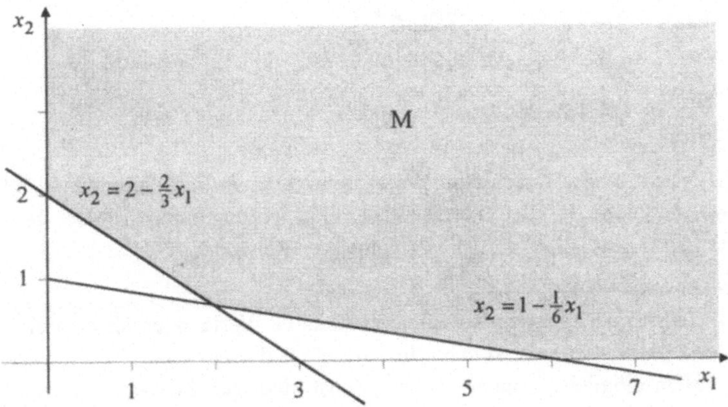

Abb. 2.4 ♦

Die vorstehenden Beispiele verdeutlichen, daß die Menge der zulässigen Lösungen eines linearen Optimierungsproblems mit zwei Strukturvariablen ein Vieleck im $\mathbf{R}^2$ ist, das durch Geradenstücke begrenzt wird.

Da der geometrische Ort für alle Punktepaare (x_1, x_2) mit dem gleichen Zielwert eine Gerade ist, besteht die optimale Lösung zumeist aus einem eindeutig bestimmten Eckpunkt dieses Vielecks. Es kann aber auch der Fall auftreten, daß eine mehrdeutige Lösung vorliegt, die neben zwei Eckpunkten auch die Verbindungsstrecke zwischen diesen Eckpunkten umfaßt.

Ein lineares Programmierungsproblem besitzt **keine Lösung**, wenn die Menge M der zulässigen Lösungen leer ist oder wenn die Zielfunktion bei einer Maximierungsaufgabe beliebig große Werte bzw. bei einer Minimierungsaufgabe beliebig kleine Werte auf M annehmen kann.

Die graphische Lösungsmethode läßt sich zwar auf lineare Optimierungsmodelle mit drei Strukturvariablen erweitern, bei der praktischen Durchführung ergeben sich aber erhebliche Schwierigkeiten, da nun Punktmengen im $\mathbf{R}^3$ zu untersuchen sind.

Um die Menge M der zulässigen Lösungen zu bestimmen, ist zu beachten, daß

- die Lösungsmenge einer linearen Gleichung

  $$a_{i1}x_1 + a_{i2}x_2 + a_{i3}x_3 = b_i$$

  eine ebene Fläche im $\mathbf{R}^3$ darstellt, vgl. die Abbildungen 1.4-1.7 auf den Seiten 13f, und

- die Lösungsmenge einer linearen Ungleichung

  $$a_{k1}x_1 + a_{k2}x_2 + a_{k3}x_3 \leq b_k \qquad (\text{bzw.} \geq b_k)$$

  einen Halbraum des $\mathbf{R}^3$ bildet, der durch die Ebene mit der Gleichung

  $$a_{k1}x_1 + a_{k2}x_2 + a_{k3}x_3 = b_k$$

  begrenzt wird.

Die Menge M ist dann der Durchschnitt aller dieser Ebenen und Halbräume und somit eine Teilmenge des $\mathbf{R}^3$, die nur von ebenen Flächen begrenzt wird. Der geometrische Ort aller Tupel (x_1, x_2, x_3), die zum gleichen Zielwert

$$x_0 = c_1x_1 + c_2x_2 + c_3x_3$$

führen, ist ebenfalls eine Ebene im $\mathbf{R}^3$. Für verschiedene Werte x_0 erhält man eine Schar paralleler Ebenen. Gesucht ist dann die Ebene aus dieser Schar, die - je nach Zielsetzung - einem möglichst hohen bzw. möglichst niedrigen Zielwert entspricht und noch wenigstens einen Punkt mit M gemeinsam hat. Offensichtlich kommt dann als optimale Lösung nur eine Ecke von M, eine Kante zwischen zwei Ecken oder eine Seitenfläche von M in Betracht.

Anhand des nachfolgenden numerischen Beispiels wird deutlich, daß bei linearen Optimierungsproblemen mit drei Strukturvariablen die Bestimmung der Menge der zulässigen Lösungen und die Auswahl der optimalen Lösung recht aufwendig ist.

< 2.6 > Zu lösen ist das lineare Maximierungsproblem

$$x_0 = 2x_1 + 2x_2 + 3x_3 \qquad \rightarrow \text{Max}$$

unter Beachtung der Restriktionen

$$\begin{array}{llllllll}
\text{I} & 3x_1 & + & 3x_2 & + & 2x_3 & \leq & 18 \\
\text{II} & 9x_1 & + & 4x_2 & + & \frac{36}{7}x_3 & \leq & 36 \\
\text{III} & 6x_1 & + & 8x_2 & + & 15x_3 & \leq & 60 \\
\text{NN} & x_1, & & x_2, & & x_3, & \geq & 0.
\end{array}$$

Zum Zeichnen lösen wir die drei linearen Restriktionsungleichungen nach der Variablen x_3 auf:

I′ $x_3 \leq 9 - \frac{3}{2}x_1 - \frac{3}{2}x_2$

II′ $x_3 \leq 7 - \frac{7}{4}x_1 - \frac{7}{9}x_2$

III′ $x_3 \leq 4 - \frac{2}{5}x_1 - \frac{8}{15}x_2$

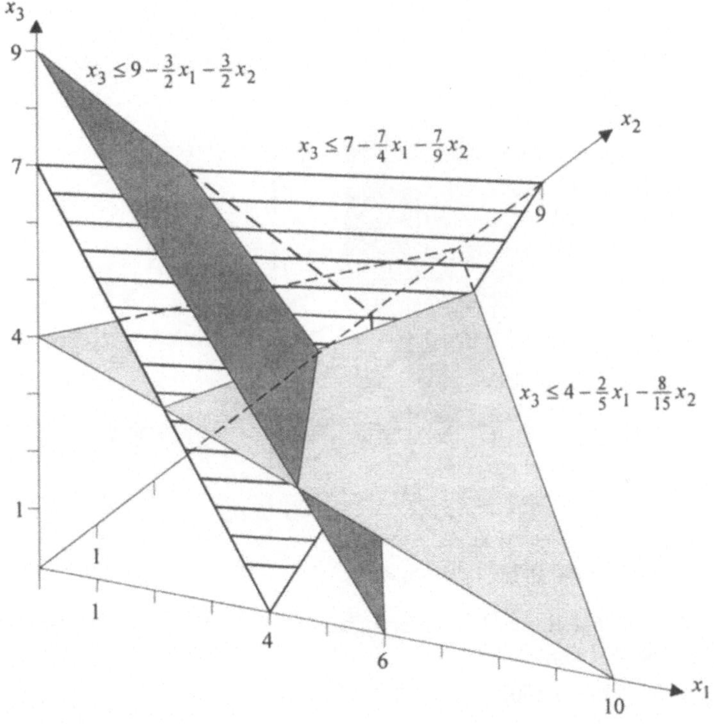

Abb. 2.5

Um die Menge der zulässigen Lösungen zu bestimmen, berechnen wir für die Schnittlinien zwischen diesen drei Begrenzungsebenen die jeweilige Definitionsmenge in der x_1-x_2-Ebene.

Durch Gleichsetzen der x_3-Werte erhält man

a. für die Schnittlinie zwischen I′ und II′: $x_2 = \frac{18}{13}(2 + \frac{1}{4}x_1)$

b. für die Schnittlinie zwischen II′ und III′: $x_2 = \frac{45}{11}(3 - \frac{27}{10}x_1)$

c. für die Schnittlinie zwischen I′ und III′: $x_2 = \frac{30}{29}(5 - \frac{11}{10}x_1)$

Daraus läßt sich dann ableiten, daß sich alle drei Begrenzungsebenen schneiden im Punkt $P = (x_1^*, x_2^*, x_3^*) \approx (1{,}619,\ 3{,}330,\ 1{,}576)$.

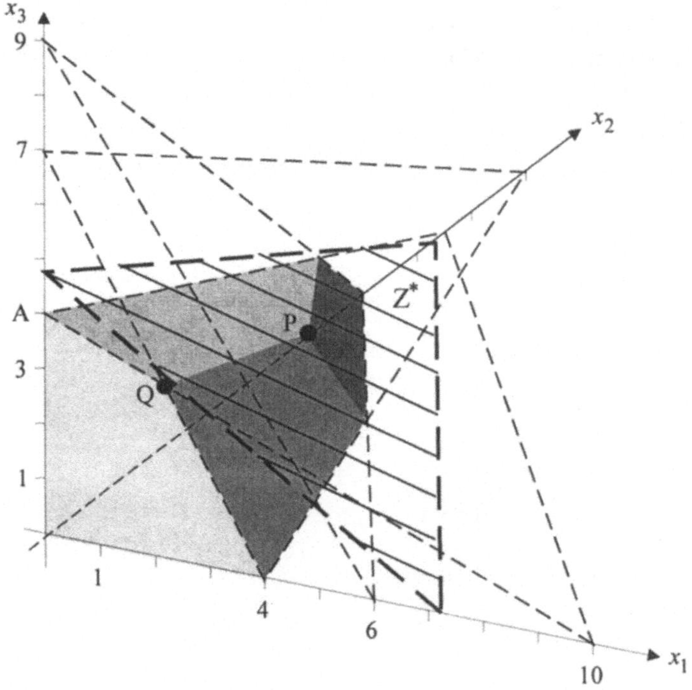

Abb. 2.6: Menge der zulässigen Lösungen

Die optimale Lösung dieser Maximierungsaufgabe ist $P = (x_1^*, x_2^*, x_3^*)$, die zu dem maximalen Zielwert

$$x_0^* \approx 2(1{,}619 + 3{,}330) + 3 \cdot 1{,}576 = 14{,}626 \quad \text{führt.}$$ ♦

Aus der Abbildung 2.6 läßt sich entnehmen, daß der evtl. ebenfalls als maximale Lösung in Betracht kommende Punkt Q unterhalb der Ebene Z* mit der Gleichung

$$2x_1 + 2x_2 + 3x_3 = 14{,}627346$$

liegt. Dies wird auch durch die Rechnung bestätigt, da der Punkt $Q = (\frac{20}{9}, 0, \frac{28}{9})$ zum Zielwert $x_0 = \frac{124}{9} = 13{,}78$ führt.

Schon dieses einfache Beispiel verdeutlicht, daß es wenig praktikabel ist, die graphische Lösungsmethode auf lineare Optimierungsmodelle mit mehr als zwei Strukturvariablen anzuwenden. Bei mehr als drei Variablen versagt darüber hinaus die menschliche Vorstellungskraft.

Wir wollen dennoch die aus der Anschauung gewonnenen Erkenntnisse abschließend zusammenfassen und dabei die Ergebnisse gleich allgemein für n Strukturvariablen formulieren. Hierzu sind die folgenden Definitionen hilfreich:

Definition 2.1:
Die Menge aller Lösungen $(x_1,\ldots,x_n) \in \mathbf{R}^n$ einer linearen Gleichung

$$a_1x_1 + a_2x_2 + \cdots + a_nx_n = b \tag{2.2}$$

mit $a_1, a_2, \ldots, a_n, b \in \mathbf{R}$ und $(a_1,\ldots,a_n) \neq (0,\ldots,0)$ wird als *Hyperebene* des $\mathbf{R}^n$ bezeichnet.

Da die n Variablen $x_1,\ldots, x_n$ durch eine lineare Gleichung verknüpft sind, geht ein Freiheitsgrad verloren und die Hyperebene im $\mathbf{R}^n$ hat somit die Dimension n-l. Speziell ist für $n = 3$ eine Hyperebene eine Ebene im üblichen Sinne. Es gilt aber auch allgemein, daß eine Hyperebene des $\mathbf{R}^n$ diesen in zwei Halbräume teilt.

Definition 2.2:
Eine beschränkte Menge des $\mathbf{R}^n$ heißt *abgeschlossen,* wenn sie jeden ihrer Randpunkte als Element enthält.

Definition 2.3:
Eine Menge des $\mathbf{R}^n$ heißt konvex, wenn sie mit zwei ihrer Punkte auch deren Verbindungsstrecke enthält.

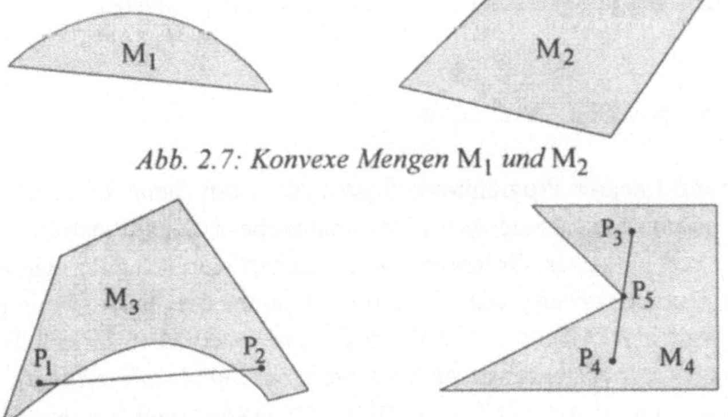

Abb. 2.7: Konvexe Mengen M_1 *und* M_2

Abb. 2.8: Nicht-konvexe Mengen M_3 *und* M_4

Definition 2.4:
Ein Punkt $P^* = (x_1^*,\ldots,x_n^*)$ heißt *Ecke* einer konvexen Menge $M \subset \mathbf{R}^n$, wenn es nicht möglich ist, eine Verbindungsstrecke zwischen zwei Punkten P_1 und P_2 aus M zu finden, so daß $P^* \in M$ auf dieser Verbindungsstrecke liegt, ohne dabei selbst Endpunkt der Strecke zu sein.

Der Punkt $P_5 \in M_4$ in Abbildung 2.8 ist nach Definition 2.4 keine Ecke von M_4.

Definition 2.5:
Eine abgeschlossene, konvexe Menge des $\mathbf{R}^n$ mit endlich vielen Ecken wird als *(konvexe) polyedrische Menge* bezeichnet. Ist die Menge zusätzlich beschränkt, so wird sie *(konvexer) Polyeder* genannt.

Beachten wir weiterhin den

Satz 2.1:
Der Durchschnitt endlich vieler abgeschlossener und konvexer Teilmengen des $\mathbf{R}^n$ ist ebenfalls konvex und abgeschlossen,

der unmittelbar aus der Definition des Durchschnitts, der Abgeschlossenheit und der Konvexität folgt.

Da die Lösungsmenge jeder Ungleichung

$$a_{k1}x_1 + \cdots + a_{kn}x_n \leq b_k \qquad (\text{bzw. } \geq b_k)$$

einen Halbraum des $\mathbf{R}^n$ darstellt, der abgeschlossen und konvex ist, folgt, daß die Menge M der zulässigen Lösungen eines linearen Optimierungssystems eine polyedrische Menge im $\mathbf{R}^n$ bildet, die durch Hyperebenen des $\mathbf{R}^n$ begrenzt wird, oder M ist leer.

Ist M außerdem beschränkt, so bildet M einen konvexen Polyeder.

2.2 Der Simplexalgorithmus

Da zur Lösung linearer Programmierungsaufgaben mit mehr als zwei Strukturvariablen der graphische Lösungsweg nicht praktikabel ist, stellt sich die Frage nach der Existenz rechnerischer Verfahren. In den letzten vierzig Jahren wurden zahlreiche, in der Vorgehensweise zum Teil höchst unterschiedliche Lösungsverfahren entwickelt, vgl. z. B. [DERIGS 1986]. In diesem Buch über lineare Wirtschaftsalgebra soll aber nur das bekannteste Verfahren, der *Simplexalgorithmus*, dargestellt werden. Diese im Jahre 1947 von DANTZIG [1963] und seinen Mitarbeitern erarbeitete Methode zeichnet sich dadurch aus, daß sie nicht nur leicht zu verstehen und einfach zu handhaben ist, sondern sich in der Praxis als ein recheneffizientes Verfahren erwiesen hat, vgl. z. B. [BORGWARDT 1985].

2.2.1 Grundlagen

Während bei der graphischen Lösungsmethode die Strukturvariablen auch negative Werte annehmen durften, basiert der Simplexalgorithmus auf der Annahme, daß neben den Schlupfvariablen auch die Strukturvariablen **nichtnegative** Größen sind.

Um die Zielfunktion

$$x_0 = b_0 + c_1x_1 + c_2x_2 + \cdots + c_nx_n \tag{2.1}$$

als 0-te Gleichung in das Rechentableau für lineare Gleichungssysteme einsetzen zu können, definieren wir

$$a_{01} = -c_1, \quad a_{02} = -c_2, \quad a_{0n} = -c_n.$$

Die Zielfunktion (2.1) läßt sich dann schreiben in Form der linearen Gleichung

$$x_0 + a_{01}x_1 + a_{02}x_2 + \cdots + a_{0n}x_n = b_0\,, \tag{2.3}$$

die wir als *Zielgleichung* bezeichnen wollen. Die Koeffizienten $a_{01}, a_{02}, \ldots, a_{0n}$ werden Zielkoeffizienten genannt. Die Variable x_0 heißt *Zielvariable.*

< **2.7** > Die Zielfunktion

$$x_0 = f(x_1, x_2, x_3) = 4 + 5x_1 - x_2 + 2x_3$$

ist äquivalent der Zielgleichung

$$x_0 - 5x_1 + x_2 - 2x_3 = 4\,.$$

◆

Ein lineares Optimierungssystem setzt sich damit aus den folgenden vier Teilen zusammen:

- *dem Restriktionensystem*, das nach Einfügen von Schlupfvariablen ein lineares Gleichungssystem darstellt,
- *den Nichtnegativitätsbedingungen*, die besagen, daß mit **Ausnahme der Zielvariablen** x_0 alle Variablen nur nichtnegative Werte annehmen dürfen,
- *der Zielgleichung*,
- *der Zielvorschrift*, die angibt, ob ein möglichst großer Zielwert ($x_0 \to$ Max) oder ein möglichst kleiner Zielwert ($x_0 \to$ Min) angestrebt werden soll.

< **2.8** > Basierend auf dem Restriktionensystem im Beispiel < 1.18 > und der Zielgleichung im Beispiel < 2.7 > läßt sich das folgende lineare Maximierungssystem formulieren:

$$\begin{array}{llllllll}
x_0 & - \; 5x_1 & + \; x_2 & - \; 2x_3 & & & & = \; 4 \\
 & \;\; 2x_1 & + \; x_2 & + \; x_3 & + \; x_4 & & & = \; 37 \\
 & \;\; x_1 & + \; 4x_2 & + \; 2x_3 & & + \; x_5 & & = \; 18 \\
 & \;\; x_1 & + \; 2x_2 & + \; x_3 & & & - \; x_6 & = \; 3 \\
 & \;\; x_1\,, & x_2\,, & x_3\,, & x_4\,, & x_5\,, & x_6 & \geq \; 0 \\
x_0 & \to \text{Max} & & & & & &
\end{array}$$

Die beiden ersten Teile dieses linearen Maximierungsmodells lassen sich auch als Rechentableau schreiben:

Tab. 2.1:

x_0	x_1	x_2	x_3	x_4	x_5	x_6	RS
1	-5	1	-2	0	0	0	4
	2	1	1	1	0	0	37
	1	4	2	0	1	0	18
	1	2	1	0	0	-1	3

♦

Bemerkung:
In Beispiel < 2.8 > wurden die Schlupfvariablen mit den gleichen Buchstaben symbolisiert wie die Strukturvariablen. Da im Gegensatz zur Bestimmung der allgemeinen Lösung linearer Restriktionensysteme hier alle Variablen die Nichtnegativitätsbedingung erfüllen müssen, ist eine Unterscheidung beider Variablentypen für das weitere Lösungsverfahren nicht notwendig, für die allgemeine Formulierung sogar störend. Strukturvariablen und Schlupfvariablen wollen wir zur Unterscheidung von der Zielvariablen x_0 als *Restriktionsvariablen* bezeichnen.

Wie das nachfolgende Beispiel < 2.9 > zeigt, kann ein lineares Minimierungssystem in ein lineares Maximierungssystem umgeformt werden:

< 2.9 > Gesucht ist der Output $(x_1, x_2) \in M \subset \mathbf{R}_0^2$ der die Kosten

$$K = K(x_1, x_2) = 5x_1 + 7x_2 \text{ minimiert.}$$

Die optimale Lösung dieser Minimierungsaufgabe läßt sich dadurch bestimmen, daß man die Maximierungsaufgabe $\text{Max} f(x_1, x_2)$ löst mit der Zielfunktion

$$x_0 = f(x_1, x_2) = - K(x_1, x_2) = -5x_1 - 7x_2$$

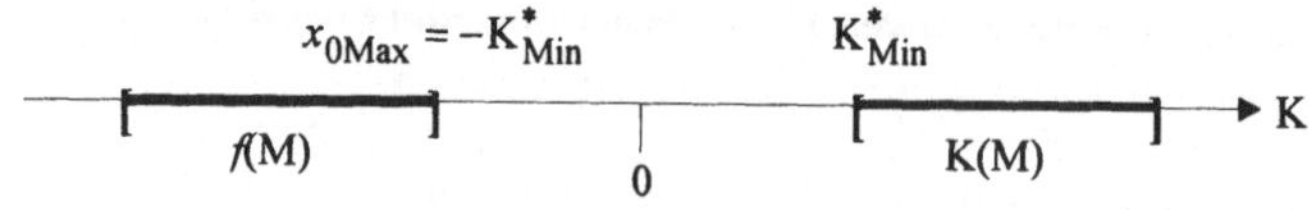

Abb. 2.9: Wertmengen K(M) *und* f(M)*, die auf der* K*-Achse spiegelsymmetrisch zum Nullpunkt liegen*

♦

Offensichtlich kann man jedes lineare Minimierungssystem in ein lineares Maximierungssystem mit identisch gleicher optimaler Lösung überführen (und umgekehrt), wenn man die Zielfunktion

$$z_0 = b_0 + c_1x_1 + c_2x_2 + ... + c_nx_n \text{ mit } z_0 \rightarrow \text{Min}$$

durch die Zielfunktion

$$x_0 = - z_0 = -b_0 - c_1x_1 - c_2x_2 - ... - c_nx_n \text{ mit } x_0 \rightarrow \text{Max}$$

ersetzt.

Es reicht daher aus, lineare Maximierungssysteme näher zu untersuchen. Die gefundenen Ergebnisse lassen sich dann direkt auf lineare Minimierungsmodelle übertragen. In der Praxis ist es deshalb zweckmäßiger, sich nur den Lösungsalgorithmus für den Modelltyp "Max" zu merken und bei Bedarf die Zielfunktion, wie oben dargestellt, umzuwandeln.

Betrachten wir nun das lineare Optimierungssystem (2.4):

$$\begin{array}{llllllll}
x_0 & & & + a_{0,m+1}\, x_{m+1} & + a_{0,m+2}\, x_{m+2} & + \dots & + a_{0n}\, x_n & = b_0 \\
& x_1 & & + a_{1,m+1}\, x_{m+1} & + a_{1,m+2}\, x_{m+2} & + \dots & + a_{1n}\, x_n & = b_1 \\
& & x_2 & + a_{2,m+1}\, x_{m+1} & + a_{2,m+2}\, x_{m+2} & + \dots & + a_{2n}\, x_n & = b_2 \\
& & & \vdots & & & & \vdots \\
& & x_m & + a_{m,m+1}\, x_{m+1} & + a_{m,m+2}\, x_{m+2} & + \dots & + a_{mn}\, x_n & = b_m
\end{array}$$

$$x_1, x_2, ..., x_m, x_{m+1}, x_{m+2}, ..., x_n \geq 0$$

$$x_0 \rightarrow \text{Max} \qquad (\text{bzw. } x_0 \rightarrow \text{Min})$$

In Anlehnung an die entsprechende Definition für Restriktionensysteme wollen wir jedes Optimierungssystem der Form (2.4) und jedes System, das sich durch Umnumerierung der Restriktionen und/oder der Restriktionenvariablen auf die Form (2.4) bringen läßt, *entschlüsselt* nennen.

Wurde die Entschlüsselung so durchgeführt, daß die rechten Seiten aller Restriktionengleichungen (aber nicht notwendig der Zielgleichung) **nichtnegativ** sind, so wollen wir genauer von einem *zulässigen entschlüsselten* Optimierungsmodell sprechen.

Das lineare Optimierungsmodell (2.4) ist genau dann **zulässig entschlüsselt**, wenn gilt

$$b_1 \geq 0, b_2 \geq 0, ..., b_m \geq 0.$$

Diese Bezeichnung rührt daher, daß die Basislösung eines zulässig entschlüsselten Optimierungssystems stets den Nichtnegativitätsbedingungen genügt.

< 2.10 > Das lineare Maximierungssystem in Beispiel < 2.8 > ist noch nicht entschlüsselt, es fehlt ein Schlüssel in der 3. Gleichung. Es ließe sich aber leicht durch Multiplikation der 3. Gleichung mit (-1) in ein entschlüsseltes System überführen.

Dieses wäre aber nicht zulässig entschlüsselt, da dann auf der rechten Seite der neuen 3. Gleichung die negative Zahl -3 stehen würde.

Entschlüsseln wir aber das Maximierungssystem nach dem Pivotelement $a_{31} = 1$, so erhalten wir ein Optimierungssystem, das zulässig entschlüsselt ist, vgl. das nachfolgende Tableau 2.2.

Tab. 2.2:

x_0	x_1	x_2	x_3	x_4	x_5	x_6	RS
1	0	11	3	0	0	-5	19
	0	-3	-1	1	0	2	31
	0	2	1	0	1	1	15
	1	2	1	0	0	-1	3

Das Maximierungssystem im Beispiel < 2.10 > ist offensichtlich äquivalent dem Maximierungssystem im Beispiel < 2.8 > im Sinne der nachfolgenden Definition 2.6, da nur Äquivalenztransformationen für Gleichungssysteme durchgeführt wurden.

Definition 2.6:
Zwei lineare Optimierungssysteme heißen *äquivalent,* wenn

1. jede Lösung des ursprünglichen Restriktionensystems auch Lösung des umgeformten Restriktionensystems ist und umgekehrt, d. h. die Restriktionensysteme müssen äquivalente Gleichungssysteme sein;
2. der Zielwert jeder zulässigen Lösung des ursprünglichen Systems in bezug auf die ursprüngliche Zielgleichung gleich dem Zielwert dieser Lösung in bezug auf die umgeformte Zielgleichung ist.

< 2.11 > Betrachten wir die allgemeine Lösung des Restriktionensystems im Beispiel < 2.10 >:

$$\begin{pmatrix} x_1 \\ x_2 \\ x_3 \\ x_4 \\ x_5 \\ x_6 \end{pmatrix} = \begin{pmatrix} 3 \\ 0 \\ 0 \\ 31 \\ 15 \\ 0 \end{pmatrix} + \begin{pmatrix} -2 \\ 1 \\ 0 \\ 3 \\ -2 \\ 0 \end{pmatrix} t_2 + \begin{pmatrix} -1 \\ 0 \\ 1 \\ 1 \\ -1 \\ 0 \end{pmatrix} t_3 + \begin{pmatrix} 1 \\ 0 \\ 0 \\ -2 \\ -1 \\ 1 \end{pmatrix} t_6, \quad t_2, t_3, t_6 \in \mathbf{R}_0$$

Der zugehörige Zielwert

$$x_0 = 19 - 11t_2 - 3t_3 + 5t_6$$

läßt erkennen, daß die Basislösung

$$(x_1, x_2, x_3, x_4, x_5, x_6) = (3, 0, 0, 31, 15, 0)$$

keine maximale Lösung darstellt. Deren Zielwert $x_0 = 19$ kann noch erhöht werden, und zwar wegen der Nichtnegativitätsbedingung dadurch, daß $t_2 = t_3 = 0$ und $t_6 > 0$ gewählt wird.

Der Zielvorschrift "$x_0 \to$ Max" entsprechend wird man t_6 möglichst groß wählen. Damit die verbesserte Lösung aber zulässig bleibt, müssen die Nichtnegativitätsbedingungen

$$x_1 = 3 + t_6 \geq 0 \quad \Leftrightarrow \quad t_6 \geq -3$$
$$x_4 = 31 - 2\,t_6 \geq 0 \quad \Leftrightarrow \quad t_6 \leq \tfrac{31}{2} = 15{,}5$$
$$x_5 = 15 - t_6 \geq 0 \quad \Leftrightarrow \quad t_6 \leq 15$$

erfüllt bleiben, d. h. t_6 darf maximal den Wert 15 annehmen und führt dann zur Lösung

$$(x_1, x_2, x_3, x_4, x_5, x_6) = (18, 0, 0, 1, 0, 15) \quad \text{mit dem Zielwert}$$
$$x_0 = 19 + 5 \cdot 15 = 94.$$

Das gleiche Ergebnis stellt sich ein, wenn man das Rechentableau im Beispiel < 2.10 > nach dem Pivotelement $a_{26} = 1$ umschlüsselt und die Basislösung in Tableau 2.3 abliest:

Tab. 2.3:

x_0	x_1	x_2	x_3	x_4	x_5	x_6	RS
1	0	21	8	0	5	0	94
	0	-7	-3	1	-2	0	1
	0	2	1	0	1	1	15
	1	4	2	0	1	0	18

Der Zielwert $x_0 = 94$ dieser neuen Basislösung läßt sich nicht mehr verbessern, denn wegen der Nichtnegativitätsbedingungen nimmt die Zielfunktion

$$x_0 = 94 - 21t_2 - 8t_3 - 5t_5$$

ihren maximalen Wert an, wenn alle freien Variablen gleich Null gesetzt werden, d. h. $t_2 = t_3 = t_5 = 0$. ♦

Diese gewonnenen Ergebnisse lassen sich leicht verallgemeinern:

Weist das lineare Maximierungssystem (2.4) die Eigenschaften

$$b_1, b_2, \ldots, b_m \geq 0 \quad \text{und} \quad a_{0,m+1}, a_{0,m+2}, \ldots, a_{0n} \geq 0$$

auf, so nimmt wegen der Nichtnegativitätsbedingungen die Zielfunktion

$$x_0 = b_0 - a_{0,m+1} \cdot t_{m+1} - a_{0,m+2} \cdot t_{m+2} - \ldots - a_{0n} \cdot t_n$$

ihren maximalen Wert an, wenn alle freien Variablen gleich Null gesetzt werden, d. h. $t_{m+1} = t_{m+2} = ... = t_n = 0$.

Unsere Überlegungen können wir zusammenfassen zum

Satz 2.2:
Sind alle Zielkoeffizienten eines zulässig entschlüsselten linearen Maximierungssystems nichtnegativ, so kann der Zielwert der zugehörigen Basislösung nicht weiter verbessert werden.

Analog gilt für lineare Minimierungssysteme:

Satz 2.3:
Sind alle Zielkoeffizienten eines zulässig entschlüsselten linearen Minimierungssystems nichtpositiv, so kann der Zielwert der zugehörigen Basislösung nicht weiter verbessert werden.

Wir wollen daher definieren:

Definition 2.7:

a. Ein lineares Maximierungssystem heißt *maximal entschlüsselt*, wenn es
   i. zulässig entschlüsselt ist und
   ii. alle Zielkoeffizienten nichtnegativ sind.

b. Ein lineares Minimierungssystem heißt *minimal entschlüsselt*, wenn es
   i. zulässig entschlüsselt ist und
   ii. alle Zielkoeffizienten nichtpositiv sind.

Bemerkung:
Analog zu der Bezeichnung von Gleichungssystemen werden entschlüsselte Optimierungssysteme in der Literatur auch als *kanonisch* bezeichnet. Weiterhin werden zulässig entschlüsselte Optimierungssysteme auch *primal zulässig* genannt. Anstelle von maximal entschlüsselt sprechen JAEGER, WÄSCHER [1987, S. 287] von linearen Maximierungssystemen *in primal* und *dual zulässiger Form*, wobei mit der Bezeichnung *dual zulässig* ausgedrückt wird, daß alle Zielkoeffizienten eines entschlüsselten linearen Maximierungssystems nichtnegativ sind.

Nach den vorstehenden Überlegungen ist die Aufgabe, eine nichtnegative maximale Lösung eines linearen Maximierungssystems zu bestimmen, dann gelöst, wenn eine maximale Entschlüsselung des Modells vorliegt.

Ein Weg dazu wäre, alle Entschlüsselungen des Systems durchzuführen, unter diesen zunächst die zulässig entschlüsselten herauszufiltern und in dieser Teilmenge eine Entschlüsselung zu suchen, bei der alle Zielkoeffizienten nichtnegativ sind. Bedenkt man aber, daß die Anzahl der möglichen Basislösungen eines entschlüsselten Gleichungssystems mit n Restriktionsvariablen und r Gleichungen gleich $\binom{n}{r}$ ist, so wird deutlich, daß dieser Weg wegen des damit verbundenen immensen Rechenaufwandes für praktische Anwendungen kaum in Betracht kommt. In der ökonomischen Praxis sind lineare Programmierungsmodelle mit einigen hundert Variablen und mehr als hundert Gleichungen keine Seltenheit.

Wir werden deshalb nach einer Methode suchen, mit der man schrittweise von einer Entschlüsselung zu einer "günstigeren" übergeht. Dabei soll von zwei zulässig entschlüsselten äquivalenten Systemen dasjenige *günstiger* genannt werden, dessen Zielwert bei einem linearen Maximierungsproblem den größeren (bzw. bei einem linearen Minimierungsproblem den kleineren) Wert aufweist.

2.2.2 Phase 2 des Simplexalgorithmus

In diesem Abschnitt wird die eigentliche Optimierungsphase des Simplexalgorithmus von DANTZIG dargestellt, die es gestattet, schrittweise von der Basislösung eines **zulässig entschlüsselten** Optimierungssystems zu einer im allgemeinen günstigeren, zumindest nicht ungünstigeren zulässigen Basislösung dieses Systems zu kommen.

Offensichtlich liegt ein zulässig entschlüsseltes Ausgangssystem auf jeden Fall dann vor, wenn das Restriktionensystem nur **Ungleichungen der Form "≤" mit nichtnegativen rechten Seiten** aufweist.

Wir wollen den Lösungsalgorithmus zunächst anhand des Beispiels < 2.1 > "Produktion einer Möbelfabrik" erläutern, das schon auf Seite 45 mit der graphischen Methode gelöst wurde.

Anschließend werden mit Hilfe weiterer Beispiele spezielle Probleme erörtert, die bei der Durchführung dieses Lösungsalgorithmus auftreten können. Mit den so gewonnen Erkenntnissen können wir dann die Phase 2 des Simplexalgorithmus allgemein formulieren und das als Ablaufplan strukturierte Lösungsverfahren anhand weiterer Beispiele erproben.

< 2.12 > Durch Einfügen der Schlupfvariablen x_3, x_4, x_5, $x_6 \geq 0$, die ökonomisch gesehen die nicht ausgenutzten Ressourcen an Arbeitsstunden bzw. Kippmechaniken angeben, läßt sich das lineare Maximierungssystem im Beispiel < 2.1 > schreiben als das zulässig entschlüsselte lineare Optimierungssystem:

$$\begin{array}{llllllllllllll}
x_0 & - & 54x_1 & - & 90x_2 & & & & & & & & = & 0 \\
& & 2x_1 & + & x_2 & + & x_3 & & & & & & = & 33 \\
& & 3x_1 & + & 5x_2 & & & + & x_4 & & & & = & 67 \\
& & x_1 & + & 3x_2 & & & & & + & x_5 & & = & 33 \\
& & x_1 & & & & & & & & & + \; x_6 & = & 16 \\
& & x_1, & & x_2, & & x_3, & & x_4, & & x_5, & x_6 & \geq & 0
\end{array}$$

$x_0 \rightarrow$ Max.

Zur Vereinfachung der Schreibarbeit und zur Verbesserung der Übersicht stellen wir dieses System in Form des folgenden *Simplextableaus* dar.

Tab 2.4:

x_0	x_1	x_2	x_3	x_4	x_5	x_6	RS
1	-54	-90	0	0	0	0	0
x_3	2	1	1	0	0	0	33
x_4	3	5	0	1	0	0	67
x_5	1	3	0	0	1	0	33
x_6	1	0	0	0	0	1	16

In der 0-ten Spalte des Tableaus 2.4 sind nochmals die Schlüsselvariablen aufgeführt, und zwar jeweils in **der** Zeile, in der sie auftreten. Dies hat den Vorteil, daß man so auf einen Blick sieht, ob das System entschlüsselt ist, und daß sich die Basislösung nun leichter ablesen läßt. Da aus der 0-ten Spalte ersichtlich ist, wo die Schlüssel liegen, können die den Schlüsselvariablen zugehörigen Koeffizientenspalten ohne Informationsverlust im Simplextableau weggelassen werden. Wir wollen auf diese Verkürzung des Simplextableaus vorerst verzichten und es dem Leser überlassen, bei ausreichender Beherrschung des Simplexalgorithmus den Schreibaufwand zu vermindern.

Das in Tableau 2.4 vorliegende Maximierungssystem ist zulässig entschlüsselt, da alle rechten Seiten des Restriktionensystems nichtnegativ sind, es ist aber nicht maximal entschlüsselt, da negative Zielkoeffizienten auftreten.

Um erkennen zu können, wie die gegebene Basislösung verbessert werden kann, betrachten wir die allgemeine Lösung.

$$\begin{pmatrix} x_1 \\ x_2 \\ x_3 \\ x_4 \\ x_5 \\ x_6 \end{pmatrix} = \begin{pmatrix} 0 \\ 0 \\ 33 \\ 67 \\ 33 \\ 16 \end{pmatrix} + \begin{pmatrix} 1 \\ 0 \\ -2 \\ -3 \\ -1 \\ -1 \end{pmatrix} t_1 + \begin{pmatrix} 0 \\ 1 \\ -1 \\ -5 \\ -3 \\ 0 \end{pmatrix} t_2, \qquad t_1, t_2 \in \mathbf{R}_0$$

mit dem Zielwert $x_0 = 0 + 54t_1 + 90t_2$.

Offensichtlich kann der Zielwert über den Wert der Basislösung hinaus erhöht werden, wenn t_1 und/oder t_2 ein positiver Wert zugeordnet wird. Der Rechenalgorithmus ist nun so angelegt, daß der Zielwert schrittweise verbessert wird, indem jeweils eine freie Variable einen positiven Wert annehmen darf. Nach dem Vorschlag von DANTZIG ist dabei die Variable mit dem minimalen, d. h. dem betragsmäßig größten, negativen Zielkoeffizienten zu wählen (DANTZIG-*Regel)*. Das auf dieser Auswahlregel basierende Verfahren wird auch als *"steepest ascent"-Methode* bezeichnet, da die lineare Zielfunktion in Richtung dieser so bestimmten Variablen die größte positive Steigung aufweist. Die Grundidee der DANTZIG-Regel liegt darin, daß ein steiler Anstieg den schnellsten Wertzuwachs verspricht. Auch wenn dies nicht immer richtig ist, lehrt die langjährige Praxis, daß der auf dieser einfachen Auswahlregel basierende Simplexalgorithmus ein effizientes Rechenverfahren zur Lösung praktischer linearer Programmierungsaufgaben ist, vgl. [DERIGS 1986].

Im vorliegenden Beispiel ist a_{02} = -90 der minimale Zielkoeffizient. Wir setzen deshalb $t_1 = 0$ und versuchen, für die freie Variable x_2 einen möglichst hohen positiven Wert t_2 zu finden, denn je größer t_2 gewählt wird, um so höher wird der Zielwert der neuen Lösung verglichen mit dem Zielwert der vorliegenden Basislösung.

Der Wert t_2 für die freie Variable x_2 darf aber nicht beliebig groß gewählt werden, denn die neue Lösung

$$\begin{pmatrix} x_1 \\ x_2 \\ x_3 \\ x_4 \\ x_5 \\ x_6 \end{pmatrix} = \begin{pmatrix} 0 \\ 0 \\ 33 \\ 67 \\ 33 \\ 16 \end{pmatrix} + \begin{pmatrix} 0 \\ 1 \\ -1 \\ -5 \\ -3 \\ 0 \end{pmatrix} t_2$$

soll weiterhin zulässig sein, d. h. es muß gelten:

$$\begin{array}{lcrcrcl} x_1 & = & 0 & + & 0\cdot t_2 & \geq & 0 \\ x_2 & = & 0 & + & t_2 & \geq & 0 \\ x_3 & = & 33 & - & t_2 & \geq & 0 \quad \Leftrightarrow \quad \frac{33}{1} \geq t_2 \\ x_4 & = & 67 & - & 5\cdot t_2 & \geq & 0 \quad \Leftrightarrow \quad \frac{67}{5} \geq t_2 \\ x_5 & = & 33 & - & 3\cdot t_2 & \geq & 0 \quad \Leftrightarrow \quad \frac{33}{3} \geq t_2 \\ x_6 & = & 16 & - & 0\cdot t_2 & \geq & 0 \end{array}$$

Da alle vorstehenden Nichtnegativitätsbedingungen gleichzeitig erfüllt sein müssen, ist der größte Wert t_2, der zu einer zulässigen Lösung führt, gleich

$$t_2 = \text{Min}\,(\tfrac{33}{1}, \tfrac{67}{5}, \tfrac{33}{3}) = 11.$$

Offensichtlich können durch Wahl eines positiven Wertes t_2 höchstens die Basisvariablen negativ werden, die im Simplextableau einen positiven Koeffizienten a_{i2} in der 2. Spalte aufweisen und daher in der Lösung der Variablen t_2 ein negatives Vorzeichen zuordnen. Die nichtpositiven Koeffizienten a_{i2} ergeben dagegen keine Beschränkung für t_2.

Um den höchsten Wert zu ermitteln, den t_2 annehmen darf, ohne die Nichtnegativität der neuen Lösung zu verletzen, kann man daher wie folgt vorgehen:

Man bildet für **alle positiven** Koeffizienten a_{i2}, $i \in \{1,...,4\}$, den Quotienten aus rechter Seite b_i und entsprechendem Koeffizienten a_{i2} der Pivotspalte. Die freie Variable t_2 setzt man dann gleich dem Minimum dieser Quotienten, d. h.

$$t_2 = \text{Min}\left\{\frac{b_i}{a_{i2}} \,\middle|\, a_{i2} > 0\right\} \qquad \textit{Quotientenregel} \tag{2.5}$$

$$= \text{Min}\left\{\frac{b_1}{a_{12}} = \frac{33}{1}, \frac{b_2}{a_{22}} = \frac{67}{5}, \frac{b_3}{a_{32}} = \frac{33}{3}\right\} = 11\,.$$

Mit $t_2 = 11$ erhält man die neue Lösung

$$(x_1, x_2, x_3, x_4, x_5, x_6) = (0, 11, 33\text{-}11, 67\text{-}5\cdot 11, 33\text{-}3\cdot 11, 16)$$
$$= (0, 11, 22, 12, 0, 16),$$

die zu dem Zielwert

$$x_0 = 0 + 90 \cdot 11 = 990 \qquad \text{führt.}$$

In dieser neuen Lösung nimmt die zu dem minimalen Quotienten $\frac{b_3}{a_{32}} = 11$ gehörende Basisvariable x_5 den Wert 0 an. Die so ausgewählte Zeile des Simplextableaus wird als *Pivotzeile* bezeichnet.

Schlüsselt man nun das Simplextableau um nach dem Pivotelement $a_{32} = 3$, dem gemeinsamen Element von Pivotspalte und Pivotzeile, so zeigt das nachfolgende Tableau 2.5, daß die Basislösung dieses Maximierungssystems mit der obigen Lösung $(x_1, x_2, x_3, x_4, x_6) = (0, 11, 22, 12, 0, 16)$ übereinstimmt:

Tab. 2.5:

x_0	x_1	x_2	x_3	x_4	x_5	x_6	RS
1	-24	0	0	0	30	0	990
x_3	$\frac{5}{3}$	0	1	0	$-\frac{1}{3}$	0	22
x_4	$\frac{4}{3}$	0	0	1	$-\frac{5}{3}$	0	12
x_2	$\frac{1}{3}$	1	0	0	$\frac{1}{3}$	0	11
x_6	1	0	0	0	0	1	16

Um von einem zulässig, aber noch nicht maximal entschlüsselten Simplextableau zu einem äquivalenten Simplextableau überzugehen, dessen Basislösung i. allg. besser, zumindest aber nie schlechter als die Basislösung des Ausgangstableaus ist, kann man somit den folgenden Simplexschritt anwenden:

- Man bestimmt zunächst eine Pivotspalte mit der Dantzig - Regel.
- Danach bestimmt man eine Pivotzeile nach der obigen Quotientenregel.
- Man schlüsselt das Simplextableau nach dem so bestimmten Pivotelement um.

Auch das lineare Maximierungssystem in Tableau 2.5 ist noch nicht maximal entschlüsselt, wie der negative Zielkoeffizient $a_{01} = -24$ anzeigt. Der Zielwert dieser Basislösung $b_0 = 990$ kann, wie die Zielfunktion $x_0 = 990 + 24t_1 - 30t_5$ zeigt, verbessert werden, indem man eine Lösung des Systems mit $t_1 > 0$ und $t_5 = 0$ wählt.

Nach der obigen Quotientenregel zur Auswahl der Pivotzeile ergibt die Rechnung

$$t_1 = \text{Min}\,(\frac{b_1}{a_{11}}, \frac{b_2}{a_{21}}, \frac{b_3}{a_{31}}, \frac{b_4}{a_{41}}) = \text{Min}\,(\frac{22}{5/3}; \frac{12}{4/3}; \frac{11}{1/3}; \frac{16}{1}) = \text{Min}\,(13{,}2; 9; 33; 16) = 9,$$

daß das Maximierungssystem nach dem Pivotelement $a_{21} = \frac{4}{3}$ umzuschlüsseln ist:

Tab. 2.6:

x_0	x_1	x_2	x_3	x_4	x_5	x_6	RS
1	0	0	0	18	0	0	1206
x_3	0	0	1	$-\frac{5}{4}$	$\frac{7}{4}$	0	7
x_1	1	0	0	$\frac{3}{4}$	$-\frac{5}{4}$	0	9
x_2	0	1	0	$-\frac{1}{4}$	$\frac{3}{4}$	0	8
x_6	0	0	0	$-\frac{3}{4}$	$\frac{5}{4}$	1	7

Da alle Zielkoeffizienten des zulässig entschlüsselten Maximierungsmodells in Tabelle 2.6 nichtnegativ sind, ist dieses System maximal entschlüsselt. Die zugehörige Basislösung

$$(x_1^*, x_2^*, x_3^*, x_4^*, x_5^*, x_6^*) = (9, 8, 7, 0, 0, 7)$$

führt zu dem unter den vorgegebenen Restriktionen maximal erreichbaren Zielwert $x_{0\text{Max}} = 1.206$.

Die Möbelfabrik erzielt somit den maximalen Tagesgewinn in Höhe von 1.206 DM, wenn pro Tag 9 Sessel des Typs 1 und 8 Sessel des Typs 2 hergestellt werden. Da zwei der Schlupfvariablen positive Werte annehmen, werden bei diesem optimalen Produktionsplan nicht alle zur Verfügung stehenden Ressourcen ausgenutzt. Nicht benötigt werden $x_3^* = 7$ von 33 in der Schreinerei zur Verfügung stehenden Arbeitsstunden, und die Höchstzahl von 16 Kippmechaniken wird um $x_6^* = 7$ unterschritten. ♦

In Beispiel < 2.1 > hatten wir mit Hilfe der graphischen Methode denselben Produktionsplan erhalten. Dabei wurden alle Elemente der Menge M, d. h. die Menge aller zulässigen Lösungen des Maximierungssystems, bei der Suche nach der maximalen Lösung berücksichtigt.

Im Gegensatz dazu überprüft der Simplexalgorithmus nur wenige ausgewählte zulässige Lösungen.

Um dies zu erkennen, tragen wir die (x_1, x_2)-Werte der Basislösungen der drei Tableaus 2.4 bis 2.6

$$P_1 = (0, 0), \quad P_2 = (0, 11), \quad P_3 = (9, 8)$$

in die Abbildung 2.1 ein, vgl. Seite 45.

Nach dem Simplexverfahren geht man demnach, beginnend mit dem Koordinatenursprung als Startpunkt, schrittweise zu einem benachbarten Eckpunkt des Polyeders M über, der einen höheren Zielwert aufweist. Dabei lassen sich die Operationen des Simplexschrittes anhand der Abbildung 2.1 folgendermaßen beschreiben:

- Wahl der Richtung, in der man den bisherigen Eckpunkt verläßt.
- Bestimmung der Begrenzung, die in der gewählten Richtung als erste erreicht wird. (Eine Überschreitung dieser Marke würde bedeuten, daß die Menge der zulässigen Lösungstupel verlassen wird.)
- Umrechnung des Gleichungssystems auf eine dem neuen Eckpunkt entsprechende Basis, vgl. dazu die genaueren Ausführungen in Abschnitt 3.6.

Bei der Durchführung des Simplexalgorithmus können **Sonderfälle** auftreten, die wir anhand der nachfolgenden Beispiele erörtern wollen:

< **2.13** > Bei der graphischen Ermittlung der Lösung in Beispiel 2.1 hatten wir festgestellt, daß das Problem "Gewinnmaximaler Produktionsplan der Möbelfabrik" **keine eindeutige Lösung** besitzt, sondern daß neben der Ecke $P_3 = (9, 8)$ auch die Ecke $P_4 = (14, 5)$ und die Verbindungsstrecken zwischen P_3 und P_4 zum maximalen Zielwert $x_{0Max} = 1206$ führen.

Die Existenz mehrerer optimaler Lösungen läßt sich auch im maximal entschlüsselten Simplextableau 2.6 ablesen. Man erkennt dies daran, daß eine Nicht-Basisvariable, im Tableau 2.6 die Variable x_5, den Zielkoeffizienten 0 aufweist.

Um dies zu verdeutlichen, wählen wir die Koeffizientenspalte zu x_5 als Pivotspalte, bestimmen dann mit der Quotientenregel

$t_5 = \text{Min}(\frac{b_1}{a_{15}} = \frac{7}{7/4} = 4, \frac{b_3}{a_{35}} = \frac{8}{3/4} = \frac{32}{3}, \frac{b_4}{a_{45}} = \frac{7}{5/4} = \frac{28}{5}) = 4$ die Pivotzeile und schlüsseln nach dem so ermittelten Pivotelement a_{15} um:

Tab. 2.7:

x_0	x_1	x_2	x_3	x_4	x_5	x_6	RS
1	0	0	0	18	0	0	1206
x_5	0	0	$\frac{4}{7}$	$-\frac{5}{7}$	1	0	4
x_1	1	0	$\frac{5}{7}$	$-\frac{1}{7}$	0	0	14
x_2	0	1	$-\frac{3}{7}$	$\frac{2}{7}$	0	0	5
x_6	0	0	$-\frac{5}{7}$	$\frac{1}{7}$	0	1	2

Das lineare Maximierungssystem in Tableau 2.7 ist ebenfalls maximal entschlüsselt und die zugehörige Basislösung

$$(x_1^{**}, x_2^{**}, x_3^{**}, x_4^{**}, x_5^{**}, x_6^{**}) = (14, 5, 0, 0, 4, 2)$$

führt auch zum maximalen Zielwert $x_{0\text{Max}} = 1.206$. ♦

< **2.14** > Das Maximierungssystem in Tableau 2.8 ist zulässig, aber nicht maximal entschlüsselt.

Tab. 2.8:

x_0	x_1	x_2	x_3	x_4	x_5	x_6	x_7	x_8	RS
1	1	0	-8	0	0	-8	0	0	80
x_2	-1	1	-3	0	0	-2	0	0	14
x_5	-1	0	5	0	1	1	0	0	0
x_4	-1	0	-2	1	0	-1	0	0	1
x_7	-3	0	4	0	0	3	1	0	0
x_8	2	0	2	0	0	1	0	1	7

Aus der 0-ten Zeile des Tableaus 2.8 läßt sich ablesen, daß für die Verbesserung des Zielwertes die freien Variablen x_3 und x_6 in Betracht kommen. Da die zugeordneten Zielkoeffizienten a_{03} = -8 und a_{06} = -8 beide denselben Wert aufweisen **(mehrere minimale Zielkoeffizienten)** können wir gemäß der DANTZIG-Regel **nach Belieben** die 3. oder die 6. Spalte als *Pivotspalte* auswählen. Willkürlich entscheiden wir, daß x_6 Basisvariable werden soll. Der maximale Wert, den x_6 annehmen darf, ist nach der Quotientenregel gleich

$$t_6 = \text{Min}\left(\frac{b_2}{a_{26}} = \frac{0}{1} = 0, \frac{b_4}{a_{46}} = \frac{0}{3} = 0, \frac{b_5}{a_{56}} = \frac{7}{1} = 7\right) = 0\,.$$

Da gleichzeitig zwei Quotienten zum minimalen Wert $t_6 = 0$ führen, (**mehrere minimale Quotienten**), kommt sowohl die 2. als auch die 4. Zeile als Pivotzeile in Frage. Wir können uns eine der beiden **beliebig auswählen.**

Entscheiden wir uns für die 2. Zeile, so ist das System nach dem Pivotelement $a_{26} = 1$ umzuschlüsseln.

Tab. 2.9:

x_0	x_1	x_2	x_3	x_4	x_5	x_6	x_7	x_8	RS
1	-7	0	32	0	8	0	0	0	80
x_2	-3	1	7	0	2	0	0	0	14
x_6	-1	0	5	0	1	1	0	0	0
x_4	-2	0	3	1	1	0	0	0	1
x_7	0	0	-11	0	-3	0	1	0	0
x_8	3	0	-3	0	-1	0	0	1	7

Da die freie Variable t_6 gleich Null gesetzt werden mußte, um die Zulässigkeit des nach a_{26} umgeschlüsselten Systems zu erhalten, konnte bei diesem Schritt der **Zielwert nicht verbessert** werden. Aus diesem Grund bezeichnet man diese Situation, daß die möglichst groß zu wählende Variable gleich ihrem kleinsten Wert gesetzt werden muß, als *Entartungsfall.*

Bei der praktischen Durchführung des Simplexalgorithmus wird der Entartungsfall **nicht gesondert behandelt**, man schlüsselt das System nach dem ermittelten Pivotelement um, und führt das Verfahren normal weiter; vgl. dazu das Beispiel < 2.22 > auf Seite 90 ff.

Theoretisch denkbar und anhand entsprechend konstruierter Zahlenbeispiele auch nachgewiesen ist das Phänomen, daß man nach einer Folge von Entartungsfällen wieder zu einem Simplextableau zurückkommen kann, das schon einmal vorgelegen hat. Wird dann dieselbe Auswahlregel wie vorher verwendet, so bildet sich ein Zyklus von Simplextableaus, die immer wieder durchlaufen werden. Dieses sogenannte *Kreisen* kann aber in der Praxis durch einfache Zusatzvorschriften in Computerprogrammen und zufallsabhängige Auswahlregeln verhindert werden. Wir brauchen daher diesen Sonderfall nicht weiter zu untersuchen.

< 2.15 > Das durch das Tableau 2.10 beschriebene lineare Maximierungssystem ist zulässig, aber nicht maximal entschlüsselt.

Tab. 2.10:

x_0	x_1	x_2	x_3	x_4	RS
1	-2	3	0	0	0
x_3	-1	2	1	0	3
x_4	-3	-1	0	1	0

Wie der negative Zielkoeffizient a_{01} = -2 signalisiert und die Zielfunktion $x_0 = 0 + 2 \cdot t_1 - 3 \cdot t_2$ aufzeigt, kann der Zielwert verbessert werden, wenn $t_2 = 0$ und t_1 möglichst groß gewählt werden. Da in diesem Beispiel kein Element der Pivotspalte positiv ist, ist für jede positive Zahl t_1 die Lösung

$$\begin{pmatrix} x_1 \\ x_2 \\ x_3 \\ x_4 \end{pmatrix} = \begin{pmatrix} 0 \\ 0 \\ 3 \\ 0 \end{pmatrix} + \begin{pmatrix} 1 \\ 0 \\ 1 \\ 3 \end{pmatrix} t_1 , \qquad t_1 \geq 0 ,$$

eine zulässige Lösung und der zugehörige Zielwert $x_0 = 0 + 2t_1$ wird um so größer, je größer t_1 gewählt wird. Da sich eine zulässige Lösung des Optimierungssystems mit beliebig großem Zielwert angeben läßt, existiert in diesem Fall **keine maximale Lösung.**

Dieses Ergebnis wird anschaulich durch die nachfolgende Abbildung 2.10 bestätigt.

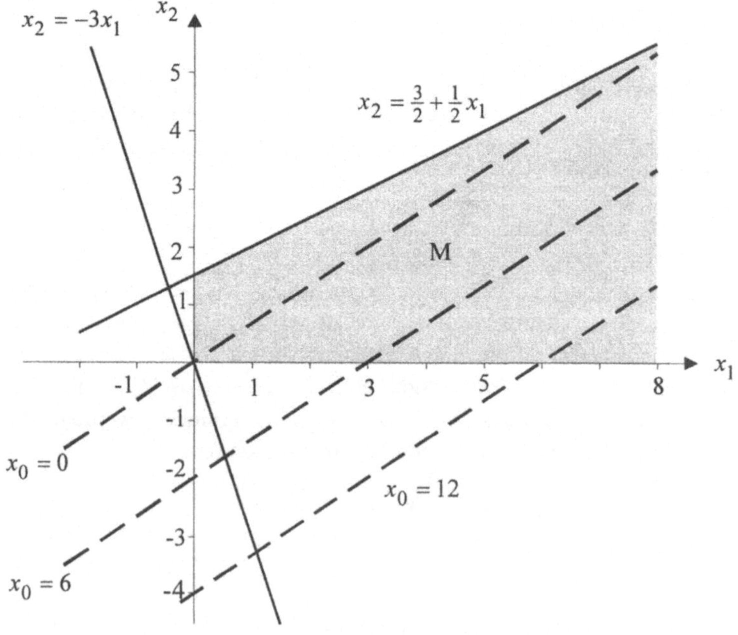

Abb. 2.10:
Menge der zulässigen Lösungen M *und Zielgeradenschar* $x_2 = -\frac{x_0}{3} + \frac{2}{3}x_1$ ♦

Basierend auf den vorstehend gewonnenen Erkenntnissen wollen wir nun *Phase 2 des Simplexalgorithmus* allgemein in Form eines Ablaufplanes formulieren:

Phase 2 des Simplexalgorithmus

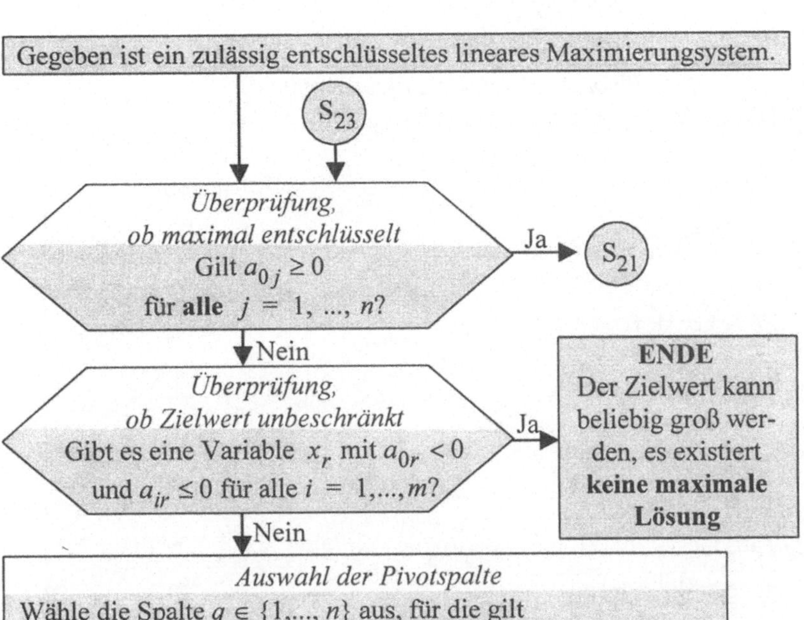

Auswahl der Pivotspalte

Wähle die Spalte $q \in \{1,..., n\}$ aus, für die gilt

$a_{0q} = \text{Min}\,\{a_{0j}\}_{j=1,...,n}$. DANTZIG-Regel

Existieren mehrere minimale Zielkoeffizienten, so darf eine der zugehörigen Spalten nach Belieben ausgewählt werden.

Auswahl der Pivotzeile

Wähle die Zeile $p \in \{1,..., m\}$ aus, für die gilt

$$\frac{b_p}{a_{pq}} = \text{Min}\left\{\frac{b_i}{a_{iq}} \,\middle|\, a_{iq} > 0\right\}_{i=1,...,m}$$. Quotientenregel

Existieren mehrere minimale Quotienten in der Zeile p, so darf eine der zugehörigen Zeilen nach Belieben ausgewählt werden.

Pivotieren nach dem Pivotelement a_{pq}

(1) Dividiere die p-te Zeile G_p durch a_{pq}, d. h

$$a_{pj} := \frac{a_{pj}}{a_{pq}} \quad \forall\; j = 1,\ldots,n; \qquad b_p := \frac{b_p}{a_{pq}} \quad \text{(Normierung)}.$$

(2) Ersetze jede der übrigen Zeilen G_i, $i = 0,\ldots, m$, $i \neq p$, durch die Summe aus dieser Zeile und dem ($-a_{iq}$)-fachen der normierten Zeile G_p, d. h.

$$\left.\begin{aligned} a_{ij} &:= a_{ij} - a_{iq}\frac{a_{pj}}{a_{pq}} \quad \forall \quad j = 1,\ldots,n \\ b_i &:= b_i - a_{iq}\frac{b_p}{a_{pq}} \end{aligned}\right\} \forall \quad i = 0,\ldots,m \quad i \neq p.$$

(3) Tausche in der 0-ten Spalte die Variable x_p durch die neue Basisvariable x_q aus.

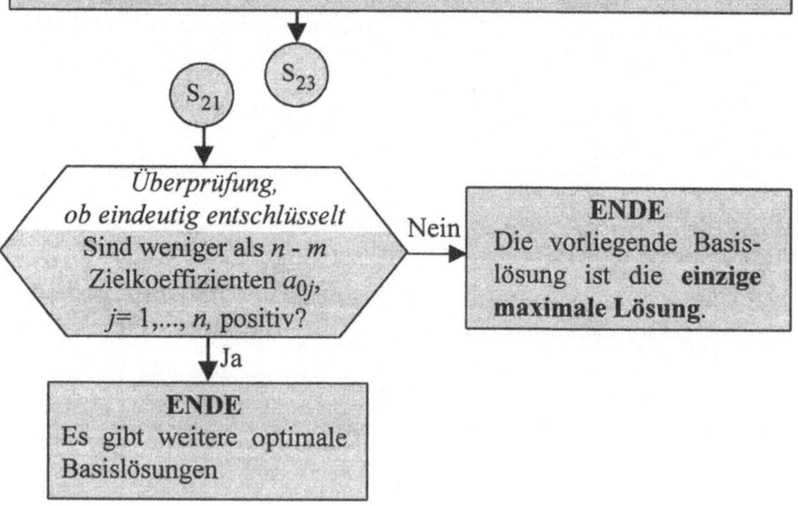

< 2.16 > Mit Hilfe des Simplexalgorithmus wollen wir das Maximierungssystem in Beispiel < 2.6 > auch rechnerisch lösen.

x_0	x_1	x_2	x_3	x_4	x_5	x_6	RS	
1	-2	-2	-3	0	0	0	0	
x_4	3	3	2	1	0	0	18	$\frac{18}{2}=9$
x_5	9	4	$\frac{36}{7}$	0	1	0	36	$\frac{36}{36}\cdot 7=7$
x_6	6	8	15	0	0	1	60	$\frac{60}{15}=4$
1	$-\frac{4}{5}$	$-\frac{2}{5}$	0	0	0	$\frac{3}{15}$	12	
x_4	$\frac{11}{5}$	$\frac{29}{15}$	0	1	0	$-\frac{2}{15}$	10	$\frac{10\cdot 5}{11}\approx 4{,}55$
x_5	$\frac{243}{35}$	$\frac{44}{35}$	0	0	1	$-\frac{12}{35}$	$\frac{108}{7}$	$\frac{108\cdot 35}{7\cdot 243}=\frac{20}{9}$
x_3	$\frac{2}{5}$	$\frac{8}{15}$	1	0	0	$\frac{1}{15}$	4	$\frac{4\cdot 5}{2}=10$
1	0	$-\frac{62}{243}$	0	0	$\frac{28}{243}$	$\frac{13}{81}$	$\frac{124}{9}$	$\approx 13{,}78$
x_4	0	$\frac{373}{243}$	0	1	$-\frac{77}{243}$	$-\frac{2}{81}$	$\frac{46}{9}$	$\frac{46\cdot 243}{9\cdot 373}\approx 3{,}33$
x_1	1	$\frac{44}{243}$	0	0	$\frac{35}{243}$	$-\frac{4}{81}$	$\frac{20}{9}$	$\frac{20\cdot 243}{9\cdot 44}\approx 12{,}27$
x_3	0	$\frac{112}{243}$	1	0	$-\frac{14}{243}$	$\frac{7}{81}$	$\frac{28}{9}$	$\frac{28\cdot 243}{9\cdot 112}\approx 6{,}75$
1	0	0	0	0,166	0,063	0,156	$\approx 14{,}62734585$	
x_2	0	1	0	$\frac{243}{373}$	$-\frac{77}{373}$	$-\frac{6}{373}$	$\frac{1242}{373}$	$\approx 3{,}3297587$
x_1	1	0	0	$-\frac{44}{373}$	$\frac{203}{1119}$	$-\frac{52}{1119}$	$\frac{604}{373}$	$\approx 1{,}619303$
x_3	0	0	1	$-\frac{112}{373}$	$\frac{14}{373}$	$\frac{35}{373}$	$\frac{588}{373}$	$\approx 1{,}5764075$

Die optimale Lösung dieses Maximierungssystems

$$(x_1^*, x_2^*, x_3^*) = (1{,}619303;\ 3{,}3297587;\ 1{,}5764075),$$

die zu dem maximalen Zielwert x_0 = 14,627346 führt, stimmt mit dem in Beispiel < 2.6 > mit der graphischen Methode bestimmten optimalen Punkt überein, vgl. Abbildung 2.6. Die im Simplexalgorithmus nacheinander auftretenden Basislösungen entsprechen dabei den Eckpunkten

$$0 = (x_1, x_2, x_3) = (0, 0, 0)$$

$$A = (0, 0, 4)$$

$$Q = \left(\frac{20}{9}, 0, \frac{28}{9}\right) \approx (2{,}22;\ 0;\ 3{,}11)$$

$$P = (x_1^*, x_2^*, x_3^*) = (1{,}619303;\ 3{,}3297587;\ 1{,}5764075).$$

♦

Die Voraussetzung zur Anwendung der Phase 2 des Simplexalgorithmus wird offensichtlich von linearen Optimierungssystemen erfüllt, deren Restriktionensystem nur aus "≤"-Ungleichungen mit nichtnegativen rechten Seiten besteht bzw. durch Multiplikation der vorkommenden "≥"-Restriktionen mit (-1) auf diese Form gebracht werden kann.

Tritt aber eine "≤"-Restriktion mit negativer rechter Seite auf bzw. führt die Multiplikation einer "≥"-Ungleichung mit (-1) zu einer negativen rechten Seite, so kann durch Einfügen einer Schlupfvariable zwar ein Schlüssel in diese Gleichung gesetzt werden, der zugehörigen Schlüsselvariablen wird aber in der Basislösung eine negative Zahl zugeordnet. Das lineare Optimierungssystem ist damit nicht zulässig entschlüsselt und die Phase 2 des Simplexalgorithmus noch nicht anwendbar.

2.2.3 Phase 1 des Simplexalgorithmus

Liegt ein lineares Optimierungssystem vor, das zwar entschlüsselt, aber noch nicht zulässig entschlüsselt ist, dann ist der eigentliche Simplex-Algorithmus, die Phase 2, nicht anwendbar. Wir müssen zunächst in einer vorgeschalteten Phase 1 das System in ein äquivalentes, zulässig entschlüsseltes System überführen.

Wie dabei vorzugehen ist, wollen wir zunächst anhand des folgenden Beispiels erläutern:

< 2.17 > $x_0 = 300\,x_1 + 400\,x_2 + 100 \rightarrow \text{Max}$

unter Beachtung der Restriktionen

$$\begin{array}{rcrcr} x_1 & - & x_2 & \leq & 8 \\ 2x_1 & + & 3x_2 & \geq & 44 \\ 2x_1 & - & 5x_2 & \geq & -36 \\ 4x_1 & + & 5x_2 & \geq & 80 \\ & & x_1, x_2 & \geq & 0. \end{array}$$

Die drei "≥" -Restriktionen werden nun zunächst mit (-1) multipliziert. Durch Einfügen einer Schlupfvariablen in jede der vier "≤"-Ungleichungen erhalten wir dann ein entschlüsseltes lineares Optimierungssystem, bei dem die Schlupfvariablen die Schlüsselvariablen repräsentieren:

Tab. 2.12:

x_0	x_1	x_2	x_3	x_4	x_5	x_6	RS
1	-300	-400	0	0	0	0	100
x_3	1	-1	1	0	0	0	8
x_4	-2	-3	0	1	0	0	-44
x_5	-2	5	0	0	1	0	36
x_6	-4	-5	0	0	0	1	-80

Um dem Ziel, ein zulässig entschlüsseltes System zu erhalten, näher zu kommen, wählt man nun eine **Zeile mit negativer rechter Seite** als Pivotzeile aus. Als Pivotelement kommen dann lediglich die **negativen Koeffizienten in dieser Zeile** in Betracht. Nur sie gewährleisten, daß die neue Schlüsselvariable in der Basislösung nach der Pivotierung einen positiven und damit zulässigen Wert aufweist.

Stehen, wie in Tableau 2.12, mehrere Zeilen mit negativer rechter Seite zur Auswahl, so empfehlen einige Autoren, vgl. z. B. OHSE [1984, S. 271], sich für die Zeile mit der minimalen rechten Seite, d. h. für die Zeile p mit

$$b_p = \text{Min}\{\, b_i \}_{i=1,\ldots,m} \tag{2.6}$$

zu entscheiden.

In Tableau 2.12 ist dies die 4. Zeile mit $b_4 = -80$.

Als Pivotelement kommen dann die negativen Koeffizienten

$a_{41} = -4$ und $a_{42} = -5$ in Frage.

Im Falle, daß mehrere negative Koeffizienten zur Auswahl stehen, empfiehlt OHSE [1984, S. 271], "aus Stabilitätsgründen" den negativsten auszuwählen, d. h. für das Pivotelement a_{pq} soll gelten:

$$a_{pq} = \text{Min}\{\, a_{pj} \}_{j=1,\ldots,n}\,. \tag{2.7}$$

Das Tableau 2.12 ist somit nach dem Pivotelement $a_{pq} = a_{42} = -5$ umzuschlüsseln.

Gute Gründe sprechen dafür, zunächst den ärgsten Verstoß gegen die Nichtnegativitätsbedingung zu beseitigen (Regel (2.6)!), und der neuen Basisvariablen keinen zu großen Wert zuzuordnen (Regel (2.7)!), um die Nichtnegativität der schon "zulässigen" Basisvariablen nicht zu gefährden. Es ist aber weder theoretisch bewiesen noch durch empirische Untersuchungen gesichert, daß diese Auswahlregeln recheneffizient sind. Zumindest bei überschaubaren linearen Programmierungsproblemen ist es daher dem Anwender freigestellt, von diesen Regeln abzuweichen.

Schlüsselt man das Tableau 2.12 nach dem Pivotelement a_{42} = -5 um, so ergibt sich das Optimierungssystem,

Tab. 2.13:

x_0	x_1	x_2	x_3	x_4	x_5	x_6	RS
1	20	0	0	0	0	-80	6500
x_3	$\frac{9}{5}$	0	1	0	0	$-\frac{1}{5}$	24
x_4	$\frac{2}{5}$	0	0	1	0	$-\frac{3}{5}$	4
x_5	-6	0	0	0	1	1	-44
x_2	$\frac{4}{5}$	1	0	0	0	$-\frac{1}{5}$	16

das ebenfalls nicht zulässig entschlüsselt ist. Da die 3. Zeile als einzige eine negative rechte Seite aufweist, ist sie die neue Pivotzeile, und der einzige negative Koeffizient, a_{31} = -6, wird Pivotelement. Nach dem Pivotieren erhält man dann das Tableau 2.14,

Tab. 2.14:

x_0	x_1	x_2	x_3	x_4	x_5	x_6	RS
1	0	0	0	0	$\frac{10}{3}$	$-\frac{230}{3}$	$\frac{19.060}{3}$
x_3	0	0	1	0	$\frac{3}{10}$	$\frac{1}{10}$	$\frac{54}{5}$
x_4	0	0	0	1	$\frac{1}{15}$	$-\frac{8}{15}$	$\frac{16}{15}$
x_1	1	0	0	0	$-\frac{1}{6}$	$-\frac{1}{6}$	$\frac{22}{3}$
x_2	0	1	0	0	$\frac{2}{15}$	$-\frac{1}{15}$	$\frac{152}{15}$

das zulässig entschlüsselt ist. Damit ist die Voraussetzung zur Anwendung der Phase 2 des Simplexalgorithmus gegeben. Da nur der Zielkoeffizient $a_{06} = -\frac{230}{3}$ negativ ist und diese Pivotspalte nur einen positiven Koeffizienten aufweist, ist $a_{16} = \frac{1}{10}$ das neue Pivotelement.

Tab. 2.15:

x_0	x_1	x_2	x_3	x_4	x_5	x_6	RS
1	0	0	$\frac{2300}{3}$	0	$\frac{700}{3}$	0	$\frac{43.900}{3}$
x_6	0	0	10	0	3	1	108
x_4	0	0	$\frac{16}{3}$	1	$\frac{5}{3}$	0	$\frac{176}{3}$
x_1	1	0	$\frac{5}{3}$	0	$\frac{1}{3}$	0	$\frac{76}{3}$
x_2	0	1	$\frac{2}{3}$	0	$\frac{1}{3}$	0	$\frac{52}{3}$

Die maximale Lösung dieses linearen Maximierungsproblems ist damit

$$(x_1^*, x_2^*, x_3^*, x_4^*, x_5^*, x_6^*) = (\tfrac{76}{3}, \tfrac{52}{3}, 0, \tfrac{176}{3}, 0, 108).$$

Sie führt zum maximalen Zielwert $x_{0Max} = \frac{43.900}{3}$.

Da dieses Maximierungsproblem nur zwei Strukturvariablen aufweist, läßt es sich auch mit der graphischen Methode lösen, vgl. Abbildung 2.11 .

Die Basislösungen der Simplextableaus entsprechen dabei den Eckpunkten

$P_1 = (0, 0)$, $P_2 = (0, 16)$, $P_3 = (\frac{22}{3}, \frac{152}{15})$, und

$P_4 = (x_1^*, x_2^*) = (\frac{76}{3}, \frac{52}{3}) \approx (25{,}3;\ 17{,}3)$

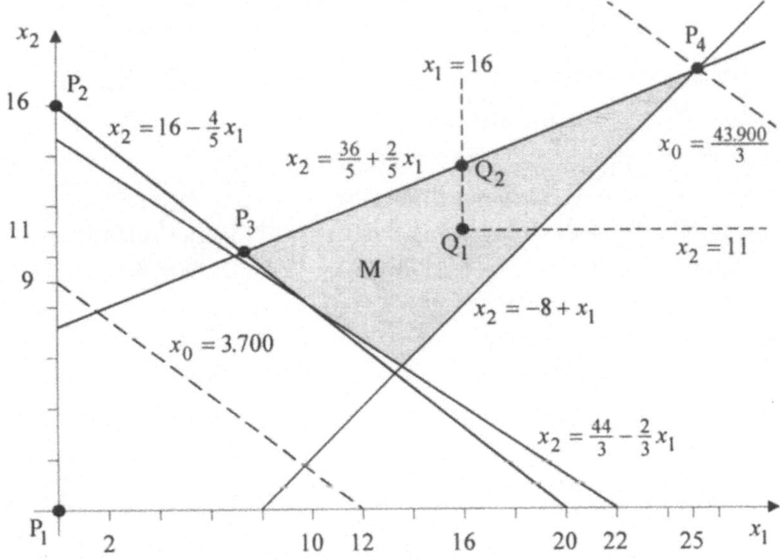

Abb. 2.11: Menge M *der zulässigen Lösungen* ♦

Bei nicht zulässig entschlüsselten Optimierungssystemen kann der **Sonderfall** auftreten, daß in einer Zeile zwar die rechte Seite negativ ist, aber kein weiterer negativer Koeffizient in dieser Zeile vorkommt. Wegen den Nichtnegativitätsbedingungen existiert dann kein Tupel reeller Zahlen, das dieser Gleichung genügt, d. h. das lineare Optimierungssystem besitzt **keine zulässige Lösung**.

< **2.18** > Für die Gleichung

$$2x_1 + 3x_2 + x_3 = -5$$

existiert offensichtlich kein nichtnegatives Lösungstupel $(x_1, x_2, x_3) \in \mathbf{R}_0^3$.

Nach dieser Einführung wollen wir die Phase 1 des Simplexalgorithmus allgemein formulieren:

Phase 1 des Simplexalgorithmus

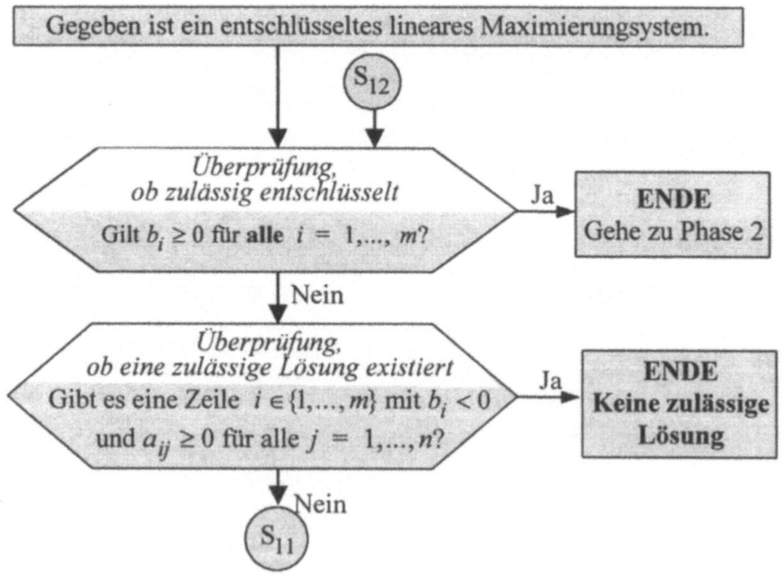

Auswahl der Pivotzeile

Wähle eine Zeile $p \in \{1,\dots, m\}$ aus, mit negativer rechter Seite b_p.
(Viele Autoren empfehlen, diejenige Zeile p auszuwählen, für die gilt: $b_p = \text{Min}\ \{b_i\}_{i = 1,\dots, m}$)

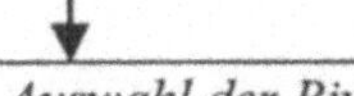

Auswahl der Pivotspalte

Wähle eine Spalte $q \in \{1,\dots, n\}$ aus, für die der Koeffizient a_{pq} negativ ist.
(Viele Autoren empfehlen, diejenige Spalte p auszuwählen, für die gilt: $a_{pq} = \text{Min}\ \{a_{pj}\}_{j = 1,\dots, n}$)

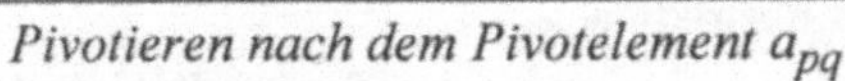

Pivotieren nach dem Pivotelement a_{pq}

(1) Dividiere die p-te Zeile G_p durch a_{pq}, d. h

$$a_{pj} := \frac{a_{pj}}{a_{pq}} \forall \quad j = 1,\dots,n; \quad b_p := \frac{b_p}{a_{pq}} \text{ (Normierung)}.$$

(2) Ersetze jede der übrigen Zeilen G_i, $i = 0,\dots, m$, $i \neq p$, durch die Summe aus dieser Zeile und dem $(-a_{iq})$-fachen der normierten Zeile G_p, d. h.

$$\left.\begin{aligned} a_{ij} &:= a_{ij} - a_{iq} \frac{a_{pj}}{a_{pq}} \quad \forall \quad j = 1,\dots,n \\ b_i &:= b_i - a_{iq} \frac{b_p}{a_{pq}} \end{aligned}\right\} \forall \quad i = 0,\dots,m \quad i \neq p.$$

(3) Trage x_q als Basisvariable der Zeile p in die 0. Spalte ein.

< **2.19** > Zur Fütterung der Schweine in einem landwirtschaftlichen Betrieb sind vorwiegend die drei Futtermittel F_1, F_2 und F_3 vorgesehen. Das Futter muß so beschaffen sein, daß es mindestens 80 Einheiten Kohlehydrate und mindestens 80 Einheiten Eiweiß enthält, jedoch höchstens 60 Einheiten Fett Verwendung finden. Der Gehalt der einzelnen Komponenten pro Mengeneinheit des Futtermittels und die Preise sind aus der folgenden Tabelle ersichtlich:

		Kohlehydrate	Eiweiß	Fett	Preis (DM)
Futtermittel	F_1	2	3	1	36
	F_2	3	1	1	24
	F_3	1	2	1	18

Wieviel Einheiten der einzelnen Futtermittel sind zu verwenden, damit die Futterkosten minimal werden?

Lösung: Bezeichnen wir mit x_j die Anzahl der Mengeneinheiten des Futtermittels $F_j, j = 1, 2, 3$, in der Futtermischung, so ist das folgende lineare Minimierungsproblem zu lösen:

$$K = 36x_1 + 24x_2 + 18x_3 \rightarrow \text{Min}$$

unter Beachtung der Restriktionen

$$\begin{array}{rcrcrcl} 2x_1 & + & 3x_2 & + & x_3 & \geq & 80 \quad \textit{Kohlehydrate} \\ 3x_1 & + & x_2 & + & 2x_3 & \geq & 80 \quad \textit{Eiweiß} \\ x_1 & + & x_2 & + & x_3 & \leq & 60 \quad \textit{Fett} \\ & & & & x_1, x_2, x_3 & \geq & 0 \end{array}$$

Durch Multiplikation der Zielgleichung mit (-1) läßt sich das Ziel $K \rightarrow \text{Min}$ transformieren zu dem Ziel

$$x_0 \rightarrow -K = -36x_1 - 24x_2 - 18x_3 \rightarrow \text{Max},$$

das geschrieben werden kann in Form der Zielgleichung

$$x_0 + 36x_1 + 24x_2 + 18\,x_3 = 0$$

und der Zielvorschrift $x_0 \rightarrow \text{Max}$.

Multiplizieren wir die "$\geq$"-Restriktionen ebenfalls mit (-1), und führen wir dann in jede Restriktionsungleichung eine Schlupfvariable ein, so erhalten wir das in dem nachfolgenden Tableau 2.17 dargestellte lineare Maximierungsmodell, das zwar entschlüsselt ist, dessen Basislösung aber nicht den Nichtnegativitätsbedingungen genügt.

Tab 2.17:

K	x_1	x_2	x_3	x_4	x_5	x_6	RS
-1	36	24	18	0	0	0	0
x_4	-2	-3	-1	1	0	0	-80
x_5	-3	-1	-2	0	1	0	-80
x_6	1	1	1	0	0	1	60

Das Maximierungssystem in Tableau 2.17 enthält zwei Gleichungen mit negativer rechter Seite. Da beide denselben Wert $b_1 = b_2 = -80$ aufweisen, können wir nach Belieben eine davon als Pivotzeile auswählen. Wir entscheiden uns für die 1. Zeile. Nach der Auswahlregel (2.7) ist dann

$$a_{12} = -3 = \text{Min}(a_{11} = -2; a_{12} = -3; a_{13} = -1)$$

als Pivotelement zu wählen. Da dieses Optimierungsmodell gut überschaubar ist und wir die Rechenschritte "per Hand" durchführen, entschließen wir uns, von der Regel (2.7) abzuweichen und $a_{13} = -1$ als Pivotelement zu wählen, um Brüche beim Rechnen zu vermeiden:

Tab 2.18:

K	x_1	x_2	x_3	x_4	x_5	x_6	RS
-1	0	-30	0	18	0	0	-1440
x_3	2	3	1	-1	0	0	80
x_5	1	5	0	-2	1	0	80
x_6	-1	-2	0	1	0	1	-20

Auch das Maximierungsmodell in Tableau 2.18 ist noch nicht zulässig entschlüsselt. Diesmal verfahren wir nach der Auswahlregel (2.7) und wählen als Pivotelement

$$a_{32} = -2 = \text{Min}(a_{31} = -1; a_{32} = -2),$$

da bei $a_{31} = -1$ zwar Brüche vermieden werden, man wegen $a_{01} = 0$ aber keine Verbesserung des Zielwertes erreichen kann.

Tab 2.19:

K	x_1	x_2	x_3	x_4	x_5	x_6	RS
-1	15	0	0	3	0	-15	-1140
x_3	$\frac{1}{2}$	0	1	$\frac{1}{2}$	0	$\frac{3}{2}$	50
x_5	$-\frac{3}{2}$	0	0	$\frac{1}{2}$	1	$\frac{5}{2}$	30
x_2	$\frac{1}{2}$	1	0	$-\frac{1}{2}$	0	$-\frac{1}{2}$	10

Das Tableau 2.19 ist zulässig entschlüsselt, so daß die weitere Rechnung gemäß der Phase 2 erfolgt.

Tab. 2.20:

K	x_1	x_2	x_3	x_4	x_5	x_6	RS
-1	6	0	0	6	6	0	-960
x_3	$\frac{14}{10}$	0	1	$\frac{2}{10}$	$-\frac{3}{5}$	0	32
x_6	$-\frac{3}{5}$	0	0	$\frac{1}{5}$	$\frac{2}{5}$	1	12
x_2	$\frac{2}{10}$	1	0	$-\frac{4}{10}$	$\frac{1}{5}$	0	16

Das Optimierungssystem in Tableau 2.20 ist maximal entschlüsselt. Die optimale Lösung ist

$$(x_1^*, x_2^*, x_3^*, x_4^*, x_5^*, x_6^*) = (0,\ 16,\ 32,\ 0,\ 0,\ 12)$$

mit $x_{0Max} = -\,K_{Min} = -960$. ♦

Das Futter soll daher aus 16 Einheiten (EH) des Futtermittels F_2 und 32 EH des Futtermittels F_3 zusammengesetzt werden. Es weist dann je 80 EH Kohlehydrate und Eiweiß und 60 - 12 = 48 EH Fett auf. Die Kosten für diese Futtermischung betragen $K_{Min} = 960$ DM.

2.2.4 Phase 0 des Simplexalgorithmus

Liegt ein lineares Optimierungssystem vor, das noch **nicht entschlüsselt** ist, dann ist der Phase 2 und der Phase 1 des Simplexalgorithmus eine Phase 0 vorzuschalten, die das vorliegende System in ein entschlüsseltes System umwandelt. Die Phase 0 ist normalerweise dann anzuwenden, wenn das Restriktionensystem neben Ungleichungen auch Gleichungen aufweist.

Das Rechenverfahren zur Gewinnung eines entschlüsselten linearen Optimierungssystems soll zunächst anhand des folgenden Beispiels erläutert werden.

< **2.20** > Zu maximieren ist die Zielfunktion

$$x_0 = 2x_1 + x_2 + x_3 + x_4$$

unter Beachtung der Restriktionen

$$\begin{array}{rcrcrcrcr} -x_1 & + & x_2 & - & x_3 & + & 2x_4 & = & -1 \\ 2x_1 & - & 3x_2 & + & x_3 & + & x_4 & = & 5 \\ 2x_1 & + & x_2 & + & x_3 & - & x_4 & \leq & 17 \\ x_1 & + & 6x_2 & + & 2x_3 & - & 3x_4 & \leq & 30 \end{array}$$

$$x_1, x_2, x_3, x_4 \geq 0$$

Nach Einfügen von Schlupfvariablen in die 3. und 4. Restriktion läßt sich dieses Maximierungsproblem schreiben in der Form des Tableaus 2.21

Tab. 2.21:

x_0	x_1	x_2	x_3	x_4	x_5	x_6	RS
1	-2	-1	-1	-1	0	0	0
-	-1	1	-1	2	0	0	-1
-	2	-3	1	1	0	0	5
x_5	2	1	1	-1	1	0	17
x_6	1	6	2	-3	0	1	30

Diesem Optimierungssystem fehlt, wie auch die 0. Spalte signalisiert, ein Schlüssel in der 1. und in der 2. Zeile. Willkürlich entscheiden wir uns dafür, zunächst einen Schlüssel in die 1. Zeile zu setzen. Als Pivotelement kommen dabei wegen den Nichtnegativitätsbedingungen nur Koeffizienten dieser Zeile in Betracht, die das **gleiche Vorzeichen wie die rechte Seite** haben, vgl. dazu auch das nachfolgende Beispiel < 2.21 >. Wir wählen den Koeffizienten $a_{13} = -1$ als Pivotelement aus und erhalten nach der Umschlüsselung das System in Tableau 2.22.

Tab. 2.22:

x_0	x_1	x_2	x_3	x_4	x_5	x_6	RS
1	-1	-2	0	-3	0	0	1
x_3	1	-1	1	-2	0	0	1
-	1	-2	0	3	0	0	4
x_5	1	2	0	1	1	0	16
x_6	-1	8	0	1	0	1	28

Um einen weiteren Schlüssel in die 2. Zeile zu setzen, wählen wir das Pivotelement $a_{21} = 1$.

Tab. 2.23:

x_0	x_1	x_2	x_3	x_4	x_5	x_6	RS
1	0	-4	0	0	0	0	5
x_3	0	1	1	-5	0	0	-3
x_1	1	-2	0	3	0	0	4
x_5	0	4	0	-2	1	0	12
x_6	0	6	0	4	0	1	32

Das Tableau 2.23 ist entschlüsselt. Da die rechte Seite der 1. Zeile aber einen negativen Wert aufweist, genügt die zugehörige Basislösung nicht den Nichtnegativitätsbedingungen. Der Simplexalgorithmus ist daher mit der Phase 1 fortzusetzen, vgl. Aufgabe 2.1. ♦

Bei der Auswahl des Pivotelementes kann der Sonderfall auftreten, daß in einer Zeile kein Koeffizient existiert, der das gleiche Vorzeichen wie die rechte Seite dieser Gleichung aufweist. Wegen den Nichtnegativitätsbedingungen gibt es dann kein Tupel nichtnegativer Zahlen, das dieser Gleichung genügt. Das Optimierungssystem hat somit **keine Lösung**.

< **2.21** > Die Gleichung $2x_1 + x_2 + 3x_3 + x_4 = -5$ besitzt keine nichtnegative Lösung $(x_1, x_2, x_3, x_4) \in \mathbf{R}_0^4$.

Ebenso existiert auch kein Lösungstupel $(x_1, x_2, x_3) \in \mathbf{R}_0^3$, das der Gleichung

$-x_1 - 2x_2 - 3x_3 = 7$ genügt. ♦

Phase 0 des Simplexalgorithmus

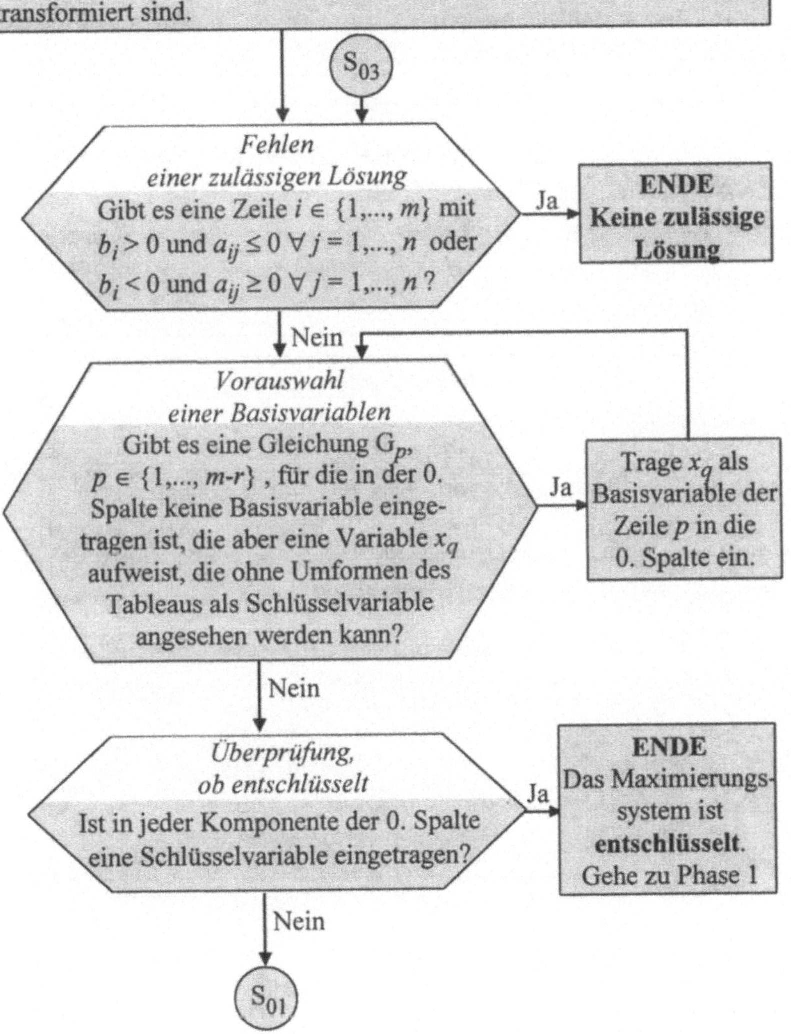

Auswahl der Pivotzeile

Wähle eine Zeile $p \in \{1,...,m\text{-}r\}$ aus, für die in der 0. Spalte keine Schlüsselvariable eingetragen ist.
Weist das Simplextableau mehrere Zeilen mit dieser Eigenschaft auf, so ist eine nach Belieben auszuwählen.

Auswahl der Pivotspalte

Ist $b_p \neq 0$, so wähle in der Zeile p einen Koeffizienten $a_{pq} \neq 0$ aus, der das gleiche Vorzeichen wie die rechte Seite b_p aufweist. Ist $b_p = 0$, so wähle einen Koeffizienten $a_{pq} \neq 0$ aus. Existieren mehrere in Betracht kommende Koeffizienten a_{pj}, so kann einer davon nach Belieben ausgewählt werden.

Pivotieren nach dem Pivotelement a_{pq}

(1) Dividiere die p-te Zeile G_p durch a_{pq}, d. h

$$a_{pj} := \frac{a_{pj}}{a_{pq}} \quad \forall \quad j=1,...,n; \quad b_p := \frac{b_p}{a_{pq}} \quad \text{(Normierung)}$$

(2) Ersetze jede der übrigen Zeilen G_i, $i = 0,...,m$, $i \neq p$, durch die Summe aus dieser Zeile und dem $(-a_{iq})$-fachen der normierten Zeile G_p, d. h.

$$\left.\begin{array}{l} a_{ij} := a_{ij} - a_{iq}\dfrac{a_{pj}}{a_{pq}} \quad \forall \quad j=1,...,n \\ b_i := b_i - a_{iq}\dfrac{b_p}{a_{pq}} \end{array}\right\} \forall \quad i=0,...,m \quad i \neq p$$

(3) Trage x_q als Basisvariable der Zeile p in die 0. Spalte ein.

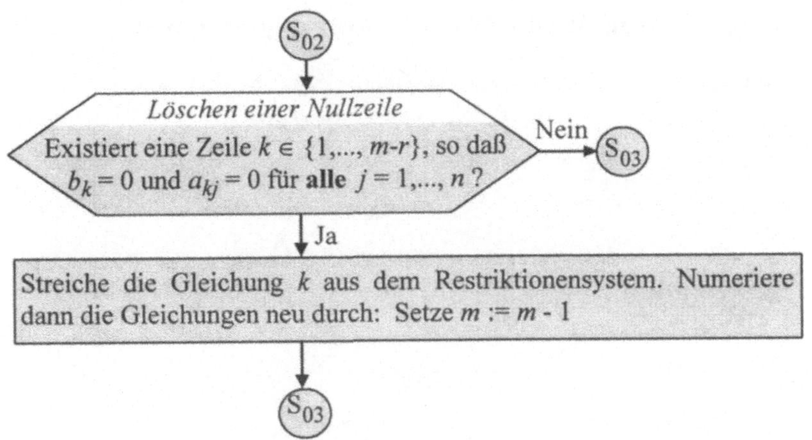

Bemerkungen:

1. In der Literatur wird häufig empfohlen, auch in Gleichungen des vorgegebenen Restriktionensystems eine zusätzliche Variable einzufügen, um sofort ein entschlüsseltes Ausgangstableau zu erhalten, vgl. z. B. [OHSE 1984, S. 266] oder [JAEGER; WÄSCHER 1987, S. 301-308]. Die Verwendung dieser sogenannten *künstlichen Variablen* ist aber, wie die obigen Ausführungen zeigen, nicht nötig, sondern führt nur zu einer Vergrößerung des Tableaus.

2. Einige Autoren, z. B. OHSE [1984, S. 271], empfehlen, bei der Auswahl der Pivotspalte denjenigen Koeffizienten a_{pq} auszuwählen, für den gilt

$$\left|a_{pq}\right| = \text{Max}\left\{\left|a_{pq}\right| \,\middle|\, \text{sign}(a_{pj}) = \text{sign}(b_p)\right\}_{j=1,\dots,n}$$

$$\text{mit} \quad \text{sign}(b_i) = \begin{cases} -1 & \text{für} \quad b_i < 0 \\ 0 & \text{für} \quad b_i = 0 \\ +1 & \text{für} \quad b_i > 0 \end{cases}$$

Durch Verbindung der drei Phasen des Simplexalgorithmus lassen sich nun optimale Lösungen für beliebige lineare Optimierungssysteme der Form (2.4) bestimmen:

Drei-Phasen-Methode des Simplexalgorithmus

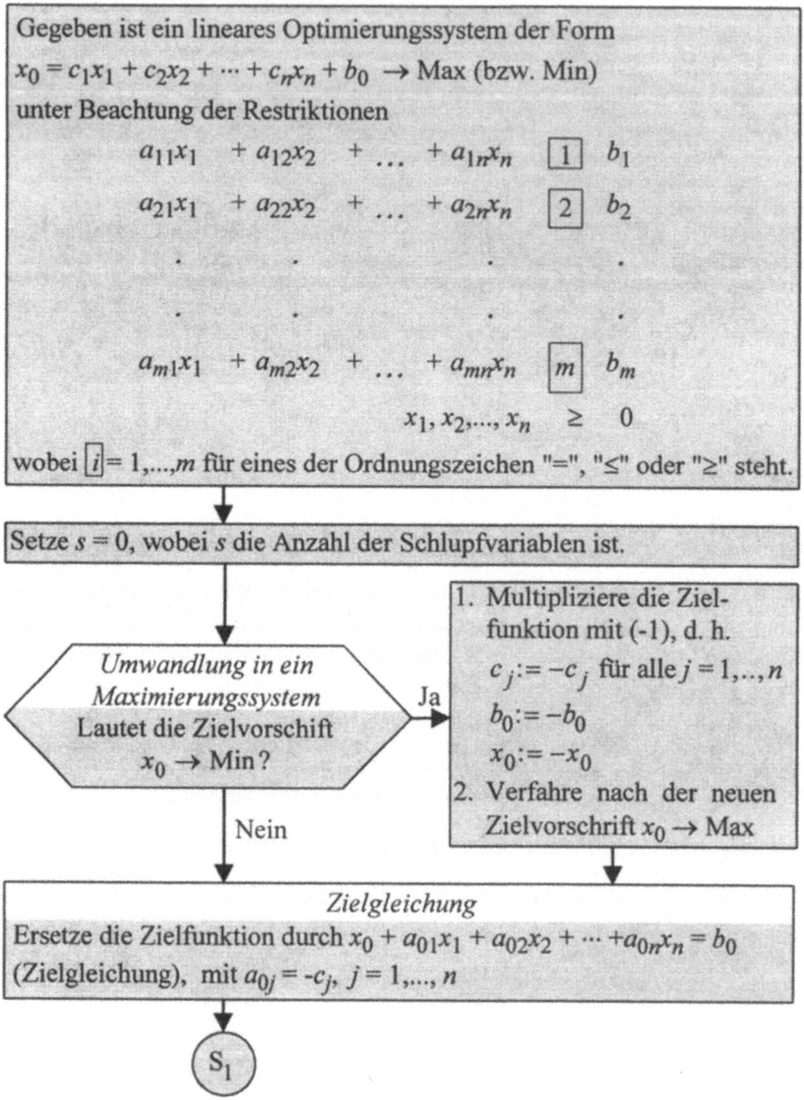

Gegeben ist ein lineares Optimierungssystem der Form

$x_0 = c_1x_1 + c_2x_2 + \cdots + c_nx_n + b_0 \rightarrow$ Max (bzw. Min)

unter Beachtung der Restriktionen

$$\begin{array}{ccccc} a_{11}x_1 & + a_{12}x_2 & + \ldots & + a_{1n}x_n & \boxed{1} & b_1 \\ a_{21}x_1 & + a_{22}x_2 & + \ldots & + a_{2n}x_n & \boxed{2} & b_2 \\ \cdot & \cdot & & \cdot & & \cdot \\ \cdot & \cdot & & \cdot & & \cdot \\ a_{m1}x_1 & + a_{m2}x_2 & + \ldots & + a_{mn}x_n & \boxed{m} & b_m \\ & & & x_1, x_2, \ldots, x_n & \geq & 0 \end{array}$$

wobei $\boxed{i}$ = 1,...,m für eines der Ordnungszeichen "=", "≤" oder "≥" steht.

↓

Setze $s = 0$, wobei s die Anzahl der Schlupfvariablen ist.

↓

Umwandlung in ein Maximierungssystem
Lautet die Zielvorschift $x_0 \rightarrow$ Min?

Ja →

1. Multipliziere die Zielfunktion mit (-1), d. h.
   $c_j := -c_j$ für alle $j = 1,..,n$
   $b_0 := -b_0$
   $x_0 := -x_0$
2. Verfahre nach der neuen Zielvorschrift $x_0 \rightarrow$ Max

Nein ↓

Zielgleichung
Ersetze die Zielfunktion durch $x_0 + a_{01}x_1 + a_{02}x_2 + \cdots + a_{0n}x_n = b_0$ (Zielgleichung), mit $a_{0j} = -c_j$, $j = 1,\ldots, n$

↓

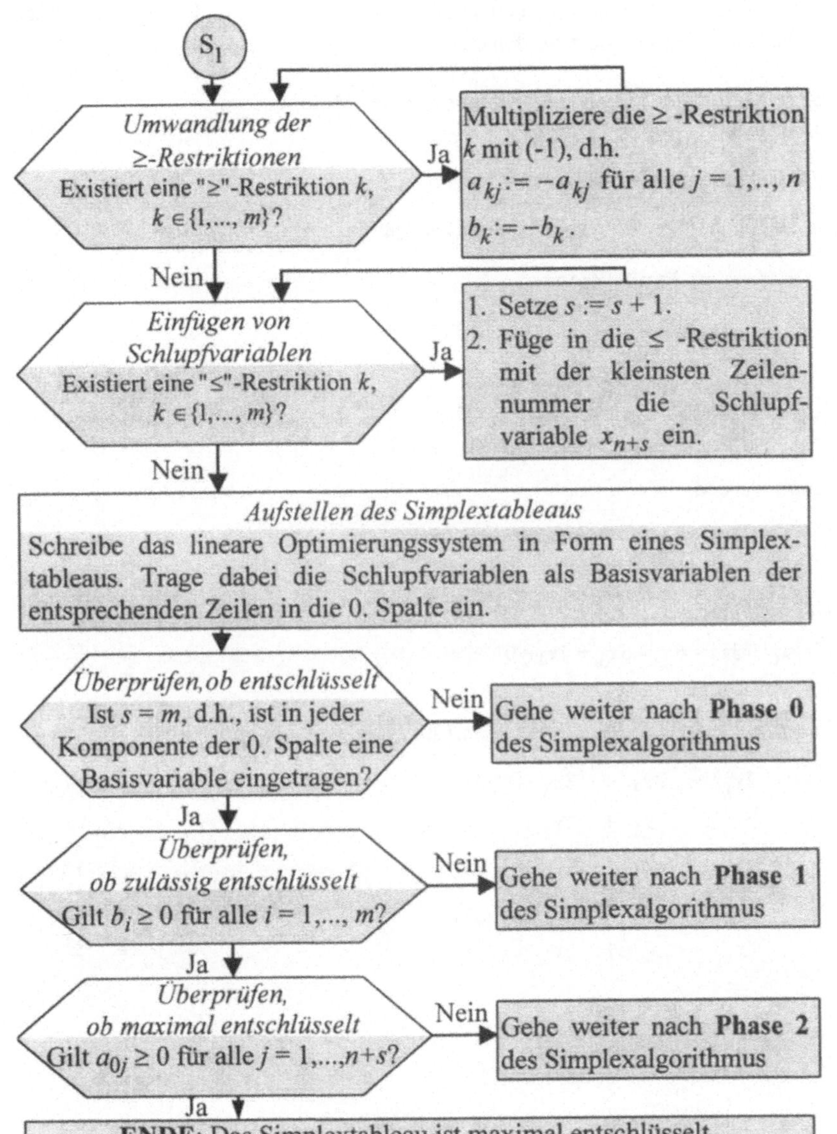
S1
Umwandlung der ≥-Restriktionen
Existiert eine "≥"-Restriktion k, k ∈ {1,..., m}?
Ja
Multipliziere die ≥ -Restriktion k mit (-1), d.h.
a_kj := −a_kj für alle j = 1,.., n
b_k := −b_k .
Nein
Einfügen von Schlupfvariablen
Existiert eine "≤"-Restriktion k, k ∈ {1,..., m}?
Ja
1. Setze s := s + 1.
2. Füge in die ≤ -Restriktion mit der kleinsten Zeilennummer die Schlupfvariable x_n+s ein.
Nein
Aufstellen des Simplextableaus
Schreibe das lineare Optimierungssystem in Form eines Simplextableaus. Trage dabei die Schlupfvariablen als Basisvariablen der entsprechenden Zeilen in die 0. Spalte ein.
Überprüfen, ob entschlüsselt
Ist s = m, d.h., ist in jeder Komponente der 0. Spalte eine Basisvariable eingetragen?
Nein
Gehe weiter nach Phase 0 des Simplexalgorithmus
Ja
Überprüfen, ob zulässig entschlüsselt
Gilt b_i ≥ 0 für alle i = 1,..., m?
Nein
Gehe weiter nach Phase 1 des Simplexalgorithmus
Ja
Überprüfen, ob maximal entschlüsselt
Gilt a_0j ≥ 0 für alle j = 1,...,n+s?
Nein
Gehe weiter nach Phase 2 des Simplexalgorithmus
Ja
ENDE: Das Simplextableau ist maximal entschlüsselt.

Der Ablauf des Drei-Phasen-Schemas soll nochmals anhand des nachfolgenden Zahlenbeispiels demonstriert werden.

< **2.22** > Mittels des Simplexalgorithmus soll das Minimum von

$$x_0 = 3x_1 - 6x_2 - 5x_3 + 4x_4$$

unter Beachtung der Restriktionen

$$\begin{array}{rcrcrcrcl} 2x_1 & + & 2x_2 & + & 3x_3 & - & 4x_4 & = & 24 \\ & & x_2 & + & 2x_3 & & & \leq & 14 \\ & & x_2 & & & - & x_4 & \geq & 13 \\ 2x_1 & + & x_2 & + & x_3 & + & x_4 & \leq & 15 \\ x_1 & & & + & x_3 & + & x_4 & \leq & 8 \\ & & & & & x_1, x_2, & x_3, x_4 & \geq & 0 \end{array}$$

bestimmt werden.

– *Umwandlung in ein Maximierungssystem*

$$-x_0 = -3x_1 + 6x_2 + 5x_3 - 4x_4 \rightarrow \text{Max}$$

– *Zielgleichung*

$$-x_0 + 3x_1 - 6x_2 - 5x_3 + 4x_4 = 0$$

$$-x_0 \rightarrow \text{Max}$$

– *Umformung der "≥"-Restriktionen und Einfügen von Schlupfvariablen*

$$\begin{array}{rcrcrcrcrcrcrcrcl} 2x_1 & + & 2x_2 & + & 3x_3 & - & 4x_4 & & & & & & & & & = & 24 \\ & & x_2 & + & 2x_3 & & & + & x_5 & & & & & & & = & 14 \\ & - & x_2 & & & + & x_4 & & & + & x_6 & & & & & = & -13 \\ 2x_1 & + & x_2 & + & x_3 & + & x_4 & & & & & + & x_7 & & & = & 15 \\ x_1 & & & + & x_3 & + & x_4 & & & & & & & + & x_8 & = & 8 \end{array}$$

Aufstellen des Simplextableaus

Tab. 2.25:

x_0	x_1	x_2	x_3	x_4	x_5	x_6	x_7	x_8	RS
-1	3	-6	-5	4	0	0	0	0	0
-	2	2	3	-4	0	0	0	0	24
x_5	0	1	2	0	1	0	0	0	14
x_6	0	-1	0	1	0	1	0	0	-13
x_7	2	1	1	1	0	0	1	0	15
x_8	1	0	1	1	0	0	0	1	8

Phase 0

Um ein entschlüsseltes System zu erhalten, müssen wir einen Schlüssel in die 1. Zeile setzen. In Frage kommt jeder positive Koeffizient dieser Zeile. Wir wählen willkürlich $a_{12} = 2$ als Pivotelement und erhalten:

Tab. 2.26:

x_0	x_1	x_2	x_3	x_4	x_5	x_6	x_7	x_8	RS
-1	9	0	4	-8	0	0	0	0	72
x_2	1	1	$\frac{3}{2}$	-2	0	0	0	0	12
x_5	-1	0	$\frac{1}{2}$	2	1	0	0	0	2
x_6	1	0	$\frac{3}{2}$	-1	0	1	0	0	-1
x_7	1	0	$-\frac{1}{2}$	3	0	0	1	0	3
x_8	1	0	1	1	0	0	0	1	8

Phase 1

Dieses System ist noch nicht zulässig entschlüsselt, wir wählen deshalb als Pivotelement einen negativen Koeffizienten in der 3. Restriktionszeile. Hier bleibt als einzige Möglichkeit $a_{34} = -1$.

Tab. 2.27:

x_0	x_1	x_2	x_3	x_4	x_5	x_6	x_7	x_8	RS
-1	1	0	-8	0	0	-8	0	0	80
x_2	-1	1	$-\frac{3}{2}$	0	0	-2	0	0	14
x_5	1	0	$\frac{7}{2}$	0	1	2	0	0	0
x_4	-1	0	$-\frac{3}{2}$	1	0	-1	0	0	1
x_7	4	0	4	0	0	3	1	0	0
x_8	2	0	$\frac{5}{2}$	0	0	1	0	1	7

Phase 2

Das Maximierungssystem in Tableau 2.27 ist zulässig, aber noch nicht maximal entschlüsselt. Zur Verbesserung des Zielwertes kommen als Pivotspalte die 3. und die 6. Spalte in Frage. Willkürlich wählen wir $q = 6$.

Als Pivotzeile kommt die 2. oder die 4. Zeile in Frage, willkürlich wählen wir $p = 2$. Da der Entartungsfall vorliegt, wird bei dieser Umschlüsselung der Zielwert nicht verbessert.

Tab. 2.28:

x_0	x_1	x_2	x_3	x_4	x_5	x_6	x_7	x_8	RS
-1	5	0	6	0	4	0	0	0	80
x_2	0	1	2	0	1	0	0	0	14
x_6	$\frac{1}{2}$	0	$\frac{7}{4}$	0	$\frac{1}{2}$	1	0	0	0
x_4	$-\frac{1}{2}$	0	$\frac{1}{4}$	1	$\frac{1}{2}$	0	0	0	1
x_7	$\frac{5}{2}$	0	$-\frac{5}{4}$	0	$-\frac{3}{2}$	0	1	0	0
x_8	$\frac{3}{2}$	0	$\frac{3}{4}$	0	$-\frac{1}{2}$	0	0	1	7

Das Optimierungssystem in Tableau 2.28 ist maximal entschlüsselt, die Basislösung $(x_1, x_2, x_3, x_4, x_5, x_6, x_7, x_8) = (0, 14, 0, 1, 0, 0, 0, 7)$ führt zum maximalen Zielwert $(-x_0)_{\text{Max}} = 80$.

Die optimale Lösung des vorgegebenen linearen Minimierungssystems ist dann $(x_1, x_2, x_3, x_4) = (0, 14, 0, 1)$ mit dem minimalen Zielwert $x_{0\text{Min}} = -80$.

2.3 Untergrenzen bei der linearen Optimierung

In der Praxis kommt es häufig vor, daß einzelne Variable nach unten begrenzt sind. Solche *primalen Untergrenzen* (*lower bounds*) haben die Form

$$x_q \geq b_i \text{ mit } b_i > 0\,, \tag{2.8}$$

wenn diese Bedingung die i-te Restriktion des Systems darstellt.

Bei direkter Anwendung des Simplexalgorithmus würde die Ungleichung (2.8) mit (-1) multipliziert und durch Hinzufügen einer Schlupfvariablen y_i in die Gleichung

$$-x_q + y_i = -b_i \tag{2.9}$$

transformiert. Da $-b_i$ negativ ist, würde der Schlüsselvariablen y_i in der Basislösung des Anfangstableaus ein nicht-zulässiger Wert zugeordnet werden.

Der Rechenaufwand läßt sich durch die Variablentransformation

$$v_q = x_q - b_i \tag{2.10}$$

reduzieren. Wird in dem Ausgangsmodell die Variable x_q durch den Ausdruck $v_q + b_i$ ersetzt, so kann auf die Untergrenze

$$v_q + b_i \geq b_i$$

verzichtet werden, da sie äquivalent zur Nichtnegativitätsbedingung

$$v_q \geq 0$$

ist.

Durch diese Variablentransformation spart man nicht nur eine Restriktionsgleichung ein, gleichzeitig wird auch ein Verstoß gegen die Zulässigkeit der Basislösung beseitigt. Nach Berechnung der optimalen Lösung sind dann die Variablen v_q in die Ausgangsvariable zurückzutransformieren:

$$x_q^* = v_q^* + b_i\,.$$

Die Vorteile dieser Behandlung von Untergrenzen werden in dem nachfolgenden Beispiel deutlich.

< 2.23 > Wir betrachten nochmals das lineare Maximierungsproblem in Beispiel < 2.17 >, erweitern das Restriktionensystem aber um die beiden Untergrenzen $x_1 \geq 16$ und $x_2 \geq 11$.

Mit der Variablentransformation

$$v_1 = x_1 - 16 \quad \Leftrightarrow \quad x_1 = v_1 + 16$$

$$v_2 = x_2 - 11 \quad \Leftrightarrow \quad x_2 = v_2 + 11$$

hat das um die obigen Untergrenzen erweiterte Maximierungsproblem aus Beispiel < 2.17 > die Form

$$x_0 = 300(v_1 + 16) + 400(v_2 + 11) + 100 \rightarrow \text{Max}$$

unter Beachtung der Restriktionen

$$\begin{array}{rcrcr} v_1 + 16 & - & (v_2 + 11) & \leq & 8 \\ 2(v_1 + 16) & + & 3(v_2 + 11) & \geq & 44 \\ 2(v_1 + 16) & - & 5(v_2 + 11) & \geq & -36 \\ 4(v_1 + 16) & + & 5(v_2 + 11) & \geq & 80 \\ v_1 + 16 & & & \geq & 16 \\ & & v_2 + 11 & \geq & 11 \\ & & v_1 + 16, v_2 + 11 & \geq & 0 \end{array}$$

die sich vereinfachen läßt zu

$$x_0 = 300v_1 + 400v_2 + 9.300$$

unter Beachtung der Restriktionen

$$\begin{array}{rcrcr} v_1 & - & v_2 & \leq & 3 \\ 2v_1 & + & 3v_2 & \geq & -21 \\ 2v_1 & - & 5v_2 & \geq & -13 \\ 4v_1 & + & 5v_2 & \geq & -39 \\ v_1 & & & \geq & 0 \\ & & v_2 & \geq & 0 \end{array}$$

Die Untergrenzen für die x_i wurden dabei zu den neuen Nichtnegativitätsbedingungen, während die den alten Nichtnegativitätsbedingungen entsprechenden Ungleichungen weggelassen werden können, da sie von allen zulässigen Lösungen erfüllt werden. Darüber hinaus sind aber für nichtnegative Paare (v_1, v_2) auch die 2. und die 4. Restriktion des vorstehenden Systems erfüllt, so daß auch diese Ungleichungen entfallen können. Multipliziert man nun die verbleibende "≥"-Ungleichung mit (-1), so erhält man nach dem Einfügen der Schlupfvariablen y_1 und y_2 das Simplextableau 2.29, das zulässig, aber nicht maximal entschlüsselt ist.

Tab. 2.29:

x_0	v_1	v_2	y_1	y_2	RS
1	-300	-400	0	0	9300
y_1	1	-1	1	0	3
y_2	-2	5	0	1	13

Gemäß der Phase 2 des Simplexalgorithmus ist nach dem Pivotelement a_{22} = 5 umzuschlüsseln:

Tab. 2.30:

x_0	v_1	v_2	y_1	y_2	RS
1	-460	0	0	80	10.340
y_1	$\frac{3}{5}$	0	1	$\frac{1}{5}$	$\frac{28}{5}$
v_2	$-\frac{2}{5}$	1	0	$\frac{1}{5}$	$\frac{13}{5}$

Die weitere Umschlüsselung nach $a_{11} = \frac{3}{5}$ ergibt

Tab. 2.31:

x_0	v_1	v_2	y_1	y_2	RS
1	0	0	$\frac{2300}{3}$	$\frac{700}{3}$	$\frac{43.900}{3}$
v_1	1	0	$\frac{5}{3}$	$\frac{1}{3}$	$\frac{28}{3}$
v_2	0	1	$\frac{2}{3}$	$\frac{1}{3}$	$\frac{19}{3}$

Aus der maximalen Lösung $(v_1^*, v_2^*) = (\frac{28}{3}, \frac{19}{3})$ folgt durch Rücktransformation in die Ausgangsvariablen die Lösung $(x_1^*, x_2^*) = (\frac{28}{3} + 16, \frac{19}{3} + 11) = (\frac{76}{3}, \frac{52}{3})$, die wir auch im Beispiel < 2.17 > als optimale Lösung ermittelt hatten. Durch die Variablentransformation konnte aber der Aufwand zur Ermittlung der optimalen Lösung beträchtlich verringert werden. Die den Basislösungen der Simplextableaus 2.29 - 2.31 entsprechenden Eckpunkte

$Q_1 = (0 + 16, 0 + 11)$, $\quad Q_2 = (0 + 16, \frac{13}{5} + 11)$,

$P_4 = (\frac{28}{3} + 16, \frac{19}{3} + 11) = (\frac{76}{3}, \frac{52}{3})$ sind in der Abbildung 2.11 auf Seite 77 eingezeichnet. ♦

Auch bei *primalen Obergrenzen* (*upper bounds*), d. h. bei Restriktionen der Form

$$x_q \leq b_i \quad \text{mit} \quad b_i > 0, \tag{2.11}$$

läßt sich durch eine geschickte Aufbereitung des vorgegebenen Optimierungsmodells der Rechenaufwand zur Bestimmung einer optimalen Lösung verringern. Da aber hier im Unterschied zur "lower bounding technique" eine einfache Variablentransformation nicht ausreicht, sondern die Regeln für die Auswahl des Pivotelementes modifiziert werden müssen, wollen wir die "upper bounding technique" in diesem Buch nicht behandeln, sondern auf die Operations Research-Literatur verweisen, vgl. z. B. [MÜLLER-MERBACH 1973, S. 139-144].

Aufgaben

2.1 Bestimmen Sie die optimale Lösung des linearen Maximierungssystems in Beispiel < 2.20 > .

2.2 Tabakhändler Pfeifenkopf möchte zwei neue Tabakmischungen ausprobieren, denen er die Namen "Arizona" und "Bahia" gibt. Da er selbst nicht restlos vom Verkaufserfolg seiner neuen Mischung überzeugt ist, will er zunächst höchstens 40 kg "Arizona" und höchstens 60 kg "Bahia" herstellen. Andererseits lohnt sich die Einführung einer neuen Tabakmischung nur, wenn mindestens 10 kg jeder Mischung hergestellt werden.

Die neuen Tabakmischungen setzen sich aus den Tabaksorten "Havanna" und "Brasil" gemäß der nachfolgenden Tabelle zusammen:

	Arizona	Bahia
Havanna	$\frac{3}{4}$	$\frac{1}{2}$
Brasil	$\frac{1}{4}$	$\frac{1}{2}$

Pfeifenkopf hat noch 40 kg "Havanna" und 30 kg "Brasil" auf Lager. Er geht davon aus, daß er die hergestellten Tabakmischungen innerhalb einer Woche verkaufen kann, wenn er für 1 kg "Arizona" 80,- DM und für 1 kg "Bahia" 60,- DM verlangt.

Bestimmen Sie mittels der graphischen Lösungsmethode, wieviel kg dieser beiden Tabakmischungen Pfeifenkopf herstellen soll, wenn er seinen Erlös maximieren will! Wie hoch ist der maximal erzielbare Erlös?

(Zur Kontrolle der Zeichnung sind die Koordinaten des erlösmaximalen Punktes auch rechnerisch als Schnittpunkt der relevanten Begrenzungsgeraden zu bestimmen.)

2.3 Auf einem sumpfigen Gelände, auf dem das Bauen höherer Häuser wegen der Fundamentierung sehr große Kosten verursacht, sollen x fünfstöckige und y zweistöckige Häuser gebaut werden. Die Arbeitsleistung einer Person in einem Monat werde als "Personenmonat" bezeichnet. Die weiteren Angaben sind unmittelbar aus der folgenden Tabelle herauszulesen:

Stockwerk-anzahl	Kosten in DM	Personen-monate	Bodenfläche in m^2	Anzahl der Menschen	Anzahl der Häuser
5	600.000	120	800	30	x
2	200.000	60	600	12	y
zur Verfügung stehen	18.000.000	4.500	42.000		

Wie sind x und y zu wählen, daß möglichst viele Menschen auf dem Baugelände wohnen können? Bestimmen Sie die Lösung durch Anwendung des Simplexalgorithmus.

2.4 In einer Ölraffinerie werde Rohöl in Benzin, leichtes Heizöl und schweres Heizöl überführt. Die Raffinerie verarbeite am Tag 20.000 Tonnen Rohöl, woraus sie höchstens 15.000 Tonnen Benzin und leichtes Heizöl gewinnen kann. Im Rahmen des Raffinierungsprozesses falle jeweils mindestens soviel leichtes Heizöl wie Benzin an. Der Rest des Rohöls werde dann in schweres Heizöl überführt. Wieviel Tonnen jedes der drei Endprodukte sollte der Produzent herstellen, wenn er seinen Ertrag maximieren will und die Großhandelspreise von Benzin, leichtem bzw. schwerem Heizöl 60, 40 bzw. 20 DM betragen?

2.5 Bestimmen Sie die optimale Lösung des linearen Maximierungsproblems

$$x_0 = 200x_1 + 50x_2 + 10x_3 \rightarrow \text{Max}$$

unter Beachtung der Restriktionen

$$\begin{array}{rcrcrcr} x_1 & + & 10x_2 & - & 10x_3 & = & 1.000 \\ 6x_1 & + & 10x_2 & & & \leq & 5.000 \\ x_1 & + & x_2 & + & x_3 & \geq & 100 \\ & & & & x_1, x_2, x_3 & \geq & 0 \end{array}$$

2.6 Ein Walzwerk soll aus 20 m langen Walzadern mindestens 900 Stück und höchstens 1100 Stück der Länge 11 m, genau 1500 Stück der Länge 8 m und genau 2000 Stück der Länge 7 m zuschneiden. Das Zuschneiden soll so erfolgen, daß möglichst wenig Walzadern gebraucht werden. Wieviel Walzadern werden verbraucht und wieviel Stücke der Länge 11 m werden zugeschnitten?

2.7 Lösen Sie die Aufgabe 2.2 auch mit Hilfe des Simplexalgorithmus. Benutzen Sie dabei die "Lower Bounds"-Technik.

2.8 Bestimmen Sie die optimale Lösung des nachstehenden linearen Maximierungsproblems, indem sie zunächst die "Lower Bounds"-Technik anwenden.

$$Z = 2x + 4y + 10 \rightarrow \text{Max}$$

unter Beachtung der Restriktionen

$$\begin{aligned} 60x + 40y &\geq 200 \\ 2x - 2y &\leq 9 \\ 3x + 7{,}5y &\geq 21 \\ 20x - 4y &\leq 168 \\ x - y &\geq 2 \\ x &\geq 9 \\ y &\geq 5 \\ x, y &\geq 0 \end{aligned}$$

2.9 Bei der Lösung eines linearen Maximierungssystem ergibt sich das nachstehende Tableau:

x_0	x_1	x_2	x_3	x_4	x_5	x_6	x_7	x_8	x_9	RS
1	-3	0	-7	0	0	3	-12	0	0	30
	2	0	2	1	0	2	1	0	3	3
	-3	1	-4	0	0	5	1	0	-1	0
	0	0	5	0	1	-6	2	0	2	4
	1	0	-2	0	0	3	-3	1	1	2

a. Ist die ausgewiesene Basislösung bereits maximal? Begründen Sie Ihre Antwort anhand der Zielfunktion.

b. Geben Sie alle Pivotelemente an, die möglich sind, wenn Sie nach einem Simplexalgorithmus (nicht nur "steepest ascent"!) vorgehen würden! Begründung mittels des Quotientenkriteriums! Wie würde sich der Zielwert bei den verschiedenen Pivotelementen ändern? Welches dieser Pivotelemente ergäbe die größte Zielwertverbesserung?

c. Geben Sie weitere Basislösungen an, die den gleichen Zielwert besitzen wie die ausgewiesene Lösung. (Geben Sie dabei lediglich die Werte für die Basisvariablen der neuen Lösung(en) an!)

3. Vektoren

In den beiden vorstehenden Kapiteln benutzten wir zur allgemeinen Darstellung linearer Gleichungssysteme eine einfache Indizierung zur Unterscheidung der Variablen x_j und der rechten Seite b_i und eine doppelte Indizierung zur Beschreibung der Koeffizienten a_{ij}, z. B. $a_{31}x_1 + a_{32}x_2 + \ldots + a_{3n}x_n = b_3$.

Diese Darstellungsform ist dem Problem zwar angemessen, sie ist aber recht aufwendig beim Schreiben und ist vor allem dann störend, wenn komplexe Zusammenhänge allgemein untersucht werden.

Um die Schreibarbeit beim Entschlüsseln linearer Gleichungssysteme zu erleichtern, hatten wir eine Tableaudarstellung gewählt, in der die Koeffizienten eine Matrix bildeten. Außerdem wurden Spaltentupel von Koeffizienten unterschieden und die Variablen und die rechten Seiten zu Tupeln zusammengefaßt. Die allgemeine Lösung eines linearen Gleichungssystems läßt sich nach Satz 1.1 darstellen als Linearkombination des Basislösungstupels und der Fundamentallösungstupel.

In diesem Kapitel wollen wir nun das Rechnen mit Tupeln allgemein untersuchen. Dabei wird dieses Konzept eingebettet in die größere Klasse der Vektoren, damit wir mit Hilfe der vielfältigen Erscheinungsformen von Vektoren komplexe Aussagen anschaulich interpretieren können.

Bevor wir aber Operatoren und Sätze für Vektoren formulieren, werden wir den Begriff Vektor allgemein definieren und aufzeigen, daß Tupel reeller Zahlen zu Recht als Vektoren bezeichnet werden dürfen.

Um Vektoren leicht von einfachen reellen Konstanten oder Variablen unterscheiden zu können, wollen wir sie mit kleinen "fettgeschriebenen" lateinischen Buchstaben abkürzen, z. B. ***a***, ***b***, ***c***,... . In der Literatur werden Vektoren auch durch kleine Buchstaben in Sütterlinschrift symbolisiert oder durch Zusatzzeichen wie $\vec{a}, \vec{b}, \vec{c}$,.. bzw. $\underline{a}$, $\underline{b}$, $\underline{c}$,... kenntlich gemacht.

3.1 Der Vektorraum

Definition 3.1:
Als *Vektorraum* (oder *linearen Raum*) bezeichnen wir eine Menge A, in der

i. eine *Addition* erklärt ist, die je zwei Elementen $\boldsymbol{a} \in \mathrm{A}$ und $\boldsymbol{b} \in \mathrm{A}$ ein Element $\boldsymbol{a} + \boldsymbol{b} \in \mathrm{A}$ zuordnet und die den folgenden Eigenschaften genügt:

(V.1) $(\boldsymbol{a}+\boldsymbol{b})+\boldsymbol{c}=\boldsymbol{a}+(\boldsymbol{b}+\boldsymbol{c}) \quad \forall\, \boldsymbol{a}, \boldsymbol{b}, \boldsymbol{c} \in \mathrm{A}$ *Assoziativgesetz*

(V.2) $\exists$ ein *neutrales Element* $\boldsymbol{n} \in \mathrm{A} \mid \boldsymbol{a}+\boldsymbol{n}=\boldsymbol{n}+\boldsymbol{a}=\boldsymbol{a} \quad \forall\, \boldsymbol{a} \in \mathrm{A}$

(V.3) $\forall\, \boldsymbol{a} \in \mathrm{A}$ $\exists$ ein *inverses Element* $\overline{\boldsymbol{a}} \mid \overline{\boldsymbol{a}}+\boldsymbol{a}=\boldsymbol{a}+\overline{\boldsymbol{a}}=\boldsymbol{n}$

(V.4) $\boldsymbol{a}+\boldsymbol{b}=\boldsymbol{b}+\boldsymbol{a} \quad \forall\, \boldsymbol{a}, \boldsymbol{b} \in \mathrm{A}$ *Kommutativgesetz*

ii. eine *skalare Multiplikation* erklärt ist, die je zwei Elementen $\lambda \in \mathbf{R}$ und $\boldsymbol{a} \in \mathrm{A}$ ein Element $\lambda \cdot \boldsymbol{a} \in \mathrm{A}$ zuordnet, so daß folgende Axiome erfüllt sind:

(V.5) $(\lambda\mu)\boldsymbol{a}=\lambda(\mu\boldsymbol{a}) \qquad \lambda, \mu \in \mathbf{R}$ und $\forall\, \boldsymbol{a} \in \mathrm{A}$ *Assoziativgesetz*

(V.6a) $(\lambda+\mu)\boldsymbol{a}=\lambda\boldsymbol{a}+\mu\boldsymbol{a} \quad \forall\, \lambda,\mu \in \mathbf{R}$ und $\forall\, \boldsymbol{a} \in \mathrm{A}$
(V.6b) $\lambda(\boldsymbol{a}+\boldsymbol{b})=\lambda\boldsymbol{a}+\lambda\boldsymbol{b} \quad \forall\, \lambda \in \mathbf{R}$ und $\forall\, \boldsymbol{a},\boldsymbol{b} \in \mathrm{A}$ *Distributivgesetz*

(V.7) $1 \cdot \boldsymbol{a}=\boldsymbol{a} \quad \forall\, \boldsymbol{a} \in \mathrm{A}$.

Die Elemente von A nennt man *Vektoren*, die Elemente von **R** heißen *Skalare*. Das neutrale Element der Addition in A heißt *Nullvektor*.

Mit der im Abschnitt 1.2 eingeführten komponentenweisen Addition von Tupeln und der Multiplikation eines Tupels mit einer reellen Zahl genügen die Tupel jedes $\mathbf{R}^m$, $m = 1, 2, \ldots$ den Axiomen (V.1) bis (V.7), denn die Rechenoperationen werden komponentenweise zurückgeführt auf das Rechnen mit reellen Zahlen im $\mathbf{R}^1$. Für $\mathrm{A} = \mathbf{R}$ entsprechen aber die Addition zwischen Vektoren und die skalare Multiplikation der üblichen Addition und Multiplikation zwischen reellen Zahlen, die den geforderten Eigenschaften genügen.

In einem Vektorraum $\mathbf{R}^m$ ist das *Nulltupel* $\mathbf{0} = \begin{pmatrix} 0 \\ 0 \\ \vdots \\ 0 \end{pmatrix}$ das *neutrale Element* der Addition und $-\boldsymbol{a} = \begin{pmatrix} -a_1 \\ -a_2 \\ \vdots \\ -a_m \end{pmatrix}$ das zu $\boldsymbol{a} = \begin{pmatrix} a_1 \\ a_2 \\ \vdots \\ a_m \end{pmatrix}$ *inverse Element*.

Da die skalare Multiplikation komponentenweise zurückgeführt wird auf die gewöhnliche Multiplikation, läßt sich der bekannte Satz "Das Produkt zweier reeller Zahlen ist nur dann gleich Null, wenn wenigstens einer der Faktoren gleich Null ist", auf die Operation $\lambda \cdot \boldsymbol{a}$ übertragen:

Satz 3.1:
$\lambda \cdot \boldsymbol{a} = \mathbf{0} \quad \Leftrightarrow \quad \lambda = 0$ oder $\boldsymbol{a} = \mathbf{0}$.

Weiterhin gilt

Satz 3.2:

$$(-\lambda)\boldsymbol{a} = -\lambda\boldsymbol{a} \tag{3.1}$$

$$\lambda(-\boldsymbol{a}) = -\lambda\boldsymbol{a} \tag{3.2}$$

Diese Aussagen lassen sich auch leicht aus den Distributivgesetzen ableiten:

a. Wählt man in (V.6a) als zweiten Skalar $\mu = -\lambda$, so gilt

$$\lambda\boldsymbol{a} + (-\lambda)\boldsymbol{a} \overset{V.6a}{=} (\lambda-\lambda)\boldsymbol{a} = 0\cdot\boldsymbol{a} = \boldsymbol{0} \Leftrightarrow -\lambda\boldsymbol{a} = (-\lambda)\boldsymbol{a}\,.$$

b. Setzt man in (V.6b) $\boldsymbol{b} = -\boldsymbol{a}$, so gilt

$$\lambda\boldsymbol{a} + \lambda(-\boldsymbol{a}) \overset{V.6b}{=} \lambda(\boldsymbol{a}-\boldsymbol{a}) = \lambda\boldsymbol{0} = \boldsymbol{0} \Leftrightarrow \lambda(-\boldsymbol{a}) = -\lambda\boldsymbol{a}$$

Wegen der Assoziativgesetze lassen sich die Distributivgesetze auch auf eine endliche Anzahl von Vektoren und Skalaren ausdehnen, und es gilt:

$$\left(\sum_{i=1}^{n}\lambda_i\right)\boldsymbol{a} = \sum_{i=1}^{n}\lambda_i\boldsymbol{a} \tag{3.3}$$

$$\lambda\cdot\sum_{i=1}^{n}\boldsymbol{a}_i = \sum_{i=1}^{n}\lambda\boldsymbol{a}_i \tag{3.4}$$

< 3.1 > $$3\cdot\begin{pmatrix}1\\3\\-2\end{pmatrix} + 2\cdot\begin{pmatrix}1\\3\\-2\end{pmatrix} - 5\cdot\begin{pmatrix}1\\3\\-2\end{pmatrix} = (3+2-5)\cdot\begin{pmatrix}1\\3\\-2\end{pmatrix} = 0\cdot\begin{pmatrix}1\\3\\-2\end{pmatrix} = \begin{pmatrix}0\\0\\0\end{pmatrix}$$

$$2\cdot\sum_{i=1}^{4}\begin{pmatrix}i\\-i^2\\2i\end{pmatrix} = 2\left(\begin{pmatrix}1\\-1\\2\end{pmatrix} + \begin{pmatrix}2\\-4\\4\end{pmatrix} + \begin{pmatrix}3\\-9\\6\end{pmatrix} + \begin{pmatrix}4\\-16\\8\end{pmatrix}\right) = \sum_{i=1}^{4}2\cdot\begin{pmatrix}i\\-i^2\\2i\end{pmatrix}.$$ ♦

Da wir im nachfolgenden Kapitel 4 Zahlentupel als spezielle Matrizen interpretieren und auch die Rechenoperationen für Vektoren als Spezialfälle der Rechenoperationen für Matrizen ansehen, halten wir es für sinnvoll, schon jetzt die Zeilen- und Spaltendarstellung von Tupeln zu unterscheiden:

Den zum *Spaltenvektor* $\boldsymbol{a} = \begin{pmatrix}a_1\\a_2\\\vdots\\a_m\end{pmatrix}$ zugehörigen *Zeilenvektor*

symbolisieren wir mit $\boldsymbol{a}' = \boldsymbol{a}^T = (a_1, a_2,\ldots, a_m)$.

Dabei heißen die reellen Zahlen $a_1, a_2,\ldots, a_m$ die *Komponenten* des Vektors (Tupels) $\boldsymbol{a}$ bzw. $\boldsymbol{a}'$.

3.2 Geometrische Darstellung von Vektoren

Aus der Vorlesung "Mathematik I für Wirtschaftswissenschaftler", vgl. z. B. [ROMMELFANGER 1995, S. 95], ist uns bekannt, daß jedem Tupel $(a_1, a_2, ..., a_m) \in \mathbf{R}^m$ reeller Zahlen $a_1, a_2, ..., a_m$ genau ein Punkt eines m-dimensionalen Koordinatensystems entspricht.

Für den Fall $m = 2$ (mit etwas räumlichem Vorstellungsvermögen analog auch für den Fall $m = 3$ und natürlich für den Fall $m = 1$) können wir uns dies graphisch veranschaulichen. Dabei können wir den Punkt, der dem Vektor $\boldsymbol{a}' = (a_1, a_2)$ entspricht, deutlich herausstellen, indem wir dem Vektor $\boldsymbol{a}$ die gerichtete Strecke vom Koordinatenursprung (0, 0) zum Punkt (a_1, a_2) zuordnen und diese dann als *Ortsvektor* $\boldsymbol{a}$ bezeichnen.

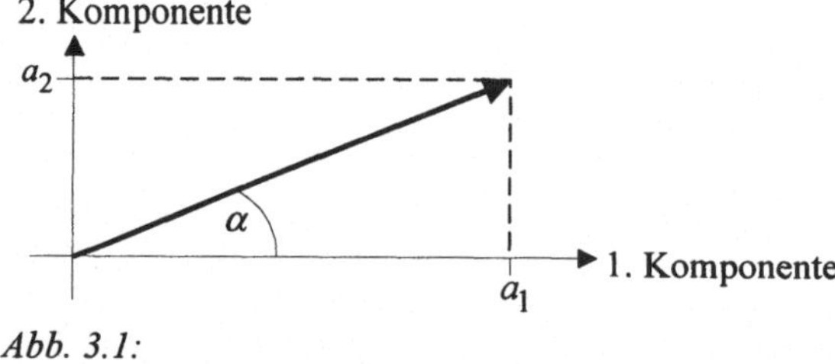

Abb. 3.1:

Ortsvektoren finden vor allem in der Physik Anwendung, z. B. als Kraftvektoren in der Mechanik oder im Elektromagnetismus. In den Wirtschaftswissenschaften sind sie kaum von Bedeutung, denn bei praktischen Anwendungen haben wir es zumeist mit Vektoren zu tun, die mehr als drei Koeffizienten aufweisen. Wir werden aber dennoch in diesem Buch des öfteren Ortsvektoren benutzen, um Begriffe und Zusammenhänge anschaulich zu erläutern.

Ein Ortsvektor $\boldsymbol{a}' = (a_1, a_2) \in \mathbf{R}^2$ läßt sich offensichtlich eindeutig beschreiben durch die Länge des Pfeiles $\|\boldsymbol{a}\|$ und dessen Richtung, die angegeben werden kann durch den Winkel α zur positiven Abszissenachse. Diese Darstellung des Vektors durch die Größen $\|\boldsymbol{a}\|$ und α wird als *Polarkoordinaten*darstellung bezeichnet. Im Unterschied dazu bezeichnet man die Koordinaten a_1 und a_2 als *cartesische Koordinaten.*

Die Länge des Pfeiles läßt sich berechnen nach dem

Satz von PYTHAGORAS:
Im rechtwinkligen Dreieck ist der Flächeninhalt des Quadrates über der Hypotenuse gleich der Summe der Flächeninhalte der Quadrate über den Katheten, d. h.

$$\|\boldsymbol{a}\| = \sqrt{a_1^2 + a_2^2} \, .$$

Diese Definition läßt sich verallgemeinern zur

Definition 3.2:
Als *Länge, absoluten Betrag* oder *(euklidische) Norm* des Vektors $\boldsymbol{a}' = (a_1, a_2,\ldots, a_m) \in \mathbf{R}^m$ bezeichnen wir den Ausdruck

$$\|\boldsymbol{a}\| = \|\boldsymbol{a}'\| = \sqrt{a_1^2 + a_2^2 + \cdots + a_m^2}\,. \tag{3.5}$$

< 3.2 >

a. Der Vektor $\boldsymbol{a}' = (2, 4, 1)$ hat die Norm $\|\boldsymbol{a}\| = \sqrt{4+16+1} = \sqrt{21}$.

b. für $m = 1$ stimmt die Norm $\|\boldsymbol{a}\| = \sqrt{a_1^2} = |a_1|$ mit dem gewöhnlichen absoluten Betrag überein. ♦

Für einen Vektor $\boldsymbol{a}' = (a_1, a_2) \neq \mathbf{0}'$ läßt sich der Winkel α bestimmen aus den Beziehungen

$$\cos\alpha = \frac{a_1}{\|\boldsymbol{a}\|} \quad \text{und} \quad \sin\alpha = \frac{a_2}{\|\boldsymbol{a}\|} \tag{3.6}$$

Stellen wir neben dem Vektor $\boldsymbol{a}' = (a_1, a_2)$ einen weiteren Vektor $\boldsymbol{b}' = (b_1, b_2)$ als Ortsvektor dar, dann läßt sich die Summe der Vektoren $\boldsymbol{a}$ und $\boldsymbol{b}$ nach dem *Parallelogrammprinzip* berechnen, vgl. Abb. 3.2. In dieser Darstellung wird nochmals das Kommutativgesetz (V.4) der Vektoraddition deutlich, das besagt, daß die Reihenfolge der Summanden vertauscht werden darf.

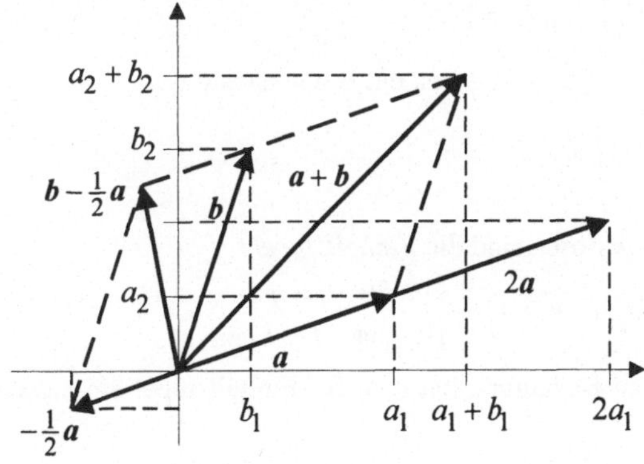

Abb.3.2: Addition von Ortsvektoren

Addiert man den Vektor $\boldsymbol{a}$ λ-mal, so erhält man $\lambda\boldsymbol{a}$.

Für $\lambda > 0$ fällt die Richtung von $\lambda\boldsymbol{a}$ mit der von $\boldsymbol{a}$ zusammen;

für $\lambda < 0$ ist die Richtung von $\lambda\boldsymbol{a}$ zu der von $\boldsymbol{a}$ entgegengesetzt;

für $\lambda = 0$ stellt der Vektor $0 \cdot \boldsymbol{a}$ den zu einem Punkt entarteten Ortsvektor des Ursprungs des Koordinatensystems dar, den Nullvektor $\mathbf{0}$.

Satz 3.3:
Der absolute Betrag hat folgende Eigenschaften:

$$\|\boldsymbol{a}\| \geq 0 \tag{3.7}$$

$$\|\boldsymbol{a}\| = 0 \Leftrightarrow \boldsymbol{a} = 0 \tag{3.8}$$

$$\|\lambda \cdot \boldsymbol{a}\| = |\lambda| \cdot \|\boldsymbol{a}\| \tag{3.9}$$

$$\|\boldsymbol{a} \pm \boldsymbol{b}\| \leq \|\boldsymbol{a}\| + \|\boldsymbol{b}\| \tag{3.10}$$

Beweis:
Die Behauptungen (3.7) bis (3.9) folgen unmittelbar aus der Definition des absoluten Betrages eines Vektors. Die Gültigkeit der sogenannten *Dreiecksungleichung* (3.10) wird für den Fall $m = 2$ unmittelbar plausibel aus der Abbildung 3.2. Den genauen Beweis liefern wir auf den Seiten 106 f. nach.

Definition 3.3:
Der $\mathbf{R}^m$ mit der euklidischen Norm (3.5) wird als *Euklidischer Raum* bezeichnet und mit E^m symbolisiert. Vektoren des E^m mit der Norm 1 werden *Einheitsvektoren* genannt.

< 3.3 > Der Vektor $\boldsymbol{b}' = (\frac{3}{5}, \frac{4}{5})$ ist ein Einheitsvektor,

denn es gilt $\sqrt{\frac{9}{25} + \frac{16}{25}} = \sqrt{\frac{25}{25}} = 1$

Auch der Vektor $\boldsymbol{c}' = (\frac{2}{7}, -\frac{6}{7}, \frac{3}{7})$ ist ein Einheitsvektor,

da $\sqrt{\frac{4}{49} + \frac{36}{49} + \frac{9}{49}} = \sqrt{\frac{49}{49}} = 1$. ♦

Spezielle Einheitsvektoren sind die *Einheitstupel*

$$(e_{i1}, e_{i2}, \ldots, e_{in}) \quad \text{mit } e_{ij} = \begin{cases} 1 & \text{für } i = j \\ 0 & \text{für } i \neq j \end{cases}$$

Wegen ihrer großen Bedeutung hat man für Einheitstupel ein eigenes Abkürzungssymbol geprägt:

$$\boldsymbol{e}_j = (0, \ldots, 0, \underset{\substack{\uparrow \\ j\text{-te Komponente.}}}{1}, 0, \ldots, 0)$$

3.3 Das Skalarprodukt

Zur Einführung in diese Matrizenoperation betrachten wir das folgende Beispiel.

< **3.4** > Rechnungen und Bestellzettel weisen oft die folgende Form auf:

Artikel-Bezeichnung	Bestell-Nr.	Menge	Einzelpreis	Gesamtpreis
Herren-T-Shirt		2	20,--	40,--
Herren-Weste		1	100,--	100.--
Men-Slip		5	9,--	45,--
Karteikarten		2	8,--	16,--
Disco-Roller		1	98,--	98,--
Socken		4	6,--	24,--
Gesamtbetrag der Bestellung				323,--

Die Mengen und die Preisangaben können wir, wie dies auch die Tabelle nahelegt, zu einem Mengenvektor $\boldsymbol{a}' = (2, 1, 5, 2, 1, 4)$ und einem Preisvektor $\boldsymbol{b}' = (20, 100, 9, 8, 98, 6)$ zusammenfassen, und der Gesamtwert der Bestellung errechnet sich dann als Summe der Produkte der sich entsprechenden Komponenten dieser Vektoren.
Im Hinblick auf die später einzuführende Matrizenmultiplikation wollen wir diese Vektoroperation einführen als Produkt eines Zeilen- mit einem Spaltenvektor, d. h. in der Form

$$\boldsymbol{a}' \cdot \boldsymbol{b} = (2, 1, 5, 2, 1, 4) \cdot \begin{pmatrix} 20 \\ 100 \\ 9 \\ 8 \\ 98 \\ 6 \end{pmatrix}$$

$$= 2 \cdot 20 + 1 \cdot 100 + 5 \cdot 9 + 2 \cdot 8 + 1 \cdot 98 + 4 \cdot 6 = 323.$$

♦

Definition 3.4:
Unter dem *Skalarprodukt* oder *inneren Produkt* zweier Vektoren
$\boldsymbol{a}' = (a_1, a_2, \ldots, a_n)$ und $\boldsymbol{b}' = (b_1, b_2, \ldots, b_n)$ des $\mathbf{R}^n$ versteht man den Ausdruck

$$\boldsymbol{a}' \cdot \boldsymbol{b} = (a_1, a_2, \ldots, a_n) \cdot \begin{pmatrix} b_1 \\ b_2 \\ \vdots \\ b_n \end{pmatrix} = a_1 b_1 + \cdots + a_n b_n = \sum_{i=1}^{n} a_i b_i \,. \tag{3.11}$$

Bemerkungen:

Da $\boldsymbol{a}' \cdot \mathbf{b} = \sum_{i=1}^{n} a_i b_i = \sum_{i=1}^{n} b_i a_i = \boldsymbol{b}' \cdot \boldsymbol{a}$, ist die Skalarproduktbildung kommutativ.

Mit dem Skalarprodukt läßt sich die Länge eines Ortsvektors auch schreiben als

$$\|\boldsymbol{a}\| = \sqrt{\boldsymbol{a}'\boldsymbol{a}} = \sqrt{\sum_i a_i^2} \tag{3.12}$$

Das Skalarprodukt kann nur für Vektoren "mit gleicher Komponentenzahl" gebildet werden.
Das Skalarprodukt zweier Vektoren kann den Wert 0 annehmen, ohne daß einer der beiden Vektoren der Nullvektor ist, vgl. die nachfolgenden Beispiele.

< 3.6 > **a.** $\boldsymbol{e}_1' = (1, 0), \boldsymbol{e}_2' = (0, 1)$; $\boldsymbol{e}_1' \cdot \boldsymbol{e}_2' = 1 \cdot 0 + 0 \cdot 1 = 0$

b. $\boldsymbol{a}' = (2, 4, -1), \boldsymbol{b}' = (3, 2, 14)$; $\boldsymbol{a}' \cdot \boldsymbol{b} = 6 + 8 - 14 = 0$. ♦

Interessieren wir uns für den Winkel $\gamma = \beta - \alpha$ zwischen den beiden Ortsvektoren

$$\boldsymbol{a}' = (a_1, a_2) \quad \text{und} \quad \boldsymbol{b}' = (b_1, b_2)$$

so ergibt sich nach dem Additionssatz für den Cosinus

$$\cos\gamma = \cos(\beta - \alpha) = \sin\alpha \cdot \sin\beta + \cos\alpha \cdot \cos\beta$$

und mit

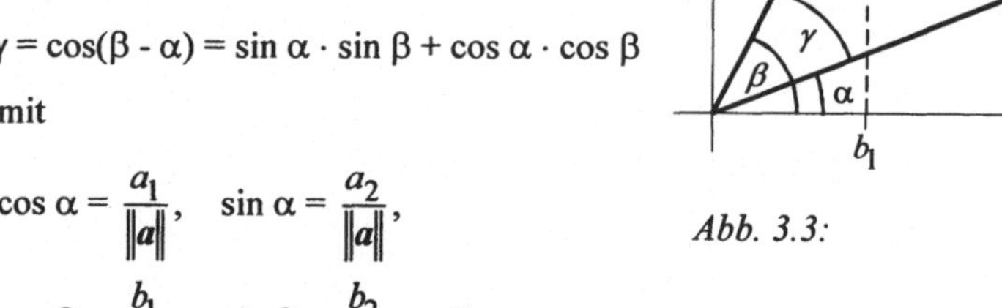

Abb. 3.3:

$$\cos\alpha = \frac{a_1}{\|\boldsymbol{a}\|}, \quad \sin\alpha = \frac{a_2}{\|\boldsymbol{a}\|},$$

$$\cos\beta = \frac{b_1}{\|\boldsymbol{b}\|}, \quad \sin\beta = \frac{b_2}{\|\boldsymbol{b}\|} \quad \text{gilt}$$

$$\cos\gamma = \cos(\beta - \alpha) = \frac{a_2 b_2 + a_1 b_1}{\|\boldsymbol{a}\| \cdot \|\boldsymbol{b}\|} = \frac{\boldsymbol{a}' \cdot \boldsymbol{b}}{\|\boldsymbol{a}\| \cdot \|\boldsymbol{b}\|}.$$

Die Aussage (3.6) läßt sich erweitern auf den Winkel γ zwischen den Vektoren des E^m, $m = 2, 3, \ldots$:

$$\cos\gamma = \frac{\boldsymbol{a}' \cdot \boldsymbol{b}}{\|\boldsymbol{a}\| \cdot \|\boldsymbol{b}\|} \tag{3.13}$$

Da stets gilt $-1 \le \cos\gamma \le 1$, folgt aus (3.13) die Ungleichung

$$|\boldsymbol{a}' \cdot \boldsymbol{b}| \le \|\boldsymbol{a}\| \cdot \|\boldsymbol{b}\|, \tag{3.14}$$

die sich auch in den Komponenten schreiben läßt als

$$\left|\sum_i a_i b_i\right| \leq \sqrt{\sum_i a_i^2} \cdot \sqrt{\sum_i b_i^2} \;,$$

und aus der dann unmittelbar die CAUCHY-SCHWARZ*sche Ungleichung*

$$\sum_i a_i b_i \leq \sqrt{\sum_i a_i^2} \cdot \sqrt{\sum_i b_i^2} \quad \text{folgt.} \tag{3.15}$$

Durch Multiplikation der Ungleichung mit 2 und durch Erweitern mit $\sum_i a_i^2 + \sum_i b_i^2$ ergibt sich daraus

$$\sum_i a_i^2 + 2\sum_i a_i b_i + \sum_i b_i^2 \leq \sum_i a_i^2 + 2\sqrt{\sum_i a_i^2} \cdot \sqrt{\sum_i b_i^2} + \sum_i b_i^2$$

oder

$$\sum_i (a_i^2 + 2a_i b_i + b_i^2) \leq \|\boldsymbol{a}\|^2 + 2\|\boldsymbol{a}\| \cdot \|\boldsymbol{b}\| + \|\boldsymbol{b}\|^2$$

oder

$$\sum_i (a_i + b_i)^2 = \|\boldsymbol{a} + \boldsymbol{b}\|^2 \leq (\|\boldsymbol{a}\| + \|\boldsymbol{b}\|)^2 \,,$$

und durch Ziehen der positiven Quadratwurzel auf beiden Seiten die Dreiecksungleichung (3.10).

Schreibt man die Gleichung (3.13) in der Form

$$\boldsymbol{a}' \cdot \boldsymbol{b} = \|\boldsymbol{a}\| \cdot \|\boldsymbol{b}\| \cdot \cos\gamma, \tag{3.16}$$

so passen sich nicht nur die Spezialfälle $\boldsymbol{a} = \boldsymbol{0}$, $\boldsymbol{b} = \boldsymbol{0}$ und "$\boldsymbol{a}$ ist parallel zu $\boldsymbol{b}$" nahtlos ein. Für $\|\boldsymbol{a}\| \neq 0$ und $\|\boldsymbol{b}\| \neq 0$ folgt mit (3.13) aus der Beziehung $\boldsymbol{a}' \cdot \boldsymbol{b} = 0$, daß die Ortsvektoren $\boldsymbol{a}$ und $\boldsymbol{b}$ senkrecht zueinander stehen.

Da aber sowohl für $\gamma = \frac{\pi}{2}$ als auch für $\gamma = \frac{3\pi}{2}$ gilt: $\cos\gamma = 0$, kann aus der Beziehung $\boldsymbol{a}' \cdot \boldsymbol{b} = 0$ keine weitergehende Aussage über die Richtungen der Vektoren gezogen werden.

Definition 3.5:
Zwei Vektoren $\boldsymbol{a}$ und $\boldsymbol{b}$ des $\mathbf{R}^n$ heißen *orthogonal*, wenn für das Skalarprodukt gilt

$$\boldsymbol{a}' \cdot \boldsymbol{b} = \boldsymbol{b}' \cdot \boldsymbol{a} = 0$$

Aus der Gleichung (3.16) folgt dann unmittelbar, daß orthogonale Ortsvektoren senkrecht zueinander stehen.

< 3.5 >

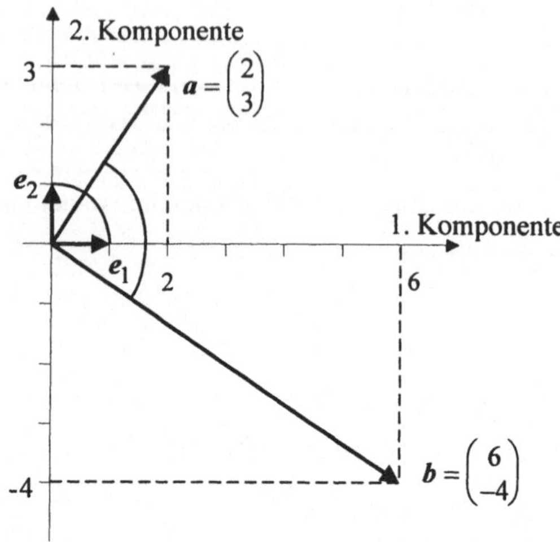

Abb.3.4: Orthogonale Ortsvektoren $\boldsymbol{e}_1$ *und* $\boldsymbol{e}_2$ *bzw.* $\boldsymbol{a}$ *und* $\boldsymbol{b}$ ◆

3.4 Linearkombination, Lineare Unabhängigkeit

Den im Kapitel 1 auf Seite 20 definierten Begriff *Linearkombination* von Tupeln können wir nun allgemein formulieren:

Definition 3.6:
Ein Vektor $\boldsymbol{b}$, der sich mit geeigneten reellen Zahlen $\lambda_1, \dots, \lambda_n$ in der Form

$$\boldsymbol{b} = \lambda_1 \boldsymbol{a}_1 + \lambda_2 \boldsymbol{a}_2 + \cdots + \lambda_n \boldsymbol{a}_n = \sum_{j=1}^{n} \lambda_j \boldsymbol{a}_j \tag{3.17}$$

darstellen läßt, wird als *Linearkombination* der Vektoren $\boldsymbol{a}_1, \boldsymbol{a}_2, \dots, \boldsymbol{a}_n$ bezeichnet.
Die Skalare λ_j heißen *Linear-* oder *Gewichtungsfaktoren.*

Aus der Vektoraddition folgt, daß der Vektor $\boldsymbol{b}$ die gleiche Anzahl an Komponenten aufweist wie die Vektoren $\boldsymbol{a}_j$.

< 3.7 >

a. Soll $\boldsymbol{b}' = (2, -5, 3)$ als Linearkombination der Vektoren $\boldsymbol{a}_1' = (1, -3, 2)$, $\boldsymbol{a}_2' = (2, -4, -1)$ und $\boldsymbol{a}_3' = (1, -5, 7)$ geschrieben werden, dann suchen wir reelle Zahlen $\lambda_1, \lambda_2, \lambda_3$ mit der Eigenschaft

$\lambda_1\, \boldsymbol{a}_1 + \lambda_2 \cdot \boldsymbol{a}_2 + \lambda_3 \cdot \boldsymbol{a}_3 = \boldsymbol{b}$ oder ausgeschrieben

$$\lambda_1 \cdot \begin{pmatrix} 1 \\ -3 \\ 2 \end{pmatrix} + \lambda_2 \cdot \begin{pmatrix} 2 \\ -4 \\ -1 \end{pmatrix} + \lambda_3 \cdot \begin{pmatrix} 1 \\ -5 \\ 7 \end{pmatrix} = \begin{pmatrix} 2 \\ -5 \\ 3 \end{pmatrix}$$

Diese Vektorengleichung ist äquivalent dem linear inhomogenen Gleichungssystem in den Variablen $\lambda_1, \lambda_2, \lambda_3$:

$$\begin{aligned} \lambda_1 + 2\lambda_2 + \lambda_3 &= 2 \\ -3\lambda_1 - 4\lambda_2 - 5\lambda_3 &= -5 \\ 2\lambda_1 - \lambda_2 + 7\lambda_3 &= 3 \end{aligned}$$

Lösen wir dieses Gleichungssystem mittels des Gaußschen Algorithmus,

Tab. 3.1:

λ_1	λ_2	λ_3	RS	
1	2	1	2	G_1
-3	-4	-5	-5	G_2
2	-1	7	3	G_3
1	2	1	2	$G_1' = G_1$
0	2	-2	1	$G_2' = G_2 + 3G_1$
0	-5	5	-1	$G_3' = G_3 - 2G_1$
1	0	3	1	$G_1'' = G_1' - G_2'$
0	1	-1	$\frac{1}{2}$	$G_2'' = \frac{1}{2}G_2'$
0	0	0	$\frac{3}{2}$	$G_3'' = G_3' + 5G_2''$

so entnehmen wir der letzten Zeile des Tableaus, daß dieses Gleichungssystem keine Lösung hat. Der Vektor $\boldsymbol{b}$ läßt sich also **nicht** als Linearkombination der Vektoren $\boldsymbol{a}_1, \boldsymbol{a}_2, \boldsymbol{a}_3$ darstellen.

b. Soll $\boldsymbol{b}' = (2, -5, 3)$ als Linearkombination der Einheitstupel $\boldsymbol{e}_1' = (1, 0, 0)$, $\boldsymbol{e}_2' = (0, 1 ,0)$ und $\boldsymbol{e}_3' = (0, 0, 1)$ dargestellt werden, so reicht es aus, das zur Vektorgleichung

$$\lambda_1 \cdot \boldsymbol{e}_1 + \lambda_2 \cdot \boldsymbol{e}_2 + \lambda_3 \cdot \boldsymbol{e}_3 = \boldsymbol{b}$$

äquivalente Gleichungssystem:

$$\begin{aligned} \lambda_1 \quad\quad\quad &= 2 \\ \lambda_2 \quad\quad &= -5 \\ \lambda_3 &= 3 \end{aligned}$$

aufzuschreiben, um sofort zu erkennen, daß sich $\boldsymbol{b}$ auf genau eine Weise als Linearkombination der Vektoren $\boldsymbol{e}_1, \boldsymbol{e}_2, \boldsymbol{e}_3$ darstellen läßt.

Es gilt: $2\boldsymbol{e}_1 - 5\boldsymbol{e}_2 + 3\boldsymbol{e}_3 = \boldsymbol{b}$. ♦

Bemerkung:
In dem Beispiel < 3.7 > wird ein praktikabler Weg beschrieben, um einen Vektor $\boldsymbol{b}$ als Linearkombination gegebener Vektoren $\boldsymbol{a}_1, \boldsymbol{a}_2, \ldots, \boldsymbol{a}_n$ darzustellen. Man löst das linear inhomogene Gleichungssystem, dessen Koeffizientenspalten durch die Vektoren $\boldsymbol{a}_j$ gebildet werden und dessen rechte Seite dem Vektor $\boldsymbol{b}$ entspricht. Mit jeder Lösung $(\lambda_1, \lambda_2, \ldots, \lambda_n)$ dieses Gleichungssystems läßt sich dann die gesuchte Linearkombination

$$\lambda_1\boldsymbol{a}_1 + \lambda_2\boldsymbol{a}_2 + \cdots + \lambda_n\boldsymbol{a}_n = \boldsymbol{b} \qquad \text{darstellen.}$$

In dem Beispiel < 3.7 > wird aufgezeigt, daß der Vektor $\boldsymbol{b}$ zwar als Linearkombination der Einheitstupel $\boldsymbol{e}_1$, $\boldsymbol{e}_2$ und $\boldsymbol{e}_3$, nicht aber als Linearkombination der Vektoren $\boldsymbol{a}_1$, $\boldsymbol{a}_2$ und $\boldsymbol{a}_3$ dargestellt werden kann. Das Vektorensystem $\{\boldsymbol{e}_1, \boldsymbol{e}_2, \boldsymbol{e}_3\}$ muß daher eine Eigenschaft aufweisen, die das System $\{\boldsymbol{a}_1, \boldsymbol{a}_2, \boldsymbol{a}_3\}$ nicht besitzt.

Definition 3.7:
Die Vektoren $\boldsymbol{a}_1, \boldsymbol{a}_2, \ldots, \boldsymbol{a}_n$ eines Vektorraumes V heißen *linear unabhängig*, wenn die Beziehung

$$\lambda_1\boldsymbol{a}_1 + \lambda_2\boldsymbol{a}_2 + \cdots + \lambda_n\boldsymbol{a}_n = \sum_{j=1}^{n} \lambda_j\boldsymbol{a}_j = \boldsymbol{0} \tag{3.18}$$

nur für die Linearfaktoren $\lambda_1 = \lambda_2 = \cdots = \lambda_n = 0$ gültig ist.

Ist hingegen die Vektorgleichung (3.18) darstellbar für ein Zahlentupel $(\lambda_1, \lambda_2, \ldots, \lambda_n)$ mit mindestens einem $\lambda_j \neq 0$, so heißen die Vektoren $\boldsymbol{a}_1, \boldsymbol{a}_2, \ldots, \boldsymbol{a}_n$ *linear abhängig*.

Aus der obigen Bemerkung folgt, daß Vektoren $\boldsymbol{a}_1, \ldots, \boldsymbol{a}_n$ genau dann **linear unabhängig** sind, wenn das der Vektorgleichung (3.18) entsprechende **homogene Gleichungssystem nur die triviale Lösung** besitzt. Weist dagegen das zur Vektorgleichung (3.18) äquivalente entschlüsselte Gleichungssystem wenigstens eine freie Variable auf, so sind die Vektoren $\boldsymbol{a}_1, \ldots, \boldsymbol{a}_n$ linear abhängig.

Ist die Anzahl der Koeffizientenspalten eines linearen Gleichungssystems größer als die Anzahl der Gleichungen, so besitzt das dazu äquivalente entschlüsselte Gleichungssystem auf jeden Fall freie Variablen und die Koeffizientenspalten sind daher linear abhängig. Daraus folgt, daß **mehr als m Vektoren des $\mathbf{R}^m$ auf jeden Fall linear abhängig** sind.

< 3.8 >

a. Die Vektoren $\boldsymbol{a}_1 = \begin{pmatrix} 1 \\ -3 \\ 2 \end{pmatrix}$, $\boldsymbol{a}_2 = \begin{pmatrix} 2 \\ -4 \\ -1 \end{pmatrix}$, $\boldsymbol{a}_3 = \begin{pmatrix} 1 \\ -5 \\ 7 \end{pmatrix}$ sind *linear abhängig*,

denn das Gleichungssystem

$$\lambda_1 \cdot \boldsymbol{a}_1 + \lambda_2 \cdot \boldsymbol{a}_2 + \lambda_3 \cdot \boldsymbol{a}_3 = \mathbf{0}$$

hat, vgl. Aufgabe < 3.7a >, unendlich viele Lösungen. Seine allgemeine Lösung ist $(\lambda_1, \lambda_2, \lambda_3) = (-3, 1, 1)\, t_3, \quad t_3 \in \mathbf{R}$.

Dagegen sind die Einheitstupel $\boldsymbol{e}_1, \boldsymbol{e}_2, \boldsymbol{e}_3 \in \mathbf{R}^3$ *linear unabhängig*, denn die Vektorgleichung

$$\lambda_1 \cdot \boldsymbol{e}_1 + \lambda_2 \cdot \boldsymbol{e}_2 + \lambda_3 \cdot \boldsymbol{e}_3 = \begin{pmatrix} \lambda_1 \\ \lambda_2 \\ \lambda_3 \end{pmatrix} = \begin{pmatrix} 0 \\ 0 \\ 0 \end{pmatrix} = \mathbf{0}$$

ist nur erfüllt für $\lambda_1 = \lambda_2 = \lambda_3 = 0$.

b. Die Vektoren $\boldsymbol{a}_1 = \begin{pmatrix} 1 \\ 2 \\ 3 \end{pmatrix}$, $\boldsymbol{a}_2 = \begin{pmatrix} 1 \\ 0 \\ -1 \end{pmatrix}$, $\boldsymbol{a}_3 = \begin{pmatrix} 3 \\ 2 \\ 1 \end{pmatrix}$, $\boldsymbol{a}_4 = \begin{pmatrix} -1 \\ 4 \\ 1 \end{pmatrix}$ sind linear abhängig, da mehr als drei Vektoren des $\mathbf{R}^3$ stets linear abhängig sind. ♦

Aus der Definition der linearen (Un-)Abhängigkeit lassen sich unmittelbar die folgenden allgemeinen Aussagen herleiten:

Satz 3.4:

A. Unter linear unabhängigen Vektoren kommt nie der Nullvektor vor.

B. Sind die Vektoren $\boldsymbol{a}_1, \boldsymbol{a}_2, \ldots, \boldsymbol{a}_n$ linear abhängig, so ist wenigstens einer unter ihnen eine Linearkombination der übrigen.

C. Ist $\boldsymbol{c}$ eine Linearkombination von $\boldsymbol{a}_1, \ldots, \boldsymbol{a}_n$, so sind die Vektoren $\boldsymbol{c}, \boldsymbol{a}_1, \ldots, \boldsymbol{a}_n$ linear abhängig.

Beweis:

A. Ohne Beschränkung der Allgemeinheit sei $\boldsymbol{a}_n = \mathbf{0}$.
Die Linearkombination $\lambda_1 \cdot \boldsymbol{a}_1 + \lambda_2 \cdot \boldsymbol{a}_2 + \cdots + \lambda_n \cdot \boldsymbol{a}_n = \mathbf{0}$ läßt sich dann neben der trivialen Lösung auch erfüllen für $\lambda_n \neq 0$; d. h. das linear homogene Gleichungssystem hat nicht nur die triviale Lösung und die Koeffizientenspalten sind linear abhängig.

B. Es gelte $\lambda_1 \cdot \boldsymbol{a}_1 + \lambda_2 \cdot \boldsymbol{a}_2 + \cdots + \lambda_n \cdot \boldsymbol{a}_n = \mathbf{0}$, und ohne Beschränkung der Allgemeinheit sei $\lambda_1 \neq 0$. Dividiert man die Vektorgleichung durch λ_1 und schreibt sie dann so um, daß $\boldsymbol{a}_1$ allein auf der linken Seite steht, so ergibt sich $\boldsymbol{a}_1$ als Linearkombination der übrigen Vektoren:

$$\boldsymbol{a}_1 = \frac{\lambda_2}{\lambda_1}\, \boldsymbol{a}_2 - \frac{\lambda_3}{\lambda_1}\, \boldsymbol{a}_3 - \cdots - \frac{\lambda_n}{\lambda_1}\, \boldsymbol{a}_n \;.$$

C. Ist $\boldsymbol{c}$ eine Linearkombination von $\boldsymbol{a}_1, \boldsymbol{a}_2, \ldots, \boldsymbol{a}_n$ so gilt

$$\boldsymbol{c} = \lambda_1 \cdot \boldsymbol{a}_1 + \lambda_2 \cdot \boldsymbol{a}_2 + \cdots + \lambda_n \cdot \boldsymbol{a}_n$$

Daraus folgt aber $1 \cdot \boldsymbol{c} - \lambda_1 \cdot \boldsymbol{a}_1 - \lambda_2 \cdot \boldsymbol{a}_2 - \cdots - \lambda_n \cdot \boldsymbol{a}_n = \mathbf{0}$.

Da schon der erste Koeffizient von 0 verschieden ist, erkennt man, daß diese $n+1$ Vektoren linear abhängig sind.

Bemerkung:
Die Aussage B des Satzes 3.4 besagt nicht, daß sich **jeder** Vektor eines linear abhängigen Systems $\{\boldsymbol{a}_1,..., \boldsymbol{a}_n\}$ als Linearkombination der restlichen darstellen läßt. Es bedeutet nur, daß **zumindest einer** dieser Vektoren $\boldsymbol{a}_j$ diese Eigenschaft besitzt. Vgl. dazu das nachfolgende Beispiel < 3.9 >.

< 3.9 >

a. Die Vektoren $\boldsymbol{a}_1$, $\boldsymbol{a}_2$ und $\boldsymbol{a}_3$ aus Beispiel < 3.7 > sind linear abhängig, vgl. dazu auch Beispiel < 3.8 > . Dabei läßt sich nach dem Tableau auf Seite 109 der Vektor $\boldsymbol{a}_3$ eindeutig darstellen als Linearkombination der beiden übrigen Vektoren, und zwar gilt

$$\boldsymbol{a}_3 = 3\boldsymbol{a}_1 - \boldsymbol{a}_2.$$

Dieses Tableau zeigt aber weiter an, daß sowohl der Schlüssel in der 1. als auch in der 2. Zeile in die 3. Spalte gesetzt werden kann und somit auch $\boldsymbol{a}_1$ und $\boldsymbol{a}_2$ als Linearkombination der beiden anderen darstellbar ist:

$$\boldsymbol{a}_1 = \frac{1}{3}\boldsymbol{a}_2 + \frac{1}{3}\boldsymbol{a}_3 \quad \text{bzw.} \quad \boldsymbol{a}_2 = 3\boldsymbol{a}_1 - \boldsymbol{a}_3$$

b. Die Vektoren $\boldsymbol{a}_1 = \begin{pmatrix}1\\0\end{pmatrix}$, $\boldsymbol{a}_2 = \begin{pmatrix}3\\0\end{pmatrix}$, $\boldsymbol{a}_3 = \begin{pmatrix}0\\2\end{pmatrix}$ sind linear abhängig, da drei Vektoren des $\mathbf{R}^2$ stets linear abhängig sind.

$\boldsymbol{a}_3$ läßt sich aber nicht als Linearkombination der beiden anderen Vektoren darstellen, da es keine reellen Linearfaktoren λ_1 und λ_2 gibt, so daß

$$\boldsymbol{a}_3 = \begin{pmatrix}0\\2\end{pmatrix} = \lambda_1 \begin{pmatrix}1\\0\end{pmatrix} + \lambda_2 \begin{pmatrix}3\\0\end{pmatrix}.$$

♦

Von besonderer Bedeutung für die Anwendung in den Wirtschaftswissenschaften sind die beiden folgenden Linearkombinationen:

Definition 3.8:
Eine Linearkombination $\boldsymbol{b} = \lambda_1\boldsymbol{a}_1 + \lambda_2\boldsymbol{a}_2 + \cdots + \lambda_n\boldsymbol{a}_n$, bei der sämtliche Linearfaktoren $\lambda_j > 0$ (bzw. $\lambda_j \geq 0$) sind, nennt man *positive Linearkombination* (bzw. *nichtnegative Linearkombination*).
Eine Linearkombination mit

$$\lambda_j \geq 0 \quad \forall j = 1,...,n, \quad \text{und} \quad \sum_{j=1}^{n} \lambda_j = 1$$

heißt *konvexe Linearkombination.*

Konvexe Linearkombinationen finden vor allem in der Statistik Verwendung, wobei λ_j die Wahrscheinlichkeit für das Eintreten des Ereignisses $\boldsymbol{a}_j$ angibt.

< 3.10 >

a. Die Produktionen in den drei Betriebsstätten eines Unternehmens lassen sich durch die Aktivitätstupel

$$a_1' = (2, -3, -1, 0, 0), \quad a_2' = (8, 0, -10, 3, 4), \quad a_3' = (-8, -1, 0, 1, 10)$$

beschreiben. Wird in den Produktionsstätten mit den Intensitäten $\lambda_1 = 4$, $\lambda_2 = 3$ und $\lambda_3 = 2$ produziert, so läßt sich bei linearem Produktionsverlauf die Gesamtproduktion beschreiben durch

$$\lambda_1 \cdot a_1' + \lambda_2 \cdot a_2' + \lambda_3 \cdot a_3' = (16, -14, -34, 11, 32).$$

b. In einer Lostrommel befinden sich nur die beiden folgenden Lostypen: Wird ein Los vom Typ A gezogen, so gewinnt man 1 Goldmünze und 1 kg Konfekt, zieht man dagegen ein Los vom Typ B, so erhält man 5 Goldmünzen. Ein Los vom Typ A läßt sich darstellen durch den Vektor $\boldsymbol{a}' = (1, 1)$, während ein Los vom Typ B durch den Vektor $\boldsymbol{b}' = (5, 0)$ repräsentiert wird.

Ist nun p mit $0 \le p \le 1$ die Wahrscheinlichkeit, ein Los vom Typ A zu ziehen, so ist die Gewinnerwartung $\boldsymbol{c}$ beim einmaligen Ziehen eines Loses aus der Trommel die konvexe Linearkombination:

$$\boldsymbol{c} = p \cdot \boldsymbol{a} + (1 - p)\boldsymbol{b} = p(\boldsymbol{a} - \boldsymbol{b}) + 1 \cdot \boldsymbol{b}\,.$$

Geometrisch läßt sich dieser Erwartungswert interpretieren als ein Punkt auf der Verbindungsstrecke zwischen $\boldsymbol{a}' = (1, 1)$ und $\boldsymbol{b}' = (5, 0)$.

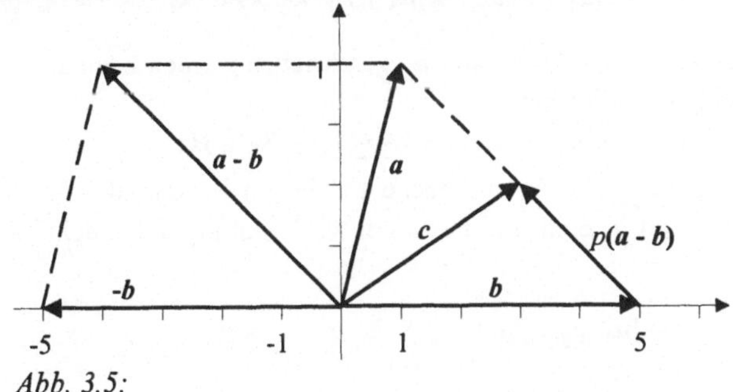

Abb. 3.5: ♦

3.5 Basis eines Vektorraumes

Nach Definition 3.1 ist ein Vektorraum A bzgl. der Addition und der skalaren Multiplikation abgeschlossen und enthält damit alle Linearkombinationen, die mit Vektoren aus A gebildet werden können. Wählt man andererseits n Vektoren

$a_1, a_2, \dots, a_n \in$ A aus, so bildet, wie nachfolgend noch gezeigt wird, die Menge aller Linearkombinationen dieser Vektoren ebenfalls einen Vektorraum.

> **Definition 3.9:**
> Ein Vektorraum V heißt von den Vektoren $\boldsymbol{a}_1, \boldsymbol{a}_2, \dots, \boldsymbol{a}_n$ *aufgespannt* oder *erzeugt*, und man schreibt $V = [\boldsymbol{a}_1, \boldsymbol{a}_2, \dots, \boldsymbol{a}_n]$, wenn sich jedes Element von V als Linearkombination dieser Vektoren darstellen läßt.

< 3.11 >

a. Die Vektoren $e_1' = (1, 0, 0)$, $e_2' = (0, 1, 0)$ und $e_3' = (0, 0, 1)$ erzeugen offensichtlich den Vektorraum $\mathbf{R}^3$, denn jeder Vektor $\boldsymbol{a}' = (a_1, a_2, a_3) \in \mathbf{R}^3$ läßt sich als Linearkombination $\boldsymbol{a} = a_1\boldsymbol{e}_1 + a_2\boldsymbol{e}_2 + a_3\boldsymbol{e}_3$ dieses Vektorensystems $\{\boldsymbol{e}_1, \boldsymbol{e}_2, \boldsymbol{e}_3\}$ schreiben.

b. Der von den Vektoren $e_1' = (1, 0, 0)$ und $e_2' = (0, 1, 0)$ aufgespannte Vektorraum enthält genau alle Vektoren $\boldsymbol{b} = (b_1, b_2, 0)$ mit beliebigen Komponenten $b_1, b_2 \in \mathbf{R}$. Geometrisch gesehen ist er eine ebene Fläche im Raum, die durch die beiden **in** dieser Fläche liegenden Ortsvektoren $\boldsymbol{e}_1$ und $\boldsymbol{e}_2$ eindeutig festgelegt ist.

c. Der von den Vektoren $\boldsymbol{a}_1' = (1, -3, 2)$, $\boldsymbol{a}_2' = (2, -4, -1)$ und $\boldsymbol{a}_3' = (1,-5,7)$ aufgespannte Vektorraum V besteht aus allen Linearkombinationen dieser Vektoren, d. h. $V = \{\lambda_1\boldsymbol{a}_1 + \lambda_2\boldsymbol{a}_2 + \lambda_3\boldsymbol{a}_3 \mid \lambda_1, \lambda_2, \lambda_3 \in \mathbf{R}\}$. ♦

Da nach Beispiel < 3.9 > der Vektor $\boldsymbol{a}_3$ geschrieben werden kann als $\boldsymbol{a}_3 = 3\boldsymbol{a}_1 - \boldsymbol{a}_2$, läßt sich V auch darstellen als

$$V = [\boldsymbol{a}_1, \boldsymbol{a}_2] = \{\lambda_1\boldsymbol{a}_1 + \lambda_2\boldsymbol{a}_2 \mid \lambda_1, \lambda_2 \in \mathbf{R}\}$$

und stellt damit geometrisch eine ebene Fläche im $\mathbf{R}^3$ dar, die durch die beiden Ortsvektoren $\boldsymbol{a}_1$ und $\boldsymbol{a}_2$ eindeutig bestimmt wird. Um nun allgemein zu zeigen, daß der Raum

$$V = [\boldsymbol{a}_1, \boldsymbol{a}_2, \dots, \boldsymbol{a}_n] = \{ \sum_{j=1}^{n} \lambda_j \boldsymbol{a}_j \mid \lambda_j \in \mathbf{R}, j = 1, \dots, n\}$$

bzgl. der Bildung von Linearkombinationen abgeschlossen ist, reicht der Nachweis aus, daß sich jede Linearkombination

$$\boldsymbol{c} = \mu_1\boldsymbol{b}_1 + \mu_2\boldsymbol{b}_2 + \cdots + \mu_m\boldsymbol{b}_m, \quad \mu_i \in \mathbf{R} \tag{3.18}$$

von Vektoren

$$\boldsymbol{b}_i = \sum_{j=1}^{n} s_{ij}\, \boldsymbol{a}_j\,, \quad s_{ij} \in \mathbf{R}\,, \tag{3.19}$$

auch darstellen läßt als

$$\boldsymbol{c} = \lambda_1\boldsymbol{a}_1 + \lambda_2\boldsymbol{a}_2 + \cdots + \lambda_n\boldsymbol{a}_n.$$

Dies ist aber offensichtlich der Fall, denn durch Einsetzen der Gleichungen (3.19) in (3.18) und nachfolgende Umformung läßt sich $\boldsymbol{c}$ schreiben als

$$c = \sum_{i=1}^{m} (\mu_i \cdot s_{i1})\, \boldsymbol{a}_1 + \cdots + \sum_{i=1}^{m} (\mu_i \cdot s_{in})\, \boldsymbol{a}_n$$

Man braucht dann nur

$\lambda_j = \sum_{i=1}^{m} (\mu_i \cdot s_{ij})$ zu setzen, um den Beweis zu vervollständigen.

Die in den Beispielen < 3.11 b > und < 3.11 c > erzeugten Vektorräume sind als ebene Flächen im Raum echte Teilmengen des $\mathbf{R}^3$.

> **Definition 3.10:**
> Eine nicht-leere Teilmenge U eines Vektorraumes V, $U \subseteq V$, wird als *Unterraum* von V bezeichnet, wenn gilt
>
> (i) aus $\boldsymbol{a} \in U$ und $\boldsymbol{b} \in U$ folgt $\boldsymbol{a} + \boldsymbol{b} \in U$
>
> (ii) aus $\lambda \in \mathbf{R}$ und $\boldsymbol{a} \in U$ folgt $\lambda \boldsymbol{a} \in U$

Nach Definition 3.1 ist ein Unterraum eines Vektorraumes stets selbst ein Vektorraum und enthält damit auch den Nullvektor.

In dem Beispiel < 3.11c > erkennt man, daß in einem Vektorensystem $\{\boldsymbol{a}_1, \boldsymbol{a}_2, \ldots, \boldsymbol{a}_n\}$, das einen Vektorraum $V = [\boldsymbol{a}_1, \boldsymbol{a}_2, \ldots, \boldsymbol{a}_n]$ aufspannt, alle die Vektoren vernachlässigt werden können, die sich als Linearkombination der restlichen darstellen lassen. Es gibt daher eine kleinste Anzahl von Vektoren, um einen Vektorraum aufzuspannen.

> **Definition 3.11:**
> Ein System von Vektoren $\{\boldsymbol{a}_1, \boldsymbol{a}_2, \ldots, \boldsymbol{a}_n\} \subseteq V$, das linear unabhängig ist und den Vektorraum V aufspannt, bezeichnet man als eine *Basis von* V.

< 3.12 > Die Vektoren

$$\boldsymbol{a}_1 = \begin{pmatrix} 2 \\ -3 \\ 2 \\ 1 \end{pmatrix}, \quad \boldsymbol{a}_2 = \begin{pmatrix} 1 \\ 0 \\ -2 \\ 0 \end{pmatrix}, \quad \boldsymbol{a}_3 = \begin{pmatrix} 0 \\ -1 \\ 0 \\ 0 \end{pmatrix}, \quad \boldsymbol{a}_4 = \begin{pmatrix} 1 \\ 1 \\ 0 \\ 1 \end{pmatrix}$$

sind, wie das nachfolgende Tableau 3.2 zeigt, linear abhängig, da das homogene Gleichungssystem

$$\mu_1 \boldsymbol{a}_1 + \mu_2 \boldsymbol{a}_2 + \mu_3 \boldsymbol{a}_3 + \mu_4 \boldsymbol{a}_4 = \mathbf{0}, \qquad \mu_j \in \mathbf{R}$$

nichttriviale Lösungen besitzt.

Da beim Entschlüsseln 3 Schlüsselvariablen und 1 freie Variable auftreten, sind maximal drei der vier Vektoren $\boldsymbol{a}_1, \boldsymbol{a}_2, \boldsymbol{a}_3, \boldsymbol{a}_4$ linear unabhängig.

Tab. 3.2:

a_1	a_2	a_3	a_4	**0**	b	c
2	1	0	1	0	7	2
-3	0	-1	1	0	5	6
2	-2	1	0	0	-4	-2
1	0	0	1	0	5	3
2	1	0	1	0	7	2
-1	-2	0	1	0	1	4
2	-2	1	0	0	-4	-2
1	0	0	1	0	5	3
1	1	0	0	0	2	-1
-2	-2	0	0	0	-4	1
2	-2	1	0	0	-4	-2
1	0	0	1	0	5	3
1	1	0	0	0	2	-1
0	0	0	0	0	0	-1
4	0	1	0	0	0	-4
1	0	0	1	0	5	3

Bei der in Tableau 3.2 durchgeführten Entschlüsselung bilden damit die Vektoren $\boldsymbol{a}_2$, $\boldsymbol{a}_3$ und $\boldsymbol{a}_4$ eine Basis des von den vier Vektoren aufgespannten Vektorraumes $V = [\boldsymbol{a}_1, \boldsymbol{a}_2, \boldsymbol{a}_3, \boldsymbol{a}_4]$, so daß V auch geschrieben werden kann als $V = [\boldsymbol{a}_2, \boldsymbol{a}_3, \boldsymbol{a}_4]$.

V ist damit ein echter Unterraum des $\mathbf{R}^4$. Dies erkennt man auch daran, daß sich der Vektor $\boldsymbol{c}' = (2, 6, -2, 3)$ nicht als Linearkombination der Vektoren $\boldsymbol{a}_1$, $\boldsymbol{a}_2$, $\boldsymbol{a}_3$, $\boldsymbol{a}_4$ darstellen läßt, vgl. Tableau 3.2.

Der Vektor $\boldsymbol{a}_1$, der bei dieser Auswahl kein Basisvektor ist, läßt sich nach Tableau 3.2 darstellen als Linearkombination

$$\boldsymbol{a}_1 = \lambda_2 \cdot \boldsymbol{a}_2 + \lambda_3 \cdot \boldsymbol{a}_3 + \lambda_4 \cdot \boldsymbol{a}_4 \quad \text{mit} \quad \lambda_2 = 1,\ \lambda_3 = 4,\ \lambda_4 = 1\,. \tag{3.20}$$

Man kann auch Basen dieses Vektorraumes V angeben, die $\boldsymbol{a}_1$ als Basisvektor enthalten. Dazu löst man die Vektorgleichung (3.20) nach einem der übrigen Vektoren $\boldsymbol{a}_j$ auf, der ein von Null verschiedenes λ_j aufweist, vgl. dazu den nachfolgenden Satz 3.5.

Im vorliegenden Beispiel kann man jeden der Vektoren $\boldsymbol{a}_2$, $\boldsymbol{a}_3$, $\boldsymbol{a}_4$ durch $\boldsymbol{a}_1$ als Basisvektor ersetzen. Z. B.

$$\boldsymbol{a}_2 = \frac{1}{\lambda_2} \cdot \boldsymbol{a}_1 - \frac{\lambda_3}{\lambda_2} \cdot \boldsymbol{a}_3 - \frac{\lambda_4}{\lambda_2} \cdot \boldsymbol{a}_4 \;=\; 1\boldsymbol{a}_1 - 4\boldsymbol{a}_3 - 1\boldsymbol{a}_4.$$

Damit ist das Vektorensystem $\{\boldsymbol{a}_1, \boldsymbol{a}_3, \boldsymbol{a}_4\}$ eine neue Basis dieses Vektorraumes V. Der vorstehende Schritt läßt sich im Tableau 3.2 dadurch nachvollziehen, daß man den Schlüssel (1, 2) durch den Schlüssel (1, 1) ersetzt und das linear homogene Gleichungssystem nach dem Pivotelement $a_{11} = 1$ umschlüsselt:

Tab. 3.3:

a_1	a_2	a_3	a_4	**0**
1	1	0	0	0
0	0	0	0	0
0	-4	1	0	0
0	-1	0	1	0

Aus dem Tableau 3.3 läßt sich ablesen, daß die Vektoren $\boldsymbol{a}_1$, $\boldsymbol{a}_3$, und $\boldsymbol{a}_4$ linear unabhängig sind. ♦

Dieser Austausch eines Basisvektors durch einen Nichtbasisvektor läßt sich auch allgemein beweisen, vgl. z. B. [BECKMANN; KÜNZI 1973, S. 9f]. Es gilt der

Satz 3.5:
Sei $\{\boldsymbol{a}_1,\ldots, \boldsymbol{a}_n\}$ eine Basis des Vektorraumes V und
$\boldsymbol{b} = \lambda_1\boldsymbol{a}_1 + \lambda_2\boldsymbol{a}_2 + \cdots + \lambda_n\boldsymbol{a}_n$ ein Vektor aus V.
Ist $\lambda_j \neq 0$, dann bilden die Vektoren
$\boldsymbol{a}_1,\ldots, \boldsymbol{a}_{j-1}, \boldsymbol{b}, \boldsymbol{a}_{j+1},\ldots, \boldsymbol{a}_n$ wieder eine Basis von V.

Dieser Satz läßt sich erweitern zum *Austauschsatz* von STEINITZ, der durch mehrfache Anwendung des Satzes 3.5 bewiesen wird.

Satz 3.6 (*Austauschsatz* von STEINITZ):
Sind $\boldsymbol{b}_1,\ldots, \boldsymbol{b}_s$ linear unabhängige Vektoren eines Vektorraumes V und ist $\{\boldsymbol{a}_1,\ldots, \boldsymbol{a}_n\}$ eine Basis von V ($s \leq n$), dann kann man s Vektoren der Basis $\{\boldsymbol{a}_1,\ldots, \boldsymbol{a}_n\}$ gegen die Vektoren $\boldsymbol{b}_1,\ldots, \boldsymbol{b}_s$ austauschen.

Aus Satz 3.6 folgt, daß alle Basen eines Vektorraumes die gleiche Anzahl von Vektoren aufweisen (vorausgesetzt, die Anzahl der Vektoren in den Basen ist endlich).

Definition 3.12:
Gegeben sei ein Vektorraum V mit einer endlichen Basis. Die Anzahl der Vektoren einer Basis nennt man *Dimension* des Vektorraumes V und kürzt sie ab mit: dim V.

Die maximale Anzahl linear unabhängiger Vektoren in einem Vektorensystem bezeichnet man auch als *Rang des Vektorsystems.*

< **3.13** > Der Rang des Vektorensystems $\{\boldsymbol{a}_1, \boldsymbol{a}_2, \boldsymbol{a}_3, \boldsymbol{a}_4\}$ mit den Vektoren $\boldsymbol{a}_j$ aus Beispiel < 3.12 > hat den Rang 3.

Die Dimension von $\mathrm{V} = [\boldsymbol{a}_1, \boldsymbol{a}_2, \boldsymbol{a}_3, \boldsymbol{a}_4]$ ist $\dim \mathrm{V} = 3$. ♦

Definition 3.13:
Als *Koordinaten* des Vektors $\boldsymbol{b}$ bzgl. der Basis $\{\boldsymbol{a}_1, \boldsymbol{a}_2, ..., \boldsymbol{a}_n\}$ bezeichnet man die in der Linearkombination

$$\boldsymbol{b} = \lambda_1 \boldsymbol{a}_1, + \lambda_2 \boldsymbol{a}_2 + \cdots + \lambda_n \boldsymbol{a}_n$$

auftretenden Koeffizienten $\lambda_1, ..., \lambda_n$, die eindeutig durch $\boldsymbol{b}$ und $\{\boldsymbol{a}_1, ..., \boldsymbol{a}_n\}$ bestimmt werden.

Besonders einfach wird die Darstellung, wenn die Basis aus Einheitstupeln besteht; denn wird ein Vektor $\boldsymbol{a} = (a_1, a_2, ..., a_n)'$ des $\mathbf{R}^n$ als Linearkombination der Einheitstupel $\boldsymbol{e}_i = (0,...,\underset{\uparrow}{1},0,...,0)' \in \mathbf{R}^n$, $i \in \{1,...,n\}$ dargestellt,

i-te Komponente

so gilt $\boldsymbol{a} = \mathrm{a}_1 \cdot \boldsymbol{e}_1 + \mathrm{a}_2 \cdot \boldsymbol{e}_2 + \cdots + \mathrm{a}_i \cdot \boldsymbol{e}_i + \cdots + \mathrm{a}_n \cdot \boldsymbol{e}_n$,

d. h. die Koordinaten von $\boldsymbol{a}$ bzgl. der Basis $\{\boldsymbol{e}_1, \boldsymbol{e}_2, ..., \boldsymbol{e}_n\}$ stimmen mit den Komponenten des Vektors $\boldsymbol{a}$ überein. Das Vektorensystem $\{\boldsymbol{e}_1, \boldsymbol{e}_2, ..., \boldsymbol{e}_n\}$ des $\mathbf{R}^n$ bezeichnet man als *kanonische Basis* des $\mathbf{R}^n$, $n \in \mathbf{N}$.

< **3.14** > Betrachten wir nochmals das Tableau 3.2 aus Beispiel < 3.12 >. Die Koeffizientenspalten $\boldsymbol{a}_2$, $\boldsymbol{a}_3$ und $\boldsymbol{a}_4$ des inhomogenen Gleichungssystems

$$\boldsymbol{a}_1 x_1 + \boldsymbol{a}_2 x_2 + \boldsymbol{a}_3 x_3 + \boldsymbol{a}_4 x_4 = \boldsymbol{b} \tag{3.21}$$

bilden eine Basis des von allen Koeffizientenspalten $\boldsymbol{a}_j$, $j = 1, 2, 3, 4$ aufgespannten Vektorraumes V.

Der Vektor $\boldsymbol{b}$ ist Element von V und läßt sich daher als Linearkombination (3.21) darstellen. Werden für die Linearkombination nur die Basisvektoren herausgezogen, so sind die Linearfaktoren x_j gemäß der Basislösung $(x_1, x_2, x_3, x_4) = (0, 2, 0, 5)$ zu wählen:

$$\boldsymbol{a}_1 \cdot 0 + \boldsymbol{a}_2 \cdot 2 + \boldsymbol{a}_3 \cdot 0 + \boldsymbol{a}_4 \cdot 5 = \boldsymbol{b}.$$ ♦

3.6 Lösungsräume linearer Systeme

In Satz 1.1 auf Seite 21 haben wir formuliert, daß die allgemeine Lösung eines **homogenen** linearen Gleichungssystems aus der Menge der Linearkombinationen der Fundamentallösungen dieses Gleichungssystems besteht. Der Lösungsraum eines homogenen linearen Gleichungssystems bildet dann nach Definition 3.9 einen linearen Vektorraum. Da die Fundamentaltupel ein System linear unabhängiger Vektoren bilden, ist die Dimension des Lösungsraumes gleich der Anzahl der freien Variablen des Gleichungssystems.

< 3.15 > Betrachten wir nochmals das Gleichungssystem in Beispiel < 1.10 > auf den Seiten 24-25, so wird der Lösungsraum des zugehörigen homogenen Gleichungssystems aufgespannt von den Vektoren

$$y_3 = (1, -1, 1, 0, -2)' \quad \text{und} \quad y_4 = (5, -4, 0, 1, -6)'$$

Er bildet damit eine zweidimensionale Ebene im $\mathbf{R}^5$. ♦

Weiterhin läßt sich nach Satz 1.1 jede Lösung eines inhomogenen Gleichungssystems darstellen als eine Summe, die aus der Basislösung des inhomogenen Systems und einem Vektor des Lösungsraumes des zugehörigen homogenen Systems besteht. Da jede Basislösung eines inhomogenen Gleichungssystems ungleich dem Nullvektor ist und **nicht** linear von dem Fundamentaltupel abhängt, enthält der Lösungsraum eines inhomogenen Gleichungssystems kein neutrales Element der Addition und bildet daher keinen Vektorraum. Der Lösungsraum des zugehörigen homogenen Systems wird - bildlich gesprochen - um den Basisvektor verschoben.

< 3.16 > Der Lösungsraum des inhomogenen Gleichungssystems in Beispiel < 1.10 > bildet eine zweidimensionale Ebene im $\mathbf{R}^5$, die im Vergleich zum Lösungsraum des zugehörigen homogenen Systems um die Basislösung $x = (-3, 2, 0, 0, 3)$ verschoben ist. ♦

Bei linearen Optimierungssystemen sind als weitere Bestimmungsfaktoren für den Lösungsraum die Nichtnegativitätsbedingungen zu berücksichtigen. Diese bilden nicht nur untere Schranken für die einzelnen Variablen, sondern grenzen i. allg. den Lösungsraum auch nach oben ab, zumindest bei Maximierungssystemen. In der Phase 2 des Simplexalgorithmus, vgl. den Abschnitt 2.2.2, wurde der als neue Basisvariable ausgewählten freien Variablen der größtmögliche Wert zugeordnet, der noch zu einer zulässigen Lösung führt. Die mit diesem maximalen Wert errechnete Lösung entspricht aber gerade der Basislösung des Simplextableaus, das man nach Umschlüsselung des Systems nach dem entsprechend bestimmten Pivotelement erhält. Unter den zulässigen Basislösungen des Restriktionensystems kommen damit alle zulässigen Lösungen vor, die für eine der Variablen einen extrem großen oder kleinen Wert aufweisen.

Andererseits sieht man sofort, daß jede konvexe Linearkombination von zulässigen Basislösungen selbst eine zulässige Lösung des Restriktionensystems darstellt. Die Menge der zulässigen Lösungen bildet somit eine konvexe polyedrische Menge, deren Ecken gerade den Basislösungen entsprechen, vgl. dazu auch die Ausführungen auf den Seiten 53-54. Im Sinne der nachfolgenden Definition 3.14 ist die Menge der zulässigen Lösungen eines linearen Optimierungssystems ein Simplex, womit auch die Bezeichnung des DANTZIGschen Algorithmus verständlich wird.

Definition 3.14:
Seien $\boldsymbol{x}_0, \boldsymbol{x}_1, \ldots, \boldsymbol{x}_r$ Ortsvektoren von $r+1$ linear unabhängigen Punkten des m-dimensionalen euklidischen Raumes E^m. Die Menge aller konvexen Linearkombinationen dieser Ortsvektoren

$$\boldsymbol{x} = \sum_{k=0}^{r} \lambda_k \boldsymbol{x}_k \quad \text{mit} \quad \sum_{k=0}^{m} \lambda_k = 1 \quad \text{und}\ \lambda_k \geq 0 \quad \forall\ k = 0, \ldots, m$$

heißt ein *r-dimensionaler Euklidischer Simplex*, der von den Ecken $\boldsymbol{x}_0, \boldsymbol{x}_1, \ldots, \boldsymbol{x}_r$ *aufgespannt* wird.

Aufgaben

3.1 Zeichnen Sie in eine cartesische Koordinatenebene die Ortsvektoren $\boldsymbol{a}' = (5, -1)$ und $\boldsymbol{b}' = (2, 4)$.
Konstruieren Sie dann mittels des Parallelogrammprinzips die Ortsvektoren $\boldsymbol{a} - \frac{1}{2}\boldsymbol{b}$ und $-2\boldsymbol{a} + \boldsymbol{b}$.

3.2 Gegeben sind die Vektoren

$$\boldsymbol{a} = \begin{pmatrix} 6 \\ 4 \\ -3 \end{pmatrix}, \boldsymbol{b} = \begin{pmatrix} 1 \\ 0 \\ -1 \end{pmatrix}, \boldsymbol{c} = \begin{pmatrix} -1 \\ 3 \\ 2 \end{pmatrix}, \boldsymbol{d} = \begin{pmatrix} -1 \\ -1 \\ 1 \end{pmatrix}.$$

a. Bestimmen Sie die Vektoren

$$\boldsymbol{a} + \boldsymbol{b}\ ;\quad \boldsymbol{c} - \boldsymbol{d}\ ;\quad \boldsymbol{a} + 3\boldsymbol{c} - 2\boldsymbol{d}\ ;\quad 5 \cdot 2 \cdot \boldsymbol{c}\ ;$$
$$\boldsymbol{a}' \cdot \boldsymbol{b}\ ;\quad \boldsymbol{c}' \cdot \boldsymbol{d}\ ;\quad \boldsymbol{c}' \cdot \boldsymbol{a}\ ;\quad (\boldsymbol{b}' \cdot \boldsymbol{c})\,\boldsymbol{a}\,.$$

b. Welche der Vektoren ***a***, ***b***, ***c***, ***d*** sind orthogonal?

3.3 Bilden die Vektoren ***b***, ***c*** und ***d*** aus Aufgabe 3. 2 eine Basis des $\mathbf{R}^3$. Wenn ja, bestimmen Sie die Koordinaten des Vektors ***a*** bzgl. dieser Basis.

3.4 Gegeben sind die Vektoren

$$\boldsymbol{a}_1 = \begin{pmatrix} 1 \\ -3 \\ 2 \end{pmatrix}, \quad \boldsymbol{a}_2 = \begin{pmatrix} 0 \\ 4 \\ -2 \end{pmatrix}, \quad \boldsymbol{a}_3 = \begin{pmatrix} 2 \\ 3 \\ -1 \end{pmatrix}, \quad \boldsymbol{b} = \begin{pmatrix} 7 \\ -3 \\ 4 \end{pmatrix}.$$

a. Läßt sich der Vektor $\boldsymbol{b}$ als Linearkombination der Vektoren $\boldsymbol{a}_1$, $\boldsymbol{a}_2$, $\boldsymbol{a}_3$ darstellen? Wenn ja, geben Sie eine mögliche Darstellung an.

b. Sind die Vektoren $\boldsymbol{a}_1$, $\boldsymbol{a}_2$, $\boldsymbol{a}_3$ linear unabhängig?

c. Bilden die Vektoren $\boldsymbol{a}_1$, $\boldsymbol{a}_2$, $\boldsymbol{b}$ bzw. $\boldsymbol{a}_1$, $\boldsymbol{a}_3$, $\boldsymbol{b}$ eine Basis des $\mathbf{R}^3$?

3.5 Die Fortbewegungsmöglichkeiten der neuen euro-amerikanischen Weltraumrakete "FuTuRus" seien durch die folgenden Vektoren vollständig beschrieben:

$$\boldsymbol{a} = \begin{pmatrix} 4 \\ 1 \\ 1 \end{pmatrix}, \quad \boldsymbol{b} = \begin{pmatrix} 2 \\ 3 \\ 1 \end{pmatrix}, \quad \boldsymbol{c} = \begin{pmatrix} 5 \\ 0 \\ 1 \end{pmatrix}$$

Dabei bedeuten die Glieder der Vektoren die Fortbewegung der Rakete

$$\begin{pmatrix} \text{vor / zurück} \\ \text{rechts / links [seitlich]} \\ \text{rauf / runter} \end{pmatrix} = \begin{pmatrix} 1.\,Dimension \\ 2.\,Dimension \\ 3.\,Dimension \end{pmatrix}.$$

a. Ist eine dieser Fortbewegungsmöglichkeiten überflüssig? Wenn ja, drücken Sie eine dieser Fortbewegungsmöglichkeiten durch die beiden anderen aus!

b. Kann die "FuTuRus" die Sterne "**O**rwell's-**L**and" und "**H**uxley's-**P**lanet" er reichen, wenn deren Koordinaten gleich

$$\mathbf{OL} = \begin{pmatrix} 100 \\ 150 \\ 50 \end{pmatrix} \quad \text{bzw.} \quad \mathbf{HP} = \begin{pmatrix} 80 \\ 10 \\ 10 \end{pmatrix} \quad \text{sind,}$$

und sich die Rakete im Koordinatenursprung befindet.

c. Wäre die "FuTuRus" beweglicher, wenn sie zusätzlich in Richtung des Vektors $\boldsymbol{d} = \begin{pmatrix} 2 \\ 3 \\ 5 \end{pmatrix}$ steuern könnte? Ließen sich dann beide Sterne erreichen?

4. Matrizen

In dem Einführungsbeispiel < 0.1 > wurden die Aktivitätstabellen 0.1 und 0.2 auf Seite 4 auch als *Aktivitätsmatrizen* bezeichnet. Dabei stellt im engeren Sinne, vgl. die nachfolgende Definition 4.1, nur das Innere dieser Tabelle eine Matrix dar, während die linke Randspalte und die Kopfzeile nur zur Identifizierung der Matrixelemente dienen. Einige Autoren, z. B. JAEGER; WÄSCHER [1987, S. 165] bezeichnen diese erweiterte Form als *Matrix mit Bezugsrand.*

Definition 4.1:
Ein geordnetes rechteckiges Schema der Form

$$\mathbf{A} = \begin{pmatrix} a_{11} & a_{12} & \cdots & a_{1n} \\ a_{21} & a_{22} & \cdots & a_{2n} \\ \vdots & \vdots & & \vdots \\ a_{m1} & a_{m2} & \cdots & a_{mn} \end{pmatrix} = (a_{ij})_{i=1,2,\ldots,m;\, j=1,2,\ldots,n}$$

wird als *m×n-Matrix* bezeichnet.

Die Größen a_{ij} werden *Elemente* oder *Glieder* der Matrix genannt. Die zweifache Indizierung gibt an, daß die Größe a_{ij} zur i-ten Zeile und zur j-ten Spalte gehört; man sagt, sie steht an der *Position* (i, j).

Matrizen werden in diesem Buch durch fettgedruckte lateinische Großbuchstaben, wie z. B. **A, B, C,** abgekürzt. In der mathematischen Literatur werden dagegen zumeist Großbuchstaben in Sütterlinschrift als Abkürzungssymbole benutzt.

Der Vorteil der Matrizenrechnung ist - ähnlich wie bei der Vektorrechnung - darin zu sehen, daß sich mit dieser Kurzschrift komplexe Zusammenhänge übersichtlich darstellen lassen und daß Umformungen durchgeführt werden können, ohne jeweils die einzelnen Elemente aufschreiben zu müssen.

< 4.1 > $\mathbf{A} = \begin{pmatrix} 1 & 0 & -2 & 3 \\ 3 & 2 & -1 & 0 \\ -4 & 1 & 5 & 2 \end{pmatrix}$ ist eine 3×4-Matrix. ♦

Speziell kann man auch Zahlentupel als Matrizen mit nur einer Zeile bzw. mit nur einer Spalte auffassen.

< 4.2 >

a. Das Zeilen-4-Tupel (3, 2, -1, 0) stellt eine 1×4-Matrix dar.

b. Das Spalten-3-Tupel $\begin{pmatrix} 1 \\ 3 \\ -4 \end{pmatrix}$ kann als 3×1-Matrix bezeichnet werden. ♦

4.1 Spezielle Matrizen

Matrizen lassen sich auf einfache Weise nach ihrer Erscheinungsform klassifizieren. Dabei stehen die Spezialfälle quadratischer Matrizen im Vordergrund des Interesses.

> **Definition 4.2:**
> Eine Matrix heißt *quadratisch*, wenn sie gleich viele Zeilen wie Spalten hat. Die übereinstimmende Anzahl von Zeilen und Spalten wird als *Ordnung* der (quadratischen) Matrix bezeichnet.

< 4.3 > $\mathbf{B} = \begin{pmatrix} 2 & 4 \\ 1 & 0 \end{pmatrix}$ und $\mathbf{C} = \begin{pmatrix} 1 & 0 & -2 \\ 3 & 2 & -1 \\ -4 & 1 & 5 \end{pmatrix}$

sind quadratische Matrizen mit der Ordnung 2 bzw. 3. ♦

> **Definition 4.3:**
> Die Positionen der Glieder $a_{11}, a_{22}, \ldots, a_{nn}$, d. h. die Glieder mit gleichem Zeilen- und Spaltenindex, bilden die sogenannte *Hauptdiagonale* der quadratischen $n \times n$-Matrix (a_{ij}).

Entsprechend bezeichnet man als *Nebendiagonale* die Zusammenfassung der Positionen der Matrizenglieder $a_{n1}, a_{(n-1)2}, \ldots, a_{1n}$.

< 4.4 > $\mathbf{C} = \begin{pmatrix} 1 & 0 & -2 \\ 3 & 2 & -1 \\ -4 & 1 & 5 \end{pmatrix}$, $\mathbf{C} = \begin{pmatrix} 1 & 0 & -2 \\ 3 & 2 & -1 \\ -4 & 1 & 5 \end{pmatrix}$.

Hauptdiagonale von **C** *Nebendiagonale von* **C** ♦

> **Definition 4.4:**
> Eine quadratische Matrix heißt *Dreiecksmatrix*, wenn alle Elemente unterhalb bzw. oberhalb der Hauptdiagonale gleich Null sind.

< 4.5 > $\mathbf{A} = \begin{pmatrix} 4 & 1 & 5 \\ 0 & 1 & 0 \\ 0 & 0 & -2 \end{pmatrix}$ $\mathbf{B} = \begin{pmatrix} 1 & 0 & 0 \\ 4 & 2 & 0 \\ -5 & 3 & 0 \end{pmatrix}$

obere Dreiecksmatrix ($a_{ij} = 0 \;\; \forall\, i > j$) *untere Dreiecksmatrix* ($b_{ij} = 0 \;\; \forall\, i < j$) ♦

Definition 4.5:
Eine quadratische Matrix, bei der sämtliche Elemente, die nicht auf der Hauptdiagonale liegen, gleich Null sind, wird als *Diagonalmatrix* bezeichnet. D. h. für eine Diagonalmatrix $\mathbf{D} = (d_{ij})$ gilt: $d_{ij} = 0 \;\; \forall\, i \neq j$.

Eine Diagonalmatrix ist damit gleichzeitig eine obere **und** eine untere Dreiecksmatrix .

< 4.6 > $\mathbf{D} = \begin{pmatrix} 2 & 0 & 0 \\ 0 & 3 & 0 \\ 0 & 0 & 1 \end{pmatrix}$ ist eine 3×3 Diagonalmatrix. ♦

Von besonderer Bedeutung für die Matrizenrechnung sind die folgenden speziellen Diagonalmatrizen:

Definition 4.6:
Als *Skalarmatrix* bezeichnet man eine Diagonalmatrix, deren Elemente auf der Hauptdiagonale alle den gleichen Wert λ aufweisen.

Speziell nennt man eine Skalarmatrix *Einheitsmatrix*, wenn alle Elemente auf der Hauptdiagonale den Wert *Eins* annehmen.

Einheitsmatrizen werden im deutschsprachigen Raum gewöhnlich mit dem Buchstaben **E** abgekürzt, dem man bei genauerer Beschreibung noch die Ordnung als tiefgestellten Index beifügt. Im englischsprachigen Bereich benutzt man zumeist das Abkürzungssymbol **I** (für *identity matrix*).

< 4.7 > $\mathbf{E}_3 = \begin{pmatrix} 1 & 0 & 0 \\ 0 & 1 & 0 \\ 0 & 0 & 1 \end{pmatrix}$, $\mathbf{D} = \begin{pmatrix} 3 & 0 & 0 \\ 0 & 3 & 0 \\ 0 & 0 & 3 \end{pmatrix}$.

Einheitsmatrix *Skalarmatrix* ♦

Symbolisiert man die Elemente einer Einheitsmatrix mit e_{ij}, d. h. $\mathbf{E} = (e_{ij})$, so genügen die Elemente der Eigenschaft $e_{ij} = \begin{cases} 1 & \text{für } i = j \\ 0 & \text{für } i \neq j \end{cases}$.

Ausdrücke mit dieser Eigenschaft werden als KRONECKER-*Symbol* bezeichnet.

4.2 Ordnungsrelationen zwischen Matrizen

Matrizen lassen sich auf einfache Weise dadurch vergleichen, daß man jeweils die Glieder der entsprechenden Positionen miteinander vergleicht. Um diese paarweisen Vergleiche für alle Matrizenglieder durchführen zu können, ist es notwendig, daß die zu vergleichenden Matrizen die gleiche Zeilenanzahl **und** die gleiche Spaltenanzahl aufweisen, sie müssen *gleich-dimensioniert* sein.

Definition 4.7:
Zwei $m \times n$-Matrizen $\mathbf{A} = (a_{ij})$ und $\mathbf{B} = (b_{ij})$ heißen *gleich*, wenn ihre Elemente auf allen Positionen übereinstimmen, d. h.

$$\mathbf{A} = \mathbf{B} \iff a_{ij} = b_{ij} \quad \forall\, i = 1,\ldots, m\,; \quad \forall\, j = 1,\ldots, n.$$

Entsprechend heißen zwei Matrizen $\mathbf{C} = (c_{ij})$ und $\mathbf{D} = (d_{kl})$ *ungleich*, wenn die beiden Matrizen **nicht** gleichdimensioniert sind **oder** wenn für wenigstens eine Position (r, s) gilt: $c_{rs} \neq d_{rs}$. Man schreibt dann $\mathbf{C} \neq \mathbf{D}$.

< **4.8** > Für die Matrizen

$$\mathbf{A} = \begin{pmatrix} a & 3 \\ 5 & 1 \end{pmatrix}, \quad \mathbf{B} = \begin{pmatrix} 2 & 3 \\ 5 & 1 \end{pmatrix}, \quad \mathbf{C} = \begin{pmatrix} 2 & 3 & 1 \\ 5 & 1 & 0 \end{pmatrix}$$

gelten die folgenden Aussagen:

$$\mathbf{A} \neq \mathbf{C}, \quad \mathbf{B} \neq \mathbf{C}$$

$$a = 2 \iff \mathbf{A} = \mathbf{B}; \qquad a \neq 2 \iff \mathbf{A} \neq \mathbf{B}\,.$$ ♦

Durch elementweisen Vergleich lassen sich auch die Größer-(Gleich)- und die Kleiner-(Gleich)-Relationen für reelle Zahlen auf Matrizen mit reellwertigen Gliedern übertragen:

Definition 4.8:
Für gleichdimensionierte Matrizen $\mathbf{A} = (a_{ij})$ und $\mathbf{B} = (b_{ij})$ gelten die folgenden Ordnungsrelationen:

$$\begin{array}{llll} \mathbf{A}\ \textit{größer}\ \mathbf{B} & \iff \mathbf{A} > \mathbf{B} & \iff & a_{ij} > b_{ij} \ \forall\, i\ \forall\, j \\ \mathbf{A}\ \textit{semigrößer}\ \mathbf{B} & \iff \mathbf{A} \geq \mathbf{B} & \iff & a_{ij} \geqq b_{ij} \ \forall\, i\ \forall\, j \\ & & & \text{und } \exists \ (i,j) \mid a_{ij} > b_{ij} \\ \mathbf{A}\ \textit{größer/gleich}\ \mathbf{B} & \iff \mathbf{A} \geqq \mathbf{B} & \iff & a_{ij} \geqq b_{ij} \ \forall\, i\ \forall\, j \end{array}$$

A *kleiner* **B**	$\Leftrightarrow \mathbf{A} < \mathbf{B}$	$\Leftrightarrow \quad a_{ij} < b_{ij} \quad \forall\, i \ \forall\, j$
A *semikleiner* **B**	$\Leftrightarrow \mathbf{A} \leq \mathbf{B}$	$\Leftrightarrow \quad a_{ij} \leqq b_{ij} \quad \forall\, i \ \forall\, j$ und $\exists \ (i,j) \mid a_{ij} < b_{ij}$
A *kleiner/gleich* **B**	$\Leftrightarrow \mathbf{A} \leqq \mathbf{B}$	$\Leftrightarrow \quad a_{ij} \leqq b_{ij} \forall\, i \ \forall\, j$

Im Vergleich mit der *Nullmatrix* **0**, die - wie der Name besagt - nur Nullen als Elemente aufweist, gelten die folgenden speziellen Bezeichnungen:

Definition 4.9:

Eine Matrix $\mathbf{A} = (a_{ij})$ heißt

positiv	$\Leftrightarrow \mathbf{A} > \mathbf{0}$
semipositiv	$\Leftrightarrow \mathbf{A} \geq \mathbf{0}$
nichtnegativ	$\Leftrightarrow \mathbf{A} \geqq \mathbf{0}$
negativ	$\Leftrightarrow \mathbf{A} < \mathbf{0}$
seminegativ	$\Leftrightarrow \mathbf{A} \leq \mathbf{0}$
nichtpositiv	$\Leftrightarrow \mathbf{A} \leqq \mathbf{0}$

< 4.9 > Zwischen den Matrizen

$$\mathbf{A} = \begin{pmatrix} 1 & 3 & 2 \\ 2 & 4 & 5 \end{pmatrix}, \quad \mathbf{B} = \begin{pmatrix} 0 & 2 & 2 \\ 2 & 4 & 5 \end{pmatrix}, \quad \mathbf{C} = \begin{pmatrix} 0 & 3 & 1 \\ -1 & 3 & 4 \end{pmatrix}$$

$$\mathbf{D} = \begin{pmatrix} -2 & 0 & -4 \\ 0 & -1 & 0 \end{pmatrix}, \quad \mathbf{F} = \begin{pmatrix} -3 & -2 & -6 \\ -1 & -5 & -2 \end{pmatrix}, \mathbf{0} = \begin{pmatrix} 0 & 0 & 0 \\ 0 & 0 & 0 \end{pmatrix}$$

gelten die folgenden Ordnungsbeziehungen:

$\mathbf{A} > \mathbf{0}, \quad \mathbf{B} \geq \mathbf{0}, \quad \mathbf{D} \leq \mathbf{0}, \quad \mathbf{F} < \mathbf{0}, \quad \mathbf{A} \geq \mathbf{B} > \mathbf{D} > \mathbf{F}, \quad \mathbf{A} \geq \mathbf{C} \geq \mathbf{F}.$

Zwischen den Matrizen **B** und **C** bzw. **C** und **0** bzw. **C** und **D** läßt sich keine der oben definierten Ordnungsrelationen angeben. ♦

Das Beispiel < 4.9 > zeigt, daß eine Menge gleichdimensionierter Matrizen nicht vollständig geordnet sein muß, wie dies für die Menge der reellen Zahlen gegeben ist. ("Für zwei reelle Zahlen a und b gilt stets eine der drei Beziehungen $a > b$, $a = b$, $a < b$.")

4.3 Einfache Matrizenoperationen

Die nachfolgenden Matrizenoperationen sind direkte Verallgemeinerungen der Rechenoperationen, die in Kapitel 2 für die speziellen Matrizen der Dimension $1 \times n$ bzw. $m \times 1$, d. h. für Vektoren (Zahlentupel), eingeführt wurden.

Definition 4.10 *(Produkt einer Matrix mit einem Skalar)*:
Sei $\mathbf{A} = (a_{ij})$ eine $m \times n$-Matrix und $\lambda \in \mathbf{R}$ ein Skalar, dann erhält man das *Produkt der Matrix* **A** *mit dem Skalar* λ, indem man jedes Element a_{ij} der Matrix mit dem Skalar multipliziert:

$$\lambda \cdot \mathbf{A} = (\lambda \cdot a_{ij}) . \qquad (4.1)$$

< **4.10** > Für $\mathbf{A} = \begin{pmatrix} 2 & -1 & 3 \\ 0 & 5 & -1 \\ 1 & -4 & 1 \end{pmatrix}$ und $\lambda = 5$ ist

$$\lambda \cdot \mathbf{A} = \begin{pmatrix} 5\cdot 2 & 5(-1) & 5\cdot 3 \\ 5\cdot 0 & 5\cdot 5 & 5(-1) \\ 5\cdot 1 & 5(-4) & 5\cdot 1 \end{pmatrix} = \begin{pmatrix} 10 & -5 & 15 \\ 0 & 25 & -5 \\ 5 & -20 & 5 \end{pmatrix}.$$

♦

Definition 4.11 (*Addition von Matrizen*):
Als *Summe* zweier $m \times n$-Matrizen $\mathbf{A} = (a_{ij})$ und $\mathbf{B} = (b_{ij})$ bezeichnet man die $m \times n$-Matrix $\mathbf{C} = (a_{ij} + b_{ij})$ und schreibt

$$\mathbf{C} = \mathbf{A} + \mathbf{B} = (a_{ij} + b_{ij}) \qquad (4.2)$$

Die *Differenzmatrix* $\mathbf{D} = \mathbf{A} - \mathbf{B}$ ist dann definiert als

$$\mathbf{D} = \mathbf{A} - \mathbf{B} = \mathbf{A} + (-1) \cdot \mathbf{B} = (a_{ij} - b_{ij}).$$

Wie bei den Ordnungsrelationen sind die Addition und die Subtraktion nur für gleichdimensionierte Matrizen definiert.

< **4.11** > Für $\mathbf{A} = \begin{pmatrix} 2 & -1 & 3 \\ 0 & 5 & -1 \\ 1 & -4 & 1 \end{pmatrix}$ und $\mathbf{B} = \begin{pmatrix} 1 & 2 & 2 \\ -3 & 0 & -4 \\ 2 & 1 & -1 \end{pmatrix}$ gilt

$$\mathbf{A} + \mathbf{B} = \begin{pmatrix} 2+1 & -1+2 & 3+2 \\ 0-3 & 5+0 & -1-4 \\ 1+2 & -4+1 & 1-1 \end{pmatrix} = \begin{pmatrix} 3 & 1 & 5 \\ -3 & 5 & -5 \\ 3 & -3 & 0 \end{pmatrix}$$

$$\mathbf{A} - \mathbf{B} = \mathbf{A} + (-\mathbf{B}) = \mathbf{A} + (-1)\mathbf{B} = \begin{pmatrix} 1 & -3 & 1 \\ 3 & 5 & 3 \\ -1 & -5 & 2 \end{pmatrix}.$$

♦

Aus den Definitionen 4.10 und 4.11 ergeben sich unmittelbar die folgenden Rechenregeln, die auf den Gesetzen für das Rechnen mit reellen Zahlen basieren:

Satz 4.1:

$$\mathbf{A}+\mathbf{B} = \mathbf{B}+\mathbf{A} \qquad \textit{Kommutativgesetz} \qquad (4.3)$$

$$\mathbf{A}+(\mathbf{B}+\mathbf{C}) = (\mathbf{A}+\mathbf{B})+\mathbf{C} \qquad \textit{Assoziativgesetz} \qquad (4.4)$$

$$\lambda(\mu \cdot \mathbf{A}) = (\lambda \cdot \mu)\mathbf{A} \qquad (4.5)$$

$$\left.\begin{array}{l} \lambda(\mathbf{A}+\mathbf{B}) = \lambda\mathbf{A}+\lambda\mathbf{B} \\ (\lambda+\mu)\mathbf{A} = \lambda\mathbf{A}+\mu\mathbf{A} \end{array}\right\} \textit{Distributivgesetze} \qquad \begin{array}{r}(4.6)\\(4.7)\end{array}$$

Beachten wir nun, daß sich eine $m\times n$-Matrix auch als ein Zeilen-n-Tupel interpretieren läßt, dessen Komponenten Spalten-m-Tupel sind.

< 4.12 >

a. Die Matrix **A** aus Beispiel < 4.1 > läßt sich schreiben als

$$\mathbf{A} = \left(\begin{pmatrix}1\\3\\-4\end{pmatrix}, \begin{pmatrix}0\\2\\1\end{pmatrix}, \begin{pmatrix}-2\\-1\\5\end{pmatrix}, \begin{pmatrix}3\\0\\2\end{pmatrix}\right) = \begin{pmatrix}(1, & 0, & -2, & 3)\\(3, & 2, & -1, & 0)\\(-4, & 1, & 5, & 2)\end{pmatrix}.$$

b. Die Einheitsmatrix $\mathbf{E}_3$ läßt sich schreiben als $\mathbf{E}_3 = (e_1, e_2, e_3)$, wobei die Spalten-3-Tupel e_i die Einheitstupel des $\mathbf{R}^3$ sind. ♦

Formal lassen sich nun die Zeilen und Spalten einer Matrix miteinander vertauschen.

Definition 4.12:
Geht man von der

$m\times n$-Matrix **A** zur $n\times m$-Matrix $\mathbf{A}' = \mathbf{A}^T$

$$\mathbf{A} = \begin{pmatrix} a_{11} & a_{12} & \cdots & a_{1n} \\ a_{21} & a_{22} & \cdots & a_{2n} \\ \vdots & \vdots & & \vdots \\ a_{m1} & a_{m2} & \cdots & a_{mn} \end{pmatrix} \qquad \mathbf{A}' = \mathbf{A}^T = \begin{pmatrix} a_{11} & a_{21} & \cdots & a_{m1} \\ a_{12} & a_{22} & \cdots & a_{m2} \\ \vdots & \vdots & & \vdots \\ a_{1n} & a_{2n} & \cdots & a_{mn} \end{pmatrix}$$

über, d. h. vertauscht man Zeilen und Spalten, so heißt dieser Vorgang *Transponieren einer Matrix*, und $\mathbf{A}'$ bezeichnet man als *die transponierte Matrix* von **A**.

< 4.13 > Durch Transponieren der Matrix $\mathbf{A} = \begin{pmatrix} 1 & 0 & -2 & 3 \\ 3 & 2 & -1 & 0 \\ -4 & 1 & 5 & 2 \end{pmatrix}$

erhält man $\mathbf{A}' = \begin{pmatrix} 1 & 3 & -4 \\ 0 & 2 & 1 \\ -2 & -1 & 5 \\ 3 & 0 & 2 \end{pmatrix}$. ♦

Aus der Definition einer transponierten Matrix lassen sich unmittelbar die folgenden Aussagen ableiten:

Satz 4.2:

a. Für jede beliebige Matrix **A** gilt : $(\mathbf{A}')' = \mathbf{A}$

b. Für jede Diagonalmatrix **D** gilt : $\mathbf{D}' = \mathbf{D}$

c. Für gleichdimensionierte Matrizen **A** und **B** gilt:

$$(\mathbf{A} + \mathbf{B})' = \mathbf{A}' + \mathbf{B}' \tag{4.8}$$

Außer den Diagonalmatrizen gibt es noch weitere quadratische Matrizen, die mit ihrer Transponierten übereinstimmen.

Definition 4.13:
Eine (quadratische) Matrix $\mathbf{S} = (s_{ij})$ heißt *symmetrisch*, wenn

$$\mathbf{S} = \mathbf{S}' \quad \Leftrightarrow \quad s_{ij} = s_{ji} \ \forall\, i \ \forall\, j.$$

Bei Matrizen wird zusätzlich noch ein anderer Typ von Symmetrie definiert:

Definition 4.14:
Eine (quadratische) Matrix $\mathbf{T} = (t_{ij})$ heißt *schiefsymmetrisch*, wenn

$$\mathbf{T} = -\mathbf{T}' \quad \Leftrightarrow \quad t_{ij} = -t_{ji} \ \forall\, i \ \forall\, j.$$

Insbesondere gilt für die Hauptdiagonalelemente t_{ii} einer schiefsymmetrischen Matrix **T**:

$$t_{ii} = -t_{ii} \quad \Leftrightarrow \quad 2t_{ii} = 0 \quad \Leftrightarrow \quad t_{ii} = 0 \ \forall\, i.$$

< 4.14 >

$$\mathbf{S} = \begin{pmatrix} 1 & 1 & 3 \\ 1 & 5 & -2 \\ 3 & -2 & 0 \end{pmatrix}; \qquad \mathbf{T} = \begin{pmatrix} 0 & 2 & -1 \\ -2 & 0 & -3 \\ 1 & 3 & 0 \end{pmatrix}$$

symmetrische Matrix schiefsymmetrische Matrix ♦

Die beiden Symmetrieformen werden durch den folgenden Satz 4.3 verknüpft:

Satz 4.3:
Jede quadratische Matrix **A** ist die Summe einer symmetrischen Matrix $\mathbf{A}_S$ und einer schiefsymmetrischen Matrix $\mathbf{A}_T$

$$\mathbf{A} = \mathbf{A}_S + \mathbf{A}_T \tag{4.9}$$

und es gilt

$$\mathbf{A}_S = \tfrac{1}{2}(\mathbf{A} + \mathbf{A}') \qquad \text{und} \tag{4.10}$$

$$\mathbf{A}_T = \tfrac{1}{2}(\mathbf{A} - \mathbf{A}'). \tag{4.11}$$

Beweis:

i. Da $\mathbf{A}_S' = \frac{1}{2}(\mathbf{A} + \mathbf{A}')' = \frac{1}{2}(\mathbf{A}' + \mathbf{A}) = \mathbf{A}_S$,
ist $\mathbf{A}_S$ eine symmetrische Matrix.

ii. Da $\mathbf{A}_T' = \frac{1}{2}(\mathbf{A} - \mathbf{A}')' = \frac{1}{2}(\mathbf{A}' - \mathbf{A}) = -\mathbf{A}_T$,
ist $\mathbf{A}_T$ eine schiefsymmetrische Matrix

iii. $\mathbf{A} = \mathbf{A}_S + \mathbf{A}_T = \frac{1}{2}(\mathbf{A} + \mathbf{A}') + \frac{1}{2}(\mathbf{A} - \mathbf{A}') = \mathbf{A}$.

< **4.15** >
$$\mathbf{A} = \begin{pmatrix} 1 & 3 & 2 \\ -1 & 5 & -5 \\ 4 & 1 & 0 \end{pmatrix} = \underbrace{\begin{pmatrix} 1 & 1 & 3 \\ 1 & 5 & -2 \\ 3 & -2 & 0 \end{pmatrix}}_{\mathbf{A}_S} + \underbrace{\begin{pmatrix} 0 & 2 & -1 \\ -2 & 0 & -3 \\ 1 & 3 & 0 \end{pmatrix}}_{\mathbf{A}_T}$$
♦

4.4 Matrizenmultiplikation

Zur Einführung der Multiplikation zweier Matrizen betrachten wir das folgende Beispiel:

< **4.16** > Ein Bauunternehmer, der drei Haustypen anbietet, benötigt zu deren Herstellung Materialien und Arbeit gemäß der nachfolgenden Tabelle 4.1.

Tab. 4.1: Material- und Arbeitsinput zur Herstellung eines Hauses des Typs i, $i = 1, 2, 3$; gemessen in vorgegebenen Maßeinheiten.

	Holz	Eisen	Steine	Zement	Arbeit
Typ 1	3	2	5	1	8
Typ 2	2	4	7	1	10
Typ 3	4	5	1	1	6

Für jeden Haustyp lassen sich die zur Errichtung des Hauses benötigten Materialien und Arbeitseinheiten durch einen Zeilen-5-Tupel abkürzen:

$$\boldsymbol{a}_1' = (3, 2, 5, 1, 8), \; \boldsymbol{a}_2' = (2, 4, 7, 1, 10), \; \boldsymbol{a}_3' = (4, 5, 1, 1, 6).$$

Nehmen wir weiter an, daß die (Faktor-)Preise für die Inputeinheiten der Tabelle 4.2 entsprechen,

Tab. 4.2: Preis je Inputeinheit in Z-Mark

	Holz	Eisen	Steine	Zement	Arbeit
(Faktor-)Preis	3	4	1	5	3

so lassen sich die Kosten für die Herstellung eines Hauses des Typs i, $i = 1, 2, 3$, berechnen als Skalarprodukt des Inputvektors a_i' mit dem (Faktor-)Preisvektor $p_1' = (3, 4, 1, 5, 3)$.

Die Kosten für die Herstellung eines Hauses des Typs 1 sind daher

$$k_{11} = a_1' \cdot p_1 = (3, 2, 5, 1, 8) \cdot \begin{pmatrix} 3 \\ 4 \\ 1 \\ 5 \\ 3 \end{pmatrix} = 9 + 8 + 5 + 5 + 24 = 51 \text{ [ZM]}.$$

Analog ergeben sich die Kosten für die übrigen Haustypen als

$$k_{21} = a_2' \cdot p_1 = 64 \text{ [ZM]} \quad \text{und}$$

$$k_{31} = a_3' \cdot p_1 = 56 \text{ [ZM]}.$$

Die Berechnung dieser drei Skalarprodukte läßt sich formal auch schreiben als Produkt der

3×5-Matrix $\mathbf{A} = \begin{pmatrix} a_1' \\ a_2' \\ a_3' \end{pmatrix}$ mit dem Spaltenvektor p_1, der - als Matrix interpretiert - die

Dimension 5×1 hat. Das Ergebnis ist dann eine 3×1-Matrix, d. h. ein Spaltenvektor der Länge 3:

$$k_1 = \begin{pmatrix} k_{11} \\ k_{21} \\ k_{31} \end{pmatrix} = \begin{pmatrix} a_1' \cdot p_1 \\ a_2' \cdot p_1 \\ a_3' \cdot p_1 \end{pmatrix} = \begin{pmatrix} a_1' \\ a_2' \\ a_3' \end{pmatrix} \cdot p_1 = \mathbf{A} \cdot p_1$$

$$k_1 = \begin{pmatrix} 3 & 2 & 5 & 1 & 8 \\ 2 & 4 & 7 & 1 & 10 \\ 4 & 5 & 1 & 1 & 6 \end{pmatrix} \cdot \begin{pmatrix} 3 \\ 4 \\ 1 \\ 5 \\ 3 \end{pmatrix} = \begin{pmatrix} 51 \\ 64 \\ 56 \end{pmatrix}$$

Sei nun $p_2' = (2, 5, 1, 4, 3)$ ein anderer Preisvektor, so läßt sich der zugehörige Kostenvektor k_2 berechnen als

$$k_2 = \begin{pmatrix} k_{12} \\ k_{22} \\ k_{32} \end{pmatrix} = \begin{pmatrix} a_1' \cdot p_2 \\ a_2' \cdot p_2 \\ a_3' \cdot p_2 \end{pmatrix} = \begin{pmatrix} a_1' \\ a_2' \\ a_3' \end{pmatrix} \cdot p_2 = \mathbf{A} \cdot p_2 = \begin{pmatrix} 49 \\ 65 \\ 56 \end{pmatrix}.$$

Faßt man die Kostenvektoren k_1 und k_2 zur 3×2-Matrix

$\mathbf{K} = (k_1, k_2) = (k_{ij})$ und die Preisvektoren p_1 und p_2 zur Preismatrix

$\mathbf{P} = (p_1, p_2) = (p_{ij})$ zusammen, so läßt sich $\mathbf{K}$ formal berechnen als Produkt der 3×5-Matrix $\mathbf{A}$ mit der 5×2-Matrix $\mathbf{P}$:

$$\mathbf{K} = (\boldsymbol{k}_1, \boldsymbol{k}_2) = \mathbf{A} \cdot (\boldsymbol{p}_1, \boldsymbol{p}_2) = \mathbf{A} \cdot \mathbf{P}$$

mit $k_{ij} = \boldsymbol{a}_i' \cdot \boldsymbol{p}_j = \sum_{r=1}^{5} a_{ir} \cdot p_{rj}$. ♦

Dieser Rechenvorgang läßt sich verallgemeinern zur

Definition 4.15 (*Multiplikation von Matrizen*):
Als *Produkt* der $m{\times}n$-Matrix $\mathbf{A} = (a_{ij})$ mit der $n{\times}r$-Matrix $\mathbf{B} = (b_{jk})$ bezeichnet man die $m{\times}r$-Matrix

$$\mathbf{C} = \mathbf{A} \cdot \mathbf{B} = (c_{ik}) = (\boldsymbol{a}_i' \cdot \boldsymbol{b}_k) = \Big(\sum_{j=1}^{n} a_{ij} b_{jk}\Big)_{i=1,\dots,m;\; k=1,\dots,r} . \tag{4.12}$$

Dabei symbolisiert $\boldsymbol{a}_i' = (a_{i1}, \dots, a_{in})$ die i-te Zeile der Matrix **A** und $\boldsymbol{b}_k = (b_{1k}, \dots, b_{nk})'$ die k-te Spalte der Matrix **B**.

Zwei Matrizen können gemäß Definition 4.15 nur dann miteinander multipliziert werden, wenn die 1. Matrix genau so viele Spalten aufweist wie die 2. Matrix Zeilen hat.

Die Ausrechnung der Produktmatrix läßt sich übersichtlich mit der sogenannten FALK*schen Anordnung* durchführen:

Tab. 4.3: FALK*sche Anordnung* $c_{ik} = \sum_{j=1}^{n} a_{ij} b_{jk}$

		$b_{11} \cdots b_{1k} \cdots b_{1r}$		
	$\mathbf{B} =$	$b_{21} \cdots b_{2k} \cdots b_{2r}$		
		$\vdots \quad \vdots \quad \vdots$		
		$b_{n1} \cdots b_{nk} \cdots b_{nr}$		
	$a_{11} \cdots a_{1n}$	$\vdots$		
	$\vdots \quad \vdots$	$\downarrow$		
$\mathbf{A} =$	$a_{i1} \cdots a_{in}$	$\cdots\cdots \to c_{ik}$	$= \mathbf{A} \cdot \mathbf{B}$	
	$\vdots \quad \vdots$			
	$a_{m1} \cdots a_{mn}$			

< 4.17 >

	B =		1	1	2	0	
			4	3	-1	-2	
	2	-1	-2	-1	5	2	
A =	0	1	4	3	-1	-2	= **A** · **B**
	1	-4	-15	-11	6	8	

Das Produkt **B** · **A** ist dagegen **nicht** definiert, da die Anzahl der Spalten der 2×4-Matrix **B** von der Anzahl der Zeilen der 3×2-Matrix **A** verschieden ist. ♦

Doch selbst wenn für zwei Matrizen **A** und **B** sowohl das Produkt **A** · **B** als auch das Produkt **B** · **A** definiert ist, gilt im allgemeinen **B** · **A** ≠ **A** · **B**, d. h. die Multiplikation von Matrizen ist **nicht** kommutativ.

< **4.18** > Das Produkt der 2×3-Matrix $\mathbf{A} = \begin{pmatrix} 1 & -2 & 4 \\ -2 & 3 & -5 \end{pmatrix}$ mit der 3×2-Matrix

$\mathbf{B} = \begin{pmatrix} 2 & 4 \\ 3 & 6 \\ 1 & 2 \end{pmatrix}$ ist die 2×2-Matrix $\mathbf{A} \cdot \mathbf{B} = \begin{pmatrix} 0 & 0 \\ 0 & 0 \end{pmatrix} = \mathbf{0}$,

wogegen das Produkt **B** · **A** eine 3×3-Matrix ergibt:

		A =	1	-2	4	
			-2	3	-5	
B =	2	4	-6	8	-12	
	3	6	-9	12	-18	= **B** · **A**
	1	2	-3	4	-6	

Selbst wenn beide Produkte die gleiche Matrixform aufweisen, stimmen sie im allgemeinen nicht überein, wie dies auch im nachfolgenden Beispiel der Fall ist.

< **4.19** > Das Produkt $\mathbf{C} \cdot \mathbf{D} = \begin{pmatrix} 1 & 1 \\ 4 & 3 \end{pmatrix} \cdot \begin{pmatrix} 2 & -1 \\ 0 & 1 \end{pmatrix} = \begin{pmatrix} 2 & 0 \\ 8 & -1 \end{pmatrix}$

ist nicht identisch gleich dem Produkt

$$\mathbf{D} \cdot \mathbf{C} = \begin{pmatrix} 2 & -1 \\ 0 & 1 \end{pmatrix} \cdot \begin{pmatrix} 1 & 1 \\ 4 & 3 \end{pmatrix} = \begin{pmatrix} -2 & -1 \\ 4 & 3 \end{pmatrix}$$ ♦

Im Beispiel < 4.18 > ist das Produkt **A** · **B** gleich **0**, obwohl alle Elemente der Matrizen **A** und **B** von Null verschieden sind. Wie schon beim Skalarprodukt festgestellt wurde, vgl. Seite 105-106, läßt sich die für das Produkt reeller Zahlen allgemeingültige Aussage

$$a \cdot b = 0 \Leftrightarrow a = 0 \text{ oder } b = 0$$

nicht auf das Matrizenprodukt übertragen.

Weiterhin darf eine Matrizengleichung **A** · **B** = **A** · **C** nicht ohne weiteres durch die Matrix **A** "gekürzt" werden, wie das nachfolgende Beispiel zeigt.

< **4.20** > Für die Matrizen

$$\mathbf{A} = \begin{pmatrix} 1 & -2 & 2 \\ 3 & 1 & -2 \\ 5 & -3 & 2 \end{pmatrix}, \quad \mathbf{B} = \begin{pmatrix} 1 & 4 & 2 \\ -6 & 5 & -9 \\ -3 & 6 & -5 \end{pmatrix}, \quad \mathbf{C} = \begin{pmatrix} 3 & 2 & 6 \\ 2 & -3 & 7 \\ 4 & -1 & 9 \end{pmatrix}$$

gilt $\mathbf{A} \cdot \mathbf{B} = \mathbf{A} \cdot \mathbf{C} = \begin{pmatrix} 7 & 6 & 10 \\ 3 & 5 & 7 \\ 17 & 17 & 27 \end{pmatrix}$ obwohl $\mathbf{B} \neq \mathbf{C}$. ♦

Für die Matrizenmultiplikation gelten die folgenden Rechenregeln, sofern die Multiplikationen definiert sind. Sie lassen sich durch Anwendung der Matrizenoperationen direkt beweisen.

Satz 4.4:

$$[\mathbf{A} \cdot \mathbf{B}]\,\mathbf{C} = \mathbf{A}\,[\mathbf{B} \cdot \mathbf{C}] = \mathbf{ABC} \qquad \textit{Assoziativgesetz} \qquad (4.13)$$

$$\left.\begin{aligned} \mathbf{A}\,[\mathbf{B} + \mathbf{C}] &= \mathbf{AB} + \mathbf{AC} \\ [\mathbf{A} + \mathbf{B}]\,\mathbf{C} &= \mathbf{AC} + \mathbf{BC} \end{aligned}\right\} \quad \textit{Distributivgesetze} \qquad \begin{aligned}(4.14)\\(4.15)\end{aligned}$$

$$(\mathbf{A} \cdot \mathbf{B})' = \mathbf{B}' \cdot \mathbf{A}' \qquad (4.16)$$

$$\mathbf{E} \cdot \mathbf{A} = \mathbf{A} = \mathbf{A} \cdot \mathbf{E} \qquad (4.17)$$

Beweis:

$$[\mathbf{A} \cdot \mathbf{B}]\,\mathbf{C} = [(a_{ij}) \cdot (b_{jk})]\,(c_{kr}) = (\sum_j a_{ij} b_{jk})(c_{kr}) \qquad (4.13)$$

$$= (\sum_k \sum_j a_{ij} b_{jk} c_{kr}) = (a_{ij})(\sum_k b_{jk} c_{kr}) = \mathbf{A}\,[\mathbf{B} \cdot \mathbf{C}]$$

$$\mathbf{A}\,[\mathbf{B} + \mathbf{C}] = (a_{ij})\,[(b_{jk}) + (c_{jk})] = (\sum_j a_{ij} [b_{jk} + c_{jk}]) \qquad (4.14)$$

$$= (\sum_j a_{ij} b_{jk} + \sum_j a_{ij} c_{jk}) = (\sum_j a_{ij} b_{jk}) + (\sum_j a_{ij} c_{jk}) = \mathbf{AB} + \mathbf{AC}$$

$$(\mathbf{A} \cdot \mathbf{B})' = (\boldsymbol{a}_i' \cdot \boldsymbol{b}_k)' = (\boldsymbol{b}_k' \cdot \boldsymbol{a}_i) = \mathbf{B}' \cdot \mathbf{A}' \qquad (4.16)$$

$$\mathbf{A} \cdot \mathbf{E} = (a_{ij})\,(e_{jk}) = (\sum_j a_{ij} e_{jk}) = (a_{ik}), \qquad (4.17)$$

Zahlenbeispiele zu den Rechenregeln des Satzes 4.4 findet man in Aufgabe 4.3.

Die Matrizenmultiplikation (4.12) erlaubt auch die Bildung des Produktes einer $n \times 1$-Matrix mit einer $1 \times m$-Matrix für beliebige natürliche Zahlen m und n. Die sich ergebende $n \times m$-Matrix wird *Dyadisches Produkt* eines Spaltenvektors der Länge n mit einem Zeilenvektor der Länge m bezeichnet.

< 4.21 >

$$\begin{pmatrix} 3 \\ 1 \\ 2 \end{pmatrix} \cdot (4, 0, 5, 1) = \begin{pmatrix} 12 & 0 & 15 & 3 \\ 4 & 0 & 5 & 1 \\ 8 & 0 & 10 & 2 \end{pmatrix}$$ ♦

Das nachfolgende Beispiel < 4.22 > soll einen ersten Eindruck vermitteln über die Möglichkeiten der Anwendung der Matrizenrechnung in der betrieblichen Praxis.

< 4.22 > Ein Unternehmen will pro Tag 200 Stück des Produktes A, 500 Stück des Produktes B und 300 Stück des Produktes C herstellen. Diese Quantitäten kann man durch den Vektor

$$x = \begin{pmatrix} 200 \\ 500 \\ 300 \end{pmatrix} \begin{matrix} \text{Stück des Produktes A} \\ \text{Stück des Produktes B} \\ \text{Stück des Produktes C} \end{matrix} \quad \text{beschreiben.}$$

Jedes dieser drei Produkte wird eine gewisse Zeit auf einer Maschine des Typs I und auf einer Maschine des Typs II bearbeitet. Die zur Fertigung jedes Stücks benötigten Stunden sind in der nachfolgenden Matrix **Z** dargestellt.

	Prod. A	Prod. B	Prod. C
Stunden auf Maschinentyp I	0,3	0,1	0,6
Stunden auf Maschinentyp II	0,5	0,4	0,2

= **Z**

In jeder Nutzungsstunde einer Maschine des Typs I werden 70 kWh Strom und 2 l Schmierstoff, bei einer Maschine des Typs II dagegen 100 kWh Strom und 1 l Schmierstoff benötigt. Diese Zahlen bilden die Verbrauchsmatrix **V**.

	Typ I	Typ II
Strom in kWh	70	100
Schmierstoff in l	2	1

= **V**

Jede kWh koste 0,10 DM und jeder l Schmierstoff 3,- DM. Diese Daten enthält der

Kostenvektor $\quad k = \begin{pmatrix} 0{,}10 \\ 3 \end{pmatrix}.$

Mit diesen Daten lassen sich nun die folgenden Ergebnisse berechnen:

a) Die Nutzungszeiten der Maschinen des Typs I bzw. des Typs II, die zur Herstellung der genannten Quantitäten benötigt werden:

$$\mathbf{Z} \cdot x = \begin{pmatrix} 0{,}3 & 0{,}1 & 0{,}6 \\ 0{,}5 & 0{,}4 & 0{,}2 \end{pmatrix} \cdot \begin{pmatrix} 200 \\ 500 \\ 300 \end{pmatrix} = \begin{pmatrix} 290 \\ 360 \end{pmatrix} \begin{matrix} \text{Stunden auf Typ I} \\ \text{Stunden auf Typ II} \end{matrix}$$

b) der Betriebsstoffverbrauch je Stück der Produkte ist

$$\mathbf{V} \cdot \mathbf{Z} = \begin{pmatrix} 70 & 100 \\ 2 & 1 \end{pmatrix} \cdot \begin{pmatrix} 0{,}3 & 0{,}1 & 0{,}6 \\ 0{,}5 & 0{,}4 & 0{,}2 \end{pmatrix}$$

V·Z=

A	B	C	
71	47	62	kWh Strom
1,1	0,6	1,4	l Schmierstoff

c) Die Betriebskosten je Nutzungsstunde einer Maschine betragen

$k'\cdot V =$

Typ I	Typ II
13	13

DM

d) Der zur Herstellung der genannten Quantitäten benötigte Betriebsstoffverbrauch ist

$$\mathbf{V}\cdot\mathbf{Z}\cdot\boldsymbol{x} = \begin{pmatrix} 56300 \\ 940 \end{pmatrix} \begin{matrix} \text{kWh Strom} \\ \text{l Schmierstoff} \end{matrix}$$

Wird diese Berechnung in der Reihenfolge $(\mathbf{VZ})\boldsymbol{x}$ durchgeführt, so sind 18 Multiplikationen und 10 Additionen, d. h. insgesamt 28 Operationen nötig, bei der Reihenfolge $\mathbf{V}(\mathbf{Z}\boldsymbol{x})$ dagegen nur 10 + 6 = 16 Operationen.

e) Die Betriebskosten je Mengeneinheit der Produkte sind

$k'V\cdot Z =$

A	B	C
10,4	6,5	10,4

DM

Zur Berechnung in der Reihenfolge $\boldsymbol{k}'(\mathbf{VZ})$ werden 18 + 9 = 27 Operationen und in der Reihenfolge $(\boldsymbol{k}'\mathbf{V})\mathbf{Z}$ nur 10 + 5 = 15 Operationen benötigt.

f) Die Gesamtkosten zur Herstellung der genannten Quantitäten sind $\boldsymbol{k}'\mathbf{VZ}\boldsymbol{x} = 8.450$ DM.

Bei Berechnung

in der Reihenfolge $\boldsymbol{k}'((\mathbf{VZ})\boldsymbol{x})$ sind 20 + 11 = 31,
in der Reihenfolge $\boldsymbol{k}'(\mathbf{V}(\mathbf{Z}\boldsymbol{x}))$ sind 12 + 7 = 19,
in der Reihenfolge $(\boldsymbol{k}'(\mathbf{VZ})\boldsymbol{x})$ sind 21 + 11 = 32,
in der Reihenfolge $((\boldsymbol{k}'\mathbf{V})\mathbf{Z})\boldsymbol{x}$ sind 13 + 7 = 20 und
in der Reihenfolge $(\boldsymbol{k}'\mathbf{V})(\mathbf{Z}\boldsymbol{x})$ sind 12 + 7 = 19

Rechenoperationen nötig.

Daraus läßt sich der Schluß ziehen, daß man vorrangig die Produkte mit Vektoren ausrechnen soll, wenn man mit möglichst wenig Rechenaufwand auskommen möchte. ♦

4.5 Blockmatrizen

Manchmal ist es nützlich, eine Matrix in *Teil-* oder *Untermatrizen* aufzuteilen.

< 4.23 >

Die Matrix $\mathbf{A} = \left(\begin{array}{cc|c} -2 & 4 & -15 \\ -1 & 3 & -11 \\ \hline 5 & -1 & 6 \\ 2 & -2 & -8 \end{array}\right)$ läßt sich z. B. unterteilen in

$$\mathbf{A} = \begin{pmatrix} \mathbf{A}_{11} & \mathbf{A}_{12} \\ \mathbf{A}_{21} & \mathbf{A}_{22} \end{pmatrix} \quad \text{mit} \quad \begin{array}{l} \mathbf{A}_{11} = \begin{pmatrix} -2 & 4 \\ -1 & 3 \end{pmatrix}, \quad \mathbf{A}_{12} = \begin{pmatrix} -15 \\ -11 \end{pmatrix} \\ \mathbf{A}_{21} = \begin{pmatrix} 5 & -1 \\ 2 & -2 \end{pmatrix}, \quad \mathbf{A}_{22} = \begin{pmatrix} 6 \\ -8 \end{pmatrix} \end{array}.$$

♦

Eine so in Teilmatrizen aufgeteilte Matrix **A** wird als *Blockmatrix* oder *Übermatrix* bezeichnet.

Blockmatrizen, die die gleiche Blockstruktur besitzen, d. h. bei denen die korrespondierenden Untermatrizen die gleiche Ordnung aufweisen, können blockweise addiert werden.

$$\mathbf{A} + \mathbf{B} = \begin{pmatrix} \mathbf{A}_{11} & \mathbf{A}_{12} \\ \mathbf{A}_{21} & \mathbf{A}_{22} \end{pmatrix} + \begin{pmatrix} \mathbf{B}_{11} & \mathbf{B}_{12} \\ \mathbf{B}_{21} & \mathbf{B}_{22} \end{pmatrix} = \begin{pmatrix} \mathbf{A}_{11} + \mathbf{B}_{11} & \mathbf{A}_{12} + \mathbf{B}_{12} \\ \mathbf{A}_{21} + \mathbf{B}_{21} & \mathbf{A}_{22} + \mathbf{B}_{22} \end{pmatrix} \tag{4.18}$$

Wollen wir für zwei Blockmatrizen **A** und **B** das Matrizenprodukt **A** · **B** blockweise bilden, so müssen die Spalten von **A** in der gleichen Weise zu Untermatrizen zusammengefaßt sein wie die Zeilen von **B**. Es gilt dann die Formel

$$\mathbf{A} \cdot \mathbf{B} = \begin{pmatrix} \mathbf{A}_{11} \cdot \mathbf{B}_{11} + \mathbf{A}_{12} \cdot \mathbf{B}_{21} & \mathbf{A}_{11} \cdot \mathbf{B}_{12} + \mathbf{A}_{12} \cdot \mathbf{B}_{22} \\ \mathbf{A}_{21} \cdot \mathbf{B}_{11} + \mathbf{A}_{22} \cdot \mathbf{B}_{21} & \mathbf{A}_{21} \cdot \mathbf{B}_{12} + \mathbf{A}_{22} \cdot \mathbf{B}_{22} \end{pmatrix} \tag{4.19}$$

< 4.24 > Für die Matrix $\mathbf{B} = \left(\begin{array}{cc|c} 2 & 1 & 0 \\ -1 & 1 & 0 \\ \hline 2 & 1 & -1 \end{array}\right) = \begin{pmatrix} \mathbf{B}_{11} & \mathbf{B}_{12} \\ \mathbf{B}_{21} & \mathbf{B}_{22} \end{pmatrix}$

läßt sich mit der Matrix **A** aus Beispiel < 4.23 > das Produkt **A** · **B** nach der Formel (4.19) bilden:

$$\mathbf{A} \cdot \mathbf{B} = \left(\begin{array}{cc|c} -8-30 & 2-15 & 15 \\ -5-22 & 2-11 & 11 \\ \hline 11+12 & 4+6 & -6 \\ 6-16 & 0-8 & 8 \end{array}\right) = \begin{pmatrix} -38 & -13 & 15 \\ -27 & -9 & 11 \\ 23 & 10 & -6 \\ -10 & -8 & 8 \end{pmatrix}.$$

♦

Die Unterteilung von Matrizen in Blöcke wird i. allg. nur dann angewendet, wenn ein Teil der Untermatrizen Null- oder Einheitsmatrizen sind. Die Struktur der Übermatrix ist dann deutlich erkennbar und es bestehen zumeist erhebliche rechnerische Vereinfachungen, vgl. dazu das Beispiel < 4.27 > auf den Seiten 140-143.

4.6 Potenz einer Matrix

Definition 4.16:
Als *n-te Potenz* einer quadratischen Matrix **A** bezeichnet man das *n*-fache Produkt der Matrix **A** mit sich selbst und schreibt

$$\mathbf{A}^n = \mathbf{A} \cdot \mathbf{A} \cdots \mathbf{A} \ .$$

< 4.25 >

$$\mathbf{A} = \begin{pmatrix} 1 & 0 \\ 3 & 4 \end{pmatrix}$$

$$\mathbf{A}^2 = \begin{pmatrix} 1 & 0 \\ 3 & 4 \end{pmatrix} \cdot \begin{pmatrix} 1 & 0 \\ 3 & 4 \end{pmatrix} = \begin{pmatrix} 1 & 0 \\ 15 & 16 \end{pmatrix} = \begin{pmatrix} 1 & 0 \\ 4^2 - 1 & 4^2 \end{pmatrix}$$

$$\mathbf{A}^3 = \mathbf{A}^2 \cdot \mathbf{A} = \begin{pmatrix} 1 & 0 \\ 15 & 16 \end{pmatrix} \cdot \begin{pmatrix} 1 & 0 \\ 3 & 4 \end{pmatrix} = \begin{pmatrix} 1 & 0 \\ 63 & 64 \end{pmatrix} = \begin{pmatrix} 1 & 0 \\ 4^3 - 1 & 4^3 \end{pmatrix}$$

. . . .

$$\mathbf{A}^n = \mathbf{A}^{n-1} \cdot \mathbf{A} = \begin{pmatrix} 1 & 0 \\ 4^{n-1} - 1 & 4^{n-1} \end{pmatrix} \cdot \begin{pmatrix} 1 & 0 \\ 3 & 4 \end{pmatrix} = \begin{pmatrix} 1 & 0 \\ 4^n - 1 & 4^n \end{pmatrix}$$ ♦

Durch mehrfache Anwendung des Assoziativgesetzes (4.13) läßt sich zeigen, daß für Potenzen einer Matrix die Regel

$$\mathbf{A}^m \cdot \mathbf{A}^n = \mathbf{A}^{m+n} \quad \textit{Potenzregel} \tag{4.20}$$

gültig ist.

Definiert man noch

$$\mathbf{A}^0 = \mathbf{E} \quad \text{und} \quad \mathbf{A}^1 = \mathbf{A} \, ,$$

so gilt die Potenzregel (4.20) für beliebige Exponenten $m, n \in \mathbf{N} \cup \{0\}$.

Besonders einfach ist die Berechnung der Potenzen einer Diagonalmatrix

$$\mathbf{D} = \begin{pmatrix} d_1 & 0 & \cdots & 0 \\ 0 & d_2 & & \vdots \\ \vdots & & \ddots & \vdots \\ 0 & \cdots & \cdots & d_n \end{pmatrix}, \quad \text{denn es gilt} \quad \mathbf{D}^m = \begin{pmatrix} d_1^m & 0 & \cdots & 0 \\ 0 & d_2^m & & \vdots \\ \vdots & & \ddots & \vdots \\ 0 & \cdots & \cdots & d_n^m \end{pmatrix}.$$

Potenzen von Matrizen kommen in mehreren mathematischen Konzepten vor, die für die Wirtschaftswissenschaften von Bedeutung sind. So z. B. bei der Lösung linearer Differenzengleichungssysteme und bei MARKOFF-Ketten, vgl. zu letzteren das nachfolgende Beispiel < 4.26 >.

Da die Bestimmung von $\mathbf{A}^n$ durch sukzessive Multiplikation von $\mathbf{A}^i$ mit $\mathbf{A}$, $i = 1, 2, ..., n\text{-}1$, i. allg. zu umständlich ist, hat man Rechenverfahren mit geringerem

Rechenaufwand entwickelt, vgl. dazu z. B. [ROMMELFANGER, H.: Differenzengleichungen. B.I.-Wissenschaftsverlag Mannheim 1986, S. 108-120].

< **4.26** > 40 % der Belegschaft der deutschen VW-Werke verbrachte im Jahre 1995 die Werksferien im Inland (Personengruppe A), 50 % im europäischen Ausland (Personengruppe B) und 10 % im außereuropäischen Ausland (Personengruppe C).

Umfragen haben nun ergeben, daß im Jahr 1996 70 % der Personengruppe A wiederum die Werksferien im Inland verbringen wollen, 20 % im europäischen Ausland und 10 % im außereuropäischen Ausland. Von der Personengruppe B wollen 20 % im Inland, 60 % im europäischen Ausland und 20 % außerhalb Europas ihre Ferien verbringen. Für die Personengruppe C lauten die analogen Prozentzahlen 30 %, 40 %, 30 %.

Dieses Übergangsverhalten kann durch die *Matrix der Übergangswahrscheinlichkeiten*

von \ nach	A	B	C
A	0,70	0,20	0,10
B	0,20	0,60	0,20
C	0,30	0,40	0,30

$= \mathbf{P}$

beschrieben werden.

Durch Multiplikation des Zustandsvektors $z'_{1995} = (40, 50, 10)$ von rechts mit der Übergangsmatrix **P** erhält man den Zustandsvektor z'_{1996}, der die prozentuale Verteilung der Belegschaft auf die drei Ferienzielgruppen ausdrückt.

$$z'_{1996} = z'_{1995} \cdot \mathbf{P} = (40, 50, 10) \cdot \begin{pmatrix} 0{,}70 & 0{,}20 & 0{,}10 \\ 0{,}20 & 0{,}60 & 0{,}20 \\ 0{,}30 & 0{,}40 & 0{,}30 \end{pmatrix} = (41, 42, 17)$$

Gelten diese Übergangswahrscheinlichkeiten auch für die nächsten Jahre, so ergeben sich die folgenden Aufteilungen auf die drei Ferienzielgruppen:

$$z'_{1997} = z'_{1996} \cdot \mathbf{P} = (41, 42, 17) \cdot \begin{pmatrix} 0{,}70 & 0{,}20 & 0{,}10 \\ 0{,}20 & 0{,}60 & 0{,}20 \\ 0{,}30 & 0{,}40 & 0{,}30 \end{pmatrix},$$

$$= (42{,}2;\ 40{,}2;\ 17{,}6) \qquad = z'_{1995} \cdot \mathbf{P}^2,$$

$$z'_{1998} = z'_{1997} \cdot \mathbf{P} = (42{,}86;\ 39{,}60;\ 17{,}54) = z'_{1995} \cdot \mathbf{P}^3$$

und allgemein

$$z'_{1995+m} = z'_{1995+m-1} \cdot \mathbf{P} = z'_{1995} \cdot \mathbf{P}^m.$$

♦

Ein Prozeß der vorstehenden Art, bei der die Matrix der Übergangswahrscheinlichkeiten konstant ist und der Zustand zum Zeitpunkt $(t + 1)$ somit nur vom Zustand zum Zeitpunkt t abhängt, wird als MARKOFF-*Kette* bezeichnet.

4.7 Pfeildiagramme und ihre Matrizendarstellung

Anstatt die Übergangswahrscheinlichkeiten wie in Beispiel < 4.26 > zu einer Matrix mit Bezugsrand zusammenzufassen, hätten wir das Übergangsverhalten gleichwertig durch ein Pfeildiagramm, ein sogenanntes *Übergangsdiagramm*, beschreiben können. Der Zustand, zu einer der Personengruppen A, B oder C zu gehören, wird dabei durch einen Knoten dargestellt, während jede Zustandsänderung - einschließlich des Verbleibens im bisherigen Zustand - durch einen Pfeil gekennzeichnet wird, dessen Verlauf die Richtung des Übergangs angibt. Die Pfeile werden zusätzlich mit den Übergangswahrscheinlichkeiten "bewertet", wobei **die** Pfeile weggelassen werden können, die eine Übergangswahrscheinlichkeit der Höhe 0 repräsentieren.

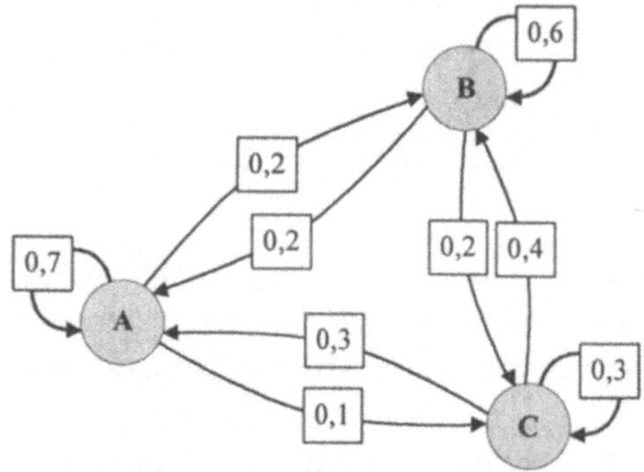

Abb.4.1: Übergangsdiagramm

Auch zur Beschreibung einer Produktionsstruktur bei mehrstufiger Fertigung wird gerne die anschauliche Darstellungsform eines Pfeildiagramms verwendet. Betrachten wir dazu das nachfolgende Beispiel < 4.27 >.

< 4.27 >
Der Produktionsprozeß eines Betriebes erfolge in den drei Stufen

i. Herstellung der vier Einzelteile E_1, E_2, E_3, E_4,
ii. Montage der zwei Baugruppen B_1 und B_2,
iii. Produktion der drei Fertigprodukte F_1, F_2, F_3.

Die Verflechtung von Einzelteilen, Baugruppen und Fertigprodukten ist in der Abbildung 4.2 veranschaulicht. Dabei geben die Bewertungen der Pfeile an, wie oft das Inputprodukt benötigt wird.

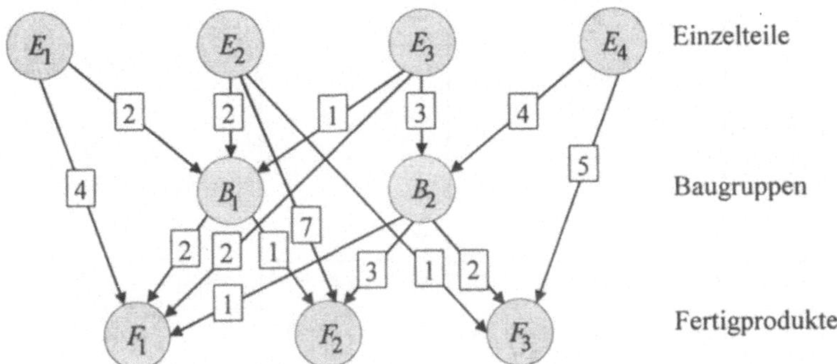

Abb. 4.2: Verflechtungsdiagramm

Beispielsweise geht das Einzelteil E_4 viermal in die Baugruppe B_2 und fünfmal in das Fertigprodukt F_3 ein. Das Fertigprodukt F_2 setzt sich aus einer Baugruppe B_1, drei Baugruppen B_2 und sieben Einzelteilen E_2 zusammen. Aus der Abbildung 4.2 geht auch hervor, daß der Produktionsprozeß nur in einer Richtung verläuft (keine Rückkopplung!) und daß es keine Verflechtung innerhalb der drei Produktionsstufen gibt. (Es fehlen horizontale Verbindungslinien zwischen den Produkten der gleichen Produktionsstufe!)

Die vorstehende Darstellungsform einer Produktionsstruktur als Pfeildiagramm wurde von A. VASZONY [1962] als *Gozintograph* bezeichnet, wobei der Name "Gozinto" eine Verballhornung von "goes into" ist.

Schon bei diesem einfachen Verflechtungsschema in Abbildung 4.2 ist die Frage, wieviel Einzelteile und Baugruppen erforderlich sind, wenn 20 Fertigprodukte F_1, 50 Fertigprodukte F_2 und 35 Fertigprodukte F_3 hergestellt werden sollen, nicht trivial. Bei größeren Produktionssystemen wird es zunehmend schwieriger, den Überblick zu behalten. Der Rechengang läßt sich aber schematisieren, wenn man die Bedarfssituation für die Baugruppen und die Fertigprodukte durch geeignete Matrizen beschreibt.

So läßt sich die durch den Gozintograph in Abbildung 4.2 charakterisierte Produktionsstruktur gleichermaßen durch die nachfolgende Verflechtungsmatrix **V** beschreiben.

Tab. 4.4: Verflechtungsmatrix **V**

	E_1	E_2	E_3	E_4	B_1	B_2	F_1	F_2	F_3
E_1	0	0	0	0	2	0	4	0	0
E_2	0	0	0	0	2	0	0	7	1
E_3	0	0	0	0	1	3	2	0	0
E_4	0	0	0	0	0	4	0	0	5
B_1	0	0	0	0	0	0	2	1	0
B_2	0	0	0	0	0	0	1	3	2
F_1	0	0	0	0	0	0	0	0	0
F_2	0	0	0	0	0	0	0	0	0
F_3	0	0	0	0	0	0	0	0	0

$= \mathbf{V}$

Auch aus der Matrix **V** läßt sich ablesen, daß der Produktionsprozeß des betrachteten Betriebes nur in eine Richtung läuft und es keine Verflechtung innerhalb der drei Produktionsstufen gibt. Denn sowohl die Teilmatrizen, die unterhalb der Hauptdiagonale von **V** liegen, als auch die Untermatrizen auf der Hauptdiagonale weisen nur Nullen auf.

Wie in Tabelle 4.4 schon angedeutet, läßt sich die Matrix so in Blöcke unterteilen, daß viele der Teilmatrizen Nullmatrizen sind:

$$\mathbf{V} = \begin{pmatrix} \mathbf{0} & \mathbf{Z} & \mathbf{R} \\ \mathbf{0} & \mathbf{0} & \mathbf{S} \\ \mathbf{0} & \mathbf{0} & \mathbf{0} \end{pmatrix}$$

Dabei lassen sich die Elemente z_{ij}, r_{ik} und s_{jk} der Teilmatrizen $\mathbf{Z} = (z_{ij})$, $\mathbf{R} = (r_{ik})$ und $\mathbf{S} = (s_{jk})$ wie folgt interpretieren:

z_{ij} = Bedarf an Einzelteilen E_i bei Herstellung **einer** Baugruppe B_j, $i = 1, 2, 3, 4$; $j = 1, 2$.

r_{ik} = Bedarf an Einzelteilen E_i bei Herstellung **eines** Fertigproduktes F_k, $i = 1, 2, 3, 4$; $k = 1, 2, 3$.

s_{jk} = Bedarf an Baugruppen B_j bei Herstellung **eines** Fertigproduktes F_k; $j = 1, 2$; $k = 1, 2, 3$.

Der Gesamtbedarf an Einzelteilen zur Herstellung von jeweils einer Einheit der drei Fertigprodukte setzt sich dann aus dem direkten und indirekten Bedarf zusammen und läßt sich beschreiben durch die Matrix $\mathbf{A} = (a_{ik})$ mit

$$\mathbf{A} = \mathbf{R} + \mathbf{Z} \cdot \mathbf{S} = \begin{pmatrix} 4 & 0 & 0 \\ 0 & 7 & 1 \\ 2 & 0 & 0 \\ 0 & 0 & 5 \end{pmatrix} + \begin{pmatrix} 2 & 0 \\ 2 & 0 \\ 1 & 3 \\ 0 & 4 \end{pmatrix} \begin{pmatrix} 2 & 1 & 0 \\ 1 & 3 & 2 \end{pmatrix}$$

$$= \underset{\textit{direkter Bedarf}}{\begin{pmatrix} 4 & 0 & 0 \\ 0 & 7 & 1 \\ 2 & 0 & 0 \\ 0 & 0 & 5 \end{pmatrix}} + \underset{\textit{indirekter Bedarf}}{\begin{pmatrix} 4 & 2 & 0 \\ 4 & 2 & 0 \\ 5 & 10 & 6 \\ 4 & 12 & 8 \end{pmatrix}} = \underset{\textit{Gesamtbedarf}}{\begin{pmatrix} 8 & 2 & 0 \\ 4 & 9 & 1 \\ 7 & 10 & 6 \\ 4 & 12 & 13 \end{pmatrix}}$$

Um den gewünschten Output $x' = (20, 50, 35)$ an Fertigprodukten F_1, F_2, F_3 herzustellen, sind dann Einzelteile in einer Stückzahl von

$$\mathbf{A}x = \begin{pmatrix} 8 & 2 & 0 \\ 4 & 9 & 1 \\ 7 & 10 & 6 \\ 4 & 12 & 13 \end{pmatrix} \begin{pmatrix} 20 \\ 50 \\ 35 \end{pmatrix} = \begin{pmatrix} 260 \\ 565 \\ 850 \\ 1135 \end{pmatrix} \begin{matrix} E_1 \\ E_2 \\ E_3 \\ E_4 \end{matrix}$$

erforderlich. ♦

Auch kompliziertere Verflechtungsstrukturen von Betrieben, bei denen Rückkopplungen und Querverbindungen auftreten, lassen sich durch Pfeildiagramme und Matrizen anschaulich darstellen.

< **4.28** > Ein Unternehmen setzt sich aus 3 Betriebsstätten zusammen, wobei jede Betriebsstätte nur ein Gut herstellt. Die wöchentlichen Lieferungen der Betriebsstätten untereinander und zum Verkauf sind in der nachfolgenden Tabelle zusammengestellt; dabei sind die Güterströme in Geldeinheiten bewertet.

Tab. 4.5: Verflechtungsbilanz bzw. Input-Output-Tabelle

	Lieferungen			
	an die Betriebsstätte			zum Verkauf
Betriebs-stätte	I	II	III	
I	15	3	9	23
II	5	6	0	19
III	5	6	27	7

Diese Verflechtungsstruktur läßt sich auch gleichwertig durch das nachfolgende Pfeildiagramm beschreiben.

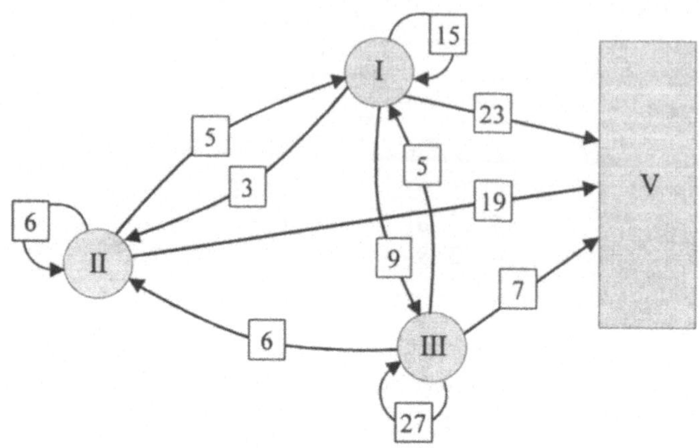

Abb.4.3: Verflechtungsdiagramm ♦

Die Unterteilung einer Produktionswirtschaft in Sektoren (Organisationseinheiten), die jeweils nur ein Gut herstellen, wurde ursprünglich von LEONTIEF [1952] für volkswirtschaftliche Fragestellungen konzipiert. Die darauf aufbauenden *Input-Output-Modelle* dienen dazu, die durch wechselseitige Abhängigkeiten der Elemente eines Produktionsbetriebes sich überlagernden Beziehungen zwischen den Einsatz- und Ausbringungsgrößen zu analysieren.

Betrachten wir nun eine Produktionsgemeinschaft mit n Sektoren und bezeichnen wir mit

x_{ij} die Lieferung des Sektors i an den Sektor j,

x_i die Gesamt-(Brutto-)großproduktion des Sektors i,

y_i die Lieferung des Sektors i an den Endverbrauch (Verkauf!),

so gilt

$$x_i = \sum_{j=1}^{n} x_{ij} + y_i, \qquad i = 1,\ldots,n. \tag{4.21}$$

Unter der Annahme, daß stets in konstanten Proportionen produziert wird und neben Substitution auch technischer Fortschritt ausgeschlossen ist, können die *Input-Output-Koeffizienten*

$$a_{ij} = \frac{x_{ij}}{x_j} = \frac{\text{Lieferung des Sektors } i \text{ an den Sektor } j}{\text{Output des Sektors } j} \tag{4.22}$$

als Normgrößen für die bei der Produktion verwandte Technologie angesehen werden. Die a_{ij} geben den Inputstrom an, der benötigt wird, um in jedem Sektor gerade **eine** Bruttoeinheit zu produzieren.

< **4.29** > Aus der Verflechtungsbilanz in Tabelle 4.5 folgt, daß die wöchentliche (Brutto-)Produktion dieses Unternehmens gleich

$$\boldsymbol{x} = \begin{pmatrix} x_1 \\ x_2 \\ x_3 \end{pmatrix} = \begin{pmatrix} 15 & + & 3 & + & 9 & + & 23 \\ 5 & + & 6 & & & + & 19 \\ 5 & + & 6 & + & 27 & + & 7 \end{pmatrix} = \begin{pmatrix} 50 \\ 30 \\ 45 \end{pmatrix}$$

ist. Mit der Formel (4.22) läßt sich dann die *Input-Output-Matrix* $\mathbf{A} = (a_{ij})$ berechnen als

$$\mathbf{A} = \begin{pmatrix} \frac{15}{50} & \frac{3}{30} & \frac{9}{45} \\ \frac{5}{50} & \frac{6}{30} & \frac{0}{45} \\ \frac{5}{50} & \frac{6}{30} & \frac{27}{45} \end{pmatrix} = \frac{1}{10}\begin{pmatrix} 3 & 1 & 2 \\ 1 & 2 & 0 \\ 1 & 2 & 6 \end{pmatrix}.$$

♦

Mit den Input-Output-Koeffizienten a_{ij} lassen sich die Gleichungen (4.21) schreiben in der Form

$$x_i = \sum_{j=1}^{n} a_{ij} x_j + y_i\,, \qquad i = 1,\ldots,n$$

und in Matrizenschreibweise zusammenfassen zur Gleichung

$$\begin{pmatrix} x_1 \\ x_2 \\ \vdots \\ x_n \end{pmatrix} = \begin{pmatrix} a_{11} & a_{12} & \cdots & a_{1n} \\ a_{21} & a_{22} & \cdots & a_{2n} \\ \vdots & \vdots & & \vdots \\ a_{n1} & a_{n2} & \cdots & a_{nn} \end{pmatrix} \cdot \begin{pmatrix} x_1 \\ x_2 \\ \vdots \\ x_n \end{pmatrix} + \begin{pmatrix} y_1 \\ y_2 \\ \vdots \\ y_n \end{pmatrix}$$

die mit den Vektoren $\boldsymbol{x}' = (x_1, x_2,\ldots, x_n)$ und $\boldsymbol{y}' = (y_1, y_2,\ldots,y_n)$ auch abgekürzt geschrieben werden kann als

$$\boldsymbol{x} = \mathbf{A}\boldsymbol{x} + \boldsymbol{y} \quad \text{oder}$$

$$\boldsymbol{y} = (\mathbf{E}\text{-}\mathbf{A})\boldsymbol{x}. \tag{4.23}$$

< **4.30** > Für das durch die Input-Output-Tabelle in Tabelle 4.5 beschriebene Unternehmen gilt:

$$(\mathbf{E}\text{-}\mathbf{A}) = \frac{1}{10}\begin{pmatrix} 7 & -1 & -2 \\ -1 & 8 & 0 \\ -1 & -2 & 4 \end{pmatrix}.$$

Wird eine Bruttoproduktion von $\boldsymbol{x}' = (40, 40, 40)$ realisiert, so können nach der Formel (4.23) dem Verkauf

$$\begin{pmatrix} y_1 \\ y_2 \\ y_3 \end{pmatrix} = \frac{1}{10}\begin{pmatrix} 7 & -1 & -2 \\ -1 & 8 & 0 \\ 1 & -2 & 4 \end{pmatrix}\begin{pmatrix} 40 \\ 40 \\ 40 \end{pmatrix} = \begin{pmatrix} 16 \\ 28 \\ 4 \end{pmatrix}$$

Einheiten zur Verfügung gestellt werden. ♦

4.8 Kriterien für die Lösbarkeit linearer Gleichungssysteme

Aus Kapitel 1 wissen wir, daß lineare Gleichungssysteme eine eindeutige Lösung, unendlich viele Lösungen oder keine Lösungen besitzen können. Die dort gewonnenen Erkenntnisse wollen wir nun zu Sätzen verdichten, wobei die Matrizendarstellung eine besonders einfache Formulierung ermöglicht.

Dazu ist zunächst zu beachten, daß ein lineares Gleichungssystem

$$\begin{array}{ccccccccc} a_{11}x_1 & + & a_{12}x_2 & + & \cdots & + & a_{1n}x_n & = & b_1 \\ a_{21}x_1 & + & a_{22}x_2 & + & \cdots & + & a_{2n}x_n & = & b_2 \\ \vdots & & \vdots & & & & \vdots & & \vdots \\ a_{m1}x_1 & + & a_{m2}x_2 & + & \cdots & + & a_{mn}x_n & = & b_m \end{array}$$

mit den Matrizen

$$\mathbf{A} = \begin{pmatrix} a_{11} & \cdots & a_{1n} \\ \vdots & & \vdots \\ a_{m1} & \cdots & a_{mn} \end{pmatrix}, \quad \boldsymbol{x} = \begin{pmatrix} x_1 \\ \vdots \\ x_n \end{pmatrix} \in \mathbf{R}^n, \quad \boldsymbol{b} = \begin{pmatrix} b_1 \\ \vdots \\ b_m \end{pmatrix} \in \mathbf{R}^m$$

als Matrizengleichung $\mathbf{A} \cdot \boldsymbol{x} = \boldsymbol{b}$ geschrieben werden kann.
Ein wichtiger Begriff bei der Formulierung der Lösbarkeitskriterien ist der *Rang* einer Matrix.

Definition 4.17:
Als *Spaltenrang* einer Matrix (bzw. *Zeilenrang* einer Matrix) bezeichnet man die maximale Anzahl linear unabhängiger Spaltenvektoren (bzw. Zeilenvektoren) dieser Matrix.

Es gilt nun der

Satz 4.5:
Die maximale Anzahl linear unabhängiger Zeilenvektoren einer Matrix **A** stimmt mit der maximalen Anzahl linear unabhängiger Spaltenvektoren der Matrix **A** überein.

Zum Beweis des Satzes 4.5 zeigen wir zunächst, daß der Zeilenrang einer Matrix **A** gleich ist der Anzahl der linear unabhängigen Gleichungen des linear homogenen Gleichungssystems $\mathbf{A}\boldsymbol{x} = \mathbf{0}$, d. h. gleich der Anzahl der Gleichungen des äquivalenten entschlüsselten Gleichungssystems (ohne Berücksichtigung der Nullgleichungen).

Dazu ist zu zeigen, daß die Anzahl der linear unabhängigen Zeilenvektoren erhalten bleibt, wenn man gemäß des GAUSSschen Algorithmus den i-ten Zeilenvektor $\boldsymbol{a}'_i$ durch den Vektor $\boldsymbol{a}'_i + \lambda \boldsymbol{a}'_j$ ersetzt mit einem beliebigen Zeilenvektor $\boldsymbol{a}'_j$ der Matrix $\mathbf{A}$, $j \neq i$, und beliebigem $\lambda \in \mathbf{R}$.

Ist nun $\sum_k \mu_k \boldsymbol{a}'_k = \mathbf{0}$ nur erfüllt für $\mu_k = 0 \ \forall\ k$,

so gilt dies ebenfalls für

$$\sum_{k\neq i} \mu_k \boldsymbol{a}'_k + \mu_i(\boldsymbol{a}'_i + \lambda \boldsymbol{a}'_j) = \sum_{k\neq j} \mu_k \boldsymbol{a}'_k + (\mu_j + \lambda\mu_i)\boldsymbol{a}'_j = \mathbf{0}.$$

Andererseits ist, vgl. S. 108 ff, die maximale Anzahl der linear unabhängigen Spaltenvektoren von **A** gleich der Anzahl der Schlüssel(-variablen) des zum homogenen Gleichungssystem $\mathbf{A}\boldsymbol{x} = \mathbf{0}$ äquivalenten entschlüsselten Gleichungssystems, und damit ebenfalls gleich der Anzahl der Gleichungen des entschlüsselten Gleichungssystems.

Da nach Satz 4.5 in jeder Matrix der Zeilenrang gleich dem Spaltenrang ist, ist eine Unterscheidung nicht nötig. Man spricht deshalb i. allg. nur vom *Rang* der Matrix **A** und symbolisiert ihn mit $r(\mathbf{A})$.

< **4.31** > Nach Beispiel < 3.12 > sind die Spaltenvektoren der Matrix

$$\mathbf{C} = \begin{pmatrix} 1 & 0 & 1 & 2 \\ 0 & -1 & 1 & 6 \\ -2 & 1 & 0 & -2 \\ 0 & 0 & 1 & 3 \end{pmatrix}$$ linear unabhängig und es gilt daher $r(\mathbf{C}) = 4$. ♦

< **4.32** > Soll der Rang der Matrix

$$\mathbf{B} = \begin{pmatrix} 1 & 0 & 1 & -2 \\ -2 & 1 & -1 & 5 \\ 1 & 4 & 5 & 2 \\ 2 & 3 & 5 & -1 \end{pmatrix}$$ bestimmt werden, so ist der zweckmäßigste Weg,

das linear homogene Gleichungssystem $\mathbf{B} \cdot \boldsymbol{x} = \mathbf{0}$ mit dem Variablenvektor $\boldsymbol{x}' = (x_1, x_2, x_3, x_4)$ zu entschlüsseln. Die maximale Anzahl der Schlüsselvariablen stimmt mit der maximalen Anzahl der linear unabhängigen Spaltenvektoren und damit mit dem Rang der Koeffizientenmatrix **B** überein.

Tab. 4.6 :

x_1	x_2	x_3	x_4	RS	
1	0	1	-2	0	G_1
-2	1	-1	5	0	G_2
1	4	5	2	0	G_3
2	3	5	-1	0	G_4
1	0	1	-2	0	$G_1' = G_1$
0	1	1	1	0	$G_2' = G_2 + 2G_1$
0	4	4	4	0	$G_3' = G_3 - G_1$
0	3	3	3	0	$G_4' = G_4 - 2G_1$
1	0	1	-2	0	$G_1'' = G_1'$
0	1	1	1	0	$G_2'' = G_2'$
0	0	0	0	0	$G_3'' = G_3' - 4G_2'$
0	0	0	0	0	$G_4'' = G_4' - 3G_2'$

Die Matrix **B** hat also den Rang 2, $r(\mathbf{B}) = 2$, denn es gibt maximal zwei Schlüsselvariablen in diesem Gleichungssystem. Bei der vorstehenden Entschlüsselung sind dies x_1 und x_2. ♦

Definition 4.18 :
Hat eine quadratische Matrix **A** mit n Spalten den Rang n, so heißt sie *regulär*.

Besitzt eine quadratische $n \times n$-Matrix **A** linear abhängige Zeilen und Spalten, d. h. ist $r(\mathbf{A}) < n$, dann wird sie *singulär* genannt.

< **4.33** > Die Matrix **C** in Beispiel < 4.31 > ist regulär, während die Matrix **B** in Beispiel < 4.32 > singulär ist. ♦

Für die *erweiterte Matrix* $(\mathbf{A}, \boldsymbol{b}) = \begin{pmatrix} a_{11} & \cdots & a_{1n} & \vdots & b_1 \\ \vdots & & \vdots & \vdots & \vdots \\ a_{m1} & \cdots & a_{mn} & \vdots & b_m \end{pmatrix}$, die sich ergibt, wenn man zur Koeffizientenmatrix **A** den Spaltenvektor $\boldsymbol{b}$ hinzufügt, gilt:

$$r(\mathbf{A}) \leq r(\mathbf{A}, \boldsymbol{b}) \leq r(\mathbf{A}) + 1.$$

Ist $r(\mathbf{A}) < r(\mathbf{A}, \boldsymbol{b})$, dann muß der Vektor $\boldsymbol{b}$ linear unabhängig sein von den Spaltenvektoren $\boldsymbol{a}_1, ..., \boldsymbol{a}_n$ der Matrix **A** , d. h. es existieren keine reellen Zahlen $x_1,..., x_n$, so daß

$$\boldsymbol{a}_1 x_1 + \boldsymbol{a}_2 x_2 + \cdots + \boldsymbol{a}_n x_n = \boldsymbol{b}.$$

Somit hat das Gleichungssystem $\mathbf{A}\boldsymbol{x} = \boldsymbol{b}$ keine Lösung.

Es gilt daher der

Satz 4.6 (*Satz von* FROBENIUS):
Das Gleichungssystem $\mathbf{A}\boldsymbol{x} = \boldsymbol{b}$ hat dann und nur dann wenigstens eine Lösung, wenn $r(\mathbf{A}) = r(\mathbf{A}, \boldsymbol{b})$.

Ist nun die rechte Seite des Gleichungssystems $\mathbf{A}\boldsymbol{x} = \boldsymbol{b}$ nicht speziell vorgegeben, sondern $\boldsymbol{b}$ ein beliebiger Vektor des $\mathbf{R}^m$, so hat bei gegebener Koeffizientenmatrix **A** dann und nur dann jedes Gleichungssystem $\mathbf{A}\boldsymbol{x} = \boldsymbol{b}$ wenigstens eine Lösung, wenn $r(\mathbf{A}) = r(\mathbf{A}, \boldsymbol{b})$ für alle $\boldsymbol{b} \in \mathbf{R}^m$. Diese Bedingung ist aber äquivalent der Forderung $r(\mathbf{A}) = m$, d. h. die Spaltenvektoren von **A** müssen den $\mathbf{R}^m$ aufspannen.

Satz 4.7:
Das Gleichungssystem $\mathbf{A}\boldsymbol{x} = \boldsymbol{b}$ hat bei gegebener $m \times n$ Matrix **A** dann und nur dann wenigstens eine Lösung für jeden beliebigen Vektor $\boldsymbol{b} \in \mathbf{R}^m$, wenn $r(\mathbf{A}) = m$.

Ist die Koeffizientenmatrix **A** quadratisch, so folgt aus Satz 4.7, daß das Gleichungssystem $\mathbf{A}\boldsymbol{x} = \boldsymbol{b}$ dann und nur dann für jede Wahl der rechten Seite $\boldsymbol{b}$ eine Lösung besitzt und diese dann eindeutig ist, wenn der Rang von **A** mit der Anzahl der Spalten (und natürlich auch mit der Anzahl der Zeilen) übereinstimmt, d. h. alle Spaltenvektoren und alle Zeilenvektoren müssen linear unabhängig sein. Dies bedeutet aber, daß das zugehörige homogene Gleichungssystem $\mathbf{A}\boldsymbol{x} = \mathbf{0}$ nur die triviale Lösung besitzt.

Es gilt somit der

Satz 4.8 (*Alternativ-Theorem für lineare Gleichungssysteme mit quadratischen Koeffizientenmatrizen*):

i. Besitzt das homogene System $\mathbf{A}\boldsymbol{x} = \mathbf{0}$ nur die triviale Lösung, so hat das inhomogene System $\mathbf{A}\boldsymbol{x} = \boldsymbol{b}$ (genau) eine Lösung für jede Wahl der rechten Seite $\boldsymbol{b}$.
ii. Hat das homogene System nichttriviale Lösungen, so ist das inhomogene System nicht für jede Wahl der rechten Seite lösbar.

Damit ein linear homogenes Gleichungssystem $\mathbf{A}\boldsymbol{x} = \mathbf{0}$ mit einer $m \times n$-Koeffizientenmatrix **A** nichttriviale Lösungen besitzt, muß, vgl. Abschnitt 1.3, das äquivalente entschlüsselte Gleichungssystem freie Variablen aufweisen, d. h. das äquivalente entschlüsselte Gleichungssystem hat weniger Gleichungen als Variablen und es gilt somit $r(\mathbf{A}) < n$. Die Anzahl der freien Variablen ist dann $n - r(\mathbf{A})$.

Daher gilt der

Satz 4.9:
Ein homogenes lineares Gleichungssystem $\mathbf{Ax} = \mathbf{0}$ mit der $m \times n$ Koeffizientenmatrix $\mathbf{A} = (a_{ij})$ und dem Variablenvektor $\mathbf{x}' = (x_1, \ldots, x_n)$ besitzt genau dann nichttriviale Lösungen, wenn $r(\mathbf{A}) < n$.

In Satz 1.1 auf Seite 21 wird ausgesagt, daß die allgemeine Lösung eines linear inhomogenen Gleichungssystems sich zusammensetzt aus der Basislösung dieses Gleichungssystems und der allgemeinen Lösung des zugehörigen linear homogenen Gleichungssystems. Wir wollen nun diesen Satz allgemein formulieren:

Satz 4.10:
Ist $\mathbf{x}^*$ eine beliebige Lösung des inhomogenen Gleichungssystems $\mathbf{Ax} = \mathbf{b}$, und ist $\bar{\mathbf{x}}$ die allgemeine Lösung des zugehörigen homogenen Gleichungssystems $\mathbf{Ax} = \mathbf{0}$, dann ist

$\mathbf{x} = \mathbf{x}^* + \bar{\mathbf{x}}$ die allgemeine Lösung des inhomogenen Systems.

Beweis:

"$\Rightarrow$" $\mathbf{Ax} = \mathbf{A}(\mathbf{x}^* + \bar{\mathbf{x}}) = \mathbf{Ax}^* + \mathbf{A}\bar{\mathbf{x}} = \mathbf{b} + \mathbf{0} = \mathbf{b}$.

"$\Leftarrow$" Ist $\tilde{\mathbf{x}}$ irgendeine Lösung von $\mathbf{Ax} = \mathbf{b}$, so ist der Vektor $\hat{\mathbf{x}} = \tilde{\mathbf{x}} - \mathbf{x}^*$ eine Lösung des homogenen Gleichungssystems $\mathbf{Ax} = \mathbf{0}$, denn

$$\mathbf{A}\hat{\mathbf{x}} = \mathbf{A}(\tilde{\mathbf{x}} - \mathbf{x}^*) = \mathbf{A}\tilde{\mathbf{x}} - \mathbf{Ax}^* = \mathbf{b} - \mathbf{b} = \mathbf{0} \ .$$

4.9 Die Inverse einer Matrix

Im Bereich der reellen Zahlen hat die Gleichung $a \cdot x = 1$, mit $a \neq 0$ die Lösung $x = \frac{1}{a} = a^{-1}$, und diese Zahl wird als *Reziproke* oder *Inverse* von a bezeichnet.

Analog kann man auch die Inverse einer Matrix einführen, wobei wir uns wegen der Nicht-Kommutativität der Matrizenmultiplikation auf quadratische Matrizen beschränken wollen. (Die mathematische Literatur definiert darüber hinaus auch Linksinverse und Rechtsinverse für nichtquadratische und für singuläre Matrizen!)

Definition 4.19:
Seien **A** eine reguläre $n \times n$-Matrix und **E** die $n \times n$-Einheitsmatrix. Eine quadratische $n \times n$-Matrix **X** mit der Eigenschaft

$$\mathbf{AX} = \mathbf{E} = \mathbf{XA} \qquad (4.24)$$

heißt *Inverse* (*Reziproke, inverse Matrix, Kehrmatrix*) *von* **A** und wird mit $\mathbf{A}^{-1}$ symbolisiert.

Die Inverse einer regulären Matrix **A** ist eindeutig bestimmt, denn die simultanen Gleichungssysteme

$$\mathbf{A} \cdot \boldsymbol{x}_i = \boldsymbol{e}_i, \qquad i = 1, \ldots, n,$$

in die man sich die Matrizengleichung

$$\mathbf{A} \cdot \mathbf{X} = \mathbf{A}(\boldsymbol{x}_1, \boldsymbol{x}_2, \ldots, \boldsymbol{x}_n) = (\boldsymbol{e}_1, \boldsymbol{e}_2, \ldots, \boldsymbol{e}_n) = \mathbf{E}$$

zerlegt denken kann, haben nach dem Alternativ-Theorem (Satz 4.8) jeweils eine eindeutige Lösung.

Die Lösung dieser simultanen Gleichungssysteme ist auch i. allg. der günstigste Weg zur Bestimmung der Inversen einer gegebenen Matrix **A**.

< **4.34** > Um die Inverse der Matrix

$$\mathbf{A} = \begin{pmatrix} 1 & 2 & 1 \\ 0 & -1 & 1 \\ 1 & 0 & -1 \end{pmatrix}$$

zu berechnen, bestimmt man die Lösungen der simultanen Gleichungssysteme $\mathbf{A}\boldsymbol{x}_i = \boldsymbol{e}_i$, $\quad i = 1, 2, 3.$

1	2	1	1	0	0	G_1
0	-1	1	0	1	0	G_2
1	0	-1	0	0	1	G_3
1	2	1	1	0	0	$G_1' = G_1$
0	-1	1	0	1	0	$G_2' = G_2$
0	-2	-2	-1	0	1	$G_3' = G_3 - G_1$
1	0	-1	0	0	1	$G_1'' = G_1' + G_3'$
0	1	-1	0	-1	0	$G_2'' = -G_2'$
0	0	-4	-1	-2	1	$G_3'' = G_3' + 2\,G_2''$
1	0	0	$\frac{1}{4}$	$\frac{1}{2}$	$\frac{3}{4}$	$G_1''' = G_1'' + G_3'''$
0	1	0	$\frac{1}{4}$	$-\frac{1}{2}$	$-\frac{1}{4}$	$G_2''' = G_2'' + G_3'''$
0	0	1	$\frac{1}{4}$	$\frac{1}{2}$	$-\frac{1}{4}$	$G_3''' = -\frac{1}{4}\,G_3''$

d. h. $$\mathbf{A}^{-1} = \begin{pmatrix} \frac{1}{4} & \frac{1}{2} & \frac{3}{4} \\ \frac{1}{4} & -\frac{1}{2} & -\frac{1}{4} \\ \frac{1}{4} & \frac{1}{2} & -\frac{1}{4} \end{pmatrix} = \frac{1}{4}\begin{pmatrix} 1 & 2 & 3 \\ 1 & -2 & -1 \\ 1 & 2 & -1 \end{pmatrix}.$$ ♦

Inverse Matrizen besitzen die folgenden Eigenschaften:

Satz 4.11:
Sind **A** und **B** reguläre $n \times n$-Matrizen, so gilt:

$(\mathbf{A}^{-1})^{-1} = \mathbf{A}$, d. h. $\mathbf{A}^{-1}$ ist ebenfalls regulär; (4.25)

$(\mathbf{A}')^{-1} = (\mathbf{A}^{-1})'$, d. h. mit **A** besitzt auch ihre Transponierte eine inverse Matrix; (4.26)

$(\mathbf{A} \cdot \mathbf{B})^{-1} = \mathbf{B}^{-1} \cdot \mathbf{A}^{-1}$; (4.27)

$(k \cdot \mathbf{A})^{-1} = \frac{1}{k} \cdot \mathbf{A}^{-1} \quad \forall\ k \in \mathbf{R} \setminus \{0\}$. (4.28)

Beweis: Die Gültigkeit von (4.25) folgt unmittelbar aus der Definitionsgleichung (4.24).

Die Regel (4.26) folgt aus

$$\mathbf{E} = \mathbf{E}' = (\mathbf{A} \cdot \mathbf{A}^{-1})' \overset{(4.16)}{=} (\mathbf{A}^{-1})' \cdot \mathbf{A}'$$

durch Multiplikation dieser Gleichung von rechts mit $(\mathbf{A}')^{-1}$.
Gleichung (4.27) ergibt sich aus

$$(\mathbf{A} \cdot \mathbf{B}) \cdot (\mathbf{A} \cdot \mathbf{B})^{-1} = \mathbf{E} = \mathbf{A} \cdot \mathbf{A}^{-1} = \mathbf{A} \cdot \mathbf{E} \cdot \mathbf{A}^{-1} = \mathbf{A} \cdot (\mathbf{B} \cdot \mathbf{B}^{-1}) \cdot \mathbf{A}^{-1} = (\mathbf{A} \cdot \mathbf{B}) \cdot (\mathbf{B}^{-1} \cdot \mathbf{A}^{-1})$$

durch Multiplikation von links mit $(\mathbf{A} \cdot \mathbf{B})^{-1}$.

Die Gültigkeit von (4.28) folgt aus der Gleichung

$$(k\mathbf{A})\,(k\mathbf{A})^{-1} = \mathbf{E} = \mathbf{A} \cdot \mathbf{A}^{-1} = (k \cdot \frac{1}{k})\mathbf{A} \cdot \mathbf{A}^{-1} = (k\mathbf{A})(\frac{1}{k}\,\mathbf{A}^{-1})$$

durch Multiplikation von links mit $(k\mathbf{A})^{-1}$.

Aus der Gleichung (4.26) läßt sich direkt schließen, daß für eine reguläre symmetrische Matrix auch die Inverse symmetrisch ist.

Mit Hilfe inverser Matrizen lassen sich auch *Matrizendivisionen* durchführen, die, wie das Beispiel < 4.20 > zeigt, bei Matrizengleichungen nicht allgemein möglich sind. Betrachten wir dazu die beiden folgenden Aufgaben:

Bei gegebenen $n \times n$-Matrizen **A** und **C** sei die Matrix **B** zu bestimmen, die der Gleichung

(*) $\quad \mathbf{A} \cdot \mathbf{B} = \mathbf{C}$

(**) $\quad \mathbf{B} \cdot \mathbf{A} = \mathbf{C}$ genügt.

Ist **A** eine **reguläre** Matrix, so kann man die Gleichung (*) von links mit $\mathbf{A}^{-1}$ und die Gleichung (**) von rechts mit $\mathbf{A}^{-1}$ multiplizieren und erhält

(*) $\quad \mathbf{A}^{-1} \cdot \mathbf{A} \cdot \mathbf{B} = \mathbf{A}^{-1} \cdot \mathbf{C} \quad \Leftrightarrow \quad \mathbf{B} = \mathbf{A}^{-1} \cdot \mathbf{C},$

(**) $\quad \mathbf{B} \cdot \mathbf{A} \cdot \mathbf{A}^{-1} = \mathbf{C} \cdot \mathbf{A}^{-1} \quad \Leftrightarrow \quad \mathbf{B} = \mathbf{C} \cdot \mathbf{A}^{-1}.$

Die Lösungen für **B** sind im allgemeinen verschieden, da die Matrizenmultiplikation nicht kommutativ ist.

Für eine **reguläre** Koeffizientenmatrix **A** läßt sich auch die nach dem Alternativtheorem (Satz 4.8) eindeutige Lösung des linearen Gleichungssystems $\mathbf{A}\boldsymbol{x} = \boldsymbol{b}$ mittels der Inversen von **A** berechnen als

$$\boldsymbol{x} = \mathbf{A}^{-1} \cdot \mathbf{b} \tag{4.29}$$

< **4.35** > Das lineare Gleichungssystem

$$\begin{array}{rcrcrcr} x_1 & + & 2x_2 & + & x_3 & = & 20 \\ & - & x_2 & + & x_3 & = & -8 \\ x_1 & & & - & x_3 & = & 12 \end{array}$$

hat, vgl. die Berechnung der Inversen in Beispiel < 4.34 >,

die eindeutige Lösung $\begin{pmatrix} x_1 \\ x_2 \\ x_3 \end{pmatrix} = \frac{1}{4}\begin{pmatrix} 1 & 2 & 3 \\ 1 & -2 & -1 \\ 1 & 2 & -1 \end{pmatrix} \cdot \begin{pmatrix} 20 \\ -8 \\ 12 \end{pmatrix} = \begin{pmatrix} 10 \\ 6 \\ -2 \end{pmatrix}.$ ♦

Da die Berechnung der Inversen einer Koeffizientenmatrix **A** i. allg. viel rechenaufwendiger ist als die direkte Bestimmung der Lösung eines Gleichungssystems $\mathbf{A}\boldsymbol{x} = \boldsymbol{b}$, lohnt der Weg über die Inverse $\mathbf{A}^{-1}$ nur, wenn simultane Gleichungssysteme zu lösen sind. Dies ist z. B. bei Input-Output-Analysen der Fall, wenn bei gegebener Technologie der Produktionsplan für verschiedene Nachfragesituationen gesucht wird.

Anstatt bei bekannter Input-Output-Matrix **A** und gegebenen Nachfragevektoren $\boldsymbol{y}^k$ die simultanen Gleichungssysteme

$\boldsymbol{y}^k = (\mathbf{E} - \mathbf{A})\boldsymbol{x}, \quad k = 1, 2, \ldots$ vgl. Seite 145,

zu lösen, lohnt sich dann die einmalige Berechnung der LEONTIEFF-*Inversen* $(\mathbf{E} - \mathbf{A})^{-1}$ und die weitere Berechnung der Produktionspläne nach der Formel

$$\boldsymbol{x} = (\mathbf{E} - \mathbf{A})^{-1}\boldsymbol{y}. \tag{4.30}$$

< 4.36 > Um die Inverse der Matrix

$$(\mathbf{E} - \mathbf{A}) = \frac{1}{10}\begin{pmatrix} 7 & -1 & -2 \\ -1 & 8 & 0 \\ -1 & -2 & 4 \end{pmatrix}$$ aus Beispiel < 4.30 > zu bestimmen, kann man

anstelle der simultanen Gleichungssysteme

$$(\mathbf{E} - \mathbf{A})\boldsymbol{x}_i = \frac{1}{10}\begin{pmatrix} 7 & -1 & -2 \\ -1 & 8 & 0 \\ -1 & -2 & 4 \end{pmatrix}\boldsymbol{x}_i = \boldsymbol{e}_i$$

auch die Gleichungssysteme

$$\begin{pmatrix} 7 & -1 & -2 \\ -1 & 8 & 0 \\ -1 & -2 & 4 \end{pmatrix}\boldsymbol{x}_i = 10\boldsymbol{e}_i$$

lösen, um in den ersten Entschlüsselungstableaus mit einfacheren Zahlen rechnen zu können.

Tab. 4.7: Berechnung der Inversen von **(E - A)**

7	-1	-2	10	0	0
-1	8	0	0	10	0
-1	-2	4	0	0	10
$-\frac{7}{2}$	$\frac{1}{2}$	1	-5	0	0
-1	8	0	0	10	0
13	-4	0	20	0	10
0	$-\frac{55}{2}$	1	-5	-35	0
1	-8	0	0	-10	0
0	100	0	20	130	10
0	0	1	$\frac{5}{10}$	$\frac{15}{20}$	$\frac{55}{20}$
1	0	0	$\frac{16}{10}$	$\frac{4}{10}$	$\frac{8}{10}$
0	1	0	$\frac{2}{10}$	$\frac{13}{10}$	$\frac{1}{10}$

Aus dem Tableau 4.7 läßt sich die LEONTIEFF-Inverse $(\mathbf{E} - \mathbf{A})^{-1}$ ablesen. Dies ist besonders einfach, wenn die Zeilen des Endtableaus so vertauscht werden, daß eine natürliche Entschlüsselung vorliegt.

$$(\mathbf{E} - \mathbf{A})^{-1} = \frac{1}{10}\begin{pmatrix} 16 & 4 & 8 \\ 2 & 13 & 1 \\ 5 & \frac{15}{2} & \frac{55}{2} \end{pmatrix}$$

Um eine Nachfrage von $y' = (50, 80, 40)$ zu befriedigen, muß dann die Bruttoproduktion gleich

$$\boldsymbol{x} = \begin{pmatrix} x_1 \\ x_2 \\ x_3 \end{pmatrix} = \frac{1}{10}\begin{pmatrix} 16 & 4 & 8 \\ 2 & 13 & 1 \\ 5 & \frac{15}{2} & \frac{55}{2} \end{pmatrix} \cdot \begin{pmatrix} 50 \\ 80 \\ 40 \end{pmatrix} = \begin{pmatrix} 144 \\ 118 \\ 195 \end{pmatrix} \text{ sein.}$$ ♦

Bemerkung:
Die Existenz einer LEONTIEF-Inversen, die aus ökonomischen Gründen nichtnegativ sein sollte, ist nicht selbstverständlich. Vgl. zur Frage der Existenz und der Nichtnegativität von LEONTIEF-Inversen und allgemein zum Problem der InputOutput-Modelle z. B. [SCHUMANN, 1968, insbes. S. 35ff].

Da volkswirtschaftliche Input-Output-Tabellen in der Praxis oft mehrere hundert Sektoren aufweisen, stellt sich die Frage, ob die LEONTIEF-Inverse nicht einfacher berechnet werden kann, wobei eine ausreichend gute Näherungsrechnung genügen könnte.

Durch Ausmultiplizieren der linken Seite und anschließender Vereinfachung läßt sich zeigen, daß für eine quadratische Matrix **A** gilt

$$(\mathbf{E} - \mathbf{A}) \cdot (\mathbf{E} + \mathbf{A} + \mathbf{A}^2 + \mathbf{A}^3 + \dots + \mathbf{A}^k) = \mathbf{E} - \mathbf{A}^{k+1}.$$

Daraus folgt unmittelbar der

Satz 4.12:
Gilt für eine quadratische Matrix **A**

$$\lim_{k\to\infty} \mathbf{A}^k = \mathbf{0} \qquad \text{und ist} \quad \mathbf{E} - \mathbf{A} \text{ regulär, so ist}$$

$$(\mathbf{E} - \mathbf{A})^{-1} = \mathbf{E} + \mathbf{A} + \mathbf{A}^2 + \mathbf{A}^3 + \cdots = \sum_{j=0}^{\infty} \mathbf{A}^j \qquad (4.31)$$

Ein für Input-Output-Matrizen brauchbares Kriterium für die Konvergenz von $\mathbf{A}^k$ ist

Satz 4.13:
Gilt für eine quadratische Matrix $\mathbf{A} = (a_{ij})_{i,j=1,\ldots,n}$

i. $0 \le a_{ij} \le 1 \qquad \forall\, i,j,$

ii. $\sum\limits_{i=1}^{n} a_{ij} < 1 \qquad \forall\, j,$

so ist $\lim\limits_{k\to\infty} \mathbf{A}^k = \mathbf{0}$.

< **4.37** > Die Input-Output-Matrix

$$\mathbf{A} = \frac{1}{10}\begin{pmatrix} 3 & 1 & 2 \\ 1 & 2 & 0 \\ 1 & 2 & 6 \end{pmatrix}$$ in Beispiel < 4.30 > genügt offensichtlich den Voraussetzungen des Satzes 4.13. ♦

Als eine Näherung für $(\mathbf{E} - \mathbf{A})^{-1}$ kann bei Vorliegen der Voraussetzungen des Satzes 4.13 eine endliche Summe

$$(\mathbf{E} - \mathbf{A})^{-1} = \mathbf{E} + \mathbf{A} + \mathbf{A}^2 + \cdots + \mathbf{A}^k$$

verwendet werden.

< **4.38** > Um die Inverse der Matrix $(\mathbf{E} - \mathbf{A})$ aus Beispiel < 4.30 > näherungsweise zu berechnen, wollen wir die einfache Summe

$$(\mathbf{E} - \mathbf{A})^{-1} \approx \mathbf{E} + \mathbf{A}^1 + \mathbf{A}^2 + \mathbf{A}^3$$

verwenden. Die so berechnete Näherung

$$(\mathbf{E} - \mathbf{A})^{-1} \approx \frac{1}{10}\begin{pmatrix} 10+3+1{,}2+0{,}63 & 1+0{,}9+0{,}66 & 2+1{,}8+1{,}32 \\ 1+0{,}5+0{,}22 & 10+2+0{,}5+0{,}19 & 0{,}2+0{,}22 \\ 1+1{,}1+0{,}88 & 2+1{,}7+1{,}21 & 10+6+3{,}8+2{,}42 \end{pmatrix}$$

$$= \frac{1}{10}\begin{pmatrix} 14{,}83 & 2{,}56 & 5{,}12 \\ 1{,}72 & 12{,}69 & 0{,}42 \\ 2{,}98 & 4{,}91 & 22{,}22 \end{pmatrix}$$

ist im Vergleich zur exakten Inverse recht ungenau, vgl. Beispiel < 4.36 >. ♦

4.10 Lineare Abbildungen und Matrizen

Allgemein ist eine *Abbildung f von der Menge* A *in die Menge* B definiert als eine Vorschrift f, die jedem Element $a \in$ A eindeutig ein Element $f(a) \in$ B zuordnet. Die Menge A heißt dabei *Definitionsmenge* der Abbildung f und die Menge B nennt man (potentielle) *Nachmenge*. Die Menge $f(\mathrm{A}) = \{f(a) \mid a \in \mathrm{A}\}$ bezeichnet man als *Bildmenge* oder *Wertemenge*; vgl. dazu [ROMMELFANGER 1995, S. 95].

Während in dem Buch "Mathematik I für Wirtschaftswissenschaftler" im wesentlichen nur Abbildungen behandelt werden, deren Wertemengen Teilmengen von **R** sind, betrachten wir nun spezielle Funktionen der Form

$$\begin{aligned} f\colon\ & \mathbf{R}_0^n \mapsto \mathbf{R}_0^m\,, \qquad m, n > 1. \\ & \boldsymbol{x} \;\;\mapsto y = f(\boldsymbol{x})\ . \end{aligned}$$

Um eine Vorstellung über die Anwendbarkeit solcher Funktionen zu erhalten, interpretieren wir $\boldsymbol{x}' = (x_1,\ldots, x_n)$ als Outputtupel und $\boldsymbol{y}' = (y_1,\ldots, y_m)$ als Inputtupel eines Unternehmens in einer gewissen Zeiteinheit. Die Zuordnungsvorschrift f ordnet dann jedem Outputtupel das - bei gegebener Produktionsstruktur - zu seiner Herstellung benötigte Inputtupel zu.

Das Bild $f(\boldsymbol{x})$ ist also ein Vektor

$$f(\boldsymbol{x})' = (f_1(\boldsymbol{x}),\ldots,f_m(\boldsymbol{x}))$$

und sollte deshalb nach unserer Vereinbarung "fett geschrieben" werden als $\boldsymbol{f}(\boldsymbol{x})$.

Hat die Produktionsstruktur dieses Unternehmens die Eigenschaft, daß alle Produktionsgänge unabhängig voneinander (Additivität) und in konstanten Proportionen vor sich gehen, dann sind alle f_j lineare Polynome.

> **Definition 4.20:**
> V und W seien lineare Räume und f sei eine Abbildung von V in W.
>
> f heißt *linear*, wenn gilt
>
> $$\boldsymbol{f}(\boldsymbol{x}_1 + \boldsymbol{x}_2) = \boldsymbol{f}(\boldsymbol{x}_1) + \boldsymbol{f}(\boldsymbol{x}_2) \tag{4.32}$$
> $$\boldsymbol{f}(\lambda \boldsymbol{x}) = \lambda \cdot \boldsymbol{f}(\boldsymbol{x}), \tag{4.33}$$
>
> dabei seien $\boldsymbol{x}_1, \boldsymbol{x}_2, \boldsymbol{x}$ Vektoren in V und $\lambda \in \mathbf{R}$ beliebig.

Bemerkungen:

1. Die beiden Gleichungen in Definition 4.20 lassen sich zusammenfassen zu
$$f(\lambda_1 \boldsymbol{x}_1 + \lambda_2 \boldsymbol{x}_2) = \lambda_1 f(\boldsymbol{x}_1) + \lambda_2 f(\boldsymbol{x}_2); \qquad \lambda_1, \lambda_2 \in \mathbf{R} \tag{4.34}$$
2. Setzt man in (4.33) $\lambda = 0$, so ergibt sich $f(\mathbf{0}) = \mathbf{0}$, d. h. bei einer linearen Abbildung wird der Nullvektor der Definitionsmenge (hier auch *Definitionsraum* genannt) in den Nullvektor der Bildmenge (*Bildraum*) abgebildet.

Für lineare Abbildungen gilt der

Satz 4.14:
Ist $x_1, x_2, \ldots, x_n$ ein System von linear abhängigen Vektoren des Raumes V und ist die Abbildung f: V → W linear, so ist auch das System der Bildvektoren $f(x_1), f(x_2), \ldots, f(x_n)$ linear abhängig.

Beweis:

Nach Voraussetzung gilt $\sum\limits_{i=1} \lambda_i x_i = \mathbf{0}$ mit wenigstens einem $\lambda_i \neq 0$.
Dann ist aber nach der obigen Bemerkung 2 auch $f(\sum\limits_{i=1} \lambda_i x_i) = \mathbf{0}$. Da f nach Voraussetzung linear ist, ist dann aber auch $\sum\limits_{i=1}^{n} \lambda_i f(x_i) = \mathbf{0}$.

Bemerkung:
Linear unabhängige Vektoren des Definitionsraumes werden aber bei einer linearen Abbildung nicht immer in linear unabhängige Vektoren abgebildet. Dies zeigt schon das folgende Gegenbeispiel

$$f\colon x_i \mapsto \mathbf{0} \qquad \text{für alle } x_i \in \mathrm{V},$$

in dem jeder Vektor und damit auch jedes System des Definitionsraumes V in den immer linear abhängigen Nullvektor abgebildet wird.

Definition 4.21:
Die Menge der Vektoren $x \in$ V, die bei der Abbildung f: V → W in den Nullvektor abgebildet werden, bilden einen linearen Unterraum von V. Dieser wird *Kern* von f genannt und mit K(f) symbolisiert:

$$\mathrm{K}(f) = \{x \in \mathrm{V} \mid f(x) = \mathbf{0}\}.$$

Definition 4.22:
Eine lineare Abbildung f: V → W heißt *regulär*, wenn der Kern nur aus dem Nullvektor besteht.

Für reguläre Abbildungen gilt der

Satz 4.15:
Eine reguläre Abbildung f: V → W bildet jedes System von linear unabhängigen Vektoren aus V in ein System von linear unabhängigen Vektoren aus W ab.

Beweis: Sei $x_1, x_2, \ldots, x_n$ ein System linear unabhängiger Vektoren in V, und sei

$$\sum_{i=1}^{n} \lambda_i \cdot f(x_i) = \mathbf{0}.$$

Nach (4.34) gilt dann $f(\sum\limits_{i=1} \lambda_i x_i) = \mathbf{0}$, und da f nach Voraussetzung regulär ist, muß dann gelten $\sum\limits_{i=1}^{n} \lambda_i x_i = \mathbf{0}$, woraus folgt, daß $\lambda_i = 0 \quad \forall \quad i \in \{1, \ldots, n\}$.

Eine reguläre lineare Abbildung ist daher eine injektive Abbildung, die verschiedene Vektoren aus V in verschiedene Vektoren aus W abbildet.

Definition 4.23:
Haben die Vektorräume V und W endliche Dimensionen, dann nennt man die Dimension des Bildraumes $f(\mathrm{V})$ den *Rang* von f und bezeichnet ihn mit $r(f)$.

Da nach Definition der Nachmenge einer Abbildung stets $f(\mathrm{V}) \subseteq \mathrm{W}$ ist, folgt $r(f) \leq \dim \mathrm{W}$, wobei das Gleichheitszeichen nur gilt für $f(\mathrm{V}) = \mathrm{W}$, d. h. wenn f surjektiv ist.

Da andererseits nach Satz 4.14 linear abhängige Vektoren von V in linear abhängige Vektoren von W abgebildet werden, gilt auch immer $r(f) \leq \dim \mathrm{V}$. Wir können daher formulieren:

Satz 4.16:
Der Rang r einer linearen Abbildung f: V → W übersteigt nie die Dimension von V oder W.

Weiterhin gilt der

Satz 4.17:
Seien V und W zwei lineare Räume endlicher Dimension und sei f: V → W eine lineare Abbildung, die gleichzeitig injektiv und surjektiv ist (eine solche Abbildung wird *Isomorphismus* genannt), dann haben V und W die gleiche Dimension.

Beweis: Da f surjektiv ist, gilt $\dim \mathrm{W} = \dim f(\mathrm{V})$ und nach Satz 4.13

$$\dim \mathrm{W} = \dim f(\mathrm{V}) \leq \dim \mathrm{V}.$$

Da f außerdem injektiv ist, existiert die Umkehrabbildung $f^{-1}:\mathrm{W} \to \mathrm{V}$, die ebenfalls bijektiv ist und für die deshalb analog gilt

$$\dim \mathrm{V} = \dim f^{-1}(\mathrm{W}) \leq \dim \mathrm{W}.$$

Nehmen wir nun an, der lineare Vektorraum V habe die Dimension $n \in \mathbf{N}$ und $\{v_1, v_2, \ldots, v_n\}$ sei eine Basis von V. Ein beliebiger Vektor $\boldsymbol{x} \in \mathrm{V}$ kann dargestellt werden als

$$\boldsymbol{x} = x_1 \cdot v_1 + \cdots + x_n \cdot v_n \tag{4.35}$$

Nach (4.34) gilt dann bei einer linearen Abbildung f: V → W für den Bildvektor $f(\boldsymbol{x})$ von $\boldsymbol{x}$:

$$y = f(x) = x_1 \cdot f(v_1) + \cdots + x_n \cdot f(v_n) = \sum_{j=1}^{n} x_j \cdot f(v_j) \tag{4.36}$$

Hat W die Dimension $m \in \mathbf{N}$ und ist $\{\boldsymbol{w}_1,..., \boldsymbol{w}_m\}$ eine Basis von W, so lassen sich die Vektoren $\boldsymbol{y}$ und $f(\boldsymbol{v}_j)$ als Vektoren von W durch die Basisvektoren wie folgt ausdrücken:

$$\boldsymbol{y} = y_1 \cdot \boldsymbol{w}_1 + \cdots + y_m \cdot \boldsymbol{w}_m = \sum_{i=1}^{m} y_i \cdot \boldsymbol{w}_i \qquad \text{und} \tag{4.37}$$

$$f(\boldsymbol{v}_j) = \sum_{i=1}^{m} a_{ij}\boldsymbol{w}_i \, , j \in \{1,..., n\}. \tag{4.38}$$

Aus (4.36) und (4.38) ergibt sich

$$\boldsymbol{y} = \sum_{j=1}^{n} x_j \sum_{i=1}^{m} a_{ij}\boldsymbol{w}_i = \sum_{j=1}^{n} \sum_{i=1}^{m} x_j a_{ij} \boldsymbol{w}_i \tag{4.39}$$

und damit zusammen mit (4.37) und unter Beachtung der Doppelsummenregel für endliche Summen (vgl. [ROMMELFANGER, H.: Mathematik I für Wirtschaftswissenschaftler, 1995, S. 42]).

$$y_i = \sum_{j=1}^{n} a_{ij} x_j \, , \qquad i \in \{1,..., m\}. \tag{4.40}$$

Ordnet man die $n \cdot m$ Zahlen a_{ij} in Form einer Matrix an,

$$\mathbf{A} = (a_{ij}) = \begin{pmatrix} a_{11} & a_{12} & \cdots & a_{1n} \\ a_{21} & a_{22} & \cdots & a_{2n} \\ \vdots & \vdots & & \vdots \\ a_{m1} & a_{m2} & \cdots & a_{mn} \end{pmatrix},$$

dann sind die Koordinaten des Vektors $f(\boldsymbol{v}_j)$ bzgl. der Basis $\{\boldsymbol{w}_1, \boldsymbol{w}_2,..., \boldsymbol{w}_m\}$ die Elemente der j-ten Spalte der Matrix **A**.

Für gegebene feste Basen $\{\boldsymbol{v}_1,..., \boldsymbol{v}_n\}$ von V und $\{\boldsymbol{w}_1,..., \boldsymbol{w}_m\}$ von W entspricht also jeder linearen Abbildung f von V in W eine $(m \times n)$-Matrix **A** derart, daß die Zuordnungsvorschrift f durch den Ausdruck (4.39) gegeben ist, und umgekehrt stellt jede Beziehung (4.39) mit einer $(m \times n)$-Matrix **A** stets eine lineare Abbildung von V in W dar.

Am Ende des 3. Kapitels wurde auf Seite 118 gezeigt, daß die Koordinaten eines Vektors $\boldsymbol{a}' = (a_1, a_2,..., a_n) \in \mathbf{R}^n$ bzgl. der kanonischen Basis mit den Komponenten des Vektors $\boldsymbol{a}$ übereinstimmen. Für lineare Abbildungen f: $\mathbf{R}^n \to \mathbf{R}^m$ empfiehlt sich daher, sowohl im $\mathbf{R}^n$ als auch im $\mathbf{R}^m$ die kanonische Basis zu verwenden.

<4.39> Betrachten wir die lineare Abbildung f: $\mathbf{R}^2 \to \mathbf{R}^2$, die beschrieben wird gemäß (4.40) durch

$$y_1 = x_1 + x_2$$
$$y_2 = x_1 - x_2,$$

d. h. die Abbildungsmatrix ist $\mathbf{A} = \begin{pmatrix} 1 & 1 \\ 1 & -1 \end{pmatrix}$.

Die Bilder der Punkte

$$P_1 = (1, 2), \quad P_2 = (5, 2), \quad P_3 = (1, 5), \quad P_4 = (5, 5)$$

sind $\quad P_1^* = (3, -1), \quad P_2^* = (7, 3), \quad P_3^* = (6, -4), \quad P_4^* = (10, 0).$

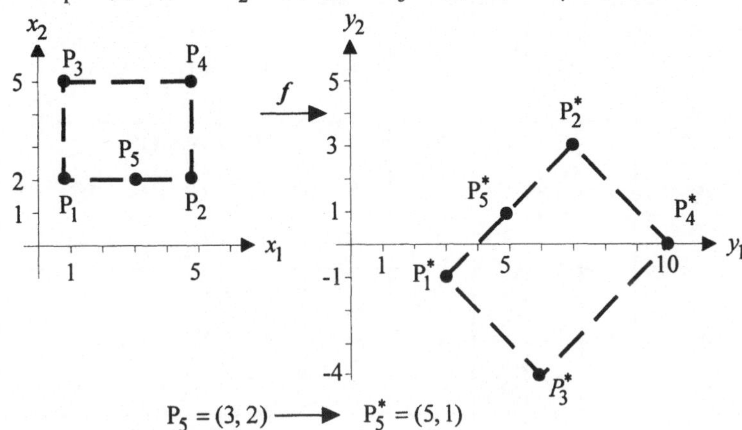

Abb. 4.4: Lineare Abbildung ♦

< 4.40 > Gegeben sei eine lineare Abbildung f: $\mathbf{R}^3 \rightarrow \mathbf{R}^4$ mit

$$f(1, 2, -1) = (1, -1, 5, 2)$$

$$f(1, 1, 2) = (3, 3, 7, 0)$$

$$f(2, 1, 1) = (2, 2, 4, 4) .$$

Um f durch eine Matrix bzgl. der kanonischen Basen des $\mathbf{R}^3$ und des $\mathbf{R}^4$ auszudrücken, soll zunächst die kanonische Basis des $\mathbf{R}^3$ als Linearkombination der Basis

$$\{\boldsymbol{a}_1' = (1, 2, -1), \quad \boldsymbol{a}_2' = (1, 1, 2), \quad \boldsymbol{a}_3' = (2, 1, 1)\}$$

ausgedrückt werden; dabei wird gleichzeitig überprüft, ob das System $\{\boldsymbol{a}_1, \boldsymbol{a}_2, \boldsymbol{a}_3\}$ eine Basis des $\mathbf{R}^3$ bildet.

Tab. 4.8:

Basis-vektoren	a_1	a_2	a_3	e_1	e_2	e_3	
e_1	1	1	2	1	0	0	G_1
e_2	2	1	1	0	1	0	G_2
e_3	-1	2	1	0	0	1	G_3
a_1	1	1	2	1	0	0	$G_1' = G_1$
e_2	0	-1	-3	-2	1	0	$G_2' = G_2 - 2G_1$
e_3	0	3	3	1	0	1	$G_3' = G_3 + G_1$
a_1	1	0	-1	-1	1	0	$G_1'' = G_1' + G_2'$
a_2	0	1	3	2	-1	0	$G_2'' = -G_2'$
e_3	0	0	-6	-5	3	1	$G_3'' = G_3' + 3G_2'$
a_1	1	0	0	$-\frac{1}{6}$	$\frac{1}{2}$	$-\frac{1}{6}$	$G_1''' = G_1'' + G_3'''$
a_2	0	1	0	$-\frac{1}{2}$	$\frac{1}{2}$	$\frac{1}{2}$	$G_2''' = G_2'' + \frac{1}{2} G_3''$
a_3	0	0	1	$\frac{5}{6}$	$-\frac{1}{2}$	$-\frac{1}{6}$	$G_3''' = -\frac{1}{6} G_3''$

Aus dem Tableau 4.8 läßt sich ablesen, daß für die kanonischen Basisvektoren des $\mathbf{R}^3$ gilt:

$$e_1 = -\frac{1}{6}a_1 - \frac{1}{2}a_2 + \frac{5}{6}a_3$$
$$e_2 = \frac{1}{2}a_1 + \frac{1}{2}a_2 - \frac{1}{2}a_3$$
$$e_3 = -\frac{1}{6}a_1 + \frac{1}{2}a_2 - \frac{1}{6}a_3 .$$

Damit ist gleichzeitig gezeigt, daß die Vektoren $\boldsymbol{a}_1$, $\boldsymbol{a}_2$, $\boldsymbol{a}_3$ eine Basis des $\mathbf{R}^3$ bilden, denn das homogene lineare Gleichungssystem $\lambda_1 \cdot \boldsymbol{a}_1 + \lambda_2 \cdot \boldsymbol{a}_2 + \lambda_3 \cdot \boldsymbol{a}_3 = \mathbf{0}$ hat nur die triviale Lösung.

Nach Definition der Abbildungsvorschrift f ist dann

$$f(e_1) = -\tfrac{1}{6}f(a_1) - \tfrac{1}{2}f(a_2) + \tfrac{5}{6}f(a_3)$$

$$= -\frac{1}{6}\begin{pmatrix}1\\-1\\5\\2\end{pmatrix} - \frac{3}{6}\begin{pmatrix}3\\3\\7\\0\end{pmatrix} + \frac{5}{6}\begin{pmatrix}2\\2\\4\\4\end{pmatrix} = \begin{pmatrix}0\\\frac{1}{3}\\-1\\3\end{pmatrix}$$

$$f(e_2) = \frac{1}{2}\begin{pmatrix}1\\-1\\5\\2\end{pmatrix} + \frac{1}{2}\begin{pmatrix}3\\3\\7\\0\end{pmatrix} - \frac{1}{2}\begin{pmatrix}2\\2\\4\\4\end{pmatrix} = \begin{pmatrix}1\\0\\4\\-1\end{pmatrix}$$

$$f(e_3) = -\frac{1}{6}\begin{pmatrix}1\\-1\\5\\2\end{pmatrix} + \frac{3}{6}\begin{pmatrix}3\\3\\7\\0\end{pmatrix} - \frac{1}{6}\begin{pmatrix}2\\2\\4\\4\end{pmatrix} = \begin{pmatrix}1\\\frac{4}{3}\\2\\-1\end{pmatrix}$$

Die Abbildungsmatrix dieser Abbildung f bzgl. der kanonischen Basen beider Räume ist somit gleich

$$\mathbf{A} = \begin{pmatrix}0 & 1 & 1\\ \frac{1}{3} & 0 & \frac{4}{3}\\ -1 & 4 & 2\\ 3 & -1 & -1\end{pmatrix}.$$ ♦

Sei f eine lineare Abbildung von $\mathbf{R}^n$ in $\mathbf{R}^m$ und g eine lineare Abbildung von $\mathbf{R}^m$ in $\mathbf{R}^s$. Beide Abbildungen sind nach Wahl der Basen eindeutig durch Matrizen bestimmt, und zwar f durch eine $m \times n$-Matrix $\mathbf{A} = (a_{ij})$ und g durch eine $s \times m$-Matrix $\mathbf{B} = (b_{ki})$. Wählen wir für die drei linearen Räume jeweils die kanonischen Basen, dann lassen sich die Abbildungen f und g darstellen als

$$y_i = \sum_{j=1}^{n} a_{ij} \cdot x_j\,,\quad i = 1,\ldots,m \qquad \text{für } y = f(x) \in \mathbf{R}^m \tag{4.40}$$

bzw.

$$z_k = \sum_{i=1}^{m} b_{ki} \cdot y_i\,,\quad k = 1,\ldots,s \qquad \text{für } z = g(y) \in \mathbf{R}^s. \tag{4.41}$$

Da die Bildmenge von f eine Teilmenge der Definitionsmenge von g ist, kann man beide Abbildungen miteinander verketten zu einer Abbildung

$$h\colon \mathbf{R}^n \to \mathbf{R}^s \qquad \text{mit} \qquad h = g \circ f$$

die ebenfalls linear ist und daher eindeutig charakterisiert ist durch eine $s \times n$-Matrix $\mathbf{C} = (c_{jk})$.

Ersetzt man in den Gleichungen (4.41) die Variablen y_i durch die Summen gemäß den Gleichungen (4.40), so ergibt sich

$$z_k = \sum_{j=1}^{n} c_{kj} x_j = \sum_{i=1}^{m} b_{ki} \sum_{j=1}^{n} a_{ij} x_j = \sum_{j=1}^{n} \sum_{i=1}^{m} b_{ki} a_{ij} x_j$$

und somit

$$c_{kj} = \sum_{i=1}^{m} b_{ki} a_{ij}, \quad k = 1,\ldots,s; \; j = 1,\ldots,n. \tag{4.42}$$

Die so bestimmte $s \times n$-Matrix $\mathbf{C} = (c_{kj})$ ist, vgl. Seite 132, gerade das Produkt der $s \times m$-Matrix $\mathbf{B} = (b_{ki})$ mit der $m \times n$-Matrix $\mathbf{A} = (a_{ij})$.

4.11 Ähnliche Matrizen, Eigenwerte, Eigenvektoren

Definition 4.24:
Zwei quadratische $n \times n$-Matrizen **A** und **B** heißen *ähnlich*, wenn eine reguläre Matrix **C** existiert, so daß

$$\mathbf{B} = \mathbf{C}^{-1} \cdot \mathbf{A} \cdot \mathbf{C}. \tag{4.43}$$

Von besonderem Interesse ist der Fall, daß zu einer gegebenen Matrix **A** eine ähnliche Diagonalmatrix **D** gefunden werden kann mit

$$\mathbf{D} = \mathbf{C}^{-1} \cdot \mathbf{A} \cdot \mathbf{C}, \tag{4.44}$$

denn für ähnliche Matrizen gilt der

Satz 4.18:
Gilt $\mathbf{B} = \mathbf{C}^{-1} \cdot \mathbf{A} \cdot \mathbf{C}$, dann ist

$$\mathbf{B}^k = \mathbf{C}^{-1} \cdot \mathbf{A}^k \cdot \mathbf{C} \qquad k = 1, 2, \ldots\,. \tag{4.45}$$

Beweis (mittels vollständiger Induktion):
Da für $k = 1$ die Gleichung (4.45) gemäß der Voraussetzung gilt, ist nur noch der Induktionsschluß von m nach $m+1$ zu zeigen. Dabei ist nach Induktionsannahme die Regel (4.45) gültig für $k = 1, 2, \ldots, m$; $\quad m \in \mathbf{N}$:

$$\begin{aligned} \mathbf{B}^{m+1} &= \mathbf{B} \cdot \mathbf{B}^m \\ &= (\mathbf{C}^{-1} \cdot \mathbf{A} \cdot \mathbf{C}) \cdot (\mathbf{C}^{-1} \cdot \mathbf{A}^m \cdot \mathbf{C}) = \mathbf{C}^{-1} \cdot \mathbf{A} \cdot \mathbf{E} \cdot \mathbf{A}^m \cdot \mathbf{C} = \mathbf{C}^{-1} \cdot \mathbf{A}^{m+1} \cdot \mathbf{C}. \end{aligned}$$

Die Potenz einer Diagonalmatrix **D** läßt sich, vgl. Seite 138, sehr einfach bilden.

$$\text{Für } \mathbf{D} = \begin{pmatrix} \lambda_1 & 0 & \cdots & 0 \\ 0 & \lambda_2 & \cdots & 0 \\ \vdots & \vdots & \ddots & \vdots \\ 0 & 0 & \cdots & \lambda_n \end{pmatrix} \quad \text{gilt } \mathbf{D}^m = \begin{pmatrix} \lambda_1^m & 0 & \cdots & 0 \\ 0 & \lambda_2^m & \cdots & 0 \\ \vdots & \vdots & \ddots & \vdots \\ 0 & 0 & \cdots & \lambda_n^m \end{pmatrix}.$$

Multiplizieren wir die Matrizengleichung (4.44) von links mit **C**, so ergibt sich

$$\mathbf{A} \cdot \mathbf{C} = \mathbf{C} \cdot \mathbf{D}\,. \tag{4.46}$$

Bezeichnen wir die j-te Spalte von **C** mit c_j, $j = 1,\ldots, n$, dann läßt sich (4.46) schreiben als

$$\mathbf{A}\cdot(c_1,c_2,\ldots,c_n)=(c_1,c_2,\ldots,c_n)\cdot\begin{pmatrix}\lambda_1 & 0 & \cdots & 0\\ 0 & \lambda_2 & \cdots & 0\\ \vdots & \vdots & & \vdots\\ 0 & 0 & \cdots & \lambda_n\end{pmatrix} \tag{4.47}$$

oder

$$(\mathbf{A}\cdot c_1, \mathbf{A}\cdot c_2,\ldots, \mathbf{A}\cdot c_n)=(\lambda_1 c_1, \lambda_2 c_2,\ldots, \lambda_n c_n)$$

Die Matrizengleichung (4.46) entspricht also den n Gleichungssystemen

$$\mathbf{A}\cdot c_j=\lambda_j c_j, \quad j=1,\ldots,n. \tag{4.48}$$

Nach den Ausführungen im Abschnitt 4.10 läßt sich die Gleichung (4.48) interpretieren als eine lineare Abbildung des $\mathbf{R}^n$ in sich selbst mit der Transformationsmatrix **A**, die den Vektor c_j in das λ_j-fache dieses Vektors abbildet.

<**4.41**> Gegeben sei $\mathbf{A}=\begin{pmatrix}3 & 2\\ 4 & 1\end{pmatrix}$ und $c_1=\begin{pmatrix}1\\ 1\end{pmatrix}$; $c_2=\begin{pmatrix}1\\ -2\end{pmatrix}$.

Es gilt dann

$$\mathbf{A}\cdot c_1=\begin{pmatrix}5\\ 5\end{pmatrix}=5c_1 > \mathbf{A}\cdot c_2=\begin{pmatrix}-1\\ 2\end{pmatrix}=-1c_2.$$

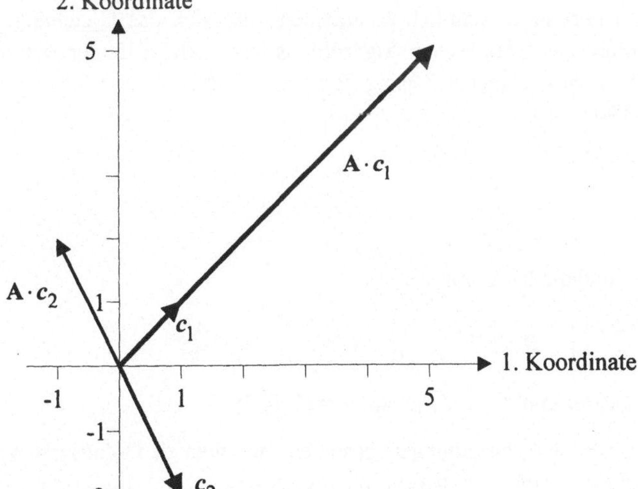

Abb. 4.5: Lineare Abbildung ♦

Aus der Abbildung 4.5 läßt sich ablesen, daß durch die lineare Abbildung f: $\mathbf{R}^2 \rightarrow \mathbf{R}^2$ mit der Abbildungsmatrix **A** die Vektoren c_1 und c_2 so abgebildet werden, daß c_1 und $\mathbf{A}c_1$ bzw. c_2 und $\mathbf{A}c_2$ auf der gleichen Gerade liegen. Vektoren c_j, die mit einer Matrix **A** durch die Gleichung (4.48) verbunden sind, haben einen speziellen Namen und sind in der Matrizentheorie von großer Bedeutung, vgl. z. B. [ZURMÜHL 1964].

Definition 4.25:
Ein beliebiger Vektor $\boldsymbol{x} \neq \mathbf{0}$ heißt *Eigenvektor* der Matrix **A**, wenn es eine Zahl $\lambda \in \mathbf{R}$ so gibt, daß gilt

$$\mathbf{A} \cdot \boldsymbol{x} = \lambda \boldsymbol{x}. \tag{4.49}$$

Die Zahl λ bezeichnet man als *Eigenwert* der Matrix **A**; λ ist der Eigenwert der Matrix **A**, der dem Eigenvektor $\boldsymbol{x}$ entspricht und umgekehrt.

Bemerkung:
Ein Eigenvektor ist nur bis auf ein skalares Vielfaches eindeutig bestimmt, denn es gilt

$$\mathbf{A}(k\boldsymbol{x}) = k(\mathbf{A}\boldsymbol{x}) = \lambda(k\boldsymbol{x}) \quad \text{mit } k \in \mathbf{R} \text{ beliebig.}$$

Wählt man nun ein festes λ, dann muß jeder Vektor $\boldsymbol{x}$, der der Gleichung (4.49) genügt, auch Lösung des homogenen Gleichungssystems

$$(\mathbf{A} - \lambda\mathbf{E})\boldsymbol{x} = \mathbf{0} \quad \text{sein.} \tag{4.50}$$

Da aber neben dem unbekannten Variablenvektor $\boldsymbol{x}$ die Koeffizientenmatrix $\mathbf{A} - \lambda\mathbf{E}$ ebenfalls eine Unbekannte, nämlich λ, aufweist, läßt sich das Gleichungssystem (4.50) nicht mittels des GAUSSschen Algorithmus lösen. Mit Hilfe der Determinantentheorie und einem geeigneten Kunstgriff ist das Problem aber allgemein lösbar, vgl. Seite 188-190.

Aufgaben:

4.1 Gegeben sind die Matrizen

$$\mathbf{A} = \begin{pmatrix} 3 & 2 & 1 \\ 0 & 1 & 0 \end{pmatrix}, \quad \mathbf{B} = \begin{pmatrix} 2 & 1 & 1 \\ -1 & 0 & 0 \end{pmatrix}, \quad \mathbf{C} = \begin{pmatrix} 2 & 1 & 0 \\ -3 & -2 & -5 \end{pmatrix}$$

und die Vektoren $\boldsymbol{a}' = (-5, 4, 1)$ und $\boldsymbol{b}' = (1, 0, 2)$.

a. Welche Ordnungsbeziehungen bestehen zwischen den Matrizen **A**, **B**, **C** und der 2×3-Nullmatrix **0**. (Nur positive Aussagen aufschreiben!)

b. Führen Sie die nachstehenden Rechenoperationen aus, bzw. begründen Sie kurz, warum die Teilaufgabe nicht ausführbar ist.

α. $\boldsymbol{a} \cdot \mathbf{B}$, β. $\mathbf{A} \cdot \boldsymbol{b}$, γ. $\mathbf{B} \cdot \mathbf{C}'$,

δ. $2\boldsymbol{a} + 3\boldsymbol{b}$, ε. $(\boldsymbol{a}, \boldsymbol{b}) + \mathbf{A}'$, ξ. $\boldsymbol{b}' \cdot \mathbf{B}'$.

4.2 In 3 Lagern werden 4 unterschiedliche Erzeugnisse gelagert. Der Lagerbestand zu Beginn des Jahres wurde durch die Matrix $\mathbf{L} = (l_{ij})$ gegeben, wobei l_{ij} angibt, wieviel Einheiten des Erzeugnisses i im Lager j liegen; $i = 1, 2, 3, 4;\ j = 1, 2, 3$.

Es ist geplant, im Laufe des Jahres den Lagern fünfmal die Mengen a_{ij} und dreimal die Mengen b_{ij} zu entnehmen.

(a_{ij} bzw. b_{ij} sind Elemente der Matrix **A** bzw. der Matrix **B**).

a. Welche Beziehung muß zwischen **L**, **A** und **B** bestehen?

b. Überprüfen Sie, ob diese Bedingung verletzt wird, wenn

$$\mathbf{L} = \begin{pmatrix} 400 & 600 & 700 \\ 300 & 200 & 1000 \\ 400 & 300 & 750 \\ 600 & 200 & 800 \end{pmatrix}, \quad \mathbf{A} = \begin{pmatrix} 40 & 80 & 100 \\ 20 & 24 & 80 \\ 60 & 50 & 30 \\ 60 & 40 & 40 \end{pmatrix}, \quad \mathbf{B} = \begin{pmatrix} 60 & 50 & 60 \\ 40 & 25 & 200 \\ 30 & 15 & 200 \\ 100 & 0 & 150 \end{pmatrix}$$

c. Wäre es auch möglich, dreimal die Mengen a_{ij} und fünfmal die Mengen b_{ij} zu entnehmen?

4.3 Bestätigen Sie für die Matrizen

$$\mathbf{A} = \begin{pmatrix} 3 & -1 & 2 \\ 0 & 1 & 0 \\ 2 & 3 & -4 \end{pmatrix}, \quad \mathbf{B} = \begin{pmatrix} -1 & 4 & 7 \\ 2 & 4 & 6 \\ 3 & -4 & 5 \end{pmatrix} \quad \text{und} \quad \mathbf{C} = \begin{pmatrix} -3 & 3 & 0 \\ 5 & 4 & 2 \\ 0 & 1 & -1 \end{pmatrix}$$

die Regeln (4.13) bis (4.16) in Satz 4.4 .

4.4 Welche reellen Zahlen müssen für x und y eingesetzt werden, damit die folgende Gleichung erfüllt ist?

$$\begin{pmatrix} 2 & 1 & 0 \\ 2 & -1 & 1 \\ 0 & 1 & -1 \end{pmatrix} \begin{pmatrix} x & 1 \\ 1 & -1 \\ 2 & y \end{pmatrix} = \begin{pmatrix} 1 & 1 \\ 1 & 3 \\ -1 & -1 \end{pmatrix}.$$

4.5 Betrachten Sie nochmals die Vektoren $\boldsymbol{a}_1$, $\boldsymbol{a}_2$, $\boldsymbol{a}_3$ und $\boldsymbol{b}$ in Aufgabe 3.4 auf Seite 121.

Berechnen Sie den Rang der Matrix $\mathbf{A} = (\boldsymbol{a}_1, \boldsymbol{a}_2, \boldsymbol{a}_3)$ und den Rang der erweiterten Matrix $(\mathbf{A}, \boldsymbol{b})$. Was läßt sich daraus schließen bzgl. der Lösbarkeit des Gleichungssystems $\mathbf{A}\boldsymbol{x} = \boldsymbol{b}$?

4.6 In dem Unternehmen Z.Werk werde durch Einsatz menschlicher Arbeitskraft R_1 aus den beiden Rohstoffen R_2 und R_3

i. die Zwischenprodukte Z_1 und Z_2 ,

ii. die Halbfabrikate H_1, H_2 und H_3 ,

iii. die Fertigprodukte F_1 und F_2

in drei Stufen hergestellt. Die Verflechtung von "Rohstoffen", Zwischenprodukten, Halbfabrikaten und Fertigprodukten ist in der nachfolgenden Abbildung veranschaulicht.

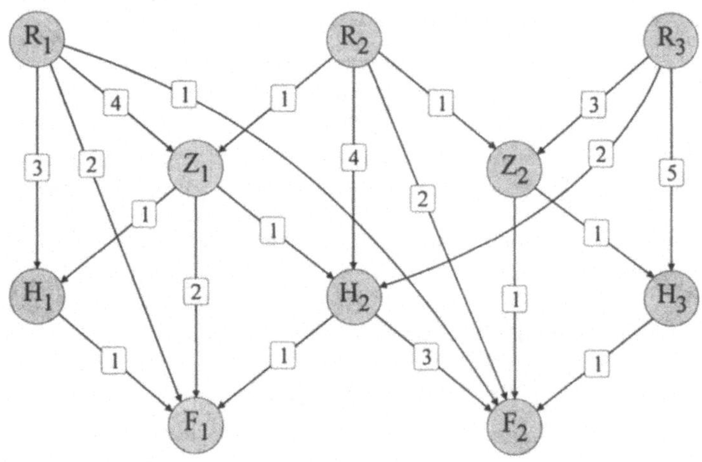

Beschreiben Sie die in diesem Gozintograph enthaltene Information mittels mehrerer Matrizen und berechnen Sie damit den Bedarf an "Rohstoffen" R_1, R_2, R_3, wenn 100 F_1 und 70 F_2 produziert werden.

4.7 Gegeben ist das Gleichungssystem $\mathbf{A}\boldsymbol{x} = \boldsymbol{b}$

$$\text{mit } \mathbf{A} = \begin{pmatrix} 2 & 3 & 2 \\ 3 & 4 & 2 \\ -7 & 2 & 8 \end{pmatrix} \quad \text{und} \quad \boldsymbol{b} = \begin{pmatrix} -0{,}2 \\ 0{,}2 \\ 0{,}4 \end{pmatrix}$$

Berechnen Sie zunächst $\mathbf{A}^{-1}$ und bestimmen Sie damit die Lösung des Gleichungssystems.

4.8 Ein Großunternehmen unterhält drei energieproduzierende Anlagen. Sie liefern Warmwasser, Heißdampf und Strom. Die Anlagen versorgen sich zum Teil gegenseitig, geben aber auch Energie an andere Bedarfsstellen ab. Die Versorgung dieser anderen Stellen tritt in der nachfolgenden Tabelle als Spaltenvektor y auf; die Tabelle enthält auch alle anderen Angaben zur Beschreibung der Leistungsverflechtung.

	W	H	S	y	x = Gesamtoutput
W	15	2	8		30
H	3	12	4		20
S	9	4	20		40

a. Berechnen Sie y.

b. Stellen Sie die Matrix A der relativen Input-Output-Koeffizienten auf.

c. Nehmen Sie an, die Anlage zur Warmwasserbereitung muß über längere Zeit repariert werden. Die Betriebsleitung versucht nun, den Mangel durch eine Produktionsplanung von $x' = (0,30,60)$ auszugleichen. Können nachfragende Produktionsstätten unter diesen Bedingungen versorgt werden?

d. Welche Gesamtproduktion ist zur Nachfragedeckung von $y' = (10,11,5)$ nötig? (Lösung mittels der Inversen von (**E**-**A**) erwünscht!)

4.9 Gegeben sind die Matrizen

$$\mathbf{A} = \begin{pmatrix} 1 & 2 \\ 4 & 2 \end{pmatrix}, \quad \mathbf{B} = \begin{pmatrix} 1 & 2 \\ -4 & -1 \end{pmatrix}, \quad \mathbf{C} = \begin{pmatrix} 3 & -1 \\ 2 & 5 \end{pmatrix}, \quad \mathbf{E} = \begin{pmatrix} 1 & 0 \\ 0 & 1 \end{pmatrix}.$$

Lösen Sie die Matrizengleichung

$$3\mathbf{D} + \mathbf{A}(2\mathbf{D} + \mathbf{C}) = \mathbf{B}(\mathbf{D} + 5\mathbf{E})$$

zunächst allgemein nach **D** auf und errechnen Sie dann numerisch die Elemente der Matrix **D** durch Einsetzen der vorstehend angegebenen Matrizen.

4.10 Die nordhessische Gemeinde Reinhartslust besitzt einen ausgedehnten, wildreichen Wald, der an zwei spezialisierte Jagdpächter zu den folgenden speziellen Bedingungen verpachtet ist:

Herr Samuel Hallali schießt nur Rehe. Die Jagdbeute muß er an die Gemeinde abliefern, erhält aber für den Eigenbedarf - auf jeweils 10 erlegte Rehe - 1 Wildschwein und 2 Rehe.

Frau Elli Glückstreffer erlegt nur Wildschweine. Auch dieses Wildbret ist an die Gemeinde abzuliefern. Ihr stehen aber für den Eigenbedarf 4 Wildschweine und 2 Rehe zu, bezogen auf je 20 abgeschossene Wildschweine.

Diese Verteilung gilt auch bei Abschußzahlen, die nicht durch 10 bzw. 20 teilbar sind. Es werden dann die entsprechenden Anteile als Eigenbedarf zugeteilt.

a. Stellen Sie zunächst dieses Pacht- und Verteilungssystem in Form einer Input-Output-Tabelle dar. Berechnen und interpretieren Sie dann die Matrix der relativen Input-Output-Koeffizienten.

b. Aus Anlaß der 100 Jahr-Feier bestellt die Stadt Frankfurt bei der Gemeinde Reinhartslust 126 Rehe und 63 Wildschweine. Wieviele Tiere müssen Hallali und Glückstreffer erlegen, damit die Gemeinde (allein aus ihrem Anteil) diesen Bedarf decken kann? Lösung mittels der LEONTIEF-Inversen erwünscht!!

4.11 Die Vektoren $a_1' = (1,0,1)$, $a_2' = (2,-1,0)$, $a_3' = (1,1,-1)$, bilden eine Basis des $\mathbf{R}^3$. (Stimmt das? Beweis!).
$f: \mathbf{R}^3 \to \mathbf{R}^4$ sei eine lineare Abbildung mit

$$f(1, 0, 1) = (1, 4, 0, 2),$$
$$f(2, -1, 0) = (-2, 1, 4, -3),$$
$$f(1, 1, -1) = (3, -1, 0, 3).$$

Man beschreibe f durch eine Matrix bzgl. der kanonischen Basen des $\mathbf{R}^3$ und des $\mathbf{R}^4$.

5. Determinanten

Determinanten haben nur selten eine eigenständige ökonomische Bedeutung, ihr Wert liegt vielmehr in der Möglichkeit, mittels der Determinantentheorie auf relativ einfache Weise Eigenschaften von Matrizen festzustellen. Determinanten sind aber nicht nur abstrakte mathematische Gebilde, sie lassen sich auch geometrisch interpretieren, wie die nachfolgenden Ausführungen zeigen.

5.1 Determinantenformeln

Betrachten wir das Parallelogramm in Abbildung 5.1, das von den Vektoren $\boldsymbol{a}_1 = \begin{pmatrix} a_{11} \\ a_{21} \end{pmatrix}$ und $\boldsymbol{a}_2 = \begin{pmatrix} a_{12} \\ a_{22} \end{pmatrix}$ aufgespannt wird.

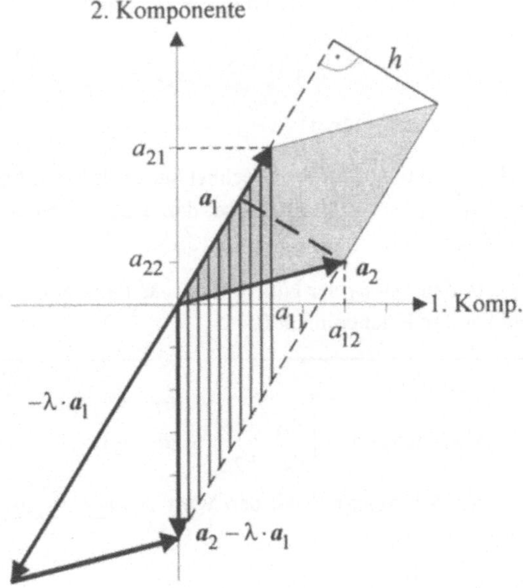

Abb.5.1

Aufgrund einfacher geometrischer Überlegungen erkennt man, daß der Flächeninhalt $F(\boldsymbol{a}_1, \boldsymbol{a}_2)$ dieses Parallelogramms gleich dem Produkt aus Grundlinie und Höhe, und damit nach Abbildung 5.1 gleich

$$F(\boldsymbol{a}_1, \boldsymbol{a}_2) = \|\boldsymbol{a}_1\| \cdot h \qquad \text{ist.}$$

Den gleichen Flächeninhalt weist auch jedes andere Parallelogramm mit dieser Grundlinie $\boldsymbol{a}_1$ und der Höhe h auf, die dann aufgespannt werden von den Vektoren $\boldsymbol{a}_1$ und $\boldsymbol{a}_2 - \lambda \boldsymbol{a}_1$ mit beliebigem $\lambda \in \mathbf{R}$. Es gilt somit

$$\begin{aligned} F(\boldsymbol{a}_1, \boldsymbol{a}_2) &= F(\boldsymbol{a}_1, \boldsymbol{a}_2 - \lambda \boldsymbol{a}_1) \quad \forall \lambda \in \mathbf{R} \\ &= F(\boldsymbol{a}_1 - \mu \boldsymbol{a}_2, \boldsymbol{a}_2) \quad \forall \mu \in \mathbf{R}, \end{aligned}$$

wobei man die 2. Gleichung durch analoge Überlegungen erhält.

Um den gemeinsamen Flächeninhalt all dieser Parallelogramme zu kennen, reicht es aus, den Flächeninhalt eines dieser Parallelogramme zu bestimmen, z. B. den des zweiten Parallelogramms, das in der Abbildung 5.1 eingezeichnet ist.

Da die 1. Komponente von $\boldsymbol{a}_2 - \lambda \boldsymbol{a}_1 = \begin{pmatrix} a_{12} - \lambda a_{11} \\ a_{22} - \lambda a_{21} \end{pmatrix}$ gleich Null ist, muß $\lambda = \frac{a_{12}}{a_{11}}$ sein. Die Länge des Vektors $\boldsymbol{a}_2 - \boldsymbol{a}_1$ ist dann gleich dem Betrag seiner 2. Komponente, d. h. $\quad \|\boldsymbol{a}_2 - \lambda \boldsymbol{a}_1\| = |a_{22} - \frac{a_{12}}{a_{11}} a_{21}|$.

Da die Höhe dieses Parallelogramms gleich a_{11} ist, gilt somit

$$F(\boldsymbol{a}_1, \boldsymbol{a}_2) = F(\boldsymbol{a}_1, \boldsymbol{a}_2 - \lambda \boldsymbol{a}_1) = a_{11} \cdot |a_{22} - \frac{a_{12}}{a_{11}} a_{21}| \qquad \text{oder}$$

$$F(\boldsymbol{a}_1, \boldsymbol{a}_2) = |a_{11}a_{22} - a_{12}a_{21}| \tag{5.1}$$

Der vorstehende Flächeninhalt wurde berechnet unter der Bedingung $a_{11} \neq 0$. Ist $a_{11} = 0$, gilt aber $a_{21} \neq 0$, so wählt man λ so, daß die 2. Komponente des Vektors $\boldsymbol{a}_2 - \lambda \boldsymbol{a}_1$ gleich Null wird und erhält wiederum (5.1).

Ist aber $a_{11} = a_{21} = 0$, dann ist $\boldsymbol{a}_1$ der Nullvektor. Das Parallelogramm entartet dann zur Strecke $\boldsymbol{a}_2$ und hat den Flächeninhalt 0.

Definition 5.1:

Gegeben sei eine 2×2-Matrix $\mathbf{A} = \begin{pmatrix} a_{11} & a_{12} \\ a_{21} & a_{22} \end{pmatrix} = (\boldsymbol{a}_1, \boldsymbol{a}_2)$.

Als *Determinante* von **A** bezeichnen wir den Wert $a_{11}a_{22} - a_{12}a_{21}$ und schreiben symbolisch dafür

$$\det \mathbf{A} = |\mathbf{A}| = \begin{vmatrix} a_{11} & a_{12} \\ a_{21} & a_{22} \end{vmatrix} = a_{11}a_{22} - a_{21}a_{12}.$$

Diese Determinantenformel kann man sich mit dem folgenden Rechenschema merken:

Das Produkt der Glieder auf einem Pfeil von links oben nach rechts unten hat ein positives Vorzeichen, das Produkt der Glieder auf einem Pfeil von links unten nach rechts oben hat ein negatives Vorzeichen.

<5.1> **a.** $\begin{vmatrix} \frac{3}{2} & 3 \\ 2 & 1 \end{vmatrix} = \frac{3}{2} \cdot 1 - 2 \cdot 3 = \frac{3}{2} - 6 = -\frac{9}{2}$

b. $\begin{vmatrix} 0 & 3 \\ 0 & 1 \end{vmatrix} = 0 \cdot 1 - 0 \cdot 3 = 0$ ♦

Die vorstehenden Überlegungen lassen sich auf den dreidimensionalen Fall übertragen, bei dem das Volumen eines Parallelotops zu berechnen ist, das von den 3 Vektoren

$$\boldsymbol{a}_1 = \begin{pmatrix} a_{11} \\ a_{21} \\ a_{31} \end{pmatrix}, \quad \boldsymbol{a}_2 = \begin{pmatrix} a_{12} \\ a_{22} \\ a_{32} \end{pmatrix} \quad \text{und} \quad \boldsymbol{a}_3 = \begin{pmatrix} a_{13} \\ a_{23} \\ a_{33} \end{pmatrix}$$

aufgespannt wird.

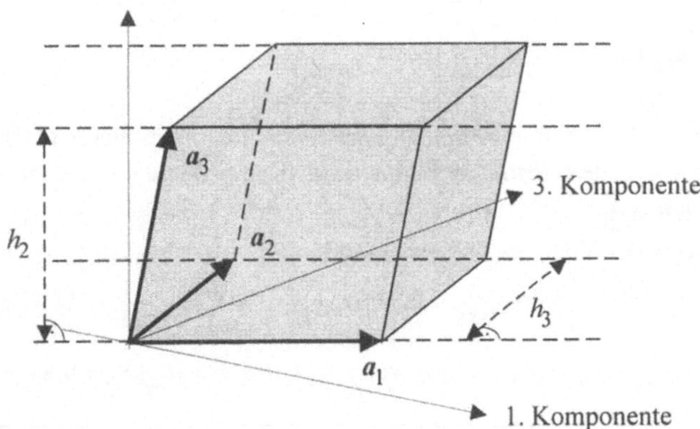

Abb. 5.2:

Aufgrund einfacher geometrischer Überlegungen erkennt man, daß der Rauminhalt $V(\boldsymbol{a}_1, \boldsymbol{a}_2, \boldsymbol{a}_3)$ dieses Parallelotops gleich dem Produkt aus der Grundlinie $\boldsymbol{a}_1$ und den Höhen h_2 und h_3, d. h. gleich

$$V(\boldsymbol{a}_1, \boldsymbol{a}_2, \boldsymbol{a}_3) = \|\boldsymbol{a}_1\| \cdot h_2 \cdot h_3 \quad \text{ist.}$$

Das gleiche Volumen weist auch jedes Parallelotop mit dieser Grundlinie $\boldsymbol{a}_1$ und den Höhen h_2 und h_3 auf, die analog den Überlegungen im zweidimensionalen Fall aufgespannt werden von den Vektoren $\boldsymbol{a}_1$, $\boldsymbol{a}_2 - \lambda\boldsymbol{a}_1$ und $\boldsymbol{a}_3 - \mu\boldsymbol{a}_1$ mit beliebigen $\lambda, \mu \in \mathbf{R}$.

Zur Berechnung des Volumens wählen wir nun λ und μ so, daß die 1. Komponente des Vektors $\boldsymbol{a}_2 - \lambda\boldsymbol{a}_1$ und des Vektors $\boldsymbol{a}_3 - \mu\boldsymbol{a}_1$ gleich Null ist, d. h. daß diese Vektoren in der von der 2. und 3. Koordinatenachse aufgespannten Ebene liegen. Es gilt dann

$$\lambda = \frac{a_{12}}{a_{11}} \quad \text{und} \quad \mu = \frac{a_{13}}{a_{11}},$$

und die Vektoren haben die Gestalt

$$\boldsymbol{a}_2 - \lambda\boldsymbol{a}_1 = \begin{pmatrix} 0 \\ a_{22} - \dfrac{a_{12}a_{21}}{a_{11}} \\ a_{32} - \dfrac{a_{12}a_{31}}{a_{11}} \end{pmatrix} \quad \text{bzw.} \quad \boldsymbol{a}_3 - \mu\boldsymbol{a}_1 = \begin{pmatrix} 0 \\ a_{23} - \dfrac{a_{13}a_{21}}{a_{11}} \\ a_{33} - \dfrac{a_{13}a_{31}}{a_{11}} \end{pmatrix}.$$

Der Flächeninhalt des von diesen beiden Vektoren aufgespannten Parallelogramms ist nach (5.1) gleich dem Betrag von

$$\begin{vmatrix} a_{22} - \dfrac{a_{12}a_{21}}{a_{11}} & a_{23} - \dfrac{a_{13}a_{21}}{a_{11}} \\ a_{32} - \dfrac{a_{12}a_{31}}{a_{11}} & a_{33} - \dfrac{a_{13}a_{31}}{a_{11}} \end{vmatrix}.$$

Um das gesuchte Volumen des Parallelotops zu erhalten, muß dieser Flächeninhalt mit der Höhe $|a_{11}|$, dem absoluten Betrag der 1. Komponente des Vektors $\boldsymbol{a}_1$, multipliziert werden, d. h.

$$\begin{aligned} V(\boldsymbol{a}_1, \boldsymbol{a}_2, \boldsymbol{a}_3) &= V(\boldsymbol{a}_1, \boldsymbol{a}_2 - \lambda\boldsymbol{a}_1, \boldsymbol{a}_3 - \mu\boldsymbol{a}_1) \\ &= |a_{11}| \cdot |(a_{22} - \frac{a_{12}a_{21}}{a_{11}})(a_{33} - \frac{a_{13}a_{31}}{a_{11}}) - (a_{32} - \frac{a_{12}a_{31}}{a_{11}})(a_{23} - \frac{a_{13}a_{21}}{a_{11}})| \\ &= |a_{11}a_{22}a_{33} - a_{12}a_{21}a_{33} - a_{13}a_{22}a_{31} - a_{11}a_{23}a_{32} + a_{12}a_{23}a_{31} + a_{13}a_{21}a_{32}|. \end{aligned}$$

Definition 5.2:

Gegeben sei die 3×3-Matrix $\mathbf{A} = \begin{pmatrix} a_{11} & a_{12} & a_{13} \\ a_{21} & a_{22} & a_{23} \\ a_{31} & a_{32} & a_{33} \end{pmatrix} = (\boldsymbol{a}_1, \boldsymbol{a}_2, \boldsymbol{a}_3)$.

Als *Determinante* von $\mathbf{A}$, symbolisch ausgedrückt mit $|\mathbf{A}|$ oder $\det \mathbf{A}$, bezeichnen wir den Wert

$$\det \mathbf{A} = |\mathbf{A}| = \begin{vmatrix} a_{11} & a_{12} & a_{13} \\ a_{21} & a_{22} & a_{23} \\ a_{31} & a_{32} & a_{33} \end{vmatrix} \tag{5.2}$$
$$= a_{11}a_{22}a_{33} - a_{12}a_{21}a_{33} - a_{13}a_{22}a_{31} - a_{11}a_{23}a_{32} + a_{12}a_{23}a_{31} + a_{13}a_{21}a_{32}\,.$$

Zur Berechnung der Determinante einer 3×3-Matrix kann die *Regel von* SARRUS verwendet werden:

Man hängt an die 3×3-Matrix nochmals die 1. und die 2. Spalte an und rechnet nach dem folgenden Schema:

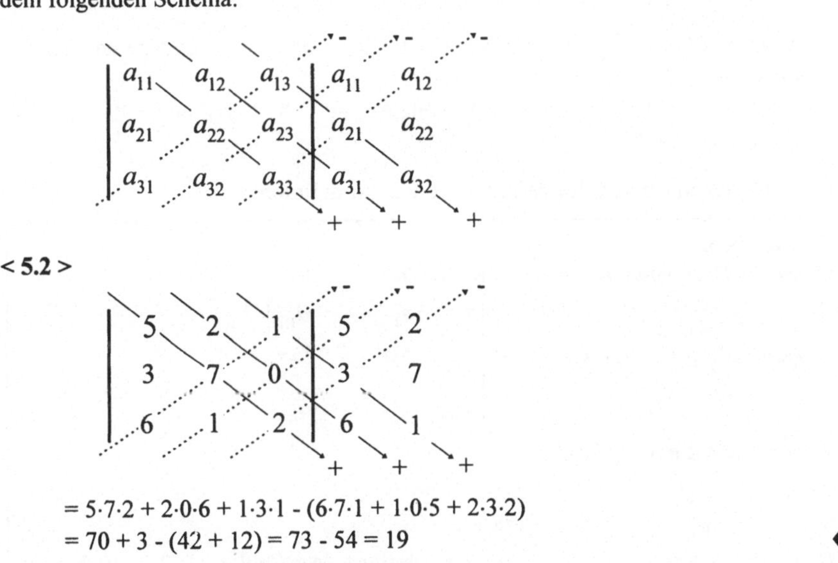

< 5.2 >

$= 5{\cdot}7{\cdot}2 + 2{\cdot}0{\cdot}6 + 1{\cdot}3{\cdot}1 - (6{\cdot}7{\cdot}1 + 1{\cdot}0{\cdot}5 + 2{\cdot}3{\cdot}2)$
$= 70 + 3 - (42 + 12) = 73 - 54 = 19$ ♦

Überprüft man den Aufbau der Determinante einer $n{\times}n$-Matrix, $n = 2, 3$, so kann man folgende Eigenschaften feststellen:

1. Die Determinante einer $n{\times}n$-Matrix ist eine reelle Zahl, die sich berechnen läßt als eine Summe von Produkten, die jeweils aus n Faktoren bestehen.

2. Die n Faktoren eines Produktes stammen jeweils aus n verschiedenen Zeilen **und** n verschiedenen Spalten. Alle möglichen Kombinationen dieser Art werden gebildet. Ohne Berücksichtigung des Vorzeichens kann man ein beliebiges Produkt einer dreiteiligen Determinante $|\mathbf{A}|$ schreiben als $a_{1j_1} \cdot a_{2j_2} \cdot a_{3j_3}$, wobei j_1, j_2, j_3 eine Permutation der Zahlen 1, 2, 3 ist.

Die Anzahl der Summanden ist gleich $n!$, d. h. gleich der Anzahl der Möglichkeiten, n verschiedene Objekte auf einer Linie anzuordnen (*Permutationen*). Für $n = 3$ gibt es $3! = 1 \cdot 2 \cdot 3 = 6$ Permutationen

1, 2, 3	2, 1, 3	3, 1, 2
1, 3, 2	2, 3, 1	3, 2, 1

Eine Permutation heißt *gerade* (bzw. *ungerade*), wenn die Anzahl der paarweisen Vertauschungen (*Inversionen*) in bezug auf die *natürliche Anordnung* 1, 2, 3 gerade (bzw. ungerade) ist.

3. Jedes dieser Produkte wird dann mit einem positiven bzw. negativen Vorzeichen versehen, je nachdem, ob eine gerade bzw. ungerade Permutation vorliegt.

   So erhält $a_{13} \cdot a_{21} \cdot a_{32}$ ein positives Vorzeichen, da 3, 1, 2 eine gerade Permutation von 1, 2, 3 ist.
   $a_{11} \cdot a_{23} \cdot a_{32}$ erhält ein negatives Vorzeichen, da 1, 3, 2 eine ungerade Permutation von 1, 2, 3 ist.

Diese Überlegungen verallgemeinernd wollen wir definieren:

Definition 5.3:
Unter der *Determinante* einer $n \times n$-Matrix $\mathbf{A}$,

symbolisiert mit $$\det \mathbf{A} = |\mathbf{A}| = \begin{vmatrix} a_{11} & a_{12} & \cdots & a_{1n} \\ a_{21} & a_{22} & \cdots & a_{2n} \\ \vdots & \vdots & & \vdots \\ a_{n1} & a_{n2} & \cdots & a_{nn} \end{vmatrix},$$

versteht man die reelle Zahl

$$|\mathbf{A}| = \sum_{\mathrm{P}} (-1)^{\nu} a_{1j_1} a_{2j_2} \cdots a_{nj_n} \,. \tag{5.3}$$

Dabei durchläuft $j_1, j_2, \ldots, j_n$ alle Permutationen der Zahlen $1, 2, \ldots, n$, d. h. es wird über die Menge P dieser Permutationen summiert. ν gibt die Anzahl der Inversionen der jeweiligen Permutation an.

Determinanten von $n \times n$-Matrizen werden als *n-reihige Determinanten* oder als *Determinanten der Ordnung n* bezeichnet.

Bemerkung:
Der Wert einer Determinante der Ordnung $n \geq 4$ kann im allgemeinen nicht mehr direkt aus der Matrix bestimmt werden, wie dies z. B. die Regel von SARRUS für den Fall $n = 3$ ermöglicht. Denn schon für den Fall $n = 4$ ist die Determinante eine Summe aus $4! = 24$ viergliedrigen Produkten.

5.2 Eigenschaften von Determinanten

Die in den Sätzen 5.1 bis 5.5 formulierten Eigenschaften von Determinanten folgen unmittelbar aus der Definition 5.3.

Satz 5.1:
Wird in einer Determinante eine Zeile bzw. eine Spalte mit einer Zahl λ multipliziert, so multipliziert sich die Determinante mit λ.

<5.3>
$$\begin{vmatrix} 3 & 1 & 0 \\ 6 & 12 & 4 \\ 1 & 1 & 2 \end{vmatrix} = \begin{vmatrix} 3 & 1 & 0 \\ 2\cdot 3 & 2\cdot 6 & 2\cdot 2 \\ 1 & 1 & 2 \end{vmatrix} = 2\cdot \begin{vmatrix} 3 & 1 & 0 \\ 3 & 6 & 2 \\ 1 & 1 & 2 \end{vmatrix}$$
$$= \begin{vmatrix} 3 & 1 & 2\cdot 0 \\ 3 & 6 & 2\cdot 2 \\ 1 & 1 & 2\cdot 2 \end{vmatrix} = \begin{vmatrix} 3 & 1 & 0 \\ 3 & 6 & 4 \\ 1 & 1 & 4 \end{vmatrix}.$$
◆

Bemerkung:
Wird eine **Matrix** mit einem Skalar multipliziert, so wird jedes Element der Matrix mit dem Skalar multipliziert. Wird dagegen eine **Determinante** mit einem Skalar multipliziert, so wird nur **eine Zeile** bzw. **eine Spalte** mit dem Skalar multipliziert.

Satz 5.2:
Besteht eine Zeile bzw. Spalte aus lauter Nullen, so hat die Determinante den Wert Null.

Der Satz 5.2 kann interpretiert werden als der Spezialfall des Satzes 5.1 mit λ = 0. Denn aus einer Null-Spalte bzw. Null-Zeile kann stets der gemeinsame Faktor Null ausgeklammert und dann nach Satz 5.1 als multiplikativer Faktor vor die Determinante gesetzt werden. Vergleiche zu Satz 5.2 auch die geometrische Interpretation des Betrages einer Determinante, insbesondere die Ausführungen auf den Seiten 171-174.

<5.4>

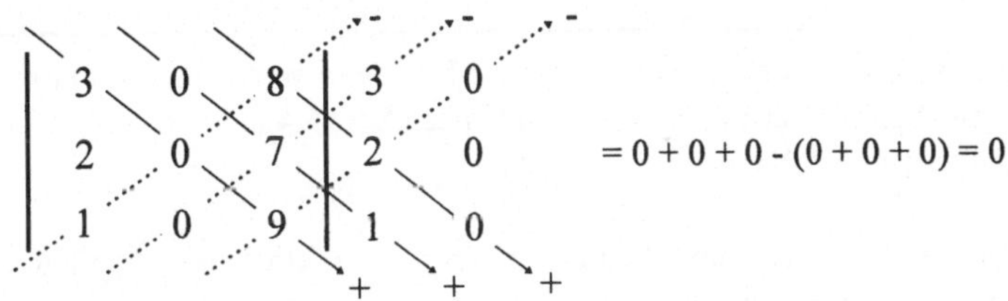

◆

Satz 5.3: (*Transpositionssatz*):
Eine quadratische Matrix **A** und ihre transponierte Matrix **A′** haben die gleiche Determinante

$$|\mathbf{A}'| = |\mathbf{A}| \tag{5.4}$$

Beweisskizze: Aus der Definition 5.3 folgt zunächst, daß beide Determinanten bis auf die Vorzeichen dieselben Summanden aufweisen.

Betrachten wir nun einen beliebigen Summanden
$(-1)^{v} a_{1j_1} \cdot a_{2j_2} \cdots a_{nj_n}$ der Determinante der Matrix $\mathbf{A} = (a_{ij})$.
Diesem entspricht bei der Determinante der Matrix $\mathbf{A}' = (a_{ij})$ der Summand
$(-1)^{w} \hat{a}_{j_1 1} \cdot \hat{a}_{j_2 2} \cdots \hat{a}_{j_n n}$ mit $\hat{a}_{j_i i} = a_{i j_i}$, $i = 1,\ldots,n$.

Ordnet man nun die $a_{j_s s}$ in der natürlichen Reihenfolge bzgl. des ersten Indexes, so weist die Anordnung der 2. Indizes genau v Inversionen auf, d. h. $w = v$.

Z. B. weist das Produkt $a_{13}a_{24}a_{32}a_{41}$ 3 Inversionen auf (3, 4, 2, 1), genau wie
$\hat{a}_{31}\hat{a}_{42}\hat{a}_{23}\hat{a}_{14} = \hat{a}_{14}\hat{a}_{23}\hat{a}_{31}\hat{a}_{42}$ (4, 3, 1, 2).

Im Satz 5.3 kommt die wichtige Eigenschaft zum Ausdruck, daß für Zeilen und Spalten einer Determinante die analogen Aussagen gelten.

Satz 5.4:
Vertauscht man in einer Determinante zwei Zeilen bzw. zwei Spalten, so ändert sich lediglich das Vorzeichen der Determinante.

< 5.5 > Vertauscht man in der Matrix in Beispiel < 5.2 > die 1. mit der 3. Spalte, so hat die Determinante der neuen Matrix den Wert:

$$\begin{vmatrix} 1 & 2 & 5 \\ 0 & 7 & 3 \\ 2 & 1 & 6 \end{vmatrix} \begin{aligned} &= 1\cdot 7\cdot 6 + 2\cdot 3\cdot 2 + 5\cdot 0\cdot 1 - 2\cdot 7\cdot 5 - 1\cdot 3\cdot 1 - 6\cdot 0\cdot 2 \\ &= 42 + 12 + 0 - 70 - 3 = -19\,. \end{aligned}$$

♦

Satz 5.5:
Eine Determinante, in welcher zwei Zeilen bzw. zwei Spalten übereinstimmen, ist Null.

Die Gültigkeit von Satz 5.5 folgt aus Satz 5.4, denn wenn man die zwei gleichen Zeilen bzw. Spalten vertauscht, ändert sich nach Satz 5.4 lediglich das Vorzeichen aus $|\mathbf{A}| = -\,|\mathbf{A}|$ folgt aber $|\mathbf{A}| + |\mathbf{A}| = 0$.

Manchmal erkennt man die Übereinstimmung von Zeilen bzw. Spalten einer Determinante erst nach Ausklammern eines gemeinsamen multiplikativen Faktors in einer oder mehrerer Zeilen und/oder Spalten.

< 5.6 > $\begin{vmatrix} 6 & 0 & 2 \\ 3 & 3 & 1 \\ 6 & 4 & 2 \end{vmatrix} = 3 \cdot \begin{vmatrix} 2 & 0 & 2 \\ 1 & 3 & 1 \\ 2 & 4 & 2 \end{vmatrix} = 3 \cdot 2 \cdot \begin{vmatrix} 1 & 0 & 1 \\ 1 & 3 & 1 \\ 2 & 4 & 2 \end{vmatrix} = 3 \cdot 2 \cdot 2 \cdot \begin{vmatrix} 1 & 0 & 1 \\ 1 & 3 & 1 \\ 1 & 2 & 1 \end{vmatrix} = 0 .$ ♦

Satz 5.6:
Zwei Determinanten, welche sich nur in einer Zeile bzw. nur in einer Spalte unterscheiden, kann man addieren, indem man diese beiden Zeilen bzw. Spalten gliedweise addiert.

Beweisskizze: Unterscheiden sich zwei Determinanten $|\mathbf{A}|$ und $|\hat{\mathbf{A}}|$ ohne Beschränkung der Allgemeinheit nur in der 1. Zeile, so gilt

$$|\mathbf{A}| + |\hat{\mathbf{A}}| = \sum_{P} (-1)^{\nu} a_{1j_1} \cdot a_{2j_2} \cdots a_{nj_n} + \sum_{P} (-1)^{\nu} \hat{a}_{1j_1} \cdot a_{2j_2} \cdots a_{nj_n}$$

$$= \sum_{P} (-1)^{\nu} (a_{1j_1} + \hat{a}_{1j_1}) \cdot a_{2j_1} \cdots a_{nj_n} .$$

Bei der geometrischen Interpretation (des absoluten Betrages) der Determinante einer $n \times n$-Matrix **A** hatten wir gesehen, daß das n-dimensionale Volumen des von den n Spaltenvektoren der Matrix **A** aufgespannten Parallelotops dann und nur dann gleich Null war, wenn das Parallelotop in einem echten Unterraum des n-dimensionalen Vektorraumes lag. Dies ist aber dann und nur dann möglich, wenn wenigstens einer der Spaltenvektoren der Matrix **A** eine Linearkombination der übrigen Spaltenvektoren ist.

Satz 5.7 (*Fundamentalsatz der Determinantentheorie*):
Die Determinante einer $n \times n$-Matrix **A** ist dann und nur dann gleich Null, wenn die Zeilen- bzw. Spaltenvektoren von **A** linear abhängig sind.

Für die Behauptung des Satzes 5.7 in der "$\Leftarrow$"-Richtung wollen wir den Beweis auch analytisch führen: Sei ohne Beschränkung der Allgemeinheit

$$\mathbf{a}_1 = \begin{pmatrix} a_{11} \\ a_{21} \\ a_{31} \end{pmatrix} = \lambda_1 \begin{pmatrix} a_{12} \\ a_{22} \\ a_{32} \end{pmatrix} + \lambda_2 \begin{pmatrix} a_{13} \\ a_{23} \\ a_{33} \end{pmatrix}, \quad \text{so gilt}$$

$$\begin{vmatrix} a_{11} & a_{12} & a_{13} \\ a_{21} & a_{22} & a_{23} \\ a_{31} & a_{32} & a_{33} \end{vmatrix} = \begin{vmatrix} \lambda_1 \cdot a_{12} + \lambda_2 \cdot a_{13} & a_{12} & a_{13} \\ \lambda_1 \cdot a_{22} + \lambda_2 \cdot a_{23} & a_{22} & a_{23} \\ \lambda_1 \cdot a_{32} + \lambda_2 \cdot a_{33} & a_{32} & a_{33} \end{vmatrix}$$

$$\overset{\text{Satz 5.6}}{=} \begin{vmatrix} \lambda_1 a_{12} & a_{12} & a_{13} \\ \lambda_1 a_{22} & a_{22} & a_{23} \\ \lambda_1 a_{32} & a_{32} & a_{33} \end{vmatrix} + \begin{vmatrix} \lambda_2 a_{13} & a_{12} & a_{13} \\ \lambda_2 a_{23} & a_{22} & a_{23} \\ \lambda_2 a_{33} & a_{32} & a_{33} \end{vmatrix}$$

$$\overset{\text{Satz 5.1}}{=} \quad \lambda_1 \cdot \begin{vmatrix} a_{12} & a_{12} & a_{13} \\ a_{22} & a_{22} & a_{23} \\ a_{32} & a_{32} & a_{33} \end{vmatrix} + \lambda_2 \cdot \begin{vmatrix} a_{13} & a_{12} & a_{13} \\ a_{23} & a_{22} & a_{23} \\ a_{33} & a_{32} & a_{33} \end{vmatrix}$$

$$\overset{\text{Satz 5.5}}{=} \quad \lambda_1 \cdot 0 + \lambda_2 \cdot 0 = 0$$

< **5.7** > In Beispiel < 3.8 > hatten wir festgestellt, daß die Vektoren $\boldsymbol{a}_1' = (1,-3,2)$, $\boldsymbol{a}_2' = (2,-4,-1)$ und $\boldsymbol{a}_3' = (1,-5,7)$ linear abhängig sind. Dies wird auch durch die Berechnung der Determinante bestätigt:

$$\begin{vmatrix} 1 & 2 & 1 \\ -3 & -4 & -5 \\ 2 & -1 & 7 \end{vmatrix} = -28 - 20 + 3 + 8 - 5 + 42 = 0.$$ ♦

Weiterhin hatten wir bei der geometrischen Einführung der Determinanten festgestellt, daß eine Determinante ihren Wert nicht ändert, wenn einer der Vektoren, die das Parallelotop aufspannen, durch einen neuen Vektor ersetzt wird, der sich aus diesem und dem beliebigen Vielfachen eines der anderen Vektoren ergibt.

Satz 5.8:
Addiert man zu einer Spalte bzw. zu einer Zeile ein Vielfaches einer anderen Spalte bzw. Zeile, so ändert die Determinante ihren Wert nicht.

Auch diesen Satz wollen wir noch analytisch beweisen:
Addieren wir ohne Beschränkung der Allgemeinheit das λ-fache der 2. Zeile zur 1. Zeile einer beliebigen $n \times n$-Matrix $\mathbf{A} = (a_{ij})$, so gilt für die Determinante der neuen Matrix

$$\begin{vmatrix} a_{11} + \lambda a_{21} & a_{12} + \lambda a_{22} & \cdots & a_{1n} + \lambda a_{2n} \\ a_{21} & a_{22} & \cdots & a_{2n} \\ \vdots & \vdots & & \\ a_{n1} & a_{n2} & \cdots & a_{nn} \end{vmatrix}$$

$$\overset{\text{Satz 5.6}}{=} \begin{vmatrix} a_{11} & a_{12} & \cdots & a_{1n} \\ a_{21} & a_{22} & \cdots & a_{2n} \\ \vdots & \vdots & & \vdots \\ a_{n1} & a_{n2} & \cdots & a_{nn} \end{vmatrix} + \lambda \cdot \underbrace{\begin{vmatrix} a_{21} & a_{22} & \cdots & a_{2n} \\ a_{21} & a_{22} & \cdots & a_{2n} \\ \vdots & \vdots & & \vdots \\ a_{n1} & a_{n2} & \cdots & a_{nn} \end{vmatrix}}_{=0 \text{ nach Satz 5.5}} = |\mathbf{A}|.$$

Der Satz 5.8 liefert uns das "Handwerkszeug", eine gegebene Determinante in eine *Dreiecksdeterminante* (Determinante einer Dreiecksmatrix) umzuformen, die denselben Wert aufweist. Für Dreiecksdeterminanten gilt aber der

Satz 5.9:
Die Determinante einer Dreiecksmatrix ist gleich dem Produkt der Elemente in der Hauptdiagonalen.

Die Gültigkeit des Satzes 5.9 folgt unmittelbar aus der Definition der Determinante, denn bei einer Dreiecksdeterminante ist das Produkt der Hauptdiagonalelemente der einzige Summand, in dem keine Null vorkommt.

< 5.8 >

a. $$\begin{vmatrix} 1 & -1 & 2 \\ 0 & 3 & 5 \\ 0 & 0 & -1 \end{vmatrix} = 1\cdot 3\cdot(-1) + (-1)\cdot 5\cdot 0 + 2\cdot 0\cdot 0 - 0\cdot 3\cdot 2 - 0\cdot 5\cdot 1 - (-1)\cdot 0\cdot(-1) = -3$$

b. $$\begin{vmatrix} 1 & 3 & 4 & 7 \\ 0 & 1 & 3 & 5 \\ 1 & 2 & -2 & 1 \\ 2 & 5 & 1 & 0 \end{vmatrix} = \begin{vmatrix} 1 & 3 & 4 & 7 \\ 0 & 1 & 3 & 5 \\ 0 & -1 & -6 & -6 \\ 0 & -1 & -7 & -14 \end{vmatrix} = \begin{vmatrix} 1 & 3 & 4 & 7 \\ 0 & 1 & 3 & 5 \\ 0 & 0 & -3 & -1 \\ 0 & 0 & -4 & -9 \end{vmatrix}$$

$$= -\begin{vmatrix} 1 & 3 & 7 & 4 \\ 0 & 1 & 5 & 3 \\ 0 & 0 & -1 & -3 \\ 0 & 0 & -9 & -4 \end{vmatrix} = -\begin{vmatrix} 1 & 3 & 7 & 4 \\ 0 & 1 & 5 & 3 \\ 0 & 0 & -1 & -3 \\ 0 & 0 & 0 & 23 \end{vmatrix} = -1\cdot 1\cdot(-1)\cdot 23 = 23$$

Vertauschen von 3. mit 4. Spalte

◆

5.3 Der Entwicklungssatz von LAPLACE

Ein anderer Weg zur Berechnung von Determinanten höherer Ordnung besteht darin, diese schrittweise in Determinanten niedrigerer Ordnung zu überführen.

Definition 5.4:
Streicht man in einer Determinante n-ter Ordnung $|\mathbf{A}|$ die i-te Zeile und die j-te Spalte, so erhält man eine Determinante (n-1)-ter Ordnung. Man nennt diese Determinante die *Unterdeterminante* oder auch den *Minor* des Elementes a_{ij} und bezeichnet sie mit $|\mathbf{A}_{ij}|$.

< 5.9 > Für die Determinante $|\mathbf{A}| = \begin{vmatrix} 3 & 0 & -1 & 2 \\ 1 & 1 & 0 & 0 \\ 2 & -2 & 3 & -1 \\ 1 & 3 & 0 & -2 \end{vmatrix}$

gilt z. B. $|\mathbf{A}_{32}| = \begin{vmatrix} 3 & -1 & 2 \\ 1 & 0 & 0 \\ 1 & 0 & -2 \end{vmatrix}, \quad |\mathbf{A}_{24}| = \begin{vmatrix} 3 & 0 & -1 \\ 2 & -2 & 3 \\ 1 & 3 & 0 \end{vmatrix}.$ ♦

Betrachten wir nun eine Matrix der Gestalt

$$\mathbf{A} = \begin{pmatrix} a_{11} & 0 & \cdots & 0 \\ 0 & a_{22} & \cdots & a_{2n} \\ \vdots & \vdots & & \vdots \\ 0 & a_{n2} & \cdots & a_{nn} \end{pmatrix}.$$

Die Determinante von **A** hat den Wert

$$|\mathbf{A}| = a_{11} \cdot |\mathbf{A}_{11}|, \tag{5.5}$$

denn die Summe auf der rechten Seite besteht offensichtlich gerade aus den Summanden der Determinante $|\mathbf{A}|$, die als Element der 1. Zeile die Größe a_{11} aufweisen (vgl. dazu die Definitionsgleichung (5.3) auf Seite 176). Auch geometrisch läßt sich die Gleichung (5.5) leicht einsehen, denn das von den Spaltenvektoren $\boldsymbol{a}_2,..., \boldsymbol{a}_n$ aufgespannte Parallelotop liegt in dem von den Vektoren $\boldsymbol{e}_2,..., \boldsymbol{e}_n$ aufgespannten Unterraum, und der Vektor $\boldsymbol{a}_1$ mit der Länge $|a_{11}|$ steht senkrecht auf diesem Unterraum.

Weiterhin ergibt sich durch mehrmalige Anwendung des Satzes 5.8 auch für die nachfolgenden Determinanten

$$\begin{vmatrix} a_{11} & 0 & \cdots & 0 \\ a_{21} & a_{22} & \cdots & a_{2n} \\ \vdots & \vdots & & \vdots \\ a_{n1} & a_{n2} & \cdots & a_{nn} \end{vmatrix} \quad \left(\text{bzw.} \begin{vmatrix} a_{11} & a_{12} & \cdots & a_{1n} \\ 0 & a_{22} & \cdots & a_{2n} \\ \vdots & \vdots & & \vdots \\ 0 & a_{n2} & \cdots & a_{nn} \end{vmatrix}\right)$$

$$= \begin{vmatrix} a_{11} & 0 & \cdots & 0 \\ 0 & a_{22} & \cdots & a_{2n} \\ \vdots & \vdots & & \vdots \\ 0 & a_{n2} & \cdots & a_{nn} \end{vmatrix} = a_{11} \cdot |\mathbf{A}_{11}|.$$

Betrachten wir nun die Determinante einer Matrix $\mathbf{A} = (a_{ij})$, bei der für ein beliebiges Element $a_{ij} \neq 0$ alle übrigen Komponenten der i-ten Zeile (oder der j-ten Spalte) gleich Null sind, so kann man zunächst durch mehrmalige Anwendung des Satzes 5.8 erreichen, daß bis auf a_{ij} **alle** Komponenten der i-ten Zeile **und** der j-ten Spalte gleich Null sind.

Anschließend kann man durch paarweise Vertauschung
der k-ten mit der $(k$-1)-ten Zeile für $k = i, i$-1,..., 2 und
der h-ten mit der $(h$-1)-ten Spalte für $h = j, j$-1,..., 2

das Element a_{ij} an die Stelle (1, 1) der Matrix wandern lassen, und es gilt dann nach (5.5) und gemäß Satz 5.4

$$|\mathbf{A}| = (-1)^{(i-1)+(j-1)}\, a_{ij} \cdot |\mathbf{A}_{ij}| = (-1)^{i+j}\, a_{ij} \cdot |\mathbf{A}_{ij}| \qquad (5.6)$$

< 5.10 >

$$\begin{vmatrix} 1 & -3 & 0 \\ 2 & 4 & 5 \\ 2 & -1 & 0 \end{vmatrix} \overset{\text{Satz 5.8}}{=} \begin{vmatrix} 1 & -3 & 0 \\ 0 & 0 & 5 \\ 2 & -1 & 0 \end{vmatrix} \underset{\uparrow}{=} - \begin{vmatrix} 1 & 0 & -3 \\ 0 & 5 & 0 \\ 2 & 0 & -1 \end{vmatrix}$$

2. mit 3. Spalte vertauschen

$$\underset{\uparrow}{=} (-1)^2 \begin{vmatrix} 0 & 1 & -3 \\ 5 & 0 & 0 \\ 0 & 2 & -1 \end{vmatrix} \underset{\uparrow}{=} (-1)^{1+2} \begin{vmatrix} 5 & 0 & 0 \\ 0 & 1 & -3 \\ 0 & 2 & -1 \end{vmatrix}$$

1. mit 2. Spalte vertauschen 1. mit 2. Zeile vertauschen

$$\overset{5.5}{=} (-1)^3 \cdot 5 \begin{vmatrix} 1 & -3 \\ 2 & -1 \end{vmatrix} = -5 \cdot (-1 + 6) = -25.$$ ♦

Definition 5.5:
Multipliziert man die Unterdeterminante $|\mathbf{A}_{ij}|$ mit $(-1)^{i+j}$ so erhält man die *Adjunkte* oder den *Kofaktor des Elements* a_{ij} *der Matrix* $\mathbf{A} = (a_{ij})$, die symbolisiert wird mit A_{ij}, d. h.

$$A_{ij} = (-1)^{i+j} \cdot |\mathbf{A}_{ij}| \,.$$

Mit Hilfe des Satzes 5.5 läßt sich jede Determinante der Ordnung n darstellen als eine Summe von n Determinanten, die in einer beliebig wählbaren Zeile oder Spalte höchstens ein von Null verschiedenes Element aufweisen.

< 5.11 > "Entwickelt" man die in Beispiel < 5.2 > gegebene Determinante nach der 3. Spalte, so gilt:

$$|\mathbf{B}| = \begin{vmatrix} 5 & 2 & 1 \\ 3 & 7 & 0 \\ 6 & 1 & 2 \end{vmatrix} = \begin{vmatrix} 5 & 2 & 1 \\ 3 & 7 & 0 \\ 6 & 1 & 0 \end{vmatrix} + \begin{vmatrix} 5 & 2 & 0 \\ 3 & 7 & 0 \\ 6 & 1 & 0 \end{vmatrix} + \begin{vmatrix} 5 & 2 & 0 \\ 3 & 7 & 0 \\ 6 & 1 & 2 \end{vmatrix}$$

Weiterhin ist nach (5.6)

$$|\mathbf{B}| = (-1)^{1+3} \cdot 1 \cdot \begin{vmatrix} 3 & 7 \\ 6 & 1 \end{vmatrix} + 0 + (-1)^{3+3} \cdot 2 \cdot \begin{vmatrix} 5 & 2 \\ 3 & 7 \end{vmatrix}$$

$$= (3 - 42) + 2 \cdot (35 - 6) = -39 + 58 = 19 \,.$$ ♦

Allgemein gilt der

Satz 5.10: (LAPLACE*scher Entwicklungssatz*):
Multipliziert man jedes Element a_{ij} einer beliebigen Zeile bzw. Spalte einer Determinante n-ter Ordnung $|\mathbf{A}| = |(a_{ij})|$ mit seiner zugehörigen Adjunkten A_{ij}, so ergibt die Summe dieser n Produkte den Wert der Determinante. Man spricht dann von der *Entwicklung der Determinante nach der i-ten Zeile*

$$|\mathbf{A}| = \sum_{j=1}^{n} a_{ij} \cdot \mathbf{A}_{ij} = \sum_{j=1}^{n} a_{ij} \cdot (-1)^{i+j} \cdot |\mathbf{A}_{ij}| \qquad (5.7)$$

bzw. von der *Entwicklung der Determinante nach der j-ten Spalte*

$$|\mathbf{A}| = \sum_{i=1}^{n} a_{ij} \cdot \mathbf{A}_{ij} = \sum_{i=1}^{n} a_{ij} \cdot (-1)^{i+j} \cdot |\mathbf{A}_{ij}|. \qquad (5.8)$$

< 5.12 >

$$|\mathbf{A}| = \begin{vmatrix} 1 & -1 & 0 & 5 \\ 2 & 1 & 2 & 3 \\ 0 & 5 & 2 & 0 \\ 3 & 0 & 1 & -1 \end{vmatrix} \underset{\uparrow}{=} 5 \cdot (-1)^{3+2} \begin{vmatrix} 1 & 0 & 5 \\ 2 & 2 & 3 \\ 3 & 1 & -1 \end{vmatrix} + 2 \cdot (-1)^{3+3} \begin{vmatrix} 1 & -1 & 5 \\ 2 & 1 & 3 \\ 3 & 0 & -1 \end{vmatrix}$$

Entwicklung nach der 3. Zeile

$$= -5(-2 + 10 - 30 - 3) + 2(-1 - 9 - 15 - 2) = 125 - 54 = 71$$ ♦

5.4 Die CRAMERsche Regel

Zur Vereinfachung des Schreibaufwandes und zur besseren Übersicht wollen wir die CRAMERsche Regel für den Fall $n = 3$ herleiten, sie gilt aber analog für lineare Gleichungssysteme beliebiger Größe.

Betrachten wir das Gleichungssystem

$$\begin{aligned} a_{11}x_1 + a_{12}x_2 + a_{13}x_3 &= b_1 \\ a_{21}x_1 + a_{22}x_2 + a_{23}x_3 &= b_2 \\ a_{31}x_1 + a_{32}x_2 + a_{33}x_3 &= b_3 \end{aligned}$$

mit $|\mathbf{A}| \neq 0$, $\mathbf{A} = (a_{ij})_{i,j=1,2,3}$

Mit $\mathbf{A}_i$ bezeichnen wir dann eine Matrix, die wir erhalten, wenn wir in der Matrix **A** die i-te Spalte durch den Spaltenvektor $\boldsymbol{b}$ ersetzen.

Es gilt dann für $\mathbf{A}_1$

$$|\mathbf{A}_1| = \begin{vmatrix} b_1 & a_{12} & a_{13} \\ b_2 & a_{22} & a_{23} \\ b_3 & a_{32} & a_{33} \end{vmatrix} = \begin{vmatrix} a_{11}x_1 + a_{12}x_2 + a_{13}x_3 & a_{12} & a_{13} \\ a_{21}x_1 + a_{22}x_2 + a_{23}x_3 & a_{22} & a_{23} \\ a_{31}x_1 + a_{32}x_2 + a_{33}x_3 & a_{32} & a_{33} \end{vmatrix}$$

die b_i werden durch die entsprechenden linken Seiten des Gleichungssystems ersetzt

$$= \begin{vmatrix} a_{11}x_1 & a_{12} & a_{13} \\ a_{21}x_1 & a_{22} & a_{23} \\ a_{31}x_1 & a_{32} & a_{33} \end{vmatrix} = x_1 \cdot \begin{vmatrix} a_{11} & a_{12} & a_{13} \\ a_{21} & a_{22} & a_{23} \\ a_{31} & a_{32} & a_{33} \end{vmatrix} = x_1 \cdot |\mathbf{A}|$$

das x_2 - fache der 2. Spalte und
das x_3 - fache der 3. Spalte
} werden von der 1. Spalte subtrahiert

Durch analogen Rechengang erhält man

$$|\mathbf{A}_2| = x_2 \cdot |\mathbf{A}| \quad \text{und} \qquad |\mathbf{A}_3| = x_3 \cdot |\mathbf{A}| \; .$$

Es gilt somit

Satz 5.11 (CRAMER*sche Regel*):
Ein lineares Gleichungssystem $\mathbf{A} \cdot \boldsymbol{x} = \boldsymbol{b}$ mit regulärer $n{\times}n$-Matrix $\mathbf{A} = (\boldsymbol{a}_1, \ldots, \boldsymbol{a}_n)$ hat die eindeutige Lösung $(x_1, \ldots, x_n)$ mit

$$x_i = \frac{1}{|\mathbf{A}|} \cdot \left| \boldsymbol{a}_1, \ldots, \boldsymbol{a}_{i-1}, \boldsymbol{b}, \boldsymbol{a}_{i+1}, \ldots, \boldsymbol{a}_n \right| \tag{5.9}$$

< **5.13** > Für das Gleichungssystem

$$\begin{array}{rcrcrcr} 3x_1 & + & x_2 & - & 2x_3 & = & -3 \\ 2x_1 & - & x_2 & + & 3x_3 & = & -1 \\ 5x_1 & + & 4x_2 & - & x_3 & = & 2 \end{array}$$

gilt:

$$|\mathbf{A}| = \begin{vmatrix} 3 & 1 & -2 \\ 2 & -1 & 3 \\ 5 & 4 & -1 \end{vmatrix} = 3 + 15 - 16 - 10 - 36 + 2 = 20 - 62 = -42\,;$$

$$|\mathbf{A}_1| = \begin{vmatrix} -3 & 1 & -2 \\ -1 & -1 & 3 \\ 2 & 4 & -1 \end{vmatrix} = -3 + 6 + 8 - 4 + 36 - 1 = 50 - 8 = 42\,,$$

$$\text{d.h.} \quad x_1 = \frac{|\mathbf{A}_1|}{|\mathbf{A}|} = \frac{42}{-42} = -1\,;$$

$$|\mathbf{A}_2| = \begin{vmatrix} 3 & -3 & -2 \\ 2 & -1 & 3 \\ 5 & 2 & -1 \end{vmatrix} = 3 - 45 - 8 - 10 - 18 - 6 = -84\,,$$

d.h. $x_2 = \frac{|\mathbf{A}_2|}{|\mathbf{A}|} = \frac{-84}{-42} = 2$;

$$|\mathbf{A}_3| = \begin{vmatrix} 3 & 1 & -3 \\ 2 & -1 & -1 \\ 5 & 4 & 2 \end{vmatrix} = -6-5-24-15+12-4 = -42,$$

d.h. $x_3 = \frac{|\mathbf{A}_3|}{|\mathbf{A}|} = \frac{-42}{-42} = 1$.

Die gesuchte Lösung ist damit $(x_1, x_2, x_3) = (-1, 2, 1)$. ♦

Bemerkung:

1. Da die CRAMERsche Regel nur für Gleichungssysteme $\mathbf{A}\boldsymbol{x} = \boldsymbol{b}$ mit einer regulären und damit auch quadratischen Koeffizientenmatrix anwendbar ist, empfiehlt es sich, zunächst die Determinante $|\mathbf{A}|$ zu berechnen.
2. Da die Berechnung von Determinanten höherer als 3. Ordnung i. allg. recht aufwendig ist, lohnt sich die Verwendung der CRAMERschen Regel zumeist nur für Gleichungssysteme mit einer 3×3-Matrix **A**. In den übrigen Fällen ist es i. allg. günstiger, den GAUSSschen Algorithmus zu benutzen.

5.5 Bestimmung der Inversen einer Matrix

Neben der auf den Seiten 150-156 dargestellten Methode zur Bestimmung der Inversen einer Matrix mittels des GAUSSschen Algorithmus kann die Inverse auch mit Hilfe von Determinanten bestimmt werden.

Definition 5.6:
Die Adjunkten (Kofaktoren) A_{ij} aller Elemente a_{ij} einer $n \times n$-Matrix **A** lassen sich zu einer $n \times n$ -Matrix zusammensetzen. Die **Transponierte** der so gebildeten Matrix

$$\mathbf{A}_{ad} = \begin{pmatrix} \mathrm{A}_{11} & \mathrm{A}_{12} & \cdots & \mathrm{A}_{1n} \\ \mathrm{A}_{21} & \mathrm{A}_{22} & \cdots & \mathrm{A}_{2n} \\ \vdots & \vdots & & \vdots \\ \mathrm{A}_{n1} & \mathrm{A}_{n2} & \cdots & \mathrm{A}_{nn} \end{pmatrix} = ((-1)^{i+j}|\mathbf{A}_{ij}|)^T$$

wird als *Adjungierte zur Matrix* **A** bezeichnet.

< **5.14** > Die Adjungierte zur Matrix $\mathbf{A} = \begin{pmatrix} 1 & 2 & 1 \\ 0 & -1 & 1 \\ 1 & 0 & -1 \end{pmatrix}$ aus Beispiel < 4.34 >

$$\text{ist } \mathbf{A}_{ad} = \begin{pmatrix} \begin{vmatrix} -1 & 1 \\ 0 & -1 \end{vmatrix} & -\begin{vmatrix} 0 & 1 \\ 1 & -1 \end{vmatrix} & \begin{vmatrix} 0 & -1 \\ 1 & 0 \end{vmatrix} \\ -\begin{vmatrix} 2 & 1 \\ 0 & -1 \end{vmatrix} & \begin{vmatrix} 1 & 1 \\ 1 & -1 \end{vmatrix} & -\begin{vmatrix} 1 & 2 \\ 1 & 0 \end{vmatrix} \\ \begin{vmatrix} 2 & 1 \\ -1 & 1 \end{vmatrix} & -\begin{vmatrix} 1 & 1 \\ 0 & 1 \end{vmatrix} & \begin{vmatrix} 1 & 2 \\ 0 & -1 \end{vmatrix} \end{pmatrix} = \begin{pmatrix} 1 & 2 & 3 \\ 1 & -2 & -1 \\ 1 & 2 & -1 \end{pmatrix}.$$ ♦

Betrachten wir nun das Matrizenprodukt

$$\mathbf{C} = \mathbf{A} \cdot \mathbf{A}_{ad} = \begin{pmatrix} a_{11} & a_{12} & \cdots & a_{1n} \\ a_{21} & a_{22} & \cdots & a_{2n} \\ \vdots & \vdots & & \vdots \\ a_{n1} & a_{n2} & \cdots & a_{nn} \end{pmatrix} \cdot \begin{pmatrix} \mathrm{A}_{11} & \mathrm{A}_{12} & \cdots & \mathrm{A}_{1n} \\ \mathrm{A}_{21} & \mathrm{A}_{22} & \cdots & \mathrm{A}_{2n} \\ \vdots & \vdots & & \vdots \\ \mathrm{A}_{n1} & \mathrm{A}_{n2} & \cdots & \mathrm{A}_{nn} \end{pmatrix}.$$

Das Diagonalelement c_{ii}, $i = 1,\dots,n$, der Produktmatrix **C** erhält man als Skalarprodukt der i-ten Zeile von **A** mit der i-ten Spalte von $\mathbf{A}_{ad}$.

Diese Summe $\quad c_{ii} = a_{i1}\mathrm{A}_{i1} + a_{i2}\mathrm{A}_{i2} + \cdots + a_{in}\mathrm{A}_{in}$

ist nach Satz 5.10 auf Seite 184 gerade die Entwicklung der Determinante der Matrix **A** nach der i-ten Zeile und ergibt daher aufsummiert den Wert $|\mathbf{A}|$.

Betrachtet man nun ein Nicht-Diagonalelement c_{ij} der Produktmatrix **C**.
Ohne Beschränkung der Allgemeinheit sei $i = 1$ und $j = 2$.
Dann ist das Skalarprodukt

$$c_{12} = a_{11}\mathrm{A}_{12} + a_{12}\mathrm{A}_{22} + \cdots + a_{1n}\mathrm{A}_{n2}$$

der 1. Zeile von **A** mit der 2. Spalte von $\mathbf{A}_{ad}$ gerade die Entwicklung der Determinante $|\mathbf{A}_{2(1)}|$ nach ihrer 2. Zeile, wenn $\mathbf{A}_{2(1)}$ die Matrix ist, die man erhält, indem man in **A** die 2. Zeile durch die 1. Zeile ersetzt, d. h.

$$\mathbf{A}_{2(1)} = \begin{pmatrix} a_{11} & a_{12} & \cdots & a_{1n} \\ a_{11} & a_{12} & \cdots & a_{1n} \\ a_{31} & a_{32} & \cdots & a_{3n} \\ \vdots & \vdots & & \vdots \\ a_{n1} & a_{n2} & \cdots & a_{nn} \end{pmatrix}.$$

Die Determinante der Matrix $\mathbf{A}_{2(1)}$ ist aber nach Satz 5.5 gleich Null, da ihre beiden ersten Zeilen übereinstimmen. Die Produktmatrix **C** hat daher die Form

$$\mathbf{C} = \begin{pmatrix} |\mathbf{A}| & 0 & \cdots & 0 \\ 0 & |\mathbf{A}| & \cdots & 0 \\ \vdots & \vdots & & \vdots \\ 0 & 0 & \cdots & |\mathbf{A}| \end{pmatrix} = |\mathbf{A}| \cdot \begin{pmatrix} 1 & 0 & \cdots & 0 \\ 0 & 1 & \cdots & 0 \\ \vdots & \vdots & & \vdots \\ 0 & 0 & \cdots & 1 \end{pmatrix}$$

Aus $\mathbf{C} = \mathbf{A} \cdot \mathbf{A}_{ad} = |\mathbf{A}| \cdot \mathbf{E}$ folgt dann die Gültigkeit des nachfolgenden Satzes

Satz 5.12
Für eine reguläre Matrix **A** gilt

$$\mathbf{A}^{-1} = \frac{\mathbf{A}_{ad}}{|\mathbf{A}|}. \tag{5.10}$$

< **5.15** > Für die Matrix $\mathbf{A} = \begin{pmatrix} 1 & 2 & 1 \\ 0 & -1 & 1 \\ 1 & 0 & -1 \end{pmatrix}$ erhält man mit der Regel (5.10) die

Inverse

$$\mathbf{A}^{-1} = \frac{1}{\begin{vmatrix} 1 & 2 & 1 \\ 0 & -1 & 1 \\ 1 & 0 & -1 \end{vmatrix}} \begin{pmatrix} \begin{vmatrix} -1 & 1 \\ 0 & -1 \end{vmatrix} & -\begin{vmatrix} 2 & 1 \\ 0 & -1 \end{vmatrix} & \begin{vmatrix} 2 & 1 \\ -1 & 1 \end{vmatrix} \\ -\begin{vmatrix} 0 & 1 \\ 1 & -1 \end{vmatrix} & \begin{vmatrix} 1 & 1 \\ 1 & -1 \end{vmatrix} & -\begin{vmatrix} 1 & 1 \\ 0 & 1 \end{vmatrix} \\ \begin{vmatrix} 0 & -1 \\ 1 & 0 \end{vmatrix} & -\begin{vmatrix} 1 & 2 \\ 1 & 0 \end{vmatrix} & \begin{vmatrix} 1 & 2 \\ 0 & -1 \end{vmatrix} \end{pmatrix} = \frac{1}{4} \begin{pmatrix} 1 & 2 & 3 \\ 1 & -2 & -1 \\ 1 & 2 & -1 \end{pmatrix}.$$

Das gleiche Ergebnis hatten wir in Beispiel < 4.34 > durch Anwendung des GAUSSschen Algorithmus erhalten, vgl. Seite 151 f. ♦

Bemerkung:
Die Regel (5.10) ist eine allgemein gültige Methode zur Bestimmung der Inversen einer regulären Matrix. Wegen des hohen Rechenaufwandes ist sie aber kaum geeignet für die Berechnung der Inversen einer Matrix mit einer Ordnung größer als 3.

5.6 Berechnung von Eigenwerten und Eigenvektoren

In Abschnitt 4.11 waren wir an dem Problem gescheitert, eine nichttriviale Lösung des homogenen Gleichungssystems

$$(\mathbf{A} - \lambda\mathbf{E})\boldsymbol{x} = \mathbf{0} \tag{4.50}$$

zu bestimmen. Mit Hilfe der Determinantentheorie können wir nun feststellen, daß nach Satz 4.8 verbunden mit Satz 5.7 das homogene Gleichungssystem (4.50) dann und nur dann eine nichttriviale Lösung besitzt, wenn gilt:

$$|\mathbf{A} - \lambda\mathbf{E}| = 0 \tag{5.11}$$

Für eine n×n-Matrix **A** ist die Determinante in (5.11) ein Polynom n-ten Grades in λ, das sich auch schreiben läßt in der Form

$$f(\lambda) = |\mathbf{A} - \lambda\mathbf{E}| = (-\lambda)^n + b_{n-1}(-\lambda)^{n-1} + \cdots + b_1(-\lambda) + b_0 .$$

Es wird als *charakteristisches Polynom von* **A** oder als *charakteristische Gleichung der Matrix* **A** bezeichnet.

Die Eigenwerte einer Matrix **A** sind also die Nullstellen des charakteristischen Polynoms von **A** .

< **5.16** > Die Matrix $\mathbf{A} = \begin{pmatrix} -1 & 2 & -3 \\ 2 & 2 & -6 \\ -1 & -2 & 1 \end{pmatrix}$ hat das charakteristische Polynom

$$f(\lambda) = |\mathbf{A} - \lambda\mathbf{E}| = \begin{vmatrix} -1-\lambda & 2 & -3 \\ 2 & 2-\lambda & -6 \\ -1 & -2 & 1-\lambda \end{vmatrix}$$
$$= (-1 - \lambda) \cdot (2 - \lambda) \cdot (1 - \lambda) + 12 + 12 - 3(2 - \lambda) - 4(1 - \lambda) - 12(-1 - \lambda)$$
$$= -\lambda^3 + 2\lambda^2 + 20\lambda + 24 = -(\lambda + 2)^2 (\lambda - 6) = 0 .$$

Die Eigenwerte von **A** sind somit $\lambda_1 = -2, \lambda_2 = -2, \lambda_3 = 6$. ♦

Aus dem Gleichungssystem

$$(\mathbf{A} - \lambda_j\mathbf{E})\, x_j = 0 , \qquad j = 1,..., n \tag{5.12}$$

läßt sich dann der zum Eigenwert λ_j zugeordnete Eigenvektor $\boldsymbol{x}_j$ bestimmen.

< **5.17** > Für die Matrix **A** in Beispiel < 5.16 > hat für $\lambda_1 = \lambda_2 = -2$ das Gleichungssystem (5.12) die Form

$$\begin{pmatrix} 1 & 2 & -3 \\ 2 & 4 & -6 \\ -1 & -2 & 3 \end{pmatrix} \boldsymbol{x} = \mathbf{0} \qquad \text{oder} \qquad \begin{pmatrix} 1 & 2 & -3 \\ 0 & 0 & 0 \\ 0 & 0 & 0 \end{pmatrix} \boldsymbol{x} = \mathbf{0} .$$

Die allgemeine Lösung dieses Gleichungssystems ist

$$\boldsymbol{x} = \begin{pmatrix} -2 \\ 1 \\ 0 \end{pmatrix} t_1 + \begin{pmatrix} 3 \\ 0 \\ 1 \end{pmatrix} t_2 , \qquad t_1, t_2 \in \mathbf{R} .$$

Zu dem zweifachen Eigenwert $\lambda_1 = \lambda_2 = -2$ gehören also die beiden linear unabhängigen Eigenvektoren

$$\boldsymbol{x}_1' = (-2, 1, 0)t_1 , \quad t_1 \in \mathbf{R} \qquad \text{und} \qquad \boldsymbol{x}_2' = (3, 0, 1)t_2 , \quad t_2 \in \mathbf{R} .$$

(Es ist aber keineswegs so, daß zu einem *k*-fachen Eigenwert stets *k* linear unabhängige Eigenvektoren gehören, vgl. dazu das nachfolgende Beispiel < 5.18 >).

Für den Eigenwert $\lambda_3 = 6$ hat das Gleichungssystem (5.12) die Gestalt

$$\begin{pmatrix} -7 & 2 & -3 \\ 2 & -4 & -6 \\ -1 & -2 & -5 \end{pmatrix} \cdot \boldsymbol{x} = \mathbf{0} .$$

Die allgemeine Lösung dieses homogenen Gleichungssystems ist

$$x_3' = (-1, -2, 1)t_3\,, \quad t_3 \in \mathbf{R}\,.$$

Zu dem Eigenwert $\lambda_3 = 6$ gehört somit der Eigenvektor $x_3' = (-1, -2, 1)$.
Die drei Eigenvektoren der Matrix **A** sind linear unabhängig, da

$$\begin{vmatrix} -2 & 3 & -1 \\ 1 & 0 & -2 \\ 0 & 1 & 1 \end{vmatrix} = -1 - 4 - 3 = -8 \neq 0\,.$$ ♦

Allgemein gilt der

Satz 5.13:
Die zu paarweise verschiedenen Eigenwerten $\lambda_1, \lambda_2, \ldots, \lambda_r$ gehörenden Eigenvektoren $x_1, x_2, \ldots, x_r$ sind linear unabhängig.

Beweis: Siehe z. B. [BECKMANN/KÜNZI 1973, S. 89].

Für reellwertige, symmetrische Matrizen gelten darüberhinaus die folgenden Aussagen, vgl. z. B. [ZURMÜHL 1964, S. 184-188].

Satz 5.14:

a. Symmetrische Matrizen mit reellen Elementen besitzen nur reelle Eigenwerte und Eigenvektoren.

b. Zwei zu verschiedenen Eigenwerten gehörige Eigenvektoren einer reellsymmetrischen Matrix sind orthogonal zueinander.

< **5.18** > Die Matrix $\mathbf{A} = \begin{pmatrix} 8 & -9 \\ 1 & 2 \end{pmatrix}$ hat die charakteristische Gleichung

$$\begin{pmatrix} 8-\lambda & -9 \\ 1 & 2-\lambda \end{pmatrix} = \lambda^2 - 10\lambda + 16 + 9 = \lambda^2 - 10\lambda + 25 = (\lambda - 5)^2 = 0\,,$$

welche die zweifache Nullstelle $\lambda_1 = \lambda_2 = 5$ hat.

Zu dem zweifachen Eigenwert $\lambda_1 = \lambda_2 = 5$ gehört aber nur ein einziger linear unabhängiger Eigenvektor $x_1' = x_2' = (3, 1)t$, $t \in \mathbf{R}$,

wie das homogene Gleichungssystem $\begin{pmatrix} 3 & -9 \\ 1 & -3 \end{pmatrix} \cdot \mathbf{x} = \mathbf{0}$ erkennen läßt. ♦

5.7 Weitere Sätze und Definitionen

Für das Produkt zweier quadratischer Matrizen der gleichen Ordnung gelten die folgenden Aussagen, die wir ohne Beweis angeben wollen.

Satz 5.15: (*Multiplikationssätze*):
Für zwei quadratische Matrizen **A** und **B** gleicher Ordnung gilt

$$|\mathbf{A}\cdot\mathbf{B}|=|\mathbf{B}\cdot\mathbf{A}| \tag{5.13}$$

$$|\mathbf{A}\cdot\mathbf{B}|=|\mathbf{B}|\cdot|\mathbf{A}| \tag{5.14}$$

Setzen wir in Gleichung (5.14) speziell $\mathbf{B} = \mathbf{A}^{-1}$, so folgt aus

$$|\mathbf{A}|\cdot|\mathbf{A}^{-1}|=|\mathbf{A}\cdot\mathbf{A}^{-1}|=|\mathbf{E}| \qquad \text{unmittelbar der}$$

Satz 5.16:
Für eine reguläre Matrix **A** gilt

$$|\mathbf{A}^{-1}|=\frac{1}{|\mathbf{A}|}\ . \tag{5.15}$$

< **5.19** > Für die Inverse der Matrix **A** aus Beispiel < 5.15 > gilt

$$|\mathbf{A}^{-1}| = \begin{vmatrix} \frac{1}{4} & \frac{2}{4} & \frac{3}{4} \\ \frac{1}{4} & -\frac{2}{4} & -\frac{1}{4} \\ \frac{1}{4} & \frac{2}{4} & -\frac{1}{4} \end{vmatrix} = (\tfrac{1}{4})^3 \cdot \begin{vmatrix} 1 & 2 & 3 \\ 1 & -2 & -1 \\ 1 & 2 & -1 \end{vmatrix} = (\tfrac{1}{4})^3 \cdot 16 = \tfrac{1}{4}\ . \qquad \blacklozenge$$

In den nachfolgenden Kapiteln benötigen wir noch die folgende

Definition 5.7:
Die Determinanten

$$a_{11},\quad \begin{vmatrix} a_{11} & a_{12} \\ a_{21} & a_{22} \end{vmatrix},\quad \begin{vmatrix} a_{11} & a_{12} & a_{13} \\ a_{21} & a_{22} & a_{23} \\ a_{31} & a_{32} & a_{33} \end{vmatrix},\ldots,\quad \begin{vmatrix} a_{11} & \cdots & a_{1n} \\ \vdots & & \vdots \\ a_{n1} & \cdots & a_{nn} \end{vmatrix}$$

heißen *Hauptabschnittsdeterminanten* oder *Hauptminoren* der Determinante

$$|\mathbf{A}| = \begin{vmatrix} a_{11} & \cdots & a_{1n} \\ \vdots & & \vdots \\ a_{n1} & \cdots & a_{nn} \end{vmatrix}\ .$$

< **5.20** > Die Determinante $|\mathbf{C}| = \begin{vmatrix} 1 & 2 & 1 & 0 & 1 \\ 0 & 1 & 2 & -3 & 2 \\ 3 & 4 & 0 & 1 & 1 \\ 1 & 2 & 3 & 0 & 2 \\ 2 & 4 & 2 & 1 & 0 \end{vmatrix}$

hat die weiteren Hauptabschnittdeterminanten

$$1; \quad \begin{vmatrix} 1 & 2 \\ 0 & 1 \end{vmatrix}; \quad \begin{vmatrix} 1 & 2 & 1 \\ 0 & 1 & 2 \\ 3 & 4 & 0 \end{vmatrix}; \quad \begin{vmatrix} 1 & 2 & 1 & 0 \\ 0 & 1 & 2 & -3 \\ 3 & 4 & 0 & 1 \\ 1 & 2 & 3 & 0 \end{vmatrix}.$$ ♦

Bemerkungen:

1. In der Definition 5.7 wurden die Hauptabschnittsdeterminanten von der "Nord-West-Ecke" her entwickelt. Diese *Nord-West-Ecken-Regel* ist die gebräuchlichste Form der Definition von Hauptabschnittsdeterminanten, gelegentlich findet man in der Literatur auch die Entwicklung von der "Süd-Ost-Ecke" her.

2. Der Begriff *Hauptminor* wird in der DDR-Literatur allgemeiner definiert als der Begriff *Hauptabschnittsdeterminante.* Hauptminoren sind nach NAAS/SCHMID [1979, Bd. I, S. 309] alle Minoren, deren Hauptdiagonalelemente auch auf der Hauptdiagonale der Determinante $|\mathbf{A}|$ liegen.

In den Kapiteln 4 und 5 haben wir eine Vielzahl von Aussagen über quadratische Matrizen kennengelernt, die zueinander äquivalent sind. In der nachfolgenden Tabelle 5.1 auf Seite 195 sind einige dieser Ausssagen zusammengestellt.

Aufgaben

5.1 Berechnen Sie mit der Regel von SARRUS die Determinanten

$$|\mathbf{B}| = \begin{vmatrix} -2 & 8 & 5 \\ 1 & 7 & 2 \\ 0 & 3 & 0 \end{vmatrix} \quad \text{und} \quad |\mathbf{C}| = \begin{vmatrix} 1 & 7 & 5 \\ 0 & 2 & 4 \\ 0 & 0 & -3 \end{vmatrix}$$

5.2 Wie viele Inversionen sind notwendig, um die Anordnung

a. 2 3 4 1, **b.** 4 2 1 3, **c.** 3 1 5 4 2

in die natürliche Anordnung zu bringen?

5.3 Bilden Sie für die Determinante $|\mathbf{B}|$ aus Aufgabe 5.1 und die Determinante

$$|\mathbf{F}| = \begin{vmatrix} 4 & 3 & 5 \\ -2 & -5 & 2 \\ 0 & -1 & 0 \end{vmatrix}$$ die Determinante

$$|\mathbf{G}| = (-2)\,|\mathbf{B}| + |\mathbf{F}| \;.$$

5.4 Bestimmen Sie den Wert der Determinante $|\mathbf{C}|$ im Beispiel < 5.20 > auf Seite 192, in dem Sie diese zunächst in eine Dreiecksdeterminante umformen.

5.5 Berechnen Sie mit Hilfe des LAPLACEschen Entwicklungssatzes die Matrizen

$$|\mathbf{C}| = \begin{vmatrix} 4 & 1 & -1 & 0 \\ 1 & 0 & 0 & 2 \\ 3 & -2 & 2 & 1 \\ 0 & -1 & 1 & 5 \end{vmatrix} \quad \text{und} \quad |\mathbf{F}| = \begin{vmatrix} 3 & 1 & 0 & 2 & 1 \\ 0 & 5 & 3 & -1 & 0 \\ 1 & 1 & 0 & -2 & 1 \\ -1 & 0 & 0 & 1 & 0 \\ 0 & 2 & 0 & 0 & -1 \end{vmatrix} .$$

5.6 Bestimmen Sie die Lösung des linearen Gleichungssystems

$$\begin{aligned} x_1 + 2x_2 + 3x_3 &= 1 \\ 2x_1 + 4x_2 + 8x_3 &= 2 \\ 2x_1 + 6x_2 + x_3 &= -1 \end{aligned}$$

mittels der CRAMERschen Regel.

5.7 Bestimmen Sie die Inverse der Koeffizientenmatrix in Aufgabe 5.6 mittels der Regel (5.10). Bestimmen Sie dann die Lösung des linearen Gleichungssystems in Aufgabe 5.6 durch die Anwendung der Formel $\boldsymbol{x} = \mathbf{A}^{-1}\boldsymbol{b}$.

5.8 Bestimmen Sie die Eigenwerte und die Eigenvektoren der Matrizen

$$\mathbf{B} = \begin{pmatrix} 1 & 2 \\ 3 & 2 \end{pmatrix} \quad \text{und} \quad \mathbf{C} = \begin{pmatrix} 2 & 1 & 0 \\ 0 & 1 & -1 \\ 0 & 2 & 4 \end{pmatrix} .$$

5.9 Gegeben sind die Determinanten

$$|\mathbf{A}| = \begin{vmatrix} 4 & 7 & -4 & 4 \\ 1 & 2 & -1 & 3 \\ 0 & -4 & -1 & 0 \\ 1 & 1 & 0 & -2 \end{vmatrix}, \quad |\mathbf{B}| = \begin{vmatrix} 5 & 1 & 7 & 6 \\ 4 & -2 & -6 & 4 \\ 3 & 3 & 8 & -5 \\ -2 & 1 & 3 & -2 \end{vmatrix},$$

$$|\mathbf{C}| = \begin{vmatrix} -2 & 8 & 5 \\ 1 & 7 & 2 \\ 0 & 3 & 0 \end{vmatrix} .$$

a. Berechnen Sie die Determinante $|\mathbf{A}|$, indem Sie sie zunächst in eine Dreiecksdeterminante umformen und dann diese berechnen

b. Berechnen Sie die Determinanten $|\mathbf{B}|$ und $|\mathbf{C}|$ (Rechenweg beliebig!)

c. Benutzen Sie die in den Teilaufgaben a. und b. ermittelten Ergebnisse zur Beantwortung der folgenden Fragen:

i. Welchen Rang hat die Matrix $\mathbf{B}$?

ii. Besitzt die Matrix $\mathbf{C}$ eine Inverse?

iii. Hat das Gleichungssystem $\mathbf{A}\boldsymbol{x} = \boldsymbol{b}$ eine Lösung für jede Wahl der rechten Seite $\boldsymbol{b} \in \mathbf{R}^4$?

Äquivalent zu $\lvert \mathbf{A} \rvert \neq 0$ ist:	**Äquivalent zu $\lvert \mathbf{A} \rvert = 0$ ist:**
$\mathbf{A}$ hat den Rang n	$\mathbf{A}$ hat den Rang $< n$
$\mathbf{A}$ ist regulär	$\mathbf{A}$ ist singulär
$\mathbf{A}$ besitzt eine Inverse	$\mathbf{A}$ besitzt keine Inverse
alle Spaltenvektoren von $\mathbf{A}$ sind linear unabhängig	die Spaltenvektoren von $\mathbf{A}$ sind linear abhängig
$\mathbf{A}\boldsymbol{x} = \mathbf{0}$ hat nur die triviale Lösung	$\mathbf{A}\boldsymbol{x} = \mathbf{0}$ hat unendlich viele Lösungen
$\mathbf{A}\boldsymbol{x} = \boldsymbol{b}$ besitzt eine eindeutig bestimmte Lösung für jede Wahl der rechten Seite $\boldsymbol{b}$	$\mathbf{A}\boldsymbol{x} = \boldsymbol{b}$ ist nicht für jede Wahl der rechten Seite $\boldsymbol{b}$ lösbar
Jeder Vektor $\boldsymbol{b} \in \mathbf{R}^n$ läßt sich als Linearkombination der Spaltenvektoren der Matrix $\mathbf{A}$ darstellen. $\mathrm{R}(\mathbf{A}, \boldsymbol{b}) = n$	Nicht jeder Vektor $\boldsymbol{b} \in \mathbf{R}^n$ läßt sich als Linearkombination der Spalten-Vektoren von $\mathbf{A}$ darstellen. $\mathrm{R}(\mathbf{A}, \boldsymbol{b}) \leq n$

Tab. 5.1: Äquivalente Aussagen für eine $n{\times}n$-Matrix

6. Quadratische Formen

Bei der Herleitung hinreichender Bedingungen für das Vorliegen relativer Extrema von Funktionen mehrerer unabhängiger Variablen in der nichtlinearen Programmierung und bei Schätzproblemen der Ökonometrie kommen mathematische Ausdrücke vor, die aufgrund ihres Aufbaus als *quadratische Formen* bezeichnet werden.

6.1 Quadratische Formen und Definitheit

Definition 6.1:
Eine *quadratische Form* ist ein nichtlinearer Ausdruck der Form

$$\begin{aligned} Q(x_1, x_2, \ldots, x_n) &= \sum_{i=1}^{n} \sum_{j=1}^{n} a_{ij} x_i x_j \qquad (6.1) \\ &= \begin{array}{ccccccc} a_{11}x_1x_1 & + & a_{12}x_1x_2 & + & \cdots & + & a_{1n}x_1x_n \\ +a_{21}x_2x_1 & + & a_{22}x_2x_2 & + & \cdots & + & a_{2n}x_2x_n \\ \vdots & & \vdots & & & & \vdots \\ +a_{n1}x_nx_1 & + & a_{n2}x_nx_2 & + & \cdots & + & a_{nn}x_nx_n \end{array} \end{aligned}$$

wobei die $x_1, x_2, \ldots, x_n$ reelle Variablen und die $i, j \in \{1, \ldots, n\}$, reelle Konstanten sind.

Bezeichnet man mit $\boldsymbol{x}' = (x_1, x_2, \ldots, x_n)$ den Vektor der Variablen $x_1, x_2, \ldots, x_n$ und mit $\mathbf{A} = (a_{ij})$ die Matrix der Koeffizienten a_{ij}, so läßt sich die obige quadratische Form auch schreiben in der Form

$$Q(\boldsymbol{x}) = \boldsymbol{x}' \cdot \mathbf{A} \cdot \boldsymbol{x}\,.$$

Für eine gegebene Matrix **A** ist die quadratische Form $Q(\boldsymbol{x}) = \boldsymbol{x}' \cdot \mathbf{A} \cdot \boldsymbol{x}$ eine skalarwertige Funktion des Variablenvektors $\boldsymbol{x}$.

< 6.1 >

$$\begin{aligned} Q(\boldsymbol{x}) &= (x_1, x_2, x_3) \cdot \begin{pmatrix} 1 & 3 & 2 \\ 5 & 2 & -1 \\ 4 & 3 & -4 \end{pmatrix} \cdot \begin{pmatrix} x_1 \\ x_2 \\ x_3 \end{pmatrix} \\ &= (x_1, x_2, x_3) \cdot \begin{pmatrix} x_1 + 3x_2 + 2x_3 \\ 5x_1 + 2x_2 - x_3 \\ 4x_1 + 3x_2 - 4x_3 \end{pmatrix} \\ &= \begin{array}{cccccc} & x_1x_1 & + & 3x_1x_2 & + & 2x_1x_3 \\ + & 5x_2x_1 & + & 2x_2x_2 & - & x_2x_3 \\ + & 4x_3x_1 & + & 3x_3x_2 & - & 4x_3x_3 \end{array} \end{aligned}$$

$$\begin{aligned} = \quad & x_1x_1 + 4x_1x_2 + 3x_1x_3 \\ + \; & 4x_2x_1 + 2x_2x_2 + x_2x_3 \\ + \; & 3x_3x_1 + x_3x_2 - 4x_3x_3 \end{aligned}$$

$$= (x_1, x_2, x_3) \cdot \begin{pmatrix} 1 & 4 & 3 \\ 4 & 2 & 1 \\ 3 & 1 & -4 \end{pmatrix} \cdot \begin{pmatrix} x_1 \\ x_2 \\ x_3 \end{pmatrix}.$$ ♦

Neben dem Skalarprodukt basieren die Umformungen im Beispiel < 6.1 > auf dem Wissen, daß für reelle Variablenwerte stets gilt $x_i x_j = x_j x_i$. Dadurch ist es möglich, eine gegebene quadratische Form mit verschiedenen Matrizen darzustellen. Einen besonderen Spezialfall stellt die Darstellung mit einer symmetrischen Matrix $\mathbf{A}^*$ dar, d. h. $Q(\boldsymbol{x}) = \boldsymbol{x}' \cdot \mathbf{A}^* \cdot \boldsymbol{x}$. Für diese Matrix gilt $\mathbf{A}^* = \frac{1}{2}(\mathbf{A} + \mathbf{A}')$.

Definition 6.2:
Eine quadratische Form $Q(\boldsymbol{x})$ heißt

positiv definit	$\Leftrightarrow$	$Q(\boldsymbol{x}) > 0 \quad \forall\, \boldsymbol{x} \neq \mathbf{0}$
positiv semidefinit	$\Leftrightarrow$	$Q(\boldsymbol{x}) \geqq 0 \quad \forall\, \boldsymbol{x} \neq \mathbf{0}$
negativ definit	$\Leftrightarrow$	$Q(\boldsymbol{x}) < 0 \quad \forall\, \boldsymbol{x} \neq \mathbf{0}$
negativ semidefinit	$\Leftrightarrow$	$Q(\boldsymbol{x}) \leqq 0 \quad \forall\, \boldsymbol{x} \neq \mathbf{0}$

Ist eine quadratische Form $Q(\boldsymbol{x})$ für einige Vektoren $\boldsymbol{x} \neq \mathbf{0}$ positiv und für andere negativ, so heißt sie *indefinit*.

< 6.2 >

a. $Q_a(x_1, x_2) = x_1^2 + 2x_2^2 = (x_1, x_2) \cdot \begin{pmatrix} 1 & 0 \\ 0 & 2 \end{pmatrix} \cdot \begin{pmatrix} x_1 \\ x_2 \end{pmatrix}$ ist positiv definit.

b. $Q_b(x_1, x_2, x_3) = 2x_1^2 + x_2^2 - 6x_2x_3 + 9x_3^2 = (x_1, x_2, x_3) \cdot \begin{pmatrix} 2 & 0 & 0 \\ 0 & 1 & -3 \\ 0 & -3 & 9 \end{pmatrix} \cdot \begin{pmatrix} x_1 \\ x_2 \\ x_3 \end{pmatrix}$

ist positiv semidefinit, da $Q_b(\boldsymbol{x}) = 2x_1^2 + (x_2 - 3x_3)^2 \geqq 0 \quad \forall\, \boldsymbol{x} \neq \mathbf{0}$, wobei $Q_b(\boldsymbol{x}) = 0$ nur für $\boldsymbol{x} = (0, 3t, t)$, $t \in \mathbf{R}$ gilt.

c. $Q_c(x_1, x_2) = 3x_1^2 - 2x_1x_2 - x_2^2 = (x_1, x_2) \cdot \begin{pmatrix} 3 & -1 \\ -1 & -1 \end{pmatrix} \cdot \begin{pmatrix} x_1 \\ x_2 \end{pmatrix}$ ist indefinit,

denn es gilt zum Beispiel $Q_c(1, 0) = 3 > 0$ und $Q_c(0, 1) = -1 < 0$. ♦

Aus den obigen Beispielen kann man sofort eine **notwendige Bedingung** für das (Semi-)Definit-Sein quadratischer Formen ableiten. Der nachfolgende Satz 6.1 drückt aus, daß zumindest für die Einheitstupel die Definitheitseigenschaft erfüllt sein muß.

Satz 6.1 (*notwendige Bedingung für Definitheit*):
Eine quadratische Form $Q(\boldsymbol{x}) = \boldsymbol{x}' \cdot \mathbf{A} \cdot \boldsymbol{x}$ **kann** nur dann
positiv definit (*positiv semidefinit*, *negativ definit*, *negativ semidefinit*) sein,
wenn alle Elemente auf der Hauptdiagonalen der Matrix **A**
positiv (*nichtnegativ*, *negativ*, *nichtpositiv*) sind.

Bemerkung:
Weist eine quadratische Form $Q(\boldsymbol{x}) = \boldsymbol{x}' \cdot \mathbf{A} \cdot \boldsymbol{x}$ sowohl positive als auch negative Elemente auf der Hauptdiagonale von **A** auf, so ist sie indefinit.

Da zu jeder quadratischen Form $Q(\boldsymbol{x})$ genau eine symmetrische Matrix **A** existiert mit $Q(\boldsymbol{x}) = \boldsymbol{x}' \cdot \mathbf{A} \cdot \boldsymbol{x}$ und umgekehrt jede symmetrische Matrix **A** die Matrix einer quadratischen Form sein kann, überträgt man den Begriff "definit" auch auf **symmetrische Matrizen** und spricht dann von *positiv* (bzw. *negativ*) *definiten*, *positiv* (bzw. *negativ*) *semidefiniten* oder *indefiniten Matrizen*.

Die Überprüfung auf (Semi-)Definitheit quadratischer Formen mit den in den Beispielen < 6.2 > angewandten Methoden ist im allgemeinen nicht praktikabel. Ein geschickterer Weg zur Überprüfung auf Definitheit bietet der

Satz 6.2:
Sei **A** eine symmetrische $n \times n$-Matrix mit den reellen Eigenwerten $\lambda_1, \ldots, \lambda_n$ und $Q(\boldsymbol{x}) = \boldsymbol{x}' \cdot \mathbf{A} \cdot \boldsymbol{x}$ eine quadratische Form.
Es gilt dann:
$Q(\boldsymbol{x})$ ist dann und nur dann
positiv definit (*positiv semidefinit*, *negativ definit*, *negativ semidefinit*),
wenn alle Eigenwerte von **A**
positiv (*nichtnegativ*, *negativ*, *nichtpositiv*) sind.

Bemerkung
Weist eine quadratische Form $Q(\boldsymbol{x}) = \boldsymbol{x}' \cdot \mathbf{A} \cdot \boldsymbol{x}$ sowohl positive als auch negative Eigenwerte auf, so ist sie indefinit.

< 6.3 >

a. $Q_1(x_1, x_2) = 8x_1^2 + 8x_1x_2 + 2x_2^2 = (x_1, x_2)\begin{pmatrix} 8 & 4 \\ 4 & 2 \end{pmatrix}\begin{pmatrix} x_1 \\ x_2 \end{pmatrix}$

$$\begin{vmatrix} 8-\lambda & 4 \\ 4 & 2-\lambda \end{vmatrix} = (8-\lambda)(2-\lambda) - 16 = \lambda^2 - 10\lambda = \lambda(\lambda - 10) = 0$$

$\Leftrightarrow \quad \lambda_1 = 0 \quad$ und $\quad \lambda_2 = 10 > 0$,
d. h. $Q_1(x_1, x_2)$ ist nach Satz 6.2 positiv semidefinit.

b. $Q_2(x_1,x_2) = -3x_1^2 + 4x_1x_2 - 4x_2^2 = (x_1,x_2)\begin{pmatrix}-3 & 2\\ 2 & -4\end{pmatrix}\begin{pmatrix}x_1\\ x_2\end{pmatrix}$

$$\begin{vmatrix}-3-\lambda & 2\\ 2 & -4-\lambda\end{vmatrix} = (-3-\lambda)(-4-\lambda) - 4 = \lambda^2 + 7\lambda + 8 = 0$$

$\Leftrightarrow \quad \lambda_1 = \frac{1}{2}(-7+\sqrt{17}) < 0 \quad$ und $\quad \lambda_2 = \frac{1}{2}(-7-\sqrt{17}) < 0$

d. h. nach Satz 6.2 ist $Q_2(x_1, x_2)$ negativ definit.

c. $Q_3(x,y) = 2x^2 + 12xy - 3y^2 = (x,y)\begin{pmatrix}2 & 6\\ 6 & -3\end{pmatrix}\begin{pmatrix}x\\ y\end{pmatrix}$

$$\begin{vmatrix}2-\lambda & 6\\ 6 & -3-\lambda\end{vmatrix} = (2-\lambda)(-3-\lambda) - 36 = \lambda^2 + \lambda - 42 = 0$$

$\Leftrightarrow \quad \lambda_1 = 6 > 0 \quad$ und $\quad \lambda_2 = -7 < 0,$

d. h. $Q_3(x, y)$ ist nach Satz 6.2 indefinit.

Die Indefinitheit von $Q_3(x, y)$ folgt auch unmittelbar aus Satz 6.1, da die Koeffizienten auf der Hauptdiaginalen unterschiedliche Vorzeichen aufweisen. ♦

Bei großen Matrizen ist die Berechnung der Eigenwerte zumeist mit erheblichen Schwierigkeiten verbunden. Ein viel einfacheres Kriterium zur Überprüfung quadratischer Formen auf Definitheit bietet der Satz 6.3.

Satz 6.3:
Eine quadratische Form $Q(\boldsymbol{x}) = \boldsymbol{x}' \cdot \mathbf{A} \cdot \boldsymbol{x}$ mit **symmetrischer** Matrix ist dann und nur dann

1. *positiv definit*, wenn alle Hauptminoren der Determinanten $|\mathbf{A}|$ positiv sind.

   D. h. $\quad a_{11} > 0, \quad \begin{vmatrix}a_{11} & a_{12}\\ a_{21} & a_{22}\end{vmatrix} > 0, \quad \begin{vmatrix}a_{11} & a_{12} & a_{13}\\ a_{21} & a_{22} & a_{23}\\ a_{31} & a_{32} & a_{33}\end{vmatrix} > 0, \ldots, \quad \begin{vmatrix}a_{11} & \cdots & a_{1n}\\ \vdots & & \vdots\\ a_{n1} & \cdots & a_{nn}\end{vmatrix} > 0;$

2. *negativ definit*, wenn alle Hauptminoren von $|\mathbf{A}|$ im Vorzeichen so alternieren, daß das Vorzeichen einer Hauptabschnittsdeterminante k-ter Ordnung sich wie $(-1)^k$ verhält.

   D. h. $\quad a_{11} < 0, \quad \begin{vmatrix}a_{11} & a_{12}\\ a_{21} & a_{22}\end{vmatrix} > 0, \quad \begin{vmatrix}a_{11} & a_{12} & a_{13}\\ a_{21} & a_{22} & a_{23}\\ a_{31} & a_{32} & a_{33}\end{vmatrix} < 0, \ldots, \quad (-1)^n \begin{vmatrix}a_{11} & \cdots & a_{1n}\\ \vdots & & \vdots\\ a_{n1} & \cdots & a_{nn}\end{vmatrix} > 0;$

3. *positiv semidefinit*, wenn alle Hauptminoren von $|\mathbf{A}|$ und alle Hauptminoren der Determinanten, die sich aus $|\mathbf{A}|$ durch Umordnen der Variablen des Vektors $\boldsymbol{x}$ ergeben, nichtnegativ sind;

4. *negativ semidefinit*, wenn alle Hauptminoren von |**A**| und alle Hauptminoren der Determinanten, die sich aus |**A**| durch Umordnen der Variablen des Vektors $\boldsymbol{x}$ ergeben, so im Vorzeichen alternieren, daß die Hauptabschnittsdeterminanten von gerader Ordnung stets nichtnegativ und von ungerader Ordnung stets nichtpositiv sind.

Weisen die Hauptminoren von |**A**| keine dieser vier Vorzeichenfolgen auf, dann ist $Q(\boldsymbol{x}) = \boldsymbol{x}' \cdot \mathbf{A} \cdot \boldsymbol{x}$ *indefinit*.

Einen Beweis dieses Satzes findet man u. a. in [BECKMANN/KÜNZI, Band 2, 1973, S. 96-99].

< **6.4** > Betrachten wir nochmals die quadratischen Formen in Beispiel < 6.2 >.

a. Da $1 > 0$ und $\begin{vmatrix} 1 & 0 \\ 0 & 2 \end{vmatrix} = 2 > 0$ ist Q_a positiv definit.

b. Da $2 > 0$, $\begin{vmatrix} 2 & 0 \\ 0 & 1 \end{vmatrix} = 2 > 0$, $\begin{vmatrix} 2 & 0 & 0 \\ 0 & 1 & -3 \\ 0 & -3 & 9 \end{vmatrix} = 18 - 18 = 0$,

und auch alle Hauptminoren der übrigen 3! -1 = 5 Anordnungen der Variablen nicht negativ sind, ist $Q_b(x_1, x_2, x_3)$ positiv semidefinit.

Da in einer quadratischen Form $Q(\boldsymbol{x}) = \boldsymbol{x}' \cdot \mathbf{A} \cdot \boldsymbol{x}$ beim Umordnen zweier Variablen in der Determinanten von A stets zwei Zeilen und zwei Spalten ausgetauscht werden, ändert sich der Wert der größten Hauptabschnittsdeterminanten nicht, wenn Variablen umgeordnet werden. Tauschen wir z. B. in $Q_b(x_1, x_2, x_3)$ die Variablen x_1 und x_3 aus, so ergibt sich die quadratische Form

$Q_b(x_3, x_2, x_1) = (x_3, x_2, x_1) \begin{pmatrix} 9 & -3 & 0 \\ -3 & 1 & 0 \\ 0 & 0 & 2 \end{pmatrix} \begin{pmatrix} x_3 \\ x_2 \\ x_1 \end{pmatrix}$, deren Hauptminoren die Werte

$9 > 0$, $9 - (-3)^2 = 0$, $18 - 18 = 0$ aufweisen.

c. Da $3 > 0$ und $\begin{vmatrix} 3 & -1 \\ -1 & -1 \end{vmatrix} = -3 - 1 = -4 < 0$ ist Q_c indefinit. ♦

< **6.5** >

a. $Q_1(x, y, z) = -2x^2 + 6xy + 2xz - y^2 - 8z^2 = (x, y, z) \begin{pmatrix} -2 & 3 & 1 \\ 3 & -1 & 0 \\ 1 & 0 & -8 \end{pmatrix} \begin{pmatrix} x \\ y \\ z \end{pmatrix}$.

Da $-2 < 0$, $\begin{vmatrix} -2 & 3 \\ 3 & -1 \end{vmatrix} = -7 < 0$, $\begin{vmatrix} -2 & 3 & 1 \\ 3 & -1 & 0 \\ 1 & 0 & -8 \end{vmatrix} = 57 > 0$,

ist $Q_1(x, y, z)$ indefinit.

b. $Q_2(x, y, z) = (x, y, z)\begin{pmatrix} -4 & 0 & 3 \\ 0 & 0 & 0 \\ 3 & 0 & 2 \end{pmatrix}\begin{pmatrix} x \\ y \\ z \end{pmatrix}$

Da $-4 < 0$, $\begin{vmatrix} -4 & 0 \\ 0 & 0 \end{vmatrix} = 0$, $\begin{vmatrix} -4 & 0 & 3 \\ 0 & 0 & 0 \\ 3 & 0 & 2 \end{vmatrix} = 0$ sind,

könnte $Q_2(x, y, z)$ negativ semidefinit sein.
Tauscht man aber die Reihenfolge von y und z, so hat die quadratische Form Q_2 in Matrizenschreibweise die Gestalt $Q_2(x, y, z) = (x, y, z)\begin{pmatrix} -4 & 3 & 0 \\ 3 & 2 & 0 \\ 0 & 0 & 0 \end{pmatrix}\begin{pmatrix} x \\ z \\ y \end{pmatrix}$.

Da für den 2. Hauptminor $\begin{vmatrix} -4 & 3 \\ 3 & -2 \end{vmatrix} = 8 - 9 = -1 < 0$ gilt, ist die quadratische Form Q_2 indefinit. ♦

Bemerkungen

1. Nach Satz 6.3 ist notwendig für (Semi-)Definitheit, daß der Hauptminor 2. Ordnung nichtnegativ ist. Daher kann sofort auf Indefinitheit geschlossen werden, wenn die Hauptabschnittsdeterminante 2. Ordnung negativ ist.
2. Entwickelt man die Hauptminoren nicht von der Nord-West-Ecke, sondern von der Süd-Ost-Ecke her, so gilt der Satz 6.3 analog.

6.2 Quadratische Formen mit Nebenbedingungen

Bei der Herleitung von hinreichenden Bedingungen für das Vorliegen von relativen Extrema von Funktionen mit mehreren unabhängigen Variablen unter Nebenbedingungen sind quadratische Formen mit linear homogenen Nebenbedingungen von fundamentaler Bedeutung.

< 6.6 >

a. Gegeben ist die quadratische Form $Q(\boldsymbol{x}) = 2x_1^2 + 3x_2^2 + 6x_3^2 + 4x_1x_3 + 8x_2x_3$ mit der Nebenbedingung $x_1 + 2x_2 + x_3 = 0$.

b. Gegeben ist die quadratische Form $Q(\boldsymbol{x}) = 4x_1^2 - 14x_2^2 + 9x_3^2 - 2x_1x_2 + 12x_2x_3$ mit den Nebenbedingungen $x_1 + 3x_2 - x_3 = 0$ und $x_2 - 4x_3 = 0$.
Die Variablen $\boldsymbol{x}' = (x_1, x_2, x_3)$ dürfen nun nicht mehr jeden Wert des $\mathbf{R}^3$ annehmen, sondern sie müssen so gewählt werden, daß die Nebenbedingungen erfüllt sind. ♦

Ein Weg, quadratische Formen mit linearen Nebenbedingungen auf Definitheit zu überprüfen, besteht darin, die Nebenbedingung(en) nach einer (oder mehreren) dieser Variablen aufzulösen und dann diese Variable(n) in der quadratischen Form durch die entsprechende Funktion in den übrigen Variablen zu ersetzen:

< **6.7** > Betrachten wir nochmals die quadratischen Formen in Beispiel < 6.6 >.

a. Lösen wir die Nebenbedingung nach x_1 auf,

$$x_1 = f(x_2, x_3) = -2x_2 - x_3,$$

und setzen wir diesen Ausdruck für x_1 in die quadratische Form ein, so ergibt sich

$$\begin{aligned}\overline{Q}(x_2, x_3) &= Q(f(x_2, x_3), x_2, x_3)\\ &= 2(-2x_2 - x_3)^2 + 3x_2^2 + 6x_3^2 + 4(-2x_2 - x_3)\cdot x_3 + 8x_2x_3\\ &= 11x_2^2 + 4x_3^2 + 8x_2x_3 = (x_2, x_3)\cdot\begin{pmatrix}11 & 4\\ 4 & 4\end{pmatrix}\cdot\begin{pmatrix}x_2\\ x_3\end{pmatrix}.\end{aligned}$$

Da $11 > 0$ und $\begin{vmatrix}11 & 4\\ 4 & 4\end{vmatrix} = 28 > 0$, ist $\overline{Q}(x_2, x_3)$ nach Satz 6.3 positiv definit. $Q(x_1, x_2, x_3)$ ist dann positiv definit unter der Nebenbedingung $x_1 + 2x_2 + x_3 = 0$.

b. Lösen wir die beiden Nebenbedingungen nach x_1 und x_2 auf,

$$x_2 = g_2(x_3) = 4x_3,$$
$$x_1 = g_1(x_3) = -3(4x_3) + x_3 = -11x_3,$$

und setzen wir diese Ausdrücke in die quadratische Form ein, so erhalten wir

$$\begin{aligned}\hat{Q}(x_3) &= Q(g_1(x_3), g_2(x_3), x_3)\\ &= 4(-11x_3)^2 - 14(4x_3)^2 + 9x_3^2 - 2(-11x_3)\cdot 4x_3 + 48x_3^2 = 405x_3^2.\end{aligned}$$

Für $x_3 \neq 0$ ist $\hat{Q}(x_3) > 0$, d. h. $\hat{Q}(x_3)$ ist positiv definit.
Damit ist auch $Q(\boldsymbol{x})$ positiv definit unter den Nebenbedingungen

$$x_1 + 3x_2 - x_3 = 0 \quad \text{und} \quad x_2 - 4x_3 = 0.$$ ♦

Obgleich diese Überprüfungsmethode beim Vorliegen linear homogener Nebenbedingungen immer anwendbar ist und nur einen relativ geringen Rechenaufwand benötigt, wird zumeist ein anderes Lösungsverfahren bevorzugt, das auf dem nachfolgenden Satz 6.4 basiert. Diese zweite Methode ist sicherlich übersichtlicher als der vorstehend eingeführte Weg, benötigt aber im allgemeinen einen größeren Rechenaufwand, da größere Determinanten berechnet werden müssen.

Allgemein lassen sich quadratische Formen mit linear homogenen Nebenbedingungen in Matrizenschreibweise darstellen als

$$Q(\boldsymbol{x}) = \boldsymbol{x}' \cdot \mathbf{A} \cdot \boldsymbol{x}$$

unter Beachtung der Nebenbedingung

$$\mathbf{B} \cdot \boldsymbol{x} = \mathbf{0}.$$

Dabei ist **A** eine symmetrische $m \times m$-Matrix, **B** eine reelle $r \times m$-Matrix mit $r < m$ und $\boldsymbol{x}$ ein Spalten-m-Vektor. m ist die Anzahl der Variablen und r die Anzahl der Nebenbedingungen.

< 6.8 > Für die quadratischen Formen in Beispiel < 6.6 > haben die Matrizen **A** und **B** die Form:

a. $\mathbf{A} = \begin{pmatrix} 2 & 0 & 2 \\ 0 & 3 & 4 \\ 2 & 4 & 6 \end{pmatrix}$, $\mathbf{B} = (1, 2, 1)$; **b.** $\mathbf{A} = \begin{pmatrix} 4 & -1 & 0 \\ -1 & -14 & 6 \\ 0 & 6 & 9 \end{pmatrix}$, $\mathbf{B} = \begin{pmatrix} 1 & 3 & -1 \\ 0 & 1 & -4 \end{pmatrix}$. ♦

Satz 6.4 (*Hinreichende Bedingungen für Definitheit*):
Gegeben sei eine quadratische Form $Q(\boldsymbol{x}) = \boldsymbol{x}' \cdot \mathbf{A} \cdot \boldsymbol{x}$ mit einer symmetrischen $m \times m$-Matrix **A** und ein homogenes lineares Gleichungssystem $\mathbf{B} \cdot \boldsymbol{x} = \mathbf{0}$, dessen $r \times m$-Koeffizientenmatrix **B** den Rang r hat.

Die quadratische Form $Q(\boldsymbol{x}) = \boldsymbol{x}' \cdot \mathbf{A} \cdot \boldsymbol{x}$ mit der Nebenbedingung $\mathbf{B} \cdot \boldsymbol{x} = \mathbf{0}$ ist dann

1. *positiv definit*, wenn alle "Nordwest-Minoren" der $(r + m)$-reihigen Determinante

   $|\tilde{\mathbf{A}}| = \begin{vmatrix} \mathbf{0} & \mathbf{B} \\ \mathbf{B}' & \mathbf{A} \end{vmatrix}$ mit einer Ordnung größer als $2r$ das Vorzeichen $(-1)^r$ haben.

   (Diese "Nordwest-Minoren" entstehen durch Streichen der letzten i Zeilen und Spalten der Determinante $|\tilde{\mathbf{A}}|$, $i = 0, 1, \ldots, m - r - 1$).

2. *negativ definit*, wenn der "Nordwest-Minor" der Ordnung $(r + m - i)$ der Determinante $|\tilde{\mathbf{A}}|$ das Vorzeichen $(-1)^{m-i}$ hat für alle $i = 0, 1, \ldots, m - r - 1$.

(Auch hier werden nur Minoren der Ordnung größer als $2r$ überprüft, das Vorzeichen der Minoren muß alternieren und die Determinante $|\tilde{\mathbf{A}}|$ selbst muß das Vorzeichen $(-1)^m$ haben).

Beweis: Siehe [DEBREU, G.: Definite and Semidefinite Quadratic Forms. Econometrica 20, 1952, S. 295-300]. Siehe auch [BECKMANN/KÜNZI, Band 2, 1979, S. 100-102].

< 6.9 > Betrachten wir nochmals die quadratischen Formen aus Beispiel < 6.6 >

a. $|\widetilde{\mathbf{A}}| = \begin{vmatrix} 0 & 1 & 2 & 1 \\ 1 & 2 & 0 & 2 \\ 2 & 0 & 3 & 4 \\ 1 & 2 & 4 & 6 \end{vmatrix}, \quad m = 3, r = 1.$

Da $\begin{vmatrix} 0 & 1 & 2 \\ 1 & 2 & 0 \\ 2 & 0 & 3 \end{vmatrix} = -11 < 0$ und

$$|\widetilde{\mathbf{A}}| \underset{\uparrow}{=} (-1)^{1+2} \cdot \begin{vmatrix} 1 & 0 & 2 \\ 2 & 3 & 4 \\ 1 & 4 & 6 \end{vmatrix} + 2(-1)^{1+3} \cdot \begin{vmatrix} 1 & 2 & 2 \\ 2 & 0 & 4 \\ 1 & 2 & 6 \end{vmatrix} + 1(-1)^{1+4} \cdot \begin{vmatrix} 1 & 2 & 0 \\ 2 & 0 & 3 \\ 1 & 2 & 4 \end{vmatrix}$$

Entwicklung nach der 1.Zeile

$$= -12 + 2(-16) - (-16) = -28 < 0,$$

ist nach Satz 6.4 die quadratische Form Q($\boldsymbol{x}$) positiv definit unter der Nebenbedingung $x_1 + 2x_2 + x_3 = 0$.

b. Da $r = 2$, ist nur die (3 + 2)-reihige Determinante selbst zu überprüfen. Da

$$|\widetilde{\mathbf{A}}| = \begin{vmatrix} 0 & 0 & 1 & 3 & -1 \\ 0 & 0 & 0 & 1 & -4 \\ 1 & 0 & 4 & -1 & 0 \\ 3 & 1 & -1 & -14 & 6 \\ -1 & -4 & 0 & 6 & 9 \end{vmatrix} \underset{\uparrow}{=} \begin{vmatrix} 1 & 0 & 4 & -1 & 0 \\ 3 & 1 & -1 & -14 & 6 \\ 0 & 0 & 1 & 3 & -1 \\ 0 & 0 & 0 & 1 & -4 \\ -1 & -4 & 0 & 6 & 9 \end{vmatrix}$$

Vertauschung der 1. mit der 3. Zeile und der 2. mit der 4.Zeile

$$= \begin{vmatrix} 1 & 0 & 4 & -1 & 0 \\ 0 & 1 & -13 & -11 & 6 \\ 0 & 0 & 1 & 3 & -1 \\ 0 & 0 & 0 & 1 & -4 \\ 0 & -4 & 4 & 5 & 9 \end{vmatrix} = \begin{vmatrix} 1 & 0 & 4 & -1 & 0 \\ 0 & 1 & -13 & -11 & 6 \\ 0 & 0 & 1 & 3 & -1 \\ 0 & 0 & 0 & 1 & -4 \\ 0 & 0 & -48 & -39 & 33 \end{vmatrix}$$

$$= \begin{vmatrix} 1 & 0 & 4 & -1 & 0 \\ 0 & 1 & -12 & -11 & 6 \\ 0 & 0 & 1 & 3 & -1 \\ 0 & 0 & 0 & 1 & -4 \\ 0 & 0 & 0 & 105 & -15 \end{vmatrix} = \begin{vmatrix} 1 & 0 & 4 & -1 & 0 \\ 0 & 1 & -13 & -11 & 6 \\ 0 & 0 & 1 & 3 & -1 \\ 0 & 0 & 0 & 1 & -4 \\ 0 & 0 & 0 & 0 & 405 \end{vmatrix}$$

$$= 405 > 0$$

ist nach Satz 6.4 die quadratische Form $Q(\boldsymbol{x})$ positiv definit unter den Nebenbedingungen $x_1 + 3x_2 - x_3 = 0$ und $x_2 - 4x_3 = 0$. ♦

Aufgaben

6.1 Bestimmen Sie die Eigenwerte der quadratischen Formen
$Q_1(x, y) = 2x^2 + 2xy + y^2$
$Q_2(x, y) = -x^2 + 6xy - 2y^2$
$Q_3(x, y) = 8x^2 - 8xy + 2y^2$
Was läßt sich mit Hilfe der berechneten Eigenwerte über die Definitheit dieser quadratischen Formen aussagen?

6.2 Untersuchen Sie die nachfolgenden quadratischen Formen auf Definitheit.

a. $Q_1(x, y, z) = -x^2 + 4xy - 5y^2 - 2xz + 2yz - 7z^2$

b. $Q_2(x, y, z) = x^2 - 2xy + 4xz - 3y^2 + 3yz + z^2$

c. $Q_3(x, y, z) = (x, y, z) \cdot \begin{pmatrix} 3 & -1 & 0 \\ -5 & 2 & 0 \\ 0 & 2 & 5 \end{pmatrix} \cdot \begin{pmatrix} x \\ y \\ z \end{pmatrix}$

6.3 Überprüfen Sie die quadratischen Formen
$Q_1(x_1, x_2, x_3) = -3x_1^2 + 2x_1x_2 - 2x_1x_3 - 2x_2^2 + 4x_2x_3 - 5x_3^2$,
$Q_2(x_1, x_2, x_3) = 4x_1^2 + 6x_1x_3 + 2x_3^2$ und
$Q_3(x_1, x_2, x_3) = 2x_1^2 + 8x_1x_2 + 2x_1x_3 + 8x_2^2 + 4x_2x_3 + x_3^2$ auf Definitheit.

6.4 Ist die quadratische Form $Q(x_1, x_2, x_3) = 2x_1^2 - 2x_1x_2 - 12x_2^2 - x_3^2$ definit unter der Nebenbedingung $4x_1 + x_2 = 0$?

6.5 Gegeben sei die quadratische Form
$Q(\boldsymbol{x}) = x_1^2 + x_2^2 - 8x_3^2 + 2x_1x_2 - 10x_1x_3 - 4x_2x_3$.

a. Untersuchen Sie $Q(\boldsymbol{x})$ auf Definitheit.

b. Ist $Q(\boldsymbol{x})$ definit unter der Nebenbedingung $2x_1 + x_2 + 3x_3 = 0$?

c. Zeigen Sie, daß $Q(\boldsymbol{x})$ negativ definit ist unter den Nebenbedingungen $x_1 + x_2 + x_3 = 0$ und $2x_1 + x_2 = 0$.

6.6 Überprüfen Sie die nachfolgenden Quadratischen Formen auf Definitheit:

a. $$Q(x,y,z)=(x,y,z)\cdot\begin{pmatrix}2 & -1 & 0\\ -5 & 3 & 1\\ 0 & 3 & 5\end{pmatrix}\cdot\begin{pmatrix}x\\ y\\ z\end{pmatrix}$$

Stellen Sie $Q(x, y, z)$ auch in skalarer Schreibweise dar.

b. $Q(x,y,z)=-2x^2+2xz-2y^2+6yz-5z^2$

7. Relative Extrema von reellwertigen Funktionen mehrerer unabhängiger Variablen

Mit den im Kapitel 6 gewonnenen Kenntnissen über die Definitheit quadratischer Formen können wir nun auch hinreichende Bedingungen für das Vorliegen relativer Extrema von Funktionen mehrerer unabhängiger Variablen formulieren. Reellwertige Funktionen, die von mehr als einer unabhängigen Variablen abhängen, wurden schon im 7. Kapitel des ersten Bandes behandelt, vgl. [ROMMELFANGER 1995, S. 242-287].

Während aber dort die Untersuchungen bewußt beschränkt blieben auf den Fall mit zwei unabhängigen Variablen, der eine graphische Veranschaulichung im dreidimensionalen Raum ermöglicht, soll hier allgemein der Fall $n \geq 2$ betrachtet werden. Die im Band I gegebenen Definitionen und Sätze lassen sich ohne Schwierigkeiten auf den allgemeinen Fall übertragen.

7.1 Grundlagen

Definition 7.1:
Eine *reellwertige Funktion mehrerer reellwertiger Variablen* $x_1, x_2, \ldots, x_m$ ist definiert als eine Abbildung

$$\begin{aligned} f: \quad & D && \to \mathbf{R} && , D \subseteq \mathbf{R}^m \ , m \in \mathbf{N} \ , m \geq 2 \\ & (x_1, \ldots, x_m) && \mapsto x_{m+1} = f(x_1, \ldots, x_m) . \end{aligned}$$

Jede der Variablen $x_1, x_2, \ldots, x_m$ der Definitionsmenge D wird als *unabhängige Variable* oder als *Argument* der Funktion f bezeichnet.

< 7.1 >

a. Die Funktion mit der Zuordnungsvorschrift

$$f: (x, y) \to z = f(x, y) = x^3 + y^3 - 3x - 27y + 24$$

ist ein Polynom 3. Grades in den beiden unabhängigen Variablen x und y. Die größtmögliche Definitionsmenge ist $D = \mathbf{R}^2$.

b. Die Funktion mit der Zuordnungsvorschrift

$$\begin{aligned} g: (x_1, x_2, x_3) \to x_4 &= g(x_1, x_2, x_3) \\ &= 2x_1^2 - 2x_1x_2 - 2x_1 + 3x_2^2 - 4x_2 + x_3^4 + 4x_3 - 3 \end{aligned}$$

ist ein Polynom 4. Grades in den unabhängigen Variablen x_1, x_2 und x_3. Die größtmögliche Definitionsmenge für g ist $D = \mathbf{R}^3$. ◆

Definition 7.2:
Eine Funktion

$$f\colon \begin{array}{ccl} D & \rightarrow & \mathbf{R} \\ (x_1,\dots,x_m) & \mapsto & x_{m+1} = f(x_1,\dots,x_m) \end{array} \quad , D \subseteq \mathbf{R}^m \ , m \in \mathbf{N} \ , m \geq 2$$

heißt an der Stelle $\bar{\boldsymbol{x}}' = (\bar{x}_1,\dots,\bar{x}_m) \in D$ *partiell nach x_r differenzierbar* und man nennt die Zahl $f_{x_r}(\bar{\boldsymbol{x}})$ den Wert der nach x_r *gebildeten partiellen Ableitung von f*, wenn der Grenzwert

$$\lim_{x_r \to \bar{x}_r} \frac{f(\bar{x}_1,\dots,\bar{x}_{r-1},x_r,\bar{x}_{r+1},\dots,\bar{x}_m) - f(\bar{x}_1,\dots,\bar{x}_r,\dots,\bar{x}_m)}{x_r - \bar{x}_r}$$

$$= f_{x_r}(\bar{\boldsymbol{x}}) = \frac{\partial f}{\partial x_r}(\bar{\boldsymbol{x}}) \qquad \text{existiert; } r \in \{1,\dots,m\}.$$

< 7.2 > Die Funktionen in Beispiel < 7.1 > haben die partiellen Ableitungen

a. $f_x(x,y) = 3x^2 - 3 \ , \quad f_y(x,y) = 3y^2 - 27;$

b. $g_{x_1} = 4x_1 - 2x_2 - 2 \ , \quad g_{x_2} = -2x_1 + 6x_2 - 4 \ , \quad g_{x_3} = 4x_3^3 + 4.$ ◆

Definition 7.3:
Den Vektor des $\mathbf{R}^m$, dessen Komponenten durch die partiellen Ableitungen der Funktion

$$f\colon \begin{array}{ccl} D & \rightarrow & \mathbf{R} \\ (x_1,\dots,x_m) & \mapsto & x_{m+1} = f(x_1,\dots,x_m) \end{array} \quad , D \subseteq \mathbf{R}^m \ , m \in \mathbf{N} \ , m \geq 2$$

gegeben werden, bezeichnet man als den *Gradienten der Funktion f* und schreibt

$$\mathbf{grad}\, f(x_1,\dots,x_m) = (f_{x_1}(x_1,\dots,x_m), f_{x_2}(x_1,\dots,x_m),\dots, f_{x_m}(x_1,\dots,x_m)).$$

Der Gradientenvektor ist also eine Funktion der m unabhängigen Veränderlichen $x_1, x_2, \dots, x_m$.

< 7.3 > Zu den Funktionen in Beispiel < 7.1 > gehören die Gradientenvektoren

a. $\mathbf{grad}\, f(x,y) = (f_x(x,y), f_y(x,y)) = (3x^2 - 3,\ 3y^2 - 27)$,

b. $\mathbf{grad}\, g = (g_{x_1}, g_{x_2}, g_{x_3}) = (4x_1 - 2x_2 - 2,\ -2x_1 + 6x_2 - 4,\ 4x_3^3 + 4).$ ◆

> **Definition 7.4:**
> *Partielle Ableitungen höherer Ordnung* einer Funktion $f(x_1,x_2,...,x_m)$ erhält man, indem man die partiellen Ableitungen $f_{x_r}(\boldsymbol{x})$ nochmals partiell differenziert.

In der abgekürzten Schreibweise ,

z. B. $f_{x_1x_1}(\bar{x}) = \dfrac{\partial f_{x_1}}{\partial x_1}(\bar{x}) = \dfrac{\partial^2 f}{\partial x_1{}^2}(\bar{x})$,

$$f_{x_2x_3x_1}(\bar{x}) = \frac{\partial f_{x_2x_3}}{\partial x_1}(\bar{x}) = \frac{\partial}{\partial x_1}\left(\frac{\partial f_{x_2}}{\partial x_3}(\bar{x})\right)$$

$$= \frac{\partial}{\partial x_1}\left(\frac{\partial}{\partial x_3}\left(\frac{\partial f}{\partial x_2}(\bar{x})\right)\right) = \frac{\partial^3 f}{\partial x_1\,\partial x_3\,\partial x_2}(\bar{x}),$$

gibt die Anordnung der als tiefgestellte Indizes aufgeführten Variablen an, in welcher Reihenfolge die partiellen Ableitungen zu bilden sind.

< **7.4** > Partielle Ableitungen höherer Ordnung für die Funktionen in den Beispielen < 7.1 > und < 7.2 > sind z. B.:

a. $f_{xx}(x,y) = 6x$, $f_{xy}(x,y) = 0$, $f_{xxx}(x,y) = 6$,
$f_{yx}(x,y) = 0$, $f_{yy}(x,y) = 6y$, $f_{yyx}(x,y) = 0$.

b. $g_{x_1x_1}(x_1,x_2,x_3) = 4$, $g_{x_1x_2}(x_1,x_2,x_3) = -2$, $g_{x_1x_3}(x_1,x_2,x_3) = 0$,
$g_{x_2x_1}(x_1,x_2,x_3) = -2$, $g_{x_2x_2}(x_1,x_2,x_3) = 6$, $g_{x_2x_3}(x_1,x_2,x_3) = 0$,
$g_{x_3x_1}(x_1,x_2,x_3) = 0$, $g_{x_3x_2}(x_1,x_2,x_3) = 0$, $g_{x_3x_3}(x_1,x_2,x_3) = 12\,x_3^2$,

$g_{x_3x_3x_3}(x_1,x_2,x_3) = 24x_3$, $\dfrac{\partial^4 g}{\partial x_3{}^4}(x_1,x_2,x_3) = 24$,

$\dfrac{\partial^n g}{\partial x_3{}^n}(x_1,x_2,x_3) = 0 \quad \forall\ n = 5, 6,...$. ♦

Im obigen Beispiel < 7.4 > stimmen die *Kreuzableitungen* $f_{xy} = f_{yx} = 0$ und $g_{x_1x_2} = g_{x_2x_1} = -2$, usw. miteinander überein. Diese Eigenschaft gilt nicht allgemein, sondern beruht auf der Stetigkeit dieser partiellen Ableitungen.

Satz 7.1 *(Satz von* SCHWARZ):
xistieren für eine Funktion

$$f: \begin{array}{ccl} D & \to & \mathbf{R} \\ (x_1,\dots,x_m) & \mapsto & x_{m+1} = f(x_1,\dots,x_m) \end{array} \quad , D \subseteq \mathbf{R}^m \ , m \in \mathbf{N} \ , m \geq 2$$

alle partiellen Ableitungen k-ter Ordnung in einem Punkt $\bar{x} \in D$ und sind alle Ableitungen in $\bar{x}$ stetig, dann kommt es nicht auf die Reihenfolge an, in der diese partiellen Ableitungen (im Punkt $\bar{x}$) gebildet werden.

< 7.5 > Die als Polynom 6. Grades nach allen Variablen beliebig oft stetig differenzierbare Funktion $f(x,y,z) = 3x^4yz - 7xy^2z^3$ hat z. B. die partiellen Ableitungen

$$f_x = 12x^3yz - 7y^2z^3 , \qquad f_y = 3x^4z - 14xyz^3 , \qquad f_z = 3x^4y - 21xy^2z^2 ,$$

$$f_{xy} = 12x^3z - 14yz^3 = f_{yx} , \quad f_{xz} = 12x^3y - 21y^2z^2 = f_{zx} , \quad f_{yy} = -14xz^3 ,$$

$$f_{xyz} = 12x^3 - 42yz^2 = f_{yxz} = f_{xzy} = f_{zxy} , \qquad f_{yyx} = -14z^3 = f_{xyy} .$$

♦

Definition 7.5:
Die Matrix der partiellen Ableitungen 2. Ordnung einer Funktion

$$f: \begin{array}{ccl} D & \to & \mathbf{R} \\ (x_1,\dots,x_m) & \mapsto & x_{m+1} = f(x_1,\dots,x_m) \end{array} \quad , D \subseteq \mathbf{R}^m \ , m \in \mathbf{N} \ , m \geq 2$$

in einem Punkt $\bar{x} = (x_1,\dots,x_m) \in D$ wird als HESSE*sche Matrix* bezeichnet:

$$\mathbf{F}(\bar{x}) = \begin{pmatrix} f_{11}(\bar{x}) & f_{12}(\bar{x}) & \cdots & f_{1m}(\bar{x}) \\ \vdots & \vdots & & \vdots \\ f_{m1}(\bar{x}) & f_{m2}(\bar{x}) & \cdots & f_{mm}(\bar{x}) \end{pmatrix} \quad \text{mit} \quad f_{ij}(\bar{x}) = \frac{\partial^2 f}{\partial x_j \partial x_i}(\bar{x}).$$

< 7.6 > Die Funktionen in Beispiel < 7.1 > haben die HESSE*sche Matrix*

a. im Punkt (x, y):

$$\mathbf{F}(x,y) = \begin{pmatrix} 6x & 0 \\ 0 & 6y \end{pmatrix},$$

im Punkt (1, 2):

$$\mathbf{F}(1,2) = \begin{pmatrix} 6 & 0 \\ 0 & 12 \end{pmatrix},$$

b. im Punkt (x_1, x_2, x_3):

$$\mathbf{G}(x_1,x_2,x_3) = \begin{pmatrix} 4 & -2 & 0 \\ -2 & 6 & 0 \\ 0 & 0 & 12x_3^2 \end{pmatrix}$$

im Punkt (2, 0, 1):

$$\mathbf{G}(2,0,1) = \begin{pmatrix} 4 & -2 & 0 \\ -2 & 6 & 0 \\ 0 & 0 & 12 \end{pmatrix}$$

♦

Definition 7.6 (*Umgebungen*):
Eine Menge
$U_\delta(\bar{\boldsymbol{x}}) = \{\boldsymbol{x}' = (x_1,\dots,x_m) \in \mathbf{R}^m \,\big|\, |x_i - \bar{x}_i| < \delta_i,\ \delta_i > 0 \quad \forall\ i = 1,\dots,m\}$ heißt
eine *Rechteckumgebung des Punktes* $\bar{\boldsymbol{x}}$.
Eine Menge
$U_\delta(\bar{\boldsymbol{x}}) = \{\boldsymbol{x}' = (x_1,\dots,x_m) \in \mathbf{R}^m \,\Big|\, \sqrt{(x_1 - \bar{x}_1)^2 + \dots + (x_m - \bar{x}_m)^2} < \delta,\ \delta > 0\}$ heißt
δ-Umgebung des Punktes $\bar{\boldsymbol{x}}$.

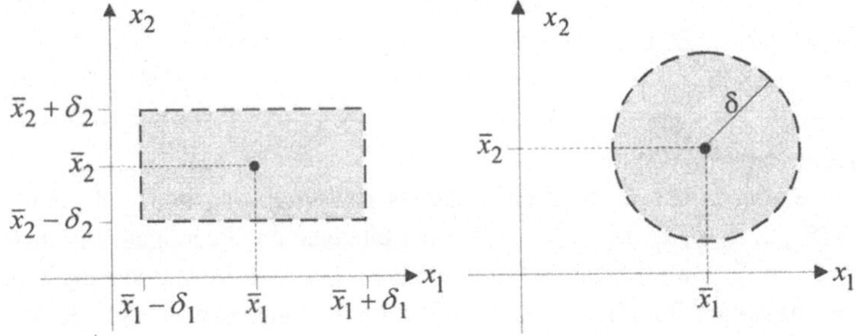

Abb. 7.1: Rechtecksumgebung

Abb. 7.2: δ- Umgebung

7.2 Relative Extrema (ohne Nebenbedingungen)

Definition 7.7:
Die Funktion

$$f:\ D \to \mathbf{R}, \quad (x_1,\dots,x_m) \mapsto x_{m+1} = f(x_1,\dots,x_m) \qquad , D \subseteq \mathbf{R}^m\ , m \in \mathbf{N}\ , m \geq 2$$

besitzt an der Stelle $\bar{\boldsymbol{x}}' = (\bar{x}_1,\dots,\bar{x}_m) \in D$ ein *relatives Maximum* (bzw. ein *relatives Minimum*), wenn es eine Umgebung $U(\bar{\boldsymbol{x}}) \subseteq D$ von $\bar{\boldsymbol{x}}$ gibt, so daß für alle $\boldsymbol{x}' = (x_1,\dots,x_m) \in U(\bar{\boldsymbol{x}})$ gilt:

$$f(\boldsymbol{x}) \leq f(\bar{\boldsymbol{x}}) \qquad (\text{bzw. } f(\boldsymbol{x}) \geq f(\bar{\boldsymbol{x}})).$$

< 7.7 > Die Funktion $f(x,y,z) = x^2 + y^2 + z^2$ besitzt ein relatives Minimum in $(\bar{x},\bar{y},\bar{z}) = (0, 0, 0)$, denn es gilt

$$f(x,y,z) = x^2 + y^2 + z^2 > f(\bar{x},\bar{y},\bar{z}) = 0 \quad \text{für alle } (x, y, z) \in \mathbf{R}^3 \setminus (0, 0, 0). \ ♦$$

Satz 7.2 (*Notwendige Bedingung für ein relatives Extremum*):
Ist die Funktion

$$f: \begin{array}{lll} D & \to & \mathbf{R} \\ (x_1,...,x_m) & \mapsto & x_{m+1} = f(x_1,...,x_m) \end{array} \quad , D \subseteq \mathbf{R}^m \ , m \in \mathbf{N} \ , m \geq 2$$

in einer Umgebung U($\bar{x}$) einer Stelle $\bar{x}' = (\bar{x}_1,...,\bar{x}_m) \in$ D partiell differenzierbar nach allen Variablen $x_1,...,x_m$, so kann sie in $\bar{x}$ nur dann ein relatives Extremum haben, wenn gilt

$$f_{x_1}(\bar{x}) = 0,\ f_{x_2}(\bar{x}) = 0, \ldots, f_{x_m}(\bar{x}) = 0\,. \tag{7.1}$$

Die Bedingung (7.1) läßt sich auch schreiben als

$$\mathbf{grad}\, f(\bar{x}) = \mathbf{0}\,. \tag{7.2}$$

Beweisskizze zu Satz 7.2:
Besitzt f in einem Punkt $\bar{x} \in$ D ein relatives Extremum, so muß jede Funktion $f_{(i)}(x_i) = f(\bar{x}_1,..., \bar{x}_{i-1}, x_i, \bar{x}_{i+1},..., \bar{x}_m)$ mit der einzigen unabhängigen Variablen x_i, $i \in \{1,..., m\}$, in $\bar{x}_i$ ein relatives Extremum haben. Da nach Voraussetzung $f_{(i)}$ eine in $\bar{x}_i$ differenzierbare Funktion ist, folgt mit Satz 6.12 aus Band I, vgl. [ROMMELFANGER 1995, S. 217]

$$\frac{df_{(i)}}{dx_i}(\bar{x}_i) = \frac{\partial f}{\partial x_i}(\bar{x}) = 0\,.$$

Definition 7.8:
Als *stationäre Stellen* der Funktion

$$f: \begin{array}{l} D \to \mathbf{R} \\ x \mapsto f(x) \end{array} \quad , D \subseteq \mathbf{R}^m \ , m \in \mathbf{N} \ , m \geq 2,$$

bezeichnet man die Stellen $\bar{x} \in$ D, die der Bedingung (7.1) genügen.

< 7.8 >
Betrachten wir nochmals die Funktionen aus den Beispielen < 7.1 > und < 7.2 >.

a. Da $f_x = 3x^2 - 3 = 0 \quad \Leftrightarrow \quad x = 1$ oder $x = -1$

$f_y = 3y^2 - 27 = 0 \quad \Leftrightarrow \quad y = 3$ oder $y = -3$

hat die Funktion $f(x,y) = x^3 + y^3 - 3x - 27y + 24$ die vier stationären Stellen
$P_1 = (1, 3)$, $P_2 = (1, -3)$, $P_3 = (-1, 3)$ und $P_4 = (-1, -3)$.

b. Da

$$\left.\begin{array}{l} g_{x_1} = 4x_1 - 2x_2 - 2 = 0 \Leftrightarrow 2x_1 = x_2 + 1 \\ g_{x_2} = -2x_1 + 6x_2 - 4 = 0 \Leftrightarrow 2x_1 = 6x_2 - 4 \end{array}\right\} \Leftrightarrow \left\{\begin{array}{l} x_1 = 1 \\ x_2 = 1 \end{array}\right. \quad \text{und}$$

$$g_{x_3} = 4x_3^3 + 4 = 0 \quad \Leftrightarrow \quad x_3 = -1$$

ist $P = (1, 1, -1)$ die einzige stationäre Stelle der Funktion

$$g(x_1, x_2, x_3) = 2x_1^2 - 2x_1x_2 - 2x_1 + 3x_2^2 - 4x_2 + x_3^4 + 4x_3 - 3 .$$ ♦

Nach Satz 7.2 kann eine im Innern von D nach allen Variablen differenzierbare Funktion $f: D \to \mathbf{R}$ höchstens in den stationären Stellen ein relatives Extremum besitzen. Wie das nachfolgende Beispiel zeigt, ist aber keineswegs gesichert, daß eine Funktion in einer stationären Stelle wirklich ein relatives Extremum aufweist.

< 7.9 > Die Funktion

$$f(x, y) = x^3 + y^3 - 3x - 27y + 24$$

hat in der stationären Stelle $P_2 = (1, -3)$, vgl. dazu Beispiel < 7.8 >, **kein** relatives Extremum, denn für genügend kleines $h > 0$ gilt:

$$\begin{aligned} f(1+h, -3) &\\ &= 1 + 3h + 3h^2 + h^3 - 27 - 3 - 3h + 81 + 24 \\ &= 76 + 3h^2 + h^3 > f(1,-3) = 76 \quad \forall\, h > 0 \end{aligned}$$

$$\begin{aligned} f(1, -3+h) &\\ &= 1 - 27 + 27h - 9h^2 + h^3 - 3 + 81 - 27h + 24 \\ &= 76 - 9h^2 + h^3 < f(1,-3) = 76 \quad \forall\, h > 0 \end{aligned}$$

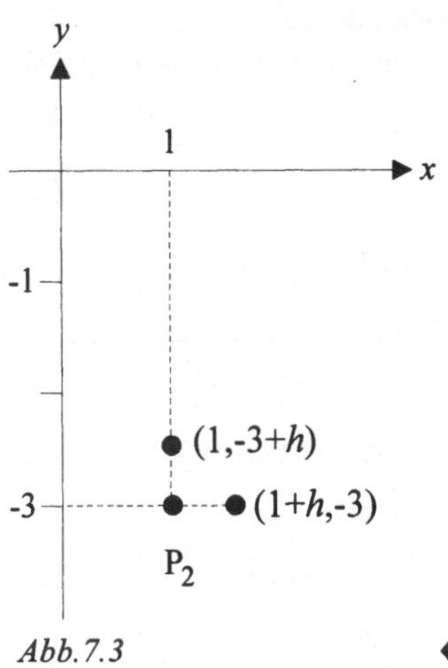

Abb. 7.3 ♦

Für Funktionen einer unabhängigen Variablen kennen wir aus Band I, vgl. [ROMMELFANGER 1995, S. 218], eine hinreichende Bedingung für das Vorliegen eines relativen Extremums. Der dort mit 6.13 nummerierte Satz wird nachstehend wiederholt.

> **Satz 7.3** (*Hinreichende Bedingung für ein relatives Extremum*):
> Ist eine Funktion $f: x \to f(x)$ in einer Umgebung einer Stelle x_0 zweimal stetig differenzierbar, so ist hinreichend dafür, daß
> f in x_0 ein relatives Maximum (bzw. ein relatives Minimum) hat, daß
> 1. $f'(x_0) = 0$ und
> 2. $f''(x_0) < 0$ (bzw. $f''(x_0) > 0$) ist .

Für diesen Satz 7.3 wollen wir einen weiteren Beweis geben, der auf der TAYLORschen Formel beruht und der auf Funktionen mehrerer Variablen übertragen werden kann.

In Band I, vgl. [ROMMELFANGER 1995, S. 234f] ist der Satz von TAYLOR wie folgt formuliert:

Satz 7.4 (*Satz von* TAYLOR):
Ist eine Funktion $f(x)$ $(n+1)$-mal differenzierbar in einem Intervall $]a, b[$, so existiert für beliebige Argumente $x, x_0 \in]a, b[$ eine Zahl x_1 mit $x_0 < x_1 < x$ bzw. $x < x_1 < x_0$, so daß

$$f(x) = \sum_{i=0}^{n} \frac{f^{(i)}(x_0)}{i!}(x - x_0)^i + \frac{f^{(n+1)}(x_1)}{(n+1)!}(x - x_0)^{n+1} . \tag{7.3}$$

Beweisskizze zu Satz 7.3:
Eine in x_0 zweimal stetig differenzierbare Funktion f läßt sich nach der TAYLOR-schen Formel (7.3) schreiben als

$$f(x) = f(x_0) + \frac{f'(x_0)}{1!}(x - x_0) + \frac{f''(x_0)}{2!}(x - x_0)^2 + R(x) .$$

Ist die Umgebung $U(x_0)$ klein genug, so kann das Restglied $R(x)$ vernachlässigt werden, da $\frac{R(x)}{(x-x_0)^2} \xrightarrow[x \to x_0]{} 0$.

(Man mache sich an Zahlenbeispielen $x - x_0 = \frac{1}{10^k}$, $k = 1, 2,...$, klar, daß die Quotienten $\frac{(x-x_0)^n}{(x-x_0)^2}$ für $n = 3, 4,...$ immer kleiner werden, je größer k und je größer n werden).

Gilt nun in einer Umgebung $U(x_0)$ einer Stelle x_0

$$f(x) \approx f(x_0) + f'(x_0) \cdot (x - x_0) + \frac{f''(x_0)}{2!} \cdot (x - x_0)^2 > f(x_0) \text{ (bzw. } < f(x_0)) ,$$

so hat f gemäß Definition 7.7 in x_0 ein relatives Minimum (bzw. ein relatives Maximum).

Die vorstehenden Überlegungen lassen sich auf Funktionen mehrerer reeller Variablen erweitern. Dabei wird die folgende, auf den Fall $n = 2$ beschränkte Verallgemeinerung des Satzes von TAYLOR benutzt:

Satz 7.5:
Die Funktion

$$\begin{array}{llll} f: & D & \to \mathbf{R} & , D \subseteq \mathbf{R}^m \ , m \in \mathbf{N} \ , m \geq 2 \\ & (x_1,...,x_m) & \mapsto x_{m+1} = f(x_1,...,x_m) & \end{array}$$

habe in einer Umgebung $U(\bar{x}) \subseteq D$ einer Stelle $\bar{x}$ stetige partielle Ableitungen 2. Ordnung. Dann läßt sich die Funktion f in der Umgebung $U(\bar{x})$ schreiben als

$$f(x) = f(\bar{x}) + f_{x_1}(\bar{x})\cdot dx_1 + f_{x_2}(\bar{x})\cdot dx_2 + \cdots + f_{x_m}(\bar{x})\cdot dx_m$$
$$+\tfrac{1}{2} f_{11}(\bar{x})dx_1 dx_1 + \tfrac{1}{2} f_{12}(\bar{x})dx_1 dx_2 + \cdots + \tfrac{1}{2} f_{1m}(\bar{x})dx_1 dx_m$$
$$+\tfrac{1}{2} f_{21}(\bar{x})dx_2 dx_1 + \tfrac{1}{2} f_{22}(\bar{x})dx_2 dx_2 + \cdots + \tfrac{1}{2} f_{2m}(\bar{x})dx_2 dx_m$$
$$\vdots \qquad\qquad \vdots \qquad\qquad \vdots$$
$$+\tfrac{1}{2} f_{m1}(\bar{x})dx_m dx_1 + \tfrac{1}{2} f_{m2}(\bar{x})dx_m dx_2 + \cdots + \tfrac{1}{2} f_{mm}(\bar{x})dx_m dx_m$$
$$+ R(dx_1, \ldots, dx_m) .$$

Dabei sind die Abkürzungen dx_i und f_{ij} definiert als

$$dx_i = x_i - \bar{x}_i \quad \text{und} \quad f_{ij}(\bar{x}) = \frac{\partial^2 f}{\partial x_j \, \partial x_i}(\bar{x}) \quad \forall\, i, j = 1, \ldots, m .$$

Das Restglied $R(dx_1, \ldots, dx_m)$ hat die Eigenschaft, daß es mit $\boldsymbol{x} - \bar{\boldsymbol{x}} = (dx_1, \ldots, dx_m)'$ gegen 0 konvergiert.

Mit dem Vektor $\boldsymbol{h}' = (dx_1, \ldots, dx_m)$ und der HESSEschen Matrix $\mathbf{F}(\bar{\boldsymbol{x}}) = (f_{ij}(\bar{\boldsymbol{x}}))$ läßt sich die TAYLORsche Formel in Matrizenschreibweise abgekürzt darstellen als

$$f(\boldsymbol{x}) = f(\bar{\boldsymbol{x}}) + \mathbf{grad}\, f(\bar{\boldsymbol{x}})\cdot \boldsymbol{h} + \tfrac{1}{2} \cdot \boldsymbol{h}'\cdot \mathbf{F}(\bar{\boldsymbol{x}})\cdot \boldsymbol{h} + R(\boldsymbol{h}) . \qquad (7.4)$$

< **7.10** > Für die Funktion $f(x,y) = x^3 + y^3 - 3x - 27y + 24$ gilt, vgl. für die Zwischenrechnung die Beispiele < 7.2 > und < 7.6 >,

$$\begin{aligned} f(x,y) - f(\bar{x},\bar{y}) &= x^3 + y^3 - 3x - 27y + 24 - (\bar{x}^3 + \bar{y}^3 - 3\bar{x} - 27\bar{y} + 24) \\ &= (3\bar{x}^2 - 3)\cdot(x - \bar{x}) + (3\bar{y}^2 - 27)\cdot(y - \bar{y}) \\ &\quad + \tfrac{1}{2}(x - \bar{x}, y - \bar{y})\cdot \begin{pmatrix} 6\bar{x} & 0 \\ 0 & 6\bar{y} \end{pmatrix} \cdot \begin{pmatrix} x - \bar{x} \\ y - \bar{y} \end{pmatrix} \\ &\quad + \tfrac{1}{3!}[6(x - \bar{x})^3 + (y - \bar{y})^3] . \end{aligned}$$ ♦

Da eine stationäre Stelle $\bar{\boldsymbol{x}}$ die notwendige Bedingung $\mathbf{grad}\, f(\bar{\boldsymbol{x}}) = \mathbf{0}$ erfüllt, ist hinreichend dafür, daß f in $\bar{\boldsymbol{x}}$ relatives Minimum hat, daß gilt

$$\boldsymbol{h}'\cdot \mathbf{F}(\bar{\boldsymbol{x}})\cdot \boldsymbol{h} > 0 \qquad \text{für alle Vektoren } \boldsymbol{h} \neq \mathbf{0} \text{ aus einer Umgebung von } \mathbf{0}.$$

Da die Umgebung beliebig klein gewählt werden darf, kann das Restglied $R(\boldsymbol{h})$ vernachlässigt werden. Es gilt somit der

Satz 7.6 (*Hinreichende Bedingung für ein relatives Extremum*):
Die Funktion

$$f: \begin{array}{lll} D & \to & \mathbf{R} \\ (x_1,...,x_m) & \mapsto & x_{m+1} = f(x_1,...,x_m) \end{array} \quad , D \subseteq \mathbf{R}^m \ , m \in \mathbf{N} \ , m \geq 2$$

besitze in $\bar{x} = (\bar{x}_1,...,\bar{x}_m)$ eine stationäre Stelle, d. h. **grad** $f(\bar{x}) = \mathbf{0}$, und habe in $\bar{x}$ stetige partielle Ableitungen 2. Ordnung.

Aus der Definitheit der HESSEschen Matrix $\mathbf{F}(\bar{x})$ der Funktion f im Punkt $\bar{x}$ lassen sich dann die nachstehenden Schlüsse ziehen:

Ist die HESSEsche Matrix $\mathbf{F}(\bar{x})$ im Punkt $\bar{x}$

- **positiv definit**, dann hat f in $\bar{x}$ ein **relatives Minimum**,
- **negativ definit**, dann hat f in $\bar{x}$ ein **relatives Maximum**,
- **indefinit**, dann liegt in $\bar{x}$ **kein relatives Extremum** vor.
- Ist dagegen $\mathbf{F}(\bar{x})$ **positiv semidefinit** oder **negativ semidefinit**, so kann noch **keine Aussage** über das Vorliegen eines relativen Extremums in $\bar{x}$ gemacht werden.

< 7.11 > Für die Funktionen f und g aus Beispiel < 7.1 >, deren stationäre Stellen in Beispiel < 7.8 > bestimmt wurden, lassen sich mit Hilfe des Satzes 7.6 die folgenden Aussagen über relative Extrema machen:

a. $f(x,y) = x^3 + y^3 - 3x - 27y + 24$

in $\mathbf{P_1}$ = (1, 3):

Da $|\mathbf{F}(1,3)| = \begin{vmatrix} 6 & 0 \\ 0 & 18 \end{vmatrix} = 108 > 0$ und $6 > 0$, ist $\mathbf{F}(1, 3)$ positiv definit

$\Rightarrow$ f hat in $P_1 = (1, 3)$ ein relatives Minimum;

in $\mathbf{P_2}$ = (1, -3):

Da $|\mathbf{F}(1,-3)| = \begin{vmatrix} 6 & 0 \\ 0 & -18 \end{vmatrix} = -108 < 0$, ist $\mathbf{F}(1, -3)$ indefinit

$\Rightarrow$ f hat in $P_2 = (1, 3)$ kein relatives Extremum

in $\mathbf{P_3}$ = (1, -3):

Da $|\mathbf{F}(-1,3)| = \begin{vmatrix} -6 & 0 \\ 0 & 18 \end{vmatrix} = -108 < 0$, ist $\mathbf{F}(-1, 3)$ indefinit

$\Rightarrow$ f hat in $P_3 = (-1, 3)$ kein relatives Extremum;

in $P_4 = (-1, -3)$:

Da $\left|\mathbf{F}(-1,-3)\right| = \begin{vmatrix} -6 & 0 \\ 0 & -18 \end{vmatrix} = 108 > 0$ und $-6 < 0$, ist $\mathbf{F}(-1, -3)$ negativ definit

$\Rightarrow f$ hat in $P_4 = (-1, -3)$ ein relatives Maximum.

b. $g(x_1, x_2, x_3) = 2x_1^2 - 2x_1x_2 - 2x_1 + 3x_2^2 - 4x_2 + x_3^4 + 4x_3 - 3$

Da $\left|\mathbf{G}(1, 1, -1)\right| = \begin{vmatrix} 4 & -2 & 0 \\ -2 & 6 & 0 \\ 0 & 0 & 12 \end{vmatrix} = 288 - 48 = 240 > 0$,

$4 > 0$ und $\begin{vmatrix} 4 & -2 \\ -2 & 6 \end{vmatrix} = 20 > 0$, ist $\mathbf{G}(1, 1, -1)$ positiv definit

$\Rightarrow$ Die Funktion g hat in $(1, 1, -1)$ ein relatives Minimum. ♦

< 7.12 > Untersuchen Sie, ob die Funktion

$$f(x,y,z) = 2x^2 - 3xz^2 + y^3 + 3z^2 - 3y + 3$$

ein relatives Extremum besitzt an der Stelle

a. $P_1 = (0, 1, 0)$; **b.** $P_2 = (2, 0, 1)$; **c.** $P_3 = (1, -1, \frac{2}{\sqrt{3}})$.

Lösung: Das nach allen drei unabhängigen Variablen beliebig oft partiell differenzierbare Polynom f hat an einer Stelle (x, y, z) nur dann ein relatives Extremum, wenn (x, y, z) eine stationäre Stelle von f ist.

	für	P_1	P_2	P_3
$f_x = 4x - 3z^2$	=	0	5	0
$f_y = 3y^2 - 3$	=	0	-3	0
$f_z = -6xz + 6z$	=	0	-6	0

Nur die Stellen P_1 und P_3 kommen für ein relatives Extremum in Frage.
Da P_2 keine stationäre Stelle ist, hat f in $P_2 = (2, 0, 1)$ kein relatives Extremum.

Die HESSEsche Matrix der Funktion f ist gleich

$$\mathbf{F}(x, y, z) = \begin{pmatrix} 4 & 0 & -6z \\ 0 & 6y & 0 \\ -6z & 0 & -6x + 6 \end{pmatrix}.$$

in $P_1 = (0, 1, 0)$:

Da $\left|\mathbf{F}(0, 1, 0)\right| = \begin{vmatrix} 4 & 0 & 0 \\ 0 & 6 & 0 \\ 0 & 0 & 6 \end{vmatrix} = 144 > 0$, $4 > 0$ und $\begin{vmatrix} 4 & 0 \\ 0 & 6 \end{vmatrix} = 24 > 0$,

ist $\mathbf{F}(0, 1, 0)$ positiv definit.

$\Rightarrow$ f hat in $P_1 = (0, 1, 0)$ ein relatives Minimum.

in $P_3 = (1, -1, \frac{2}{\sqrt{3}})$:

Da $\left|\mathbf{F}(1, -1, \frac{2}{\sqrt{3}})\right| = \begin{vmatrix} 4 & 0 & -4\sqrt{3} \\ 0 & -6 & 0 \\ -4\sqrt{3} & 0 & 0 \end{vmatrix} = 288 > 0,$

$4 > 0$ und $\begin{vmatrix} 4 & 0 \\ 0 & -6 \end{vmatrix} = -24 < 0$, ist $\mathbf{F}(1, -1, \frac{2}{\sqrt{3}})$ indefinit

$\Rightarrow$ f hat in $P_3 = (1, -1, \frac{2}{\sqrt{3}})$ kein relatives Extremum. ♦

< 7.13 > Untersuchen Sie die Funktion

$f(x, y, z) = 2x^2 + y^3 + z^2$ auf relative Extrema.

Lösung: Die beliebig oft differenzierbare Funktion f hat an einer Stelle (x, y, z) höchstens dann ein relatives Extremum, wenn

$$\mathbf{grad}\, f = (4x, 3y^2, 2z) = (0, 0, 0).$$

Die einzige stationäre Stelle von f ist dann $P = (0, 0, 0)$.

Die HESSEsche Matrix von f ist gleich $\mathbf{F}(x, y, z) = \begin{pmatrix} 4 & 0 & 0 \\ 0 & 6y & 0 \\ 0 & 0 & 2 \end{pmatrix}$.

Da $|\mathbf{F}(0, 0, 0)| = \begin{vmatrix} 4 & 0 & 0 \\ 0 & 0 & 0 \\ 0 & 0 & 2 \end{vmatrix} = 0$, $4 > 0$ und $\begin{vmatrix} 4 & 0 \\ 0 & 0 \end{vmatrix} = 0$

ist $\mathbf{F}(0, 0, 0)$ positiv semidefinit

$\Rightarrow$ Der Satz 7.6 erlaubt keine Aussage über das Vorliegen eines relativen Extremums in P.

Da $f(0, h, 0) = h^3 > 0 = f(0, 0, 0) \quad \forall\ h > 0$

und $f(0, -h, 0) = -h^3 < 0 = f(0, 0, 0) \quad \forall\ h > 0$,

hat f in $(0, 0, 0)$ kein relatives Extremum. ♦

Bei realen Problemen reicht es im allgemeinen nicht aus, nur die relativen Extrema der interessierenden ökonomischen Funktionen zu bestimmen. Gefragt ist zumeist die Stelle, an der die Funktion ihr **absolutes** Maximum bzw. Minimum über der Definitionsmenge annimmt. Besteht z. B. das einzige Ziel eines Unternehmers in der Gewinnmaximierung, dann handelt er nur dann rational, wenn er so produziert, daß er den **absolut** höchstmöglichen Gewinn erreicht.

Die Berechnung der relativen Extremwerte ist lediglich ein wichtiger Schritt auf dem Wege der Bestimmung des gesuchten absoluten Extremums, da eine über einer abgeschlossenen Menge stetige Funktion ihr absolutes Minimum bzw. Maximum nur am Rande der Definitionsmenge annimmt oder in einer Stelle im Innern, in der die Funktion ein entsprechendes **relatives** Extremum aufweist.

In vielen ökonomischen Anwendungen ist die Definitionsmenge D der zu maximierenden bzw. zu minimierenden Zielfunktion keine einfach strukturierte Menge wie $\mathbf{R}_0^n$ oder das cartesische Produkt von Teilmengen von **R**, sondern die Elemente von D müssen Nebenbedingungen genügen, die in Form von Gleichungen vorgegeben sind. Im Gegensatz zu den linearen Modellen in den beiden ersten Kapiteln dieses Buches wollen wir nun aber zulassen, daß die Zielfunktion und/oder die Nebenbedingung(en) nichtlineare Ausdrücke sind.

7.3 Relative Extrema mit Nebenbedingungen

Betrachten wir als Einführung in diese Thematik das nachfolgende Beispiel.

< 7.14 > Ein Unternehmen hat drei voneinander unabhängige Fertigungsbetriebe. Der Gewinn in jedem Betrieb ist eine Funktion des eingesetzten Kapitals. Bezeichnet man mit K_1, K_2 und K_3 die eingesetzten Kapitalmengen in den drei Betrieben, so betragen die Gewinne $G_1 = 100 \cdot \sqrt{K_1}$, $G_2 = 120 \cdot \sqrt{K_2}$ und $G_3 = 160 \cdot \sqrt{K_3}$ DM.

Die gesamte verfügbare Kapitalmenge beträgt $K = 4.000.000$ DM. Wieviel Kapital soll das Unternehmen den drei Betrieben zur Verfügung stellen, wenn es den Unternehmensgewinn maximieren will ?

Lösung: Da jede dieser Gewinnfunktionen eine monoton steigende Funktion der eingesetzten Kapitalmenge ist, kann der maximale Unternehmensgewinn nur dann erzielt werden, wenn die gesamte verfügbare Kapitalmenge eingesetzt wird. Die Aufgabe besteht also in der Bestimmung des absoluten Maximums der Gewinnfunktion

$$\begin{aligned} G(K_1, K_2, K_3) &= G_1(K_1) + G_2(K_2) + G_3(K_3) \\ &= 100 \cdot \sqrt{K_1} + 120 \cdot \sqrt{K_2} + 160 \cdot \sqrt{K_3} \end{aligned}$$

unter Beachtung der Nebenbedingung

$$K(K_1, K_2, K_3) = K_1 + K_2 + K_3 - 4.000.000 = 0.$$

Da diese Nebenbedingung sich in der gesamten Definitionsmenge $D = \mathbf{R}_0^3$ **eindeutig** nach einer der Variablen, z. B. nach K_1, auflösen läßt, kann diese Variable in der Unternehmensgewinnfunktion $G(K_1, K_2, K_3)$ durch die implizite Funktion

$$K_1 = h(K_2, K_3) = 4.000.000 - K_2 - K_3$$

$$K_1 = h(K_2, K_3) = 4.000.000 - K_2 - K_3$$

ersetzt werden. Die Aufgabe besteht dann in der Bestimmung des (absoluten) Maximums der Funktion

$$\begin{aligned}\overline{G}(K_2, K_3) &= G(K_1 = h(K_2, K_3), K_2, K_3) \\ &= 100 \cdot \sqrt{4.000.000 - K_2 - K_3} + 120 \cdot \sqrt{K_2} + 160 \cdot \sqrt{K_3}\,.\end{aligned}$$

Aus I. $\overline{G}_{K_2} = \dfrac{-50}{\sqrt{4.000.000 - K_2 - K_3}} + \dfrac{60}{\sqrt{K_2}} = 0$

II. $\overline{G}_{K_3} = \dfrac{-50}{\sqrt{4.000.000 - K_2 - K_3}} + \dfrac{80}{\sqrt{K_3}} = 0$

folgt: $\dfrac{3}{\sqrt{K_2}} = \dfrac{4}{\sqrt{K_3}} \quad \Leftrightarrow \quad$ III. $K_3 = \frac{16}{9} K_2$.

III. in I. eingesetzt ergibt : $5 \cdot \sqrt{K_2} = 6 \cdot \sqrt{4.000.000 - K_2 - \frac{16}{9} K_2}$

$$\Leftrightarrow \; 125 K_2 = 36 \cdot 4.000.000 \; \Leftrightarrow \; K_2 = 1.152.000\;.$$

Setzt man $K_2^* = 1.152.000$ in III ein, so ergibt sich $K_3^* = 2.048.000$.
Durch Einsetzen dieser Werte in die implizite Funktion errechnet man dann

$$K_1^* = 4.000.000 - 1.152.000 - 2.048.000 = 800.000.$$

Betrachten wir nun die HESSEsche Matrix von $G(K_2, K_3)$

$$\overline{\mathbf{G}} = \begin{pmatrix} \dfrac{-25}{\sqrt{(4.000.000 - K_2 - K_3)^3}} - \dfrac{30}{\sqrt{(K_2)^3}} & \dfrac{-25}{\sqrt{(4.000.000 - K_2 - K_3)^3}} \\ \dfrac{-25}{\sqrt{(4.000.000 - K_2 - K_3)^3}} & \dfrac{-25}{\sqrt{(4.000.000 - K_2 - K_3)^3}} - \dfrac{40}{\sqrt{(K_3)^3}} \end{pmatrix}.$$

Da

$$\left|\overline{\mathbf{G}}(K_2, K_3)\right| = \frac{25}{\sqrt{(4.000.000 - K_2 - K_3)^3}} \left(\frac{40}{\sqrt{(K_3)^3}} + \frac{30}{\sqrt{(K_2)^3}} \right) + \frac{30 \cdot 40}{\sqrt{(K_2 \cdot K_3)^3}} > 0$$

und $\overline{G}_{K_2 K_2} < 0$ für alle $K_2, K_3 > 0$,

hat die Funktion $\overline{G}$ nach Satz 7.6 in $(K_2^*, K_3^*) = (1.152.000,\ 2.048.000)$ ein relatives Maximum.

Da auch $\overline{G}_{K_3 K_3} < 0$ für alle $K_2, K_3 > 0$, sind alle Vertikalschnitte senkrecht zur K_2- bzw. senkrecht zur K_3-Achse konkave Kurven, so daß $\overline{G}$ in (K_2^*, K_3^*) auch das absolute Maximum auf $\mathbf{R}_0^2$ aufweist.

Daraus folgt, daß die Gewinnfunktion $G(K_1, K_2, K_3)$ in

$$(K_1^*, K_2^*, K_3^*) = (800.000,\ 1.152.000,\ 2.048.000)$$

ein relatives und absolutes Maximum besitzt unter der Nebenbedingung

$$4.000.000 - K_1 - K_2 - K_3 = 0.$$

Das Unternehmen erzielt also einen maximalen Gesamtgewinn, wenn die Kapitalmenge so auf die drei Betriebe aufgeteilt wird, daß

$K_1 = 800.000$ DM, $K_2 = 1.152.000$ DM und $K_3 = 2.048.000$ DM sind. ♦

Der im vorstehenden Beispiel benutzte Lösungsweg ist nur dann verwendbar, wenn sich die Nebenbedingungsgleichung in der gesamten vorgegebenen Definitionsmenge **eindeutig** nach einer der Variablen auflösen läßt.

In Band I, vgl. [ROMMELFANGER 1995, S. 264 - 267], wird anhand von Beispielen untersucht, wann durch eine Gleichung $g(x, y) = 0$ eine Funktion *implizit* gegeben wird. Die dort gegebene Definition 7.7 und der Satz 7.5 lassen sich auf Gleichungen mit mehr als zwei Variablen verallgemeinern. Der besseren Übersicht wegen sind beide Aussagen nachstehend nur für den Fall mit drei Variablen formuliert.

Definition 7.9:
Ist die durch eine Gleichung der Form $g(x, y, z) = 0$ dargestellte Punktmenge des $\mathbf{R}^3$ in der ganzen Definitionsmenge oder in einer Teilmenge das Bild einer eindeutig bestimmten Funktion $x = h_1(y, z)$ oder $y = h_2(x, z)$ oder $z = h_3(x, y)$, dann nennt man h_1, h_2 bzw. h_3 eine *unentwickelte* oder *implizite Funktion*. Man sagt auch, sie sei *implizit* durch die Gleichung $g(x, y, z) = 0$ gegeben.

Satz 7.7:
Es sei $g(x, y, z)$ eine in einer Menge $D \subseteq \mathbf{R}^3$ definierte und stetige Funktion, und es gebe eine Stelle $(\bar{x}, \bar{y}, \bar{z}) \in D$, für welche die folgenden drei Bedingungen erfüllt sind:

a. In $(\bar{x}, \bar{y}, \bar{z})$ hat g den Wert 0, d. h. $g(\bar{x}, \bar{y}, \bar{z}) = 0$.

b. Es gibt eine Umgebung der Stelle $(\bar{x}, \bar{y}, \bar{z})$, in der eine der partiellen Ableitungen g_x, g_y bzw. g_z existiert und stetig ist.

c. Dieselbe partielle Ableitung ist in $(\bar{x}, \bar{y}, \bar{z})$ von Null verschieden.

Es gelten dann die beiden folgenden Aussagen:

1. Sind die Voraussetzungen b. und c. ohne Beschränkung der Allgemeinheit für g_z erfüllt, so läßt sich nach Wahl einer beliebigen, nicht zu großen positiven Zahl $\varepsilon > 0$ eine andere positive Zahl δ so angeben, daß genau eine

Funktion $z = h(x, y)$ existiert, die für alle (x, y) aus der δ-Umgebung der Stelle $(\bar{x}, \bar{y})$ die Gleichung
$g(x, y, h(x, y)) = 0$ und die Ungleichung $| h(x, y) - \bar{z} | < \varepsilon$ erfüllt.

2. Sind die Voraussetzung b. für alle partiellen Ableitungen g_x, g_y und g_z und die Voraussetzung c. für die Ableitung g_z erfüllt, so ist die Funktion h in der δ-Umgebung von $(\bar{x}, \bar{y})$ partiell nach x und y differenzierbar und es gilt:

$$h_x(\bar{x}, \bar{y}) = -\frac{g_x(\bar{x}, \bar{y}, \bar{z})}{g_z(\bar{x}, \bar{y}, \bar{z})}, \qquad h_y(\bar{x}, \bar{y}) = -\frac{g_y(\bar{x}, \bar{y}, \bar{z})}{g_z(\bar{x}, \bar{y}, \bar{z})} . \tag{7.5}$$

< 7.15 > Die Funktion $g(x, y, z) = x^2 + y^2 + z^2 - 1$ ist als Polynom 2. Grades in x, y und z im ganzen $\mathbf{R}^3$ definiert und nach allen Variablen beliebig oft partiell differenzierbar. Die Gleichung $g(x, y, z) = x^2 + y^2 + z^2 - 1 = 0$, deren Graph den Mantel einer Einheitskugel mit dem Zentrum im Ursprung des Koordinatensystems darstellt, ist in der gesamten Definitionsmenge nach keiner der Variablen eindeutig auflösbar, wohl aber in Teilmengen des $\mathbf{R}^3$.

Betrachten wir z. B. die Auflösung dieser Gleichung nach der Variablen z, so ergeben sich die beiden Funktionen

$z = h_1(x, y) = +\sqrt{1 - x^2 - y^2}$ für die Teilmenge des $\mathbf{R}^3$ mit $z > 0$ und

$z = h_2(x, y) = -\sqrt{1 - x^2 - y^2}$ für die Teilmenge des $\mathbf{R}^3$ mit $z < 0$.

Für $z = 0$ gibt es keine eindeutige Auflösung der Gleichung nach z.

Der Punkt $(\bar{x}, \bar{y}, \bar{z}) = (\frac{1}{\sqrt{3}}, \frac{1}{\sqrt{3}}, \frac{1}{\sqrt{3}})$ genügt der Gleichung $g(x, y, z) = 0$ und der Funktion $z = h_1(x, y) = +\sqrt{1 - x^2 - y^2}$.

Da $\frac{\partial h_1}{\partial x} = \frac{-2x}{2\sqrt{1 - x^2 - y^2}}$ und $\frac{\partial h_1}{\partial y} = \frac{-2y}{2\sqrt{1 - x^2 - y^2}}$, hat h_1 in $(\frac{1}{\sqrt{3}}, \frac{1}{\sqrt{3}})$ die partiellen Ableitungen $(h_1)_x(\bar{x}, \bar{y}) = -1$ und $(h_1)_y(\bar{x}, \bar{y}) = -1$.

Die Funktion $g(x, y, z) = x^2 + y^2 + z^2 - 1$ erfüllt aber in $(\bar{x}, \bar{y}, \bar{z})$ die Voraussetzungen des Satzes 7.7, so daß sich die partiellen Ableitungen der Funktion h_1 auch gemäß (7.5) berechnen lassen.

Aus $g_x(x, y, z) = 2x$, $\quad g_y(x, y, z) = 2y$, $\quad g_z(x, y, z) = 2z$

$g_x(\bar{x}, \bar{y}, \bar{z}) = \frac{2}{\sqrt{3}}$, $\quad g_y(\bar{x}, \bar{y}, \bar{z}) = \frac{2}{\sqrt{3}}$, $\quad g_z(\bar{x}, \bar{y}, \bar{z}) = \frac{2}{\sqrt{3}} \neq 0$

errechnet man $(h_1)_x(\bar{x}, \bar{y}) = -1$ und $(h_1)_y(\bar{x}, \bar{y}) = -1$. ♦

Betrachten wir nun die beiden folgenden Aufgaben:

< 7.16 > Bestimmen Sie die relativen Extrema der Funktion

$$f: (x, y, z) \to f(x, y, z) = x + y + z$$

unter der Nebenbedingung

$$g(x, y, z) = x^2 + y^2 + z^2 - 1 = 0 .$$ ♦

< 7.17 > Bestimmen Sie die relativen Extrema der Funktion

$$f: (x, y, z) \to f(x, y, z) = x^2 + y^2 + z^2$$

unter Beachtung der Nebenbedingungen

$$g_1(x, y, z) = x^2 + y^2 - 1 = 0 \qquad \text{und} \qquad g_2(x, y, z) = y^2 + z^2 - 1 = 0 .$$ ♦

Weder in Beispiel < 7.16 > noch in Beispiel < 7.17 > ist es möglich, die Nebenbedingung(en) im $\mathbf{R}^3$ nach einer der Variablen eindeutig aufzulösen. Die in Beispiel <7.14> benutzte *Reduktionsmethode* läßt sich daher hier nicht anwenden.

Wir wollen deshalb einen neuen Lösungsweg entwickeln, der im wesentlichen auf dem Satz 7.7 basiert. (Vgl. hierzu auch das analoge Vorgehen für Funktionen mit zwei unabhängigen Variablen im Band I auf den Seiten S. 280-281.)

Um eine **notwendige Bedingung** für das Vorliegen eines relativen Extremums zu finden, gehen wir von der Annahme aus, daß die Funktion $f(x, y, z)$ an der Stelle $\overline{P} = (\bar{x}, \bar{y}, \bar{z})$ ein relatives Extremum besitzt unter Beachtung der gegebenen Nebenbedingung $g(x, y, z) = 0$. Dann muß der Punkt $\overline{P} = (\bar{x}, \bar{y}, \bar{z})$ auf jeden Fall der Nebenbedingung genügen, so daß wir als erste notwendige Bedingung erhalten

N.1 $\quad g(x, y, z) = 0.$

Nehmen wir nun weiter an, daß die Funktionen f und g in einer Umgebung von $\overline{P}$ nach allen unabhängigen Variablen partiell differenzierbar und daß die partiellen Ableitungen nach einer der Variablen an der Stelle $(\bar{x}, \bar{y}, \bar{z})$ von Null verschieden sind. Ohne Beschränkung der Allgemeinheit sei z diese Variable, so daß

$$f_z(\bar{x}, \bar{y}, \bar{z}) \neq 0 \quad \text{und} \quad g_z(\bar{x}, \bar{y}, \bar{z}) \neq 0.$$

Damit erfüllt g an der Stelle $(\bar{x}, \bar{y}, \bar{z})$ die Voraussetzungen des Satzes 7.7, und die Nebenbedingung $g(x, y, z) = 0$ läßt sich in einer Umgebung $U(\bar{x}, \bar{y}, \bar{z})$ von $\overline{P}$ eindeutig nach der Variablen z auflösen.

Sei $z = h(x, y)$ diese implizite Funktion, so gilt

$$\{(x, y, z) \in U(\bar{x}, \bar{y}, \bar{z}) \mid g(x, y, z) = 0\} = \{(x, y, z) \in U(\bar{x}, \bar{y}, \bar{z}) \mid z = h(x, y)\}.$$

Substituieren wir nun in der Funktion $f(x, y, z)$ die Variable z durch die Funktion $z = h(x, y)$, so ergibt sich die Funktion

$$F(x, y) = f(x, y, h(x, y)) . \tag{7.6}$$

Da nach unserer Annahme die Funktion $f(x, y, z)$ in $\overline{P} = (\bar{x}, \bar{y}, \bar{z})$ ein relatives Extremum besitzt, hat die Funktion $F(x, y)$ ein relatives Extremum (der gleichen Art) in $(\bar{x}, \bar{y})$.

Nach Satz 7.2 gilt daher

$$F_x(\bar{x}, \bar{y}) = 0 \text{ und } F_y(\bar{x}, \bar{y}) = 0. \tag{7.7}$$

Berechnen wir diese partiellen Ableitungen mittels der Kettenregel, so können wir unter Benutzung der Gleichung (7.5) die beiden Teilbedingungen von (7.7) umschreiben zu:

$$\begin{aligned}
F_x(\bar{x}, \bar{y}) = 0 &\Leftrightarrow f_x(\bar{x}, \bar{y}, h(\bar{x}, \bar{y})) \cdot 1 + f_z(\bar{x}, \bar{y}, h(\bar{x}, \bar{y})) \cdot h_x(x, y) = 0 \\
&\Leftrightarrow f_x(\bar{x}, \bar{y}, \bar{z}) + f_z(\bar{x}, \bar{y}, \bar{z}) \cdot \left(-\frac{g_x(\bar{x}, \bar{y}, \bar{z})}{g_z(\bar{x}, \bar{y}, \bar{z})}\right) = 0 \\
&\Leftrightarrow \frac{f_x(\bar{x}, \bar{y}, \bar{z})}{f_z(\bar{x}, \bar{y}, \bar{z})} = \frac{g_x(\bar{x}, \bar{y}, \bar{z})}{g_z(\bar{x}, \bar{y}, \bar{z})}, \\
F_y(\bar{x}, \bar{y}) = 0 &\Leftrightarrow \frac{f_y(\bar{x}, \bar{y}, \bar{z})}{f_z(\bar{x}, \bar{y}, \bar{z})} = \frac{g_y(\bar{x}, \bar{y}, \bar{z})}{g_z(\bar{x}, \bar{y}, \bar{z})}.
\end{aligned}$$

Da zwei Brüche genau dann gleich sind, wenn sie durch Erweiterungen auseinander hervorgehen, läßt sich die Bedingung (7.7) auch schreiben in der Form

L.1* $f_x(\bar{x}, \bar{y}, \bar{z}) = \hat{\lambda} \cdot g_x(\bar{x}, \bar{y}, \bar{z})$

L.2* $f_y(\bar{x}, \bar{y}, \bar{z}) = \hat{\lambda} \cdot g_y(\bar{x}, \bar{y}, \bar{z})$

L.3* $f_z(\bar{x}, \bar{y}, \bar{z}) = \hat{\lambda} \cdot g_z(\bar{x}, \bar{y}, \bar{z})$, wobei $\hat{\lambda} \neq 0$ eine reelle Zahl ist.

Um eine hinreichende Bedingung für das Vorliegen eines relativen Extremums unter Beachtung von Nebenbedingungen einfach formulieren zu können, vgl. den Satz 7.10 auf Seite 229, wollen wir an Stelle des Erweiterungsfaktors $\hat{\lambda}$ die Größe $\lambda = -\hat{\lambda}$ verwenden und die Bedingung (7.7) dann schreiben in der Form

L.1 $f_x(\bar{x}, \bar{y}, \bar{z}) + \lambda \cdot g_x(\bar{x}, \bar{y}, \bar{z}) = 0$

L.2 $f_y(\bar{x}, \bar{y}, \bar{z}) + \lambda \cdot g_y(\bar{x}, \bar{y}, \bar{z}) = 0$

L.3 $f_z(\bar{x}, \bar{y}, \bar{z}) + \lambda \cdot g_z(\bar{x}, \bar{y}, \bar{z}) = 0$.

Die gewonnenen Ergebnisse können wir zusammenfassen zu dem

Satz 7.8 (*Notwendige Bedingung für ein relatives Extremum*):
Notwendig dafür, daß die an der Stelle $(\bar{x}, \bar{y}, \bar{z})$ nach allen Variablen partiell differenzierbare Funktion $f(x, y, z)$ in $(\bar{x}, \bar{y}, \bar{z})$ ein relatives Extremum hat unter Beachtung der Nebenbedingung $g(x, y, z) = 0$, ist, daß für ein geeignetes $\lambda \in \mathbf{R}\backslash\{0\}$ das Tupel $(\bar{x}, \bar{y}, \bar{z})$ den folgenden vier Bedingungen genügt:

N.1 $g(\bar{x}, \bar{y}, \bar{z}) = 0$

L.1 $f_x(\bar{x}, \bar{y}, \bar{z}) + \lambda \cdot g_x(\bar{x}, \bar{y}, \bar{z}) = 0$

L.2 $f_y(\bar{x}, \bar{y}, \bar{z}) + \lambda \cdot g_y(\bar{x}, \bar{y}, \bar{z}) = 0$

L.3 $f_z(\bar{x}, \bar{y}, \bar{z}) + \lambda \cdot g_z(\bar{x}, \bar{y}, \bar{z}) = 0$

Dabei müssen die partiellen Ableitungen beider Funktionen f und g nach einer der Variablen in $(\bar{x}, \bar{y}, \bar{z})$ von Null verschieden sein.

Definition 7.10:
Punkte $(\bar{x}, \bar{y}, \bar{z})$, die den Bedingungen N.1, L.1 - L.3 in Satz 7.8 genügen, werden als *stationäre Stellen* der Funktion f unter der Nebenbedingung $g(x, y, z) = 0$ bezeichnet.
Die reelle Zahl $\lambda \neq 0$, die zusammen mit einem Tupel $(\bar{x}, \bar{y}, \bar{z})$ die Bedingungen N.1, L.1 - L.3 des Satzes 7.8 erfüllt, wird LAGRANGE*scher Multiplikator* genannt.

Bemerkung
Mit Hilfe der LAGRANGE-*Funktion*

$$L(x, y, z) = f(x, y, z) + \lambda \cdot g(x, y, z)$$

lassen sich für ein geeignetes $\lambda \neq 0$ die Bedingungen L.1 - L.3 auch ausdrücken als

$$\mathbf{grad}\, L(\bar{x}, \bar{y}, \bar{z}) = \mathbf{0}. \tag{7.8}$$

D. h. alle partiellen Ableitungen der LAGRANGE-Funktion müssen in $(\bar{x}, \bar{y}, \bar{z})$ den Wert Null annehmen.

Die Bedingungen der LAGRANGEschen Multiplikatormethode lassen sich noch einfacher merken, wenn man die *erweiterte* LAGRANGE-*Funktion*

$$L(\lambda, x, y, z) = f(x, y, z) + \lambda \cdot g(x, y, z) \tag{7.9}$$

benutzt. Die Bedingungen N.1, L.1 - L.3 lassen sich dann schreiben als

$$\mathbf{grad}\, L(\bar{\lambda}, \bar{x}, \bar{y}, \bar{z}) = 0, \tag{7.10}$$

d. h. die partiellen Ableitungen der LAGRANGE-Funktion $L(\lambda, x, y, z)$ nach allen Variablen λ, x, y, z müssen in $(\bar{\lambda}, \bar{x}, \bar{y}, \bar{z})$ den Wert 0 annehmen. Im Vergleich zum Satz 7.2 übernimmt damit die (erweiterte) LAGRANGE-Funktion die Rolle der Funktion $f(x, y, z)$.

< 7.18 > Um die Aufgabe in Beispiel < 7.16 > zu lösen, bestimmen wir alle Lösungen des Gleichungssystems

N.1 $L_\lambda = g(x, y, z) = x^2 + y^2 + z^2 - 1 \quad = 0$

L.1 $L_x = f_x + \lambda \cdot g_x = 1 + \lambda \cdot 2x \quad = 0$

L.2 $L_y = f_y + \lambda \cdot g_y = 1 + \lambda \cdot 2y \quad = 0$

L.3 $L_z = f_z + \lambda \cdot g_z = 1 + \lambda \cdot 2z \quad = 0$

Lösen wir die Gleichung L.3 nach λ auf, $\lambda = -\frac{1}{2z}$, und setzen wir diesen λ-Wert in den Gleichungen L.1 und L.2 ein, so erhalten wir $x = z$ und $y = z$.

Ersetzen wir dann in der Gleichung N.1 die Variablen x und y durch z, so ergeben sich aus $3z^2 = 1$ die Lösungen des Gleichungssystems

$$(\lambda_1, x_1, y_1, z_1) = (-\frac{\sqrt{3}}{2}, \frac{1}{\sqrt{3}}, \frac{1}{\sqrt{3}}, \frac{1}{\sqrt{3}}) \text{ und}$$
$$(\lambda_2, x_2, y_2, z_2) = (\frac{\sqrt{3}}{2}, -\frac{1}{\sqrt{3}}, -\frac{1}{\sqrt{3}}, -\frac{1}{\sqrt{3}}).$$

Die im ganzen $\mathbf{R}^3$ partiell nach allen Variablen differenzierbare Funktion f kann somit nur in den stationären Stellen
$P_1 = (\frac{1}{\sqrt{3}}, \frac{1}{\sqrt{3}}, \frac{1}{\sqrt{3}})$ und $P_2 = (-\frac{1}{\sqrt{3}}, -\frac{1}{\sqrt{3}}, -\frac{1}{\sqrt{3}})$ ein relatives Extremum haben. ♦

Der Satz 7.8 läßt sich erweitern auf Funktionen mit mehr als drei unabhängigen Variablen und/oder mehr als einer Nebenbedingung.

Satz 7.9 (LAGRANGE*sche Multiplikatoren-Regel*):
Gegeben seien die Funktion f und die Funktionen g_i, $i \in \{1, ..., r\}$, $r < m$, in den Variablen $x_1, x_2, ..., x_m$.
Die Funktion f sei wenigstens für alle Punkte, die den Nebenbedingungen

$$g_1(x_1, x_2, ..., x_m) = 0$$
$$g_2(x_1, x_2, ..., x_m) = 0$$
$$\cdots\cdots\cdots\cdots$$
$$g_r(x_1, x_2, ..., x_m) = 0$$

genügen, definiert und nach allen Variablen $x_1, x_2, ..., x_m$ partiell differenzierbar. Die Funktionen g_i seien nach allen Variablen $x_1, x_2, ..., x_m$ partiell differenzierbar. Hat die Funktion f im Punkt $\bar{\mathbf{x}}' = (\bar{x}_1, \bar{x}_2, ..., \bar{x}_m)$ ein relatives Extremum unter Beachtung vorstehender Nebenbedingungen und hat die JAKOBI-*Matrix*

$$\mathbf{G}(\bar{x}) = \begin{pmatrix} g_{1x_1}(\bar{x}) & g_{1x_2}(\bar{x}) & \cdots & g_{1x_m}(\bar{x}) \\ g_{2x_1}(\bar{x}) & g_{2x_2}(\bar{x}) & \cdots & g_{2x_m}(\bar{x}) \\ \vdots & \vdots & & \vdots \\ g_{rx_1}(\bar{x}) & g_{rx_2}(\bar{x}) & \cdots & g_{rx_m}(\bar{x}) \end{pmatrix}$$

den Rang r (d. h. die Zeilenvektoren sind linear unabhängig), dann existieren r eindeutig bestimmte reelle Zahlen $\lambda_1,..., \lambda_r \in \mathbf{R}^r \setminus \{(0,...,0)\}$, die *LAGRANGEschen Multiplikatoren*, so daß gilt:

N.1 $g_1(\bar{x}) = 0$
N.2 $g_2(\bar{x}) = 0$
....
N.r $g_r(\bar{x}) = 0$

L.1 $f_{x_1}(\bar{x}) + \lambda_1 \cdot g_{1x_1}(\bar{x}) + \lambda_2 \cdot g_{2x_1}(\bar{x}) + \cdots + \lambda_r \cdot g_{rx_1}(\bar{x}) = 0$
L.2 $f_{x_2}(\bar{x}) + \lambda_1 \cdot g_{1x_2}(\bar{x}) + \lambda_2 \cdot g_{2x_2}(\bar{x}) + \cdots + \lambda_r \cdot g_{rx_2}(\bar{x}) = 0$
....
L.m $f_{x_m}(\bar{x}) + \lambda_1 \cdot g_{1x_m}(\bar{x}) + \lambda_2 \cdot g_{2x_m}(\bar{x}) + \cdots + \lambda_r \cdot g_{rx_m}(\bar{x}) = 0$.

Zur Bestimmung der für ein relatives Extremum von f unter den Nebenbedingungen $g_1 \equiv 0,..., g_r \equiv 0$ in Frage kommenden Stellen ist also das vorstehende Gleichungssystem mit $r + m$ Gleichungen in den $r + m$ Variablen $\lambda_1,..., \lambda_r, x_1,..., x_m$ zu lösen, das sich aus den Nebenbedingungen N.1 bis N.r und den gleich Null gesetzten partiellen Ableitungen der LAGRANGE-Funktion

$L(x_1,..., x_m) = f + \lambda_1 \cdot g_1 + \lambda_1 \cdot g_2 + \cdots + \lambda_r \cdot g_r$ zusammensetzt.

Bei Verwendung der erweiterten LAGRANGE-Funktion

$$L(\lambda_1,..., \lambda_r, x_1,..., x_m) = f + \lambda_1 \cdot g_1 + \lambda_1 \cdot g_2 + \cdots + \lambda_r \cdot g_r$$

läßt sich dieses Gleichungssystem auch schreiben als

$$\mathbf{grad}\, L(\bar{\lambda}_1,...,\bar{\lambda}_r, \bar{x}_1,...,\bar{x}_m) = 0 . \qquad (7.11)$$

< **7.19** > Um die Aufgabe in Beispiel < 7.17 > zu lösen, bilden wir zunächst die erweiterte LAGRANGE-Funktion

$$L(\lambda, \mu, x, y, z) = x^2 + y^2 + z^2 + \lambda \cdot (x^2 + y^2 - 1) + \mu \cdot (y^2 + z^2 - 1)$$

und bestimmen dann alle Lösungen des Gleichungssystems

I $L_\lambda = g_1(x, y, z) = x^2 + y^2 - 1 = 0$
II $L_\mu = g_2(x, y, z) = y^2 + z^2 - 1 = 0$
III $L_x = f_x + \lambda \cdot g_{1x} + \mu \cdot g_{2x} = 2x + \lambda \cdot 2x = 0 \quad \Leftrightarrow \quad 2x \cdot (1 + \lambda) = 0$
IV $L_y = f_y + \lambda \cdot g_{1y} + \mu \cdot g_{2y} = 2y + \lambda \cdot 2y + \mu\, 2y = 0 \quad \Leftrightarrow \quad 2y \cdot (1 + \lambda + \mu) = 0$

V $\quad L_z = f_z + \lambda \cdot g_{1z} + \mu \cdot g_{2z} = 2z + \mu \cdot 2z = 0 \qquad \Leftrightarrow \quad 2z \cdot (1 + \lambda) = 0$

Fall a: $x = 0 \quad \overset{\text{I}}{\Rightarrow} \quad y^2 = 1 \quad \Leftrightarrow \quad y = \pm 1 \quad \overset{\text{II}}{\Rightarrow} \quad z = 0$.

(Analog gilt auch: $z = 0 \quad \overset{\text{II}}{\Rightarrow} \quad y^2 - 1 = 0 \quad \overset{\text{I}}{\Rightarrow} \quad x = 0$).

Die Stellen $P_1 = (0, +1, 0)$ und $P_2 = (0, -1, 0)$ genügen aber nicht den Voraussetzungen des Satzes 7.9, da die JAKOBI-Matrix $\begin{pmatrix} 2x & 2y & 0 \\ 0 & 2y & 2z \end{pmatrix}$ weder für P_1 noch für P_2 den Rang 2 aufweist.

Eine Konsequenz daraus ist, daß sich zu P_1 bzw. P_2 keine eindeutig bestimmten LAGRANGEschen Multiplikatoren berechnen lassen. Offensichtlich genügt jedes Paar (λ, μ) mit $1 + \lambda + \mu = 0$ zusammen mit P_1 bzw. P_2 dem Gleichungssystem I bis V.

Um dennoch eine Aussage über das Verhalten der Funktion f an der Stelle $P_1 = (0, 1, 0)$ zu erhalten, betrachten wir alle Punkte aus einer Umgebung von P_1, die den beiden Nebenbedingungen genügen. Sie müssen von der Gestalt $(d, \sqrt{1-d^2}, d)$ sein, wobei d eine positive oder negative Zahl ist, die beliebig klein gewählt werden darf. Für alle diese Punkte aus der Umgebung von P_1 hat dann f den Funktionswert $f(d, \sqrt{1-d^2}, d) = 1 + d^2$, der stets größer oder gleich $f(0, 1, 0) = 1$ ist. D. h. f hat in P_1 ein relatives Minimum unter Beachtung der Nebenbedingungen $g_1(x, y, z) = 0$ und $g_2(x, y, z) = 0$.

Mit analogem Gedankengang sieht man, daß f in P_2 ebenfalls ein relatives Minimum besitzt unter den vorgegebenen Nebenbedingungen.

Fall b: $x \neq 0$ und $z \neq 0$

$$\left.\begin{array}{l} x \neq 0 \overset{\text{III}}{\Rightarrow} \lambda = -1 \\ z \neq 0 \overset{\text{V}}{\Rightarrow} \mu = -1 \end{array}\right\} \overset{\text{IV}}{\Rightarrow} \quad y = 0 \quad \begin{array}{l} \overset{\text{I}}{\Rightarrow} x = \pm 1 \\ \underset{\text{II}}{\Rightarrow} z = \pm 1 \end{array}$$

Die Funktion f hat somit unter Beachtung der Nebenbedingungen $g_1 \equiv 0$ und $g_2 \equiv 0$ die vier stationären Stellen

$$P_3 = (1, 0, 1),\ P_4 = (1, 0, -1),\ P_5 = (-1, 0, 1) \text{ und } P_6 = (-1, 0, -1),$$

denen jeweils die gleichen LAGRANGEschen Multiplikatoren $\lambda = -1$ und $\mu = -1$ zugeordnet sind. ♦

Eine hinreichende Bedingung für das Vorliegen eines relativen Minimums bzw. eines relativen Maximums einer Funktion $f(x, y, z)$ unter Beachtung einer Nebenbedingung $g(x, y, z) = 0$ werden wir im nachfolgenden Abschnitt 7.4 herleiten.

Ohne Beweis wollen wir aber zunächst eine allgemeinere Formulierung dieser hinreichenden Bedingung angeben, die auf der erweiterten LAGRANGE-Funktion basiert und besonders einfach anzuwenden ist. (Sie wird schon seit 1973 vom Autor mit Erfolg in seinen Lehrveranstaltungen eingesetzt!)

Satz 7.10 (*Hinreichende Bedingung für ein relatives Extremum unter Nebenbedingung*):
Die Funktion $f(x_1,\ldots,x_m)$ habe in $\bar{x}' = (x_1,\ldots,x_m)$ eine stationäre Stelle unter den Nebenbedingungen $g_1(x_1,\ldots,x_m) = 0,\ldots, g_r(x_1,\ldots,x_m) = 0$ mit den LAGRANGEschen Multiplikatoren $\bar{\lambda} = (\bar{\lambda}_1,\ldots,\bar{\lambda}_r)$,
d. h. die Voraussetzungen des Satzes 7.9 sind erfüllt und alle partiellen Ableitungen der erweiterten LAGRANGE-Funktion

$$L(\lambda_1,\ldots,\lambda_r, x_1,\ldots,x_m) = f + \lambda_1 \cdot g_1 + \lambda_1 \cdot g_2 + \cdots + \lambda_r \cdot g_r$$

sind in $(\bar{\lambda}, \bar{x})' = (\bar{\lambda}_1,\ldots,\bar{\lambda}_r, \bar{x}_1,\ldots,\bar{x}_m)$ gleich Null.
Die Funktionen f, $g_1,\ldots, g_r$ sind in $\bar{x}$ zweimal stetig differenzierbar nach allen Variablen $x_1,\ldots, x_m$.
Hinreichend dafür, daß f in $\bar{x}$
α. ein relatives Minimum
β. ein relatives Maximum
γ. kein relatives Extremum
besitzt unter den Nebenbedingungen $g_1 \equiv 0,\ldots, g_r \equiv 0$
ist, daß die Hauptabschnittsdeterminanten der HESSEschen Matrix der erweiterten LAGRANGE-Funktion $L(\lambda_1,\ldots, \lambda_r, x_1,\ldots, x_m)$ an der Stelle $(\bar{\lambda}, \bar{x})$,

$$\mathbf{L}(\bar{\lambda}, \bar{x}) = \begin{pmatrix} \mathbf{L}_{\lambda_1\lambda_1} & \cdots & \mathbf{L}_{\lambda_1\lambda_r} & \mathbf{L}_{\lambda_1 x_1} & \cdots & \mathbf{L}_{\lambda_1 x_m} \\ \vdots & & \vdots & \vdots & & \vdots \\ \mathbf{L}_{\lambda_r\lambda_1} & \cdots & \mathbf{L}_{\lambda_r\lambda_r} & \mathbf{L}_{\lambda_r x_1} & \cdots & \mathbf{L}_{\lambda_r x_m} \\ \mathbf{L}_{x_1\lambda_1} & \cdots & \mathbf{L}_{x_1\lambda_r} & \mathbf{L}_{x_1 x_1} & \cdots & \mathbf{L}_{\lambda_1 x_m} \\ \vdots & & \vdots & \vdots & & \vdots \\ \mathbf{L}_{x_m\lambda_1} & \cdots & \mathbf{L}_{x_m\lambda_r} & \mathbf{L}_{x_m x_1} & \cdots & \mathbf{L}_{x_m x_m} \end{pmatrix} (\bar{\lambda}, \bar{x}),$$

deren Ordnung größer als $2r$ sind,

α. alle das Vorzeichen $(-1)^r$ haben ,

β. im Vorzeichen alternieren, und zwar so, daß die Determinante der Matrix $\mathbf{L}(\bar{\lambda}, \bar{x})$ das Vorzeichen $(-1)^m$ hat,

γ. nicht die unter α. und β. genannte Vorzeichenfolge aufweisen; dabei wird das Nullwerden einer oder mehrerer der zu berechnenden Hauptabschnittsdeterminanten nicht als ein Verstoß gegen die Vorzeichenregel gewertet.

Um die Handhabung des Satzes 7.10 zu erleichtern, wollen wir die Behauptung für die einfachsten Anwendungsfälle genauer strukturieren.

Fall A: $m = 2, \quad r = 1$
Zu untersuchen ist die Funktion $f(x, y)$
unter Beachtung der Nebenbedingung (u.B.d.N.) $g(x, y) = 0$.
Zu berechnen ist dann lediglich die Determinante der 3×3-Matrix $\mathbf{L}(\bar{\lambda}, \bar{x}, \bar{y})$ da sie die einzige Hauptabschnittsdeterminante mit einer Ordnung größer als $2r = 2 \cdot 1 = 2$ ist.

i. Hat $|\mathbf{L}(\lambda, \bar{x}, \bar{y})|$ das Vorzeichen $(-1)^r = (-1)^1 = -1$, so hat f u.B.d.N. $g(x, y) = 0$ in $(\bar{x}, \bar{y})$ ein relatives Minimum.

ii. Hat $|\mathbf{L}(\bar{\lambda}, \bar{x}, \bar{y})|$ das Vorzeichen $(-1)^m = (-1)^2 = +1$, so hat f u.B.d.N. $g(x, y) = 0$ in $(\bar{x}, \bar{y})$ ein relatives Maximum.

iii. Ist $|\mathbf{L}(\bar{\lambda}, \bar{x}, \bar{y})| = 0$, dann läßt sich aus der HESSEschen Matrix keine Aussage über das Vorliegen eines relativen Extremums in $(\bar{x}, \bar{y})$ folgern.

Fall B: $m = 3, r = 1$
Zu untersuchen ist die Funktion $f(x, y, z)$ u.B.d.N. $g(x, y, z) = 0$. Zu berechnen sind dann die Hauptabschnittsdeterminanten der HESSEschen Matrix $|\mathbf{L}(\bar{\lambda}, \bar{\mathbf{x}}, \bar{\mathbf{y}}, \bar{\mathbf{z}})|$ der Ordnung 3 und der Ordnung 4.

Die nachstehende Tabelle zeigt auf, welcher Schluß aus der Vorzeichenfolge dieser Hauptabschnittsdeterminanten zu ziehen ist. Zum Verständnis dieser Übersicht ist zu beachten, daß sowohl $(-1)^m = (-1)^3$ als auch $(-1)^r = (-1)^1$ gleich -1 ist.

Tab. 7.1: Vorzeichen der Hauptabschnittsdeterminanten

4. Ordnung	3. Ordnung	Ergebnis
-1	-1	relatives Minimum
-1	+1	relatives Maximum
-1	0	keine Aussage möglich
0	-1, 0, +1	keine Aussage möglich
+1	-1, 0, +1	kein relatives Extremum

Fall C: $m = 3, r = 2$
Zu untersuchen ist die Funktion $f(x, y, z)$ unter Beachtung der Nebenbedingungen $g_1(x, y, z) = 0$ und $g_2(x, y, z) = 0$.

Zu berechnen ist dann lediglich die Determinante der 5×5-Matrix $\mathbf{L}(\lambda, \bar{\mu}, \bar{x}, \bar{y}, \bar{z})$, da sie die einzige Hauptabschnittsdeterminante mit einer Ordnung größer als $2r = 4$ ist.

i. Hat $\left|\mathbf{L}(\bar{\lambda},\bar{\mu},\bar{x},\bar{y},\bar{z})\right|$ das Vorzeichen $(-1)^r = (-1)^2 = +1$, so hat f u.B.d.N. $g_1 = 0$ und $g_2 = 0$ in $(\bar{x},\bar{y},\bar{z})$ ein relatives Minimum.

ii. Hat $\left|\mathbf{L}(\bar{\lambda},\bar{\mu},\bar{x},\bar{y},\bar{z})\right|$ das Vorzeichen $(-1)^m = (-1)^3 = -1$, so hat f u.B.d.N. $g_1 = 0$ und $g_2 = 0$ in $(\bar{x},\bar{y},\bar{z})$ ein relatives Maximum.

iii. Ist $\left|\mathbf{L}(\bar{\lambda},\bar{\mu},\bar{x},\bar{y},\bar{z})\right| = 0$, dann läßt sich aus der HESSEschen Matrix keine Aussage über das Vorliegen eines relativen Extremums in $(\bar{x},\bar{y},\bar{z})$ folgern.

< 7.20 > Die Funktion $f(x,y,z) = x + y + z$ hat unter Beachtung der Nebenbedingung $g(x,y,z) = x^2 + y^2 + z^2 - 1 = 0$ nach Beispiel < 7.18 > die beiden stationären Stellen

$$P_1 = \left(\frac{1}{\sqrt{3}},\frac{1}{\sqrt{3}},\frac{1}{\sqrt{3}}\right) \text{ mit } \lambda_1 = -\frac{\sqrt{3}}{2} \text{ und}$$

$$P_2 = \left(-\frac{1}{\sqrt{3}},-\frac{1}{\sqrt{3}},-\frac{1}{\sqrt{3}}\right) \text{ mit } \lambda_2 = \frac{\sqrt{3}}{2}.$$

Die HESSEsche Matrix von $L(\lambda,x,y,z) = x + y + z + \lambda(x^2 + y^2 + z^2 - 1)$ ist gleich

$$\mathbf{L}(\lambda,x,y,z) = \begin{pmatrix} 0 & 2x & 2y & 2z \\ 2x & 2\lambda & 0 & 0 \\ 2y & 0 & 2\lambda & 0 \\ 2z & 0 & 0 & 2\lambda \end{pmatrix}$$

Da $m = 3$ und $r = 1$ (Fall B), sind die Vorzeichen der 3. und der 4. Hauptabschnittsdeterminante zu bestimmen.

Überprüfung von P_1:

$$\text{Da } \left|\mathbf{L}\left(-\frac{\sqrt{3}}{2},\frac{1}{\sqrt{3}},\frac{1}{\sqrt{3}},\frac{1}{\sqrt{3}}\right)\right| = \begin{vmatrix} 0 & \frac{2}{\sqrt{3}} & \frac{2}{\sqrt{3}} & \frac{2}{\sqrt{3}} \\ \frac{2}{\sqrt{3}} & -\sqrt{3} & 0 & 0 \\ \frac{2}{\sqrt{3}} & 0 & -\sqrt{3} & 0 \\ \frac{2}{\sqrt{3}} & 0 & 0 & -\sqrt{3} \end{vmatrix}$$

Entwicklung nach der 4. Zeile

$$= (-1)^{4+1}\frac{2}{\sqrt{3}}(2\sqrt{3}) + (-1)^{4+4}(-\sqrt{3})\left(\frac{4}{\sqrt{3}} + \frac{4}{\sqrt{3}}\right) = -4 - 8 = -12 < 0$$

$$\text{und} \quad \begin{vmatrix} 0 & \frac{2}{\sqrt{3}} & \frac{2}{\sqrt{3}} \\ \frac{2}{\sqrt{3}} & -\sqrt{3} & 0 \\ \frac{2}{\sqrt{3}} & 0 & -\sqrt{3} \end{vmatrix} = \frac{4}{\sqrt{3}} + \frac{4}{\sqrt{3}} > 0$$

hat f u.B.d.N. $g = 0$ nach Tabelle 7.1 in P_1 ein relatives Maximum.

Überprüfung von P_2:

$$\text{Da } \left|\mathbf{L}(\tfrac{\sqrt{3}}{2}, -\tfrac{1}{\sqrt{3}}, -\tfrac{1}{\sqrt{3}}, -\tfrac{1}{\sqrt{3}})\right| = \begin{vmatrix} 0 & -\frac{2}{\sqrt{3}} & -\frac{2}{\sqrt{3}} & -\frac{2}{\sqrt{3}} \\ -\frac{2}{\sqrt{3}} & \sqrt{3} & 0 & 0 \\ -\frac{2}{\sqrt{3}} & 0 & \sqrt{3} & 0 \\ -\frac{2}{\sqrt{3}} & 0 & 0 & \sqrt{3} \end{vmatrix}$$

$$= (-1)^{4+1}(-\tfrac{2}{\sqrt{3}})(-2\sqrt{3}) + (-1)^{4+4}\sqrt{3}(-\tfrac{4}{\sqrt{3}} - \tfrac{4}{\sqrt{3}}) = -4 - 8 = -12 < 0$$

und der Wert der Hauptabschnittsdeterminante 3. Ordnung gleich $-\frac{8}{\sqrt{3}} < 0$ ist, hat f u.B.d.N. $g = 0$ nach Tabelle 7.1 in P_2 ein relatives Minimum. ♦

< 7.21 > Nach Beispiel < 7.19 > hat die Funktion $f(x,y,z) = x^2 + y^2 + z^2$ unter Beachtung der Nebenbedingungen

$$g_1(x,y,z) = x^2 + y^2 - 1 = 0 \quad \text{und} \quad g_2(x,y,z) = y^2 + z^2 - 1 = 0$$

die vier stationären Stellen

$$P_3 = (1, 0, 1), \quad P_4 = (1, 0, -1), \quad P_5 = (-1, 0, 1), \quad P_6 = (-1, 0, -1)$$

mit jeweils den gleichen LAGRANGEschen Multiplikatoren $\lambda = -1$ und $\mu = -1$.

Die HESSEsche Matrix der LAGRANGE-Funktion

$$L(\lambda,\mu,x,y,z) = x^2 + y^2 + z^2 + \lambda(x^2 + y^2 - 1) + \mu(y^2 + z^2 - 1)$$

$$\text{ist gleich } \mathbf{L}(\lambda,\mu,x,y,z) = \begin{pmatrix} 0 & 0 & 2x & 2y & 0 \\ 0 & 0 & 0 & 2y & 2z \\ 2x & 0 & 2+2\lambda & 0 & 0 \\ 2y & 2y & 0 & 2+2\lambda+2\mu & 0 \\ 0 & 2z & 0 & 0 & 2+2\mu \end{pmatrix}.$$

Da $m = 3$ und $r = 2$ (Fall C), ist nur das Vorzeichen der Determinante $\left|\mathbf{L}(\bar{\lambda},\bar{\mu},\bar{x},\bar{y},\bar{z})\right|$ zu berechnen.

Überprüfung von P_3:

$$\text{Da } \left|\mathbf{L}(-1,-1,1,0,1)\right| = \begin{vmatrix} 0 & 0 & 2 & 0 & 0 \\ 0 & 0 & 0 & 0 & 2 \\ 2 & 0 & 0 & 0 & 0 \\ 0 & 0 & 0 & -2 & 0 \\ 0 & 2 & 0 & 0 & 0 \end{vmatrix} = (-1)^{3+1} \cdot 2[(-1)^{4+1} \cdot 2 \cdot 8] = -32 < 0,$$

hat f u.B.d.N. $g_1 = 0$ und $g_2 = 0$ in P_3 ein relatives Maximum.

Überprüfung von P_4:

Da $\left|\mathbf{L}(-1,-1,1,0,-1)\right| = \begin{vmatrix} 0 & 0 & 2 & 0 & 0 \\ 0 & 0 & 0 & 0 & -2 \\ 2 & 0 & 0 & 0 & 0 \\ 0 & 0 & 0 & -2 & 0 \\ 0 & -2 & 0 & 0 & 0 \end{vmatrix} = (-1)^{3+1}\cdot 2[(-1)^{4+1}\cdot 16] = -32 < 0$,

hat f u.B.d.N. $g_1 = 0$ und $g_2 = 0$ in P_4 ein relatives Maximum.

Analog läßt sich zeigen, daß f u.B.d.N. $g_1 = 0$ und $g_2 = 0$ auch in P_5 und P_6 relative Maxima besitzt. ♦

< **7.22** > Ein offener Kasten mit gegebenem Volumen von 4 Liter habe eine rechtwinklige Grundfläche und senkrechte Seiten. Er sei aus Silberblech hergestellt, das 200 DM je m^2 kostet. Zeigen Sie, daß die geringsten Materialkosten entstehen, wenn die Grundfläche des Kastens ein Quadrat ist, dessen Seitenlänge zweimal so groß wie die Höhe des Kastens ist. Wie hoch sind die geringsten Kosten? (Lösung mittels Satz 7.10 erwünscht!)

Lösung: Bezeichnen wir mit x, y bzw. z die Länge, Breite bzw. Höhe des Kastens, so muß gelten

$$g(x,y,z) = x\cdot y\cdot z = 4 \text{ [dm}^3\text{]},$$

wenn x, y und z in der Längeneinheit dm gemessen werden.

An Silberblech wird dann benötigt

$$F(x,y,z) = xy + 2xz + 2yz \text{ [dm}^2\text{]}.$$

Die Funktion F ist als Polynom 2. Grades in den unabhängigen Variablen x, y, z beliebig oft im $\mathbf{R}^3$ nach allen Variablen partiell differenzierbar. Notwendig für das Vorliegen eines relativen Extremums von F in $(\bar{x},\bar{y},\bar{z})$ unter der Nebenbedingung $g(x,y,z) = xyz - 4 = 0$ ist, daß alle partiellen Ableitungen 1. Ordnung der LAGRANGE-Funktion

$$L(\lambda,x,y,z) = xy + 2xz + 2yz + \lambda\cdot(xyz-4) \quad \text{in } (\bar{x},\bar{y},\bar{z}) \text{ verschwinden:}$$

I $L_\lambda = xyz - 4 = 0$

II $L_x = y + 2z + \lambda yz = 0 \quad |\cdot x$

III $L_y = x + 2z + \lambda xz = 0 \quad |\cdot(-y)$

(II, III) $+ \Rightarrow$ III* $x = y$

IV $L_z = 2x + 2y + \lambda xy = 0$

III* in IV: IV* $\lambda - \dfrac{4y}{y^2} = -\dfrac{4}{y}$

IV* in II: II* $z = -\frac{y}{2-4} = \frac{y}{2}$

III* und II* in I. : $y \cdot y \cdot \frac{y}{2} - 4 = 0 \Leftrightarrow y^3 = 8$

$$\Leftrightarrow \bar{y} = 2 \overset{\text{III*}}{\Rightarrow} \bar{x} = 2 \overset{\text{II*}}{\Rightarrow} \bar{z} = 1 \overset{\text{IV*}}{\Rightarrow} \bar{\lambda} = -2$$

D. h. die einzige stationäre Stelle der Funktion F unter der Nebenbedingung $g = 0$ ist P = (2, 2, 1) mit $\bar{\lambda}$ = -2.

Die HESSEsche Matrix der LAGRANGE-Funktion ist

$$\mathbf{L}(\lambda, x, y, z) = \begin{pmatrix} 0 & yz & xz & xy \\ yz & 0 & 1+\lambda z & 2+\lambda y \\ xz & 1+\lambda z & 0 & 2+\lambda x \\ xy & 2+\lambda y & 2+\lambda x & 0 \end{pmatrix}$$

Da $m = 3$ und $r = 1$ (Fall B), sind nur die Hauptabschnittsdeterminanten 3. und 4. Ordnung zu überprüfen. Beide Determinanten

$$|\mathbf{L}(-2,2,2,1)| = \begin{vmatrix} 0 & 2 & 2 & 4 \\ 2 & 0 & -1 & -2 \\ 2 & -1 & 0 & -2 \\ 4 & -2 & -2 & 0 \end{vmatrix} \overset{\uparrow}{=} - \begin{vmatrix} 2 & -1 & 0 & -2 \\ 0 & 1 & -1 & 0 \\ 0 & 2 & 2 & 4 \\ 0 & 0 & -2 & 4 \end{vmatrix} = -2 \cdot 1 \cdot 4 \cdot 6 = -48 < 0$$

Vertauschung der 3. mit der 1. Zeile

und $\begin{vmatrix} 0 & 2 & 2 \\ 2 & 0 & -1 \\ 2 & -1 & 0 \end{vmatrix} = -4 - 4 = -8 < 0$ haben das Vorzeichen $(-1)^r = (-1)^1 = -1$.

Damit hat nach Tabelle 7.1 die Funktion F u.B.d.N. $g = 0$ in P = (2, 2, 1) ein relatives Minimum.

Dieses relative Minimum ist auch gleichzeitig das absolute Minimum von $F(x,y,z) = xy + 2xz + 2yz$ u.B.d.N. $g(x,y,z) = xyz - 4 = 0$, denn streben die Tripel (x,y,z), die der Nebenbedingung genügen, gegen die Grenzen der zulässigen Definitionsmenge im $\mathbf{R}_0^3$, so strebt $F(x,y,z)$ ins Positive über alle Grenzen.

Somit entstehen die geringsten Materialkosten, wenn man ein Kästchen mit einer quadratischen Grundfläche mit der Seitenlänge 2 dm und der Höhe von 1 dm herstellt. Die Kosten betragen dann $K = F(2, 2, 1) \cdot 2 = (4 + 4 + 4) \cdot 2 = 24$ [DM]. ♦

7.4 Hinreichende Bedingung für das Vorliegen eines relativen Extremums unter einer Nebenbedingung

Um eine hinreichende Bedingung für das Vorliegen eines relativen Minimums bzw. eines relativen Maximums einer Funktion $f(x,y,z)$ unter Beachtung einer Nebenbedingung $g(x,y,z)=0$ zu erhalten, gehen wir von den folgenden Annahmen aus:

a. Die Funktion f hat an einer Stelle $\overline{P}=(\bar{x},\bar{y},\bar{z})$ eine stationäre Stelle unter der Nebenbedingung $g(\bar{x},\bar{y},\bar{z})=0$.

b. Die Funktionen f und g sind in $\overline{P}$ zweimal stetig differenzierbar und o.B.d.A sei $f_z(\bar{x},\bar{y},\bar{z}) \neq 0$ und $g_z(\bar{x},\bar{y},\bar{z}) \neq 0$.

Hinreichend für ein relatives Minimum der Funktion

$$F(x,y)=f(x,y,z)=h(x,y) \tag{7.6}$$

in $(\bar{x},\bar{y})$ ist dann nach Satz 7.6, daß die quadratische Form

$$d^2F(\bar{x},\bar{y}) = (dx,dy)\cdot\begin{pmatrix} F_{xx}(\bar{x},\bar{y}) & F_{xy}(\bar{x},\bar{y}) \\ F_{yx}(\bar{x},\bar{y}) & F_{yy}(\bar{x},\bar{y}) \end{pmatrix}\cdot\begin{pmatrix} dx \\ dy \end{pmatrix}$$

positiv definit ist, d. h.

$$d^2F(\bar{x},\bar{y})>0 \qquad \text{für alle } (dx,dy)=(x-\bar{x},y-\bar{y})\neq(0,0). \tag{7.12}$$

Aus $dF=(f_x+f_z\cdot\frac{dh}{dx})\cdot dx+(f_y+f_z\cdot\frac{dh}{dy})\cdot dy=f_x\cdot dx+f_y\cdot dy+f_z\cdot dz$

ergibt sich, da $dz=\frac{dh}{dx}\cdot dx+\frac{dh}{dy}\cdot dy,$

$$d^2F = d(f_x\cdot dx)+d(f_y\cdot dy)+d(f_z\cdot dz) \qquad \text{oder}$$

$$\begin{aligned} d^2F &= f_x\cdot 0+(f_{xx}\cdot dx+f_{xy}\cdot dy+f_{xz}\cdot dz)\cdot dx \\ &\quad + f_y\cdot 0+(f_{yx}\cdot dx+f_{yy}\cdot dy+f_{yz}\cdot dz)\cdot dy \\ &\quad + f_z\cdot d^2z+(f_{zx}\cdot dx+f_{zy}\cdot dy+f_{zz}\cdot dz)\cdot dz \qquad \text{oder} \end{aligned}$$

$$d^2F = f_z\cdot d^2z + (dx,dy,dz)\cdot\begin{pmatrix} f_{xx} & f_{xy} & f_{xz} \\ f_{yx} & f_{yy} & f_{yz} \\ f_{zx} & f_{zy} & f_{zz} \end{pmatrix}\cdot\begin{pmatrix} dx \\ dy \\ dz \end{pmatrix}. \tag{7.13}$$

Um einen Ausdruck zu erhalten, der nur die unabhängigen Variablen x und y bzw. dx und dy enthält, müssen noch die Ausdrücke d^2z und dz aus dem Differential d^2F eliminiert werden. Dazu bilden wir die vollständigen Differentiale der Funktion $z=h(x,y)$:

$$dz = h_x \cdot dx + h_y \cdot dy \qquad \text{und} \tag{7.14}$$

$$d^2z = h_{xx} \cdot (dx)^2 + h_{xy} \cdot dx \cdot dy + h_{yx} \cdot dy \cdot dx + h_{yy} \cdot (dy)^2 \tag{7.15}$$

Gemäß der Formel (7.5) lassen sich die partiellen Ableitungen der impliziten Funktion $h(x, y)$ durch partielle Ableitungen der impliziten Funktion $g(x, y, z)$ beschreiben,

$$\text{z. B.: } h_x = -\frac{g_x}{g_z}, \quad h_y = -\frac{g_y}{g_z}, \quad h_{xx} = -\frac{g_{xx}g_z - g_x g_{zx}}{g_z^2} = -\frac{g_{xx} - g_{zx}\dfrac{g_x}{g_z}}{g_z}.$$

Die Gleichung (7.14) läßt sich dann schreiben als

$$dz = -\frac{g_x}{g_z} \cdot dx - \frac{g_y}{g_z} \cdot dy \qquad \text{oder} \tag{7.16}$$

$$dg = g_x \cdot dx + g_y \cdot dy + g_z \cdot dz = 0. \tag{7.17}$$

Die Gleichung (7.15) läßt sich nach Multiplikation mit g_z schreiben als

$$g_z d^2z = [-g_{xx} + g_{zx}\frac{g_x}{g_z}] \cdot (dx)^2 + [-g_{xy} + g_{zy}\frac{g_x}{g_z}] \cdot dx \cdot dy$$
$$+ [-g_{yx} + g_{zx}\frac{g_y}{g_z}] \cdot dy \cdot dx + [-g_{yy} + g_{zy}\frac{g_y}{g_z}] \cdot (dy)^2 .$$

Mittels (7.16) läßt sich diese Gleichung weiter umformen zu

$$g_z d^2z = -g_{xx} \cdot (dx)^2 - g_{xy} \cdot dx \cdot dy - g_{yx} \cdot dy \cdot dx$$
$$-g_{yy} \cdot (dy)^2 - g_{zx} \cdot dz \cdot dx - g_{zy} \cdot dz \cdot dy$$
$$-[g_{xz} \cdot dx - g_{yz} \cdot dy - g_{zz} \cdot dz] \cdot dz \quad ,$$

wobei der Ausdruck in den eckigen Klammern, der nach (7.17) gleich Null ist, ergänzend hinzugefügt wurde, damit d^2g geschrieben werden kann als

$$d^2g = g_z d^2z + (dx, dy, dz) \cdot \begin{pmatrix} g_{xx} & g_{xy} & g_{xz} \\ g_{yx} & g_{yy} & g_{yz} \\ g_{zx} & g_{zy} & g_{zz} \end{pmatrix} \cdot \begin{pmatrix} dx \\ dy \\ dz \end{pmatrix} = 0 . \tag{7.18}$$

Um zunächst den Ausdruck d^2z aus der Gleichung (7.13) zu eliminieren, subtrahieren wir von d^2F das $\frac{f_z}{g_z}$-fache des Differentials d^2g und erhalten

$$d^2F = (dx, dy, dz) \cdot \begin{pmatrix} f_{xx} - \frac{f_z}{g_z} g_{xx} & f_{xy} - \frac{f_z}{g_z} g_{xy} & f_{xz} - \frac{f_z}{g_z} g_{xz} \\ f_{yx} - \frac{f_z}{g_z} g_{yx} & f_{yy} - \frac{f_z}{g_z} g_{yy} & f_{yz} - \frac{f_z}{g_z} g_{yz} \\ f_{zx} - \frac{f_z}{g_z} g_{zx} & f_{zy} - \frac{f_z}{g_z} g_{zy} & f_{zz} - \frac{f_z}{g_z} g_{zz} \end{pmatrix} \cdot \begin{pmatrix} dx \\ dy \\ dz \end{pmatrix} . \qquad (7.19)$$

Auf Seite 224 haben wir festgestellt, daß in einer stationären Stelle $\overline{P} = (\overline{x}, \overline{y}, \overline{z})$ für den LAGRANGE-Multiplikator λ gilt: $\lambda = -\frac{f_z(\overline{x}, \overline{y}, \overline{z})}{g_z(\overline{x}, \overline{y}, \overline{z})}$,

so daß wir d^2F mittels der HESSEschen Matrix $\mathbf{L}(x, y, z)$ der LAGRANGE-Funktion

$$L(x, y, z) = f(x, y, z) + \lambda \cdot g(x, y, z)$$

schreiben können als

$$d^2F(\overline{x}, \overline{y}, \overline{z}) = (dx, dy, dz) \cdot \mathbf{L}(\overline{x}, \overline{y}, \overline{z}) \cdot \begin{pmatrix} dx \\ dy \\ dz \end{pmatrix} . \qquad (7.20)$$

Als nächsten Schritt müssen wir nun die Gleichung (7.16) in (7.20) einsetzen.
Der sich so ergebende Ausdruck für d^2F, der dann nur von den unabhängigen Variablen dx und dy abhängen würde, ist aber i. allg. recht kompliziert. Es ist zweckmäßiger, diesen Rechenschritt nicht allgemein durchzuführen und die Bedingung (7.12) auszudrücken durch die äquivalente Forderung

$$d^2F(\overline{x}, \overline{y}, \overline{z}) = (dx, dy, dz) \cdot \mathbf{L}(\overline{x}, \overline{y}, \overline{z}) \cdot \begin{pmatrix} dx \\ dy \\ dz \end{pmatrix} \quad \text{ist positiv definit}$$

unter Beachtung der Nebenbedingung

$$dg(\overline{x}, \overline{y}, \overline{z}) = \mathbf{grad}\, g(\overline{x}, \overline{y}, \overline{z}) \cdot \begin{pmatrix} dx \\ dy \\ dz \end{pmatrix} = 0 .$$

Die vorstehenden Überlegungen können wir zusammenfassen zum

Satz 7.11:
Die Funktion $f(x, y, z)$ habe in $\overline{P} = (\overline{x}, \overline{y}, \overline{z})$ eine stationäre Stelle unter der Nebenbedingung $g(x, y, z) = 0$.
Die Funktionen f und g sind in $\overline{P}$ zweimal stetig differenzierbar nach allen Variablen x, y, z.

Hinreichend dafür, daß die Funktion $f(x,y,z)$ unter Beachtung der Nebenbedingung $g(x,y,z)=0$

α. ein relatives Minimum

β. ein relatives Maximum

γ. kein relatives Extremum

besitzt, ist, daß die quadratische Form $(dx, dy, dz)\cdot \mathbf{L}(\bar{x},\bar{y},\bar{z})\cdot\begin{pmatrix} dx \\ dy \\ dz \end{pmatrix}$

α. positiv definit

β. negativ definit

γ. indefinit

ist unter Beachtung der Nebenbedingung

$$dg(\bar{x},\bar{y},\bar{z}) = \mathbf{grad}\; g(\bar{x},\bar{y},\bar{z})\cdot\begin{pmatrix} dx \\ dy \\ dz \end{pmatrix} = 0\,.$$

Nach Satz 6.4 auf Seite 203 läßt sich die Definitheit einer quadratischen Form $Q(x) = \boldsymbol{x}'\cdot\mathbf{A}\cdot\boldsymbol{x}$ unter den Nebenbedingungen $\mathbf{B}\cdot\boldsymbol{x}=\mathbf{0}$ mittels der Vorzeichenfolge der Hauptabschnittsdeterminanten der *geränderten Matrix* $\begin{pmatrix} \mathbf{0} & \mathbf{B} \\ \mathbf{B}' & \mathbf{A} \end{pmatrix}$ bestimmen.

Diese Matrix hat im Fall einer Funktion $f(x,y,z)$ unter Beachtung der Nebenbedingung $g(x,y,z)=0$ die Form

$$\left(\begin{array}{c|ccc} 0 & g_x & g_y & g_z \\ \hline g_x & f_{xx}+\lambda g_{xx} & f_{xy}+\lambda g_{xy} & f_{xz}+\lambda g_{xz} \\ g_y & f_{yx}+\lambda g_{yx} & f_{yy}+\lambda g_{yy} & f_{yz}+\lambda g_{yz} \\ g_z & f_{zx}+\lambda g_{zx} & f_{zy}+\lambda g_{zy} & f_{zz}+\lambda g_{zz} \end{array}\right).$$

Diese Matrix und auch die geränderte Matrix für den allgemeinen Fall mit Funktionen mit mehr als drei Variablen und/oder mehr als einer Nebenbedingung erhält man besonders einfach, wenn man die erweiterte LAGRANGE-Funktion

$$L(x,y,z) = f(x,y,z) + \lambda\cdot g(x,y,z)$$

verwendet. Die HESSEsche Matrix dieser erweiterten LAGRANGE-Funktion ergibt die geränderte Matrix.

Die Behauptung des Satzes 7.10 auf Seite 229 ist somit für den in diesem Abschnitt betrachteten Spezialfall einer Funktion $f(x,y,z)$ unter Beachtung einer Nebenbedingung $g(x,y,z)=0$ richtig.

< 7.23 > In Beispiel < 7.18 > haben wir festgestellt, daß die Funktion

$$f(x,y,z) = x + y + z$$

unter Beachtung der Nebenbedingung $g(x,y,z) = x^2 + y^2 + z^2 - 1 = 0$
die beiden stationären Stellen

$$P_1 = (\tfrac{1}{\sqrt{3}}, \tfrac{1}{\sqrt{3}}, \tfrac{1}{\sqrt{3}}) \text{ mit } \lambda_1 = -\tfrac{\sqrt{3}}{2} \quad \text{und}$$

$$P_2 = (-\tfrac{1}{\sqrt{3}}, -\tfrac{1}{\sqrt{3}}, -\tfrac{1}{\sqrt{3}}) \text{ mit } \lambda_2 = \tfrac{\sqrt{3}}{2} \quad \text{besitzt.}$$

Mit $\mathbf{grad}\ g(x,y,z) \cdot \begin{pmatrix} dx \\ dy \\ dz \end{pmatrix} = 2x \cdot dx + 2y \cdot dy + 2z \cdot dz = 0$

und $\mathbf{L}(x,y,z) = \begin{pmatrix} 2\lambda & 0 & 0 \\ 0 & 2\lambda & 0 \\ 0 & 0 & 2\lambda \end{pmatrix}$

ergibt sich für P_1 die geränderte Matrix $\begin{pmatrix} 0 & \frac{2}{\sqrt{3}} & \frac{2}{\sqrt{3}} & \frac{2}{\sqrt{3}} \\ \frac{2}{\sqrt{3}} & -\sqrt{3} & 0 & 0 \\ \frac{2}{\sqrt{3}} & 0 & -\sqrt{3} & 0 \\ \frac{2}{\sqrt{3}} & 0 & 0 & -\sqrt{3} \end{pmatrix}$.

Die gleiche Matrix hatten wir auch in Beispiel < 7.20 > auf Seite 231 f. mittels der HESSEschen Matrix der LAGRANGE-Funktion erhalten.
Die Determinante dieser geränderten Matrix hat den Wert $-12 < 0$, und ihre Hauptabschnittsdeterminante 3. Ordnung hat den Wert $\frac{8}{\sqrt{3}} > 0$. Nach Satz 6.4 ist dann die quadratische Form

$$(dx, dy, dz) \cdot \begin{pmatrix} -\sqrt{3} & 0 & 0 \\ 0 & -\sqrt{3} & 0 \\ 0 & 0 & -\sqrt{3} \end{pmatrix} \cdot \begin{pmatrix} dx \\ dy \\ dz \end{pmatrix}$$

negativ definit unter Beachtung der Nebenbedingung

$$\frac{2}{\sqrt{3}}\,dx + \frac{2}{\sqrt{3}}\,dy + \frac{2}{\sqrt{3}}\,dz = 0 .$$

Nach Satz 7.11 hat dann die Funktion $f(x,y,z)$ u.B.d.N. $g(x,y,z) = 0$ in P_1 ein relatives Maximum.
Durch analogen Rechengang läßt sich zeigen, daß die Funktion f u.B.d.N. $g = 0$ in $P_2 = (-\frac{1}{\sqrt{3}}, -\frac{1}{\sqrt{3}}, -\frac{1}{\sqrt{3}})$ ein relatives Minimum besitzt.

Wir erhalten somit durch die Anwendung des Satzes 7.11 die gleichen Ergebnisse, die wir in Beispiel < 7.20 > mit Hilfe des Satzes 7.10 bestimmt hatten. ♦

Aufgaben

7.1 Untersuchen Sie die Funktion

$$f(x,y,z) = 2x^2y^2 - 4x^3y + 4x^2 + y^2 - 2y + (z+2)^2 + 1$$

auf relative Extrema in den Punkten

a. $P_1 = (0, 1, -2)$, **b.** $P_2 = (1, 0, -2)$, **c.** $P_3 = (1, 1, -2)$.

7.2 Eine Ackerfläche wird mit Getreide bestellt. Zuvor wird Kunstdünger der Sorte 1 in x_1 Mengeneinheiten (ME), Kunstdünger der Sorte 2 in x_2 ME und Kunstdünger der Sorte 3 in x_3 ME ausgestreut. Aus langjähriger Erfahrung weiß der Landwirt, daß der Ertrag in Abhängigkeit der Düngung bei normalen Wetterbedingungen durch die folgende Funktion wiedergegeben wird

$$f(x_1,x_2,x_3) = 490 + 2x_1 + 2x_2 - \frac{9}{2}x_1^2 - x_2^2 - \frac{1}{2}x_3^2 + 3x_1x_2 + 2x_1x_3 \ .$$

a. Wie muß der Landwirt den Acker düngen, damit er einen maximalen Ertrag erzielt? Wie hoch ist dieser maximal erreichbare Ertrag?

b. Wie ändert sich der Ertrag, wenn der Landwirt den Düngereinsatz von $(\bar{x}_1,\bar{x}_2,\bar{x}_3) = (5, 20, 10)$ auf $(x_1,x_2,x_3) = (8, 18, 15)$ ändert? Benutzen Sie zur näherungsweisen Bestimmung der Ertragsänderung das totale Differential!

7.3 Gegeben sei die Funktion

$$f(x,y,z) = 2x^2 - 14x + 2xy + y^2 - 10y + z^4 + 29 \ .$$

a. Bestimmen Sie die relativen Extrema der Funktion $f(x,y,z)$.

b. Bestimmen Sie die relativen Extrema der Funktion $f(x,y,z)$ unter der Nebenbedingung $g(x,y,z) = x - z^2 = 0$.

7.4 Bestimmen Sie die Extrema der Funktion $f(x,y) = 4x + 12y$ unter Beachtung der Nebenbedingung $g(x,y) = x^2 + 2y^2 - 22 = 0$.

7.5 Das monopolistische Unternehmen "Catty & Co." verkauft sein Katzenfutter "Miau" auf zwei regional getrennten Märkten zu unterschiedlichen Preisen. Während die Produktionskapazität mit $X = x_1 + x_2 \leq 240$ [ME] für das nächste Jahr als konstant anzusehen ist, bestehen auf der Absatzseite keine besonderen Beschränkungen.

Wie wird der Absatzplan des Unternehmens aussehen, wenn die Firma "Catty & Co." einen möglichst hohen Jahresgewinn erzielen möchte und ihre Kostenfunktion (in ZM):

$$K(X) = K(x_1 + x_2) = \frac{1}{4}X^2 + 400X + 9200$$

und die Preisabsatzfunktionen der beiden Märkte (in ZM)

$p_1 = 1.000 - x_1$ bzw. $p_2 = 1.600 - 2x_2$ sind?

(Lösung mittels Satz 7.10 erwünscht!)

7.6 Überprüfen Sie, ob die Funktion

$$f(x,y,z) = x^2 - xz + y^3 + y^2 z - 2z$$

unter Beachtung der Nebenbedingungen

$$g_1(x,y,z) = x - y^2 - z - 2 = 0$$

$$g_2(x,y,z) = x + z - 4 = 0$$

ein relatives Extremum hat im Punkt $(x^*, y^*, z^*) = (11, -4, -7)$.

(Lösung mit Hilfe des Satzes 7.10 erwünscht!)

Lösungen zu den Übungsaufgaben:

Die Lösungen zu den Übungsaufgaben werden hier *nicht ausführlich* dargestellt. Neben dem Ergebnis sind aber Hinweise zum Lösungsweg und wichtige Zwischenergebnisse angegeben, so daß es möglich sein müßte, den Lösungsgang nachzuvollziehen.

Lösungen zu den Aufgaben des 1. Kapitels

1.1

x_1	x_2	x_3	x_4	RS	
3	4	0	2	3	G_1
2	2	4	4	8	G_2
1	0	2	3	1	G_3
-1	0	-8	-6	-13	$G_1' = G_1 - 2G_2$
1	1	2	2	4	$G_2' = \frac{1}{2}G_2$
1	0	2	3	1	$G_3' = G_3$
0	0	-6	-3	-12	$G_1'' = G_1' + G_3''$
0	1	0	-1	3	$G_2'' = G_2' - G_3''$
1	0	2	3	1	$G_3'' = G_3'$
0	0	2	1	4	$G_1''' = -\frac{1}{3}G_1''$
0	1	2	0	7	$G_2''' = G_2'' + G_1'''$
1	0	-4	0	-11	$G_3''' = G_3'' + G_1''$

d. h. $(x_1, x_2, x_3, x_4) = (-11, 7, 0, 4) + (4, -2, 1, -2) \cdot t_3, \quad t_3 \in \mathbf{R}$.

1.2

x_1	x_2	x_3	RS	
2	3	a	3	G_1
1	1	-1	1	G_2
1	a	3	2	G_3
0	1	a+2	1	$G'_1 = G_1 - 2G_2$
1	1	-1	1	$G'_2 = G_2$
0	a-1	4	1	$G'_3 = G_3 - G_2$
0	1	a+2	1	$G''_1 = G'_1$
1	0	-a-3	0	$G''_2 = G'_2 - G'_1$
0	0	(a+3)(2-a)	2-a	$G''_3 = G'_3 - (a-1)G'_1$
0	1	0	$\frac{1}{a+3}$	$G'''_1 = G''_1 - (a+2)G'''_3$
1	0	0	1	$G'''_2 = G''_2 + (a+3)G'''_3$
0	0	1	$\frac{1}{a+3}$	$G'''_3 = \frac{1}{(a+3)(2-a)}G''_3$

a. Für $a + 3 = 0$, d. h. für $a = -3$, existiert *keine* Lösung, da dann die Gleichung

$0x_1 + 0x_2 + 0x_3 = 2 + 3 = 5 \quad G''_3$

von keinem Tupel $(x_1, x_2, x_3) \in \mathbf{R}^3$ erfüllt werden kann.

b. Für $2 - a = 0$, d. h. für $a = 2$, hat das Gleichungssystem *unendlich viele* Lösungen, da dann die Gleichung G''_3 eine Nullgleichung wird. Aus dem vorletzten Tableau läßt sich die allgemeine Lösung ablesen als

$$(x_1, x_2, x_3) = (0, 1, 0) + (2 + 3, -(2 + 2), 1)\, t_3 = (0, 1, 0) + (5, -4, 1)\, t_3 .$$

c. Für $a \in \mathbf{R}\backslash\{2, -3\}$ besitzt das Gleichungssystem die *eindeutige* Lösung

$$(x_1, x_2, x_3) = (1, \tfrac{1}{a+3}, \tfrac{1}{a+3}) .$$

1.3 Addiert man zur 3. Gleichung das $(-\frac{1}{2})$- fache der 2. Gleichung, so erhält man $3x_1 + x_2 + x_3 - x_4 = 8$.

Da die linke Seite dieser Gleichung mit der linken Seite der ersten Gleichung des Systems identisch ist, diese beiden Gleichungen aber unterschiedliche rechte Seiten aufweisen, besitzt das vorgegebene Gleichungssystem *keine* Lösung. (Die Multiplikation und Addition reeller Zahlen führt zu eindeutigen Ergebnissen !)

1.4 Werden die zur Herstellung des Gemisches benötigten Anteile der Mischungen M_i mit x_i bezeichnet, $i = 1, 2, 3$, so müssen die Unbekannten x_i dem folgenden Gleichungssystem genügen:

$$\frac{25}{100}x_1 + \frac{30}{100}x_2 + \frac{50}{100}x_3 = \frac{35}{100} \qquad \textit{Stoff A}$$
$$\frac{30}{100}x_1 + \frac{40}{100}x_2 + \frac{30}{100}x_3 = \frac{35}{100} \qquad \textit{Stoff B}$$
$$\frac{45}{100}x_1 + \frac{30}{100}x_2 + \frac{20}{100}x_3 = \frac{30}{100} \qquad \textit{Stoff C}\,.$$

Zur Vereinfachung der Rechnung wird jede Gleichung mit $\frac{100}{5}$ multipliziert. Das sich so ergebende lineare Gleichungssystem

x_1	x_2	x_3	RS	
5	6	10	7	G_1
6	8	6	7	G_2
9	6	4	6	G_3
0	-4	30	7	$G_1' = G_1 - 5G_2'$
1	2	-4	0	$G_2' = G_2 - G_1$
0	-6	-5	$-\frac{9}{2}$	$G_3' = G_3 - \frac{3}{2}G_2$
0	1	$-\frac{15}{2}$	$-\frac{7}{4}$	$G_1'' = -\frac{1}{4}G_1'$
1	0	11	$\frac{7}{2}$	$G_2'' = G_2' - G_1''$
0	0	-50	-15	$G_3'' = G_3' + 6G_1''$
0	1	0	$\frac{1}{2}$	$G_1''' = G_1'' + \frac{15}{2}G_3''$
1	0	0	$\frac{2}{10}$	$G_2''' = G_2'' - 11G_3''$
0	0	1	$\frac{3}{10}$	$G_3''' = -\frac{1}{50}G_3''$

hat die eindeutige Lösung $(x_1, x_2, x_3) = (\frac{2}{10}, \frac{1}{2}, \frac{3}{10}) = (\frac{20}{100}, \frac{50}{100}, \frac{30}{100})$.

Das gewünschte Gemisch läßt sich herstellen mit der Zusammensetzung 20% M_1, 50% M_2, und 30% M_3.

1.5 Bezeichnen wir mit x_i die Kapazitätsauslastung in der Papierfabrik i, $i = A, B, C$, so müssen alle x_i kleiner gleich 1 sein und dem nachfolgenden Gleichungssystem genügen.

$$10x_A + 20x_B + 50x_C = 47$$
$$20x_A + 30x_B + 40x_C = 56$$
$$30x_A + 40x_B + 40x_C = 70$$

Da die eindeutige Lösung dieses Gleichungssystems
$(x_A, x_B, x_C) = (0{,}6; 0{,}8; 0{,}5)$
die Kapazitätsgrenzen nicht überschreitet, kann die gewünschte Papiermenge ohne Überschuß produziert werden, wenn die Kapazitätsauslastung der Fabriken A, B und C gleich 60%, 80% bzw. 50% ist.

1.6 Bezeichnen wir die Anzahl der herzustellenden Erzeugniseinheiten mit x_i, $i = 1, 2, 3$, so müssen die x_i dem Gleichungssystem

M_1: $3x_1 + 6x_2 + 8x_3 = 640$
M_2: $7x_1 + 5x_2 + 4x_3 = 490$

genügen. Die allgemeine Lösung dieses Systems ist

$$(x_1, x_2, x_3) = (0, 85, \tfrac{65}{4}) + (1, -\tfrac{11}{4}, \tfrac{27}{16}) \cdot t_1, \quad t_1 \in \mathbf{R}.$$

Eine ökonomisch sinnvolle ganzzahlige Lösung ergibt sich z. B. für $t_1 = 20$: $(x_1, x_2, x_3) = (20, 30, 50)$.

1.7 Nach Einfügen der Schlupfvariablen s_2 und s_3 in die 2. bzw. 3. Ungleichung des Restriktionensystems, ist das nachfolgende Gleichungssystem zu lösen.

x_1	x_2	x_3	x_4	s_2	s_3	RS
2	3	0	1	0	0	16
1	1	2	1	-1	0	2
0	1	0	1	0	1	8
2	1	0	-1	0	0	6
Nach 4 Pivotierungen						
1	1	0	0	0	0	$\frac{11}{2}$
0	$-\frac{1}{2}$	1	0	$-\frac{1}{2}$	0	$-\frac{17}{4}$
0	1	0	1	0	0	5
0	0	0	0	0	1	3

Aus der allgemeinen Lösung dieses Gleichungssystems

$$\begin{pmatrix} x_1 \\ x_2 \\ x_3 \\ x_4 \\ s_2 \\ s_3 \end{pmatrix} = \begin{pmatrix} 5{,}5 \\ 0 \\ -4{,}25 \\ 5 \\ 0 \\ 3 \end{pmatrix} + \begin{pmatrix} -1 \\ 1 \\ 0{,}5 \\ -1 \\ 0 \\ 0 \end{pmatrix} t_2 + \begin{pmatrix} 0 \\ 0 \\ 0{,}5 \\ 0 \\ 1 \\ 0 \end{pmatrix} s_2 ; \qquad t_2, s_2 \in \mathbf{R}.$$

läßt sich die allgemeine Lösung des gegebenen Restriktionensystems ablesen als

$$\begin{pmatrix} x_1 \\ x_2 \\ x_3 \\ x_4 \end{pmatrix} = \begin{pmatrix} 5{,}5 \\ 0 \\ -4{,}25 \\ 5 \end{pmatrix} + \begin{pmatrix} -1 \\ 1 \\ 0{,}5 \\ -1 \end{pmatrix} t_2 + \begin{pmatrix} 0 \\ 0 \\ 0{,}5 \\ 0 \end{pmatrix} s_2 ; \qquad t_2 \in \mathbf{R}, \quad s_2 \in \mathbf{R}_0.$$

1.8

x_1	x_2	x_3	x_4	RS
0	1	0	$5a$-10	16-$3a$
0	0	0	a^2-a-6	6-$2a$
1	0	0	7-a	-1-$2a$
0	0	1	1-a	a-2

$$a^2 - a - 6 = (a-3)(a+2) = 0 \quad \Leftrightarrow \quad a = 3 \quad \text{oder} \quad a = -2$$

α. Das Gleichungssystem hat eine *eindeutige* Lösung falls $a \neq 3$ und $a \neq -2$

β. Das Gleichungssystem hat keine Lösung, falls $a = -2$

γ. Das Geichungssystem hat *unendlich viele* Lösungen, falls $a = 3$. Die allgemeine Lösung ist dann

$$(x_1, x_2, x_3, x_4) = (-7, 7, 1, 0) + (-4, -5, 2, 1)t_4, \quad t_4 \in \mathbf{R}.$$

Lösungen zu den Aufgaben des 2. Kapitels

2.1 Das Tableau 2.23 auf Seite 84 ist nicht zulässig entschlüsselt. Nach der Phase 1 des Simplexalgorithmus kommt nur der Koeffizient a_{14} = -5 Pivotelement in Betracht.

x_0	x_1	x_2	x_3	x_4	x_5	x_6	RS
1	0	-4	0	0	0	0	5
x_4	0	$-\frac{1}{5}$	$-\frac{1}{5}$	1	0	0	$\frac{3}{5}$
x_1	1	$-\frac{7}{5}$	$\frac{3}{5}$	0	0	0	$\frac{11}{5}$
x_5	0	$\frac{18}{5}$	$-\frac{2}{5}$	0	1	0	$\frac{66}{5}$
x_6	0	$\frac{34}{5}$	$\frac{4}{5}$	0	0	1	$\frac{148}{5}$

Dieses lineare Maximierungssystem ist zulässig entschlüsselt, so daß wir mit der Phase 2 des Simplexalgorithmus fortfahren können.

Da $\frac{66}{18} = \text{Min}\,(\frac{66 \cdot 5}{5 \cdot 18}\,;\,\frac{148 \cdot 5}{5 \cdot 34})$

ist nach dem Pivotelement $a_{32} = \frac{18}{5}$ umzuschlüsseln:

x_0	x_1	x_2	x_3	x_4	x_5	x_6	RS
1	0	0	$-\frac{4}{9}$	0	$\frac{10}{9}$	0	$\frac{59}{3}$
x_4	0	0	$-\frac{2}{9}$	1	$\frac{1}{18}$	0	$\frac{4}{3}$
x_1	1	0	$\frac{4}{9}$	0	$\frac{7}{18}$	0	$\frac{22}{3}$
x_2	0	1	$-\frac{1}{9}$	0	$\frac{5}{18}$	0	$\frac{11}{3}$
x_6	0	0	$\frac{14}{9}$	0	$-\frac{17}{9}$	1	$\frac{14}{3}$

Da $\text{Min}\,(\frac{22 \cdot 9}{3 \cdot 4}\,;\,\frac{14 \cdot 9}{3 \cdot 14}) = \frac{9}{3} = 3$ ist $a_{43} = \frac{14}{9}$ das neue Pivotelement.

x_0	x_1	x_2	x_3	x_4	x_5	x_6	RS
1	0	0	0	0	$\frac{4}{7}$	$\frac{2}{7}$	21
x_4	0	0	0	1	$-\frac{3}{14}$	$\frac{1}{7}$	2
x_1	1	0	0	0	$\frac{13}{14}$	$-\frac{2}{7}$	6
x_2	0	1	0	0	$\frac{1}{7}$	$\frac{1}{14}$	4
x_3	0	0	1	0	$-\frac{17}{14}$	$\frac{9}{14}$	3

Die optimale Lösung des linearen Maximierungssystems ist damit das Tupel $(x_1^*, x_2^*, x_3^*, x_4^*) = (6, 4, 3, 2)$, das zum maximalen Zielwert $x_{0\text{Max}} = 21$ führt.

2.2 Bezeichnen wir mit x_A und x_B die Quantitäten (in kg), die Pfeifenkopf von den Tabakmischungen "Arizona" und "Bahia" herstellen soll, so läßt sich der optimale Produktionsplan ermitteln durch Lösen der linearen Maximierungsaufgabe:

$$E = 80x_A + 60x_B \rightarrow \text{Max}$$

unter Beachtung der Restriktionen

I.	x_A			$\leqq$	40	
II.			x_B	$\leqq$	60	
III.	x_A			$\geqq$	10	
IV.			x_B	$\geqq$	10	
V.	$\frac{3}{4}x_A$	+	$\frac{1}{2}x_B$	$\leqq$	40	Havanna
VI.	$\frac{1}{4}x_A$	+	$\frac{1}{2}x_B$	$\leqq$	30	Brasil
			x_A, x_B	$\geqq$	0	

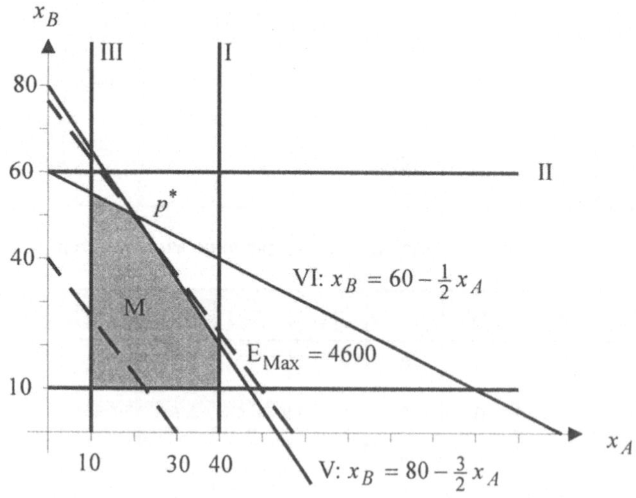

Der optimale Produktionsplan läßt sich genauer bestimmen als Schnittpunkt der Randgeraden von V. und VI.

$$80 - \frac{3}{2}x_A = 60 - \frac{1}{2}x_A \quad \Leftrightarrow \quad x_A^* = 20$$

$$x_B^* = 60 - \frac{1}{2} \cdot 20 = 50$$

Pfeifenkopf soll daher 20 kg "Arizona" und 50 kg "Bahia" herstellen. Er erzielt dann den größtmöglichen Erlös in Höhe von E* = 20 · 80 + 50 · 60 = 4600 DM.

2.3 Der optimale Bebauungsplan läßt sich ermitteln als Lösung des linearen Maximierungssystems

$$x_0 = 30x + 12y \quad \rightarrow \quad \text{Max}$$

unter Beachtung der Restriktionen

$$\begin{array}{rcrcll} 600.000x & + & 200.000y & \leqq & 18.000.000 & \textit{Kosten} \\ 120x & + & 60y & \leqq & 4.500 & \textit{Monate} \\ 800x & + & 600y & \leqq & 42.000 & \textit{Fläche} \\ & & x, y & \geqq & 0\,. & \end{array}$$

Zur Vereinfachung der Rechnung dividieren wir die Restriktionen durch 200.000 bzw. 60 bzw. 200. Nach dem Hinzufügen der Schlupfvariablen z_1, z_2, z_3 erhalten wir ein zulässig entschlüsseltes System, das wir mit der Phase 2 des Simplexalgorithmus in ein maximal entschlüsseltes überführen.

x_0	x_1	y	z_1	z_2	z_3	RS
1	-30	-12	0	0	0	0
z_1	3	1	1	0	0	90
z_2	2	1	0	1	0	75
z_3	4	3	0	0	1	210

Um Schreibarbeit zu sparen, wollen wir nachfolgend die *verkürzte Tableauform* verwenden und die Koeffizientenspalten der Schlüsselvariablen nicht mehr im Tableau mitführen. Die Lage der Schlüssel kann stets aus der 0. Spalte abgelesen werden.

Bei Anwendung der verkürzten Schreibweise ist darauf zu achten, daß die Koeffizienten der neuen freien Variablen in **die** Spalte geschrieben, in der vor der Pivotierung die Koeffizienten der neuen Basisvariablen standen. Nach den Pivotierungsregeln, vgl. z. B. Schritt 6 der Phase 2 des Simplexalgorithmus auf Seite 72 erhält man die Koeffizientenspalte der neuen freien Variablen, indem man die vorliegende Koeffizientenspalte der neuen Basisvariablen mit $(-\frac{1}{a_{pq}})$

multipliziert, allerdings mit Ausnahme des Elementes in der Pivotzeile, das gleich $(-\frac{1}{a_{pq}})$ gesetzt wird.

x_0	x	y	RS
1	-30	-12	0
z_1	3	1	90
z_2	2	1	75
z_3	4	3	210

x_0	z_1	y	RS
1	10	-2	900
x	$\frac{1}{3}$	$\frac{1}{3}$	30
z_2	$-\frac{2}{3}$	$\frac{1}{3}$	15
z_3	$-\frac{4}{3}$	$\frac{5}{3}$	90

x_0	z_1	z_2	RS
1	6	6	990
x	1	-1	15
y	-2	3	45
z_3	2	-5	15

Der optimale Bebauungsplan ist somit $(x^*, y^*) = (15, 45)$. Werden 15 fünfstöckige und 45 zweistöckige Häuser auf dem Gelände gebaut, so können 990 Menschen dort wohnen.

2.4 Die optimale Tagesproduktion an x_1 Tonnen Benzin, x_2 Tonnen leichten Heizöls und x_3 Tonnen schweren Heizöls erhält man als Lösung des linearen Maximierungsproblems.

$$x_0 = 60x_1 + 40x_2 + 20x_3 \quad \rightarrow \quad \text{Max}$$

unter Beachtung der Restriktionen

$$\begin{array}{lllll} x_1 + x_2 + x_3 & = & 20.000 & & \textit{Rohöl} \\ x_1 + x_2 & \leqq & 15.000 & & \textit{Höchstmenge} \\ x_1 - x_2 & \leqq & 0 & & \\ x_1, x_2, x_3 & \geqq & 0 & & \end{array}$$

Nach Einfügen von Schlupfvariablen y_2 und y_3 in die beiden letzten Restriktionenungleichungen erhält man das verkürzte Simplextableau

x_0	x_1	x_2	x_3	RS
1	-60	-40	-20	0
-	1	1	1	20.000
y_2	1	1	0	15.000
y_3	1	-1	0	0

Ohne großen Rechenaufwand läßt sich gemäß der Phase 0 des Simplexalgoritmus ein Schlüssel an die Stelle $a_{13} = 1$ setzen. Nach dem Pivotieren kann die 3. Spalte entfallen.

x_0	x_1	x_2	RS
1	-40	-20	400.000
x_3	1	1	20.000
y_2	1	1	15.000
y_3	1	-1	0

x_0	y_3	x_2	RS
1	40	-60	400.000
x_3	-1	2	20.000
y_2	-1	2	15.000
x_1	1	-1	0

x_0	y_3	y_2	RS
1	10	30	850.000
x_3	0	-1	5.000
x_2	$-\frac{1}{2}$	$\frac{1}{2}$	7.500
x_1	$\frac{1}{2}$	$\frac{1}{2}$	7.500

Der Produzent erzielt den größtmöglichen Tagesgewinn in Höhe von 850.000 DM, wenn er aus 20.000 Tonnen Rohöl je 7.500 Benzin und leichtes Heizöl herstellt und die restlichen 5.000 Tonnen in schweres Heizöl überführt.

2.5 Nach Multiplikation der 3. Restriktion mit (-1) und nach Einfügen der Schlupfvariablen x_4 und x_5 in die beiden Restriktionsungleichungen erhält man das Simplextableau

x_0	x_1	x_2	x_3	x_4	x_5	RS
1	-200	-50	-10	0	0	0
-	1	10	-10	0	0	1.000
x_4	6	10	0	1	0	5.000
x_5	-1	-1	-1	0	1	-100

das noch nicht entschlüsselt ist. Gemäß der Phase 0 des Simplexalgorithmus setzen wir einen Schlüssel in die 1. Zeile, wobei wir uns für das (betragsmäßig) größte positive Element $a_{12} = 10$ als Pivotelement entscheiden.

x_0	x_1	x_3	RS
1	-195	-60	5.000
x_2	$\frac{1}{10}$	-1	100
x_4	5	10	4.000
x_5	$-\frac{9}{10}$	-2	0

x_0	x_4	x_3	RS
1	39	330	161.000
x_2	$-\frac{1}{50}$	$-\frac{12}{10}$	20
x_1	$\frac{1}{5}$	2	800
x_5	$\frac{9}{50}$	$-\frac{2}{10}$	720

d. h. die maximale Lösung dieses linearen Maximierungssystems ist

$$(x_1^*, x_2^*, x_3^*, x_4^*, x_5^*) = (800, 20, 0, 0, 720).$$

Sie führt zum maximalen Lösungswert $x_{0\text{Max}} = 161.000$.

2.6 Aus einer Walzader können die gewünschten Stücke auf die folgenden 5 Arten hergestellt werden:

Typ 1	Typ 2	Typ 3	Typ 4	Typ 5
11 + 8	11 + 7	8 + 8	8 + 7	7 + 7

Werden nach jedem Typ i gerade x_i Walzadern aufgeteilt, so besteht die Aufgabe darin, die Summe

$$x_0 = x_1 + x_2 + x_3 + x_4 + x_5 \qquad \text{zu minimieren}$$

unter Beachtung der Restriktionen

$$\begin{array}{lllllll} x_1 & + x_2 & & & & \geqq & 900 \\ x_1 & + x_2 & & & & \leqq & 1100 \\ x_1 & & + 2x_3 & + x_4 & & = & 1500 \\ & x_2 & & + x_4 & + 2x_5 & = & 2000 \\ & & x_1, x_2, x_3, x_4, x_5 & & & \geqq & 0. \end{array}$$

Durch Multiplikation der Zielfunktion mit (-1) wird die lineare Minimierungsvorschrift in eine Maximierungsvorschrift transformiert.

Nach Multiplikation der 1. Restriktion mit (-1) und nach Hinzufügen der Schlupfvariablen x_6 und x_7 erhält man das im nachfolgenden Tableau dargestellte lineare Maximierungssystem, das noch nicht entschlüsselt ist. Gemäß der Phase 0 sind daher zunächst je ein Schlüssel in die 3. und 4. Zeile zu setzen. Um das Rechnen mit Brüchen zu vermeiden werden wir dabei die Pivotelemente abweichend von der Empfehlung "betragsmäßig größtes Element in der Pivotzeile..." wählen.

x_0	x_1	x_2	x_3	x_4	x_5	x_6	x_7	RS
1	1	1	1	1	1	0	0	0
x_6	-1	-1	0	0	0	1	0	-900
x_7	1	1	0	0	0	0	1	1100
-	1	0	2	1	0	0	0	1500
-	0	1	0	1	2	0	0	2000
-1	0	1	-1	0	1	0	0	-1500
x_6	-1	-1	0	0	0	1	0	-900
x_7	1	1	0	0	0	0	1	1100
x_4	1	0	2	1	0	0	0	1500
-	-1	1	-2	0	2	0	0	500

x_0	x_1	x_3	x_5	RS
-1	1	1	-1	-2000
x_6	-2	-2	2	-400
x_7	2	2	-2	600
x_4	1	2	0	1500
x_2	-1	-2	2	500

x_0	x_1	x_6	x_5	RS
-1	0	$\frac{1}{2}$	0	-2200
x_3	1	$-\frac{1}{2}$	-1	200
x_7	0	1	0	200
x_4	-1	1	2	1100
x_2	1	-1	0	900

Um die gewünschten Stücke herstellen zu können werden 2200 Walzadern benötigt. Da im Optimaltableau die Zielkoeffizienten von zwei freien Variablen gleich Null sind, existiert keine eindeutige optimale Lösung.

Neben der Lösung

$$(x_1^*, x_2^*, x_3^*, x_4^*, x_5^*) = (0, 900, 200, 1100, 0)$$

ergibt die Umschlüsselung nach $a_{11} = 1$ die weitere optimale Basislösung

$$(x_1, x_2, x_3, x_4, x_5) = (200, 700, 0, 1300, 0)$$

und die Umschlüsselung nach $a_{33} = 2$ die Lösung

$$(x_1, x_2, x_3, x_4, x_5) = (0, 900, 750, 0, 550) .$$

In allen Fällen werden 900 Stücke der Länge 11 m zugeschnitten.

2.7 Mit den neuen Variablen $z_A = x_A - 10$ und $z_B = x_B - 10$ läßt sich die lineare Maximierungsaufgabe nach Hinzufügen der Schlupfvariablen y_1, y_2, y_3, y_4 schreiben als das nachfolgende, zulässig entschlüsselte Simplextableau, das wir mit der Phase 0 des Simplexalgorithmus weiter bearbeiten.

E	z_A	z_B	RS
1	-80	-60	1400
y_1	1	0	30
y_2	0	1	50
y_3	$\frac{3}{4}$	$\frac{1}{2}$	$\frac{55}{2}$
y_4	$\frac{1}{4}$	$\frac{1}{2}$	$\frac{45}{2}$

E	y_1	z_B	RS
1	80	-60	3800
z_A	1	0	30
y_2	0	1	50
y_3	$-\frac{3}{4}$	$\frac{1}{2}$	5
y_4	$-\frac{1}{4}$	$\frac{1}{2}$	15

E	y_1	y_3	RS
1	-10	120	4400
z_A	1	0	30
y_2	$\frac{3}{2}$	-2	40
z_B	$-\frac{3}{2}$	2	10
y_4	$\frac{1}{2}$	-1	10

E	y_4	y_3	RS
1	20	100	4600
z_A	-2	2	10
y_2	-3	1	10
z_B	3	-1	40
y_1	2	-2	20

d. h. $x_A^* = z_A^* + 10 = 20$ und $x_B^* = z_B^* + 10 = 50$.

Wir erhalten somit dasselbe Ergebnis wie es in der Aufgabe 2.2 mit der graphischen Methode bestimmt wurde.

2.8 Die Substitution der durch untere Grenzen beschränkten Variablen x und y durch die neuen Variablen $v = x - 9$ und $w = y - 5$ führt zu den äquivalenten linearen Maximierungssystem

$$Z = 2v + 4w + 48$$

unter Beachtung der Restriktionen

$$\begin{aligned}
60v + 40w &\geq -540\\
2v - 2w &\leq 1\\
3v + 7{,}5w &\geq -43{,}5\\
20v - 4w &\leq 8\\
v - w &\geq -2\\
v &\geq 0\\
w &\geq 0
\end{aligned}$$

Hierbei sind die ersten und die dritten Ungleichungen für alle v, $w \geq 0$ erfüllt und stellen somit keine Beschränkung dar.

Z	v	w	s_1	s_2	s_3	RS
1	-2	-4	0	0	0	48
s_1	2	-2	1	0	0	1
s_2	5	-1	0	1	0	2
s_3	-1	1	0	0	1	2
1	-6	0	0	0	4	56
s_1	0	0	1	0	2	5
s_2	4	0	0	1	1	4
w	-1	1	0	0	1	2
1	0	0	0	1,5	5,5	62
s_1	0	0	1	0	2	5
v	1	0	0	0,25	0,25	1
w	0	1	0	0,25	1,25	3

$$(x^*, y^*) = (1+9; 3+5) = (10,8), \qquad Z^* = 62 \ .$$

2.9 a. Die ausgewiesene Basislösung ist noch nicht maximal, da in dem zulässigen entschlüsselten Tableau negative Zielkoeffizienten auftreten.
Die Zielfunktion $x_0 = 3x_1 + 7x_3 - 3x_6 + 12x_7 + 30$ läßt erkennen, daß der Zielwert verbessert werden kann, wenn x_1, x_3 oder x_7 positiv gewählt werden.

b. *Pivotspalte zu* x_1: Pivotelement $a_{11} = 2$, da Min $(\frac{3}{2}, \frac{2}{1}) = \frac{3}{2}$,

Zielverbesserung $3 \cdot \frac{3}{2} = 4{,}5$,

Pivotspalte zu x_3: Pivotelement $a_{33} = 5$, da Min $(\frac{3}{2}, \frac{4}{5}) = \frac{4}{5}$,

Zielverbesserung $7 \cdot \frac{4}{5} = 5{,}6$ größte Zielverbesserung!

Pivotspalte zu x_3: Pivotelement $a_{27} = 1$, da Min $(\frac{3}{1}, \frac{0}{1}, \frac{4}{2}) = 0$,

Zielverbesserung $12 \cdot 0 = 0$ Entartungsfall.

c. Entartungsfall mit dem Pivotelement $a_{27} = (x_4, x_5, x_7, x_8) = (3, 4, 0, 2)$, weitere Basislösung $a_{19} = 3$, da $\text{Min}\ (\frac{3}{3}, \frac{4}{2}, \frac{2}{1}) = 1$,
$(x_2, x_5, x_8, x_9) = (1, 2, 1, 1)$.

Lösungen zu den Aufgaben des 3. Kapitels

3.1

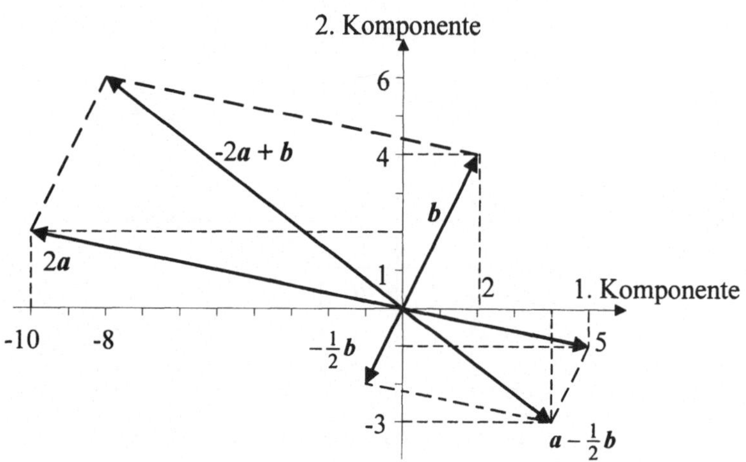

3.2 **a.** $\boldsymbol{a}+\boldsymbol{b}=\begin{pmatrix}7\\4\\-4\end{pmatrix}$; $\boldsymbol{c}-\boldsymbol{d}=\begin{pmatrix}0\\4\\1\end{pmatrix}$; $\boldsymbol{a}+3\boldsymbol{c}-2\boldsymbol{d}=\begin{pmatrix}5\\15\\1\end{pmatrix}$;

$5\cdot 2\cdot \boldsymbol{c}=\begin{pmatrix}-10\\30\\20\end{pmatrix}$; $\boldsymbol{a}'\cdot\boldsymbol{b}=9$; $\boldsymbol{c}'\cdot\boldsymbol{d}=0$; $\boldsymbol{c}'\cdot\boldsymbol{a}=0$;

$(\boldsymbol{b}'\cdot \boldsymbol{c})\boldsymbol{a}=-3\boldsymbol{a}=\begin{pmatrix}-18\\-12\\9\end{pmatrix}$.

b. Da $\mathbf{c}'\cdot \boldsymbol{d}=0$ und $\mathbf{c}'\cdot \boldsymbol{a}=0$ ist, sind die Vektoren $\boldsymbol{c}$ und $\boldsymbol{d}$ bzw. die Vektoren $\boldsymbol{c}$ und $\boldsymbol{a}$ orthogonal zueinander.

3.3 Die Vektoren $\boldsymbol{b}$, $\boldsymbol{c}$ und $\boldsymbol{d}$ bilden eine Basis des $\mathbf{R}^3$, wenn diese Vektoren linear unabhängig sind. Dies ist dann der Fall, wenn das homogene Gleichungssystem

$$\boldsymbol{b}x_1 + \boldsymbol{c}x_2 + \boldsymbol{d}x_3 = \mathbf{0}$$

nur die triviale Lösung besitzt.

Die Koordination des Vektors $\boldsymbol{a}$ bzgl. dieser Basis stimmen dann mit der eindeutigen Lösung des inhomogenen Gleichungssystems

$\boldsymbol{b}y_1 + \boldsymbol{c}y_2 + \boldsymbol{d}y_3 = \boldsymbol{a}$ überein.

$\boldsymbol{b}$	$\boldsymbol{c}$	$\boldsymbol{d}$	$\mathbf{0}$	$\boldsymbol{a}$
1	-1	-1	0	6
0	3	-1	0	4
-1	2	1	0	-3
1	-1	-1	0	6
0	3	-1	0	4
0	1	0	0	3
1	0	-1	0	9
0	0	-1	0	-5
0	1	0	0	3
1	0	0	0	14
0	0	1	0	5
0	1	0	0	3

d. h. die Vektoren $\boldsymbol{b}$, $\boldsymbol{c}$, $\boldsymbol{d}$ bilden eine Basis des $\mathbf{R}^3$.
In dieser Basis läßt sich der Vektor $\boldsymbol{a}$ darstellen als $\boldsymbol{a} = 14\boldsymbol{b} + 3\boldsymbol{c} + 5\boldsymbol{d}$.

3.4 Der Vektor $\boldsymbol{b}$ läßt sich als Linearkombination der Vektoren $\boldsymbol{a}_1$, $\boldsymbol{a}_2$, $\boldsymbol{a}_3$, darstellen, wenn das Geichungssystem $\lambda_1\boldsymbol{a}_1 + \lambda_2\boldsymbol{a}_2 + \lambda_3\boldsymbol{a}_3 = \boldsymbol{b}$ wenigstens eine Lösung hat (Teilaufgabe a.).
Die Vektoren $\boldsymbol{a}_1$, $\boldsymbol{a}_2$, $\boldsymbol{a}_3$ sind linear unabhängig, wenn das homogene Gleichungssystem $\mu_1\boldsymbol{a}_1 + \mu_2\boldsymbol{a}_2 + \mu_3\boldsymbol{a}_3 = \mathbf{0}$ nur die triviale Lösung hat (Teilaufgabe b.).

a_1	a_2	a_3	b
1	0	2	7
-3	4	3	-3
2	-2	-1	4
1	0	2	7
0	4	9	18
0	-2	-5	-10
1	0	2	7
0	0	-1	-2
0	1	2,5	5
1	0	0	3
0	0	1	2
0	1	0	0

Aus dem Tableau folgt, daß

a. der Vektor $\boldsymbol{b}$ sich als Linearkombination der Vektoren $\boldsymbol{a}_1$, $\boldsymbol{a}_2$, $\boldsymbol{a}_3$ darstellen läßt, und zwar in der eindeutigen Form $\boldsymbol{b} = 3\boldsymbol{a}_1 + 0\boldsymbol{a}_2 + 2\boldsymbol{a}_3$,

b. die Vektoren $\boldsymbol{a}_1$, $\boldsymbol{a}_2$, $\boldsymbol{a}_3$ linear unabhängig sind,

c. die Vektoren $\boldsymbol{a}_1$, $\boldsymbol{a}_2$ und $\boldsymbol{b}$ eine Basis des $\mathbf{R}^3$ bilden, da der Schlüssel von $\boldsymbol{a}_3$ nach $\boldsymbol{b}$ gesetzt werden kann. Dagegen sind die Vektoren $\boldsymbol{a}_1$, $\boldsymbol{a}_3$, $\boldsymbol{b}$ linear abhängig und bilden somit keine Basis des $\mathbf{R}^3$.

3.5 a. Eine dieser Fortbewegungsmöglichkeiten ist dann überflüssig, wenn die Vektoren linear abhängig sind, d. h. wenn das Gleichungssystem

$\lambda_1\boldsymbol{a} + \lambda_2\boldsymbol{b} + \lambda_3\boldsymbol{c} = \mathbf{0}$ nicht triviale Lösungen besitzt.

b. Die beiden Sterne lassen sich erreichen, wenn die Vektoren **OL** bzw. **HP** als Linearkombination der Steuervektoren $\boldsymbol{a}$, $\boldsymbol{b}$, $\boldsymbol{c}$ dargestellt werden können, d.h. wenn die Gleichung $x_1\boldsymbol{a} + x_2\boldsymbol{b} + x_3\boldsymbol{c} = \mathbf{OL}$ bzw. die Gleichung $y_1\boldsymbol{a} + y_2\boldsymbol{b} + y_3\boldsymbol{c} = \mathbf{HP}$ wenigstens eine Lösung hat.

c. Zu prüfen ist, ob der Vektor $\boldsymbol{d}$ linear unabhängig zu den Vektoren $\boldsymbol{a}$, $\boldsymbol{b}$, $\boldsymbol{c}$ ist. Dies läßt sich überprüfen, indem man die anstehenden Gleichungssysteme auf der linken Seite um $\lambda_4\boldsymbol{d}$, $x_4\boldsymbol{d}$ bzw. $y_4\boldsymbol{d}$ erweitert.

a	*b*	*c*	*d*	**0**	**OL**	**HP**
4	2	5	2	0	100	80
1	3	0	3	0	150	10
1	1	1	5	0	50	10
-1	-3	0	-23	0	-150	30
1	3	0	3	0	150	10
1	1	1	5	0	50	10
0	0	0	-20	0	0	40
1	3	0	3	0	150	10
0	-2	1	2	0	-100	0
0	0	0	1	0	0	-2
1	3	0	0	0	150	16
0	-2	1	0	0	-100	4

Eine der 3 Bewegungsmöglichkeiten ist überflüssig, z. B. läßt sich ***b*** darstellen als ***b*** = 3***a*** - 2***c***. Der Stern **O**rwell's-**L**and läßt sich mit der Rakete erreichen, z. B. durch die Steuerung **OL** = 150***a*** + 0***b*** - 100***c***. Dagegen läßt sich der Stern **H**uxley's **P**lanet nicht ansteuern. Wenn ***d*** linear unabhängig zu den Vektoren ***a***, ***b***, und ***c*** ist, wird ermöglicht, daß beide Sterne erreicht werden können. Der Stern **H**uxley's **P**lanet z. B. durch **HP** = 16***a*** + 0***b*** + 4***c*** - 2***d***.

Lösungen zu den Aufgaben des 4. Kapitels

4.1 **a.** $\mathbf{A} \geq \mathbf{B}$, $\mathbf{A} \geq \mathbf{0}$, $\mathbf{A} > \mathbf{C}$, $\mathbf{B} \geq \mathbf{C}$.

b. α. Da die Anzahl der Spalten von ***a*** kleiner als die Anzahl der Zeilen von **B** ist, läßt sich $\boldsymbol{a} \cdot \mathbf{B}$ nicht bilden.

β. $$\mathbf{A} \cdot \boldsymbol{b} = \begin{pmatrix} 3 & 2 & 1 \\ 0 & 1 & 0 \end{pmatrix} \cdot \begin{pmatrix} 1 \\ 0 \\ 2 \end{pmatrix} = \begin{pmatrix} 5 \\ 0 \end{pmatrix}.$$

γ. $$\mathbf{A} \cdot \mathbf{C}' = \begin{pmatrix} 2 & 1 & 1 \\ -1 & 0 & 0 \end{pmatrix} \cdot \begin{pmatrix} 2 & -3 \\ 1 & -2 \\ 0 & -5 \end{pmatrix} = \begin{pmatrix} 5 & -13 \\ -2 & 3 \end{pmatrix}.$$

δ. $2\boldsymbol{a} + 3\boldsymbol{b} = \begin{pmatrix} -10 \\ 8 \\ 2 \end{pmatrix} + \begin{pmatrix} 3 \\ 0 \\ 6 \end{pmatrix} = \begin{pmatrix} -7 \\ 8 \\ 8 \end{pmatrix}.$

ε. $(\boldsymbol{a}, \boldsymbol{b}) + \mathbf{A}' = \begin{pmatrix} -5 & 1 \\ 4 & 0 \\ 1 & 2 \end{pmatrix} + \begin{pmatrix} 3 & 0 \\ 2 & 1 \\ 0 & 0 \end{pmatrix} = \begin{pmatrix} -2 & 1 \\ 6 & 1 \\ 1 & 2 \end{pmatrix}.$

ζ. $\boldsymbol{b}' \cdot \mathbf{B}' = (1, 0, 2) \cdot \begin{pmatrix} 2 & -1 \\ 1 & 0 \\ 1 & 0 \end{pmatrix} = (4, -1).$

4.2 a. Es muß gelten: $\mathbf{L} \geqq 5\mathbf{A} + 3\mathbf{B}$.

b. Da $5\mathbf{A} + 3\mathbf{B} = \begin{pmatrix} 380 & 550 & 680 \\ 220 & 195 & 1000 \\ 390 & 295 & 750 \\ 600 & 200 & 650 \end{pmatrix} \leq \mathbf{L}$

reicht das Lager aus, um die Entnahmen zu befriedigen.

c. Da $3\mathbf{A} + 5\mathbf{B} = \begin{pmatrix} \mathbf{420} & 490 & 600 \\ 260 & \mathbf{197} & \mathbf{1240} \\ 330 & 225 & \mathbf{1090} \\ \mathbf{680} & 120 & \mathbf{870} \end{pmatrix}$

reicht das Lager für diese Entnahme nicht aus.

4.3 a. $(\mathbf{A} \cdot \mathbf{B}) \cdot \mathbf{C} = \begin{pmatrix} 1 & 0 & 25 \\ 2 & 4 & 6 \\ -8 & 36 & 12 \end{pmatrix} \cdot \begin{pmatrix} -3 & 3 & 0 \\ 5 & 4 & 2 \\ 0 & 1 & -1 \end{pmatrix} = \begin{pmatrix} -3 & 28 & -25 \\ 14 & 28 & 2 \\ 204 & 132 & 60 \end{pmatrix}$

$=$

$\mathbf{A} \cdot (\mathbf{B} \cdot \mathbf{C}) = \begin{pmatrix} 3 & -1 & 2 \\ 0 & 1 & 0 \\ 2 & 3 & -4 \end{pmatrix} \cdot \begin{pmatrix} 23 & 20 & 1 \\ 14 & 28 & 2 \\ -29 & -2 & -13 \end{pmatrix} = \begin{pmatrix} -3 & 28 & -25 \\ 14 & 28 & 2 \\ 204 & 132 & 60 \end{pmatrix}$

b. $\mathbf{A} \cdot (\mathbf{B} + \mathbf{C}) = \begin{pmatrix} 3 & -1 & 2 \\ 0 & 1 & 0 \\ 2 & 3 & -4 \end{pmatrix} \cdot \begin{pmatrix} -4 & 7 & 7 \\ 7 & 8 & 8 \\ 3 & -3 & 4 \end{pmatrix} = \begin{pmatrix} -13 & 7 & 21 \\ 7 & 8 & 8 \\ 1 & 50 & 22 \end{pmatrix}$

$=$

$\mathbf{A} \cdot \mathbf{B} + \mathbf{A} \cdot \mathbf{C} = \begin{pmatrix} 1 & 0 & 25 \\ 2 & 4 & 6 \\ -8 & 36 & 12 \end{pmatrix} + \begin{pmatrix} -14 & 7 & -4 \\ 5 & 4 & 2 \\ 9 & 14 & 10 \end{pmatrix} = \begin{pmatrix} -13 & 7 & 21 \\ 7 & 8 & 8 \\ 1 & 50 & 22 \end{pmatrix}$

c. $(\mathbf{A}+\mathbf{B})\cdot\mathbf{C} = \begin{pmatrix} 2 & 3 & 9 \\ 2 & 5 & 6 \\ 5 & -1 & 1 \end{pmatrix} \cdot \begin{pmatrix} -3 & 3 & 0 \\ 5 & 4 & 2 \\ 0 & 1 & -1 \end{pmatrix} = \begin{pmatrix} 9 & 27 & -3 \\ 19 & 32 & 4 \\ -20 & 12 & -3 \end{pmatrix}$

$=$

$\mathbf{A}\cdot\mathbf{C}+\mathbf{B}\cdot\mathbf{C} = \begin{pmatrix} -14 & 7 & -4 \\ 5 & 4 & 2 \\ 9 & 14 & 10 \end{pmatrix} + \begin{pmatrix} 23 & 20 & 1 \\ 14 & 28 & 2 \\ -29 & -2 & -13 \end{pmatrix} = \begin{pmatrix} 9 & 27 & -3 \\ 19 & 32 & 4 \\ -20 & 12 & -3 \end{pmatrix}$

d. $\mathbf{B}'\cdot\mathbf{A}' = \begin{pmatrix} -1 & 2 & 3 \\ 4 & 4 & -4 \\ 7 & 6 & 5 \end{pmatrix} \cdot \begin{pmatrix} 3 & 0 & 2 \\ -1 & 1 & 3 \\ 2 & 0 & -4 \end{pmatrix} = \begin{pmatrix} 1 & 2 & -8 \\ 0 & 4 & 36 \\ 25 & 6 & 12 \end{pmatrix} = (\mathbf{A}\cdot\mathbf{B})'$

4.4 Durch Ausmultiplizieren der Matrizen auf der linken Seite und anschließendem elementweisen Vergleich erhält man das lineare Gleichungssystem

$$\begin{array}{llll} 2x + 1 = 1 & \Leftrightarrow & 2x = 0 \\ 2x - 1 + 2 = 1 & \Leftrightarrow & 2x = 0 \\ 1 - 2 = -1 & \checkmark & \\ 2 - 1 = 1 & \checkmark & \\ 2 + 1 + y = 3 & \Leftrightarrow & y = 0 \\ -1 - y = -1 & \Leftrightarrow & y = 0 \end{array}$$

D.h. nur für $(x, y) = (0, 0)$ ist das Gleichungssystem und damit die vorgegebene Matrizengleichung erfüllt.

4.5 Aus dem Rechentableau zur Aufgabe 3.4, vgl. Seite 258, läßt sich ablesen, daß

$r(\mathbf{A}) = 3 \quad \text{und} \quad r(\mathbf{A}, \boldsymbol{b}) = 3 .$

Nach dem Satz von FROBENIUS, vgl. Seite 149, besitzt daher das lineare Gleichungssystem $\mathbf{A}\boldsymbol{x} = \boldsymbol{b}$ eine Lösung.

4.6

$$\begin{array}{c|cc} & Z_1 & Z_2 \\ \hline R_1 & 4 & 0 \\ R_2 & 1 & 1 \\ R_3 & 0 & 3 \end{array} = \mathbf{R_Z}, \quad \begin{array}{c|ccc} & H_1 & H_2 & H_3 \\ \hline R_1 & 3 & 0 & 0 \\ R_2 & 0 & 4 & 0 \\ R_3 & 0 & 2 & 5 \end{array} = \mathbf{R_H}, \quad \begin{array}{c|cc} & F_1 & F_2 \\ \hline R_1 & 2 & 1 \\ R_2 & 0 & 2 \\ R_3 & 0 & 0 \end{array} = \mathbf{R_F},$$

$$\begin{array}{c|ccc} & H_1 & H_2 & H_3 \\ \hline Z_1 & 1 & 1 & 0 \\ Z_2 & 0 & 0 & 1 \end{array} = \mathbf{Z_H}, \quad \begin{array}{c|cc} & F_1 & F_2 \\ \hline Z_1 & 2 & 0 \\ Z_2 & 0 & 1 \end{array} = \mathbf{Z_F}, \quad \begin{array}{c|cc} & F_1 & F_2 \\ \hline H_1 & 1 & 0 \\ H_2 & 1 & 3 \\ H_3 & 0 & 1 \end{array} = \mathbf{H_F}.$$

Der Bedarf an Rohstoffen ist

$$x = \begin{pmatrix} x_1 \\ x_2 \\ x_3 \end{pmatrix} = (\mathbf{R_F} + (\mathbf{R_H} + \mathbf{R_Z} \cdot \mathbf{Z_H}) \cdot \mathbf{H_F} + \mathbf{R_Z} \cdot \mathbf{Z_F}) \cdot \begin{pmatrix} 100 \\ 70 \end{pmatrix}$$

$$= \begin{pmatrix} 270 \\ 140 \\ 0 \end{pmatrix} + (\mathbf{R_H} + \mathbf{R_Z} \cdot \mathbf{Z_H}) \cdot \begin{pmatrix} 100 \\ 310 \\ 70 \end{pmatrix} + \mathbf{R_Z} \cdot \begin{pmatrix} 200 \\ 70 \end{pmatrix}$$

$$= \begin{pmatrix} 270 \\ 140 \\ 0 \end{pmatrix} + \begin{pmatrix} 300 \\ 1240 \\ 970 \end{pmatrix} + \mathbf{R_Z} \cdot \begin{pmatrix} 410 \\ 70 \end{pmatrix} + \begin{pmatrix} 800 \\ 270 \\ 210 \end{pmatrix} = \begin{pmatrix} 3010 \\ 2130 \\ 1390 \end{pmatrix} .$$

4.7 $$\mathbf{A}^{-1} = \begin{pmatrix} \frac{14}{5} & -2 & -\frac{1}{5} \\ -\frac{19}{5} & 3 & \frac{1}{5} \\ \frac{17}{5} & -\frac{5}{2} & -\frac{1}{10} \end{pmatrix} = \frac{1}{10} \begin{pmatrix} 28 & -20 & -2 \\ -38 & 30 & 2 \\ 34 & -25 & -1 \end{pmatrix}$$

$$x = \mathbf{A}^{-1} \cdot b = \frac{1}{100} \begin{pmatrix} -56 & -40 & -8 \\ 76 & 60 & 8 \\ -68 & -50 & -4 \end{pmatrix} = \begin{pmatrix} -1{,}04 \\ 1{,}44 \\ -1{,}22 \end{pmatrix} .$$

4.8 **a.** $y' = (5, 1, 7)$

b. $\mathbf{A} = \frac{1}{10} \begin{pmatrix} 5 & 1 & 2 \\ 1 & 6 & 1 \\ 3 & 2 & 5 \end{pmatrix}$

c. In jeder der energieproduzierenden Anlagen werden alle drei Energieformen als Inputs benötigt. Die Produktion $x' = (0, 30, 60)$ ist daher bei der vorgegebenen Technologie nicht realisierbar.

d. $(\mathbf{E} - \mathbf{A}) = \frac{1}{10} \begin{pmatrix} 5 & -1 & -2 \\ -1 & 4 & -1 \\ -3 & -2 & 5 \end{pmatrix}$

5	-1	-2	10	0	0
-1	4	-1	0	10	0
-3	-2	5	0	0	10
-5	1	2	-10	0	0
-19	0	-9	40	10	0
-13	0	9	-20	0	10
$-\frac{19}{9}$	1	0	$-\frac{50}{9}$	0	$-\frac{20}{9}$
6	0	0	20	10	10
$-\frac{13}{9}$	0	1	$-\frac{20}{9}$	0	$\frac{10}{9}$
0	1	0	$\frac{40}{27}$	$\frac{95}{27}$	$\frac{35}{27}$
1	0	0	$\frac{10}{3}$	$\frac{5}{3}$	$\frac{5}{3}$
0	0	1	$\frac{70}{27}$	$\frac{65}{27}$	$\frac{95}{27}$

d.h. $(\mathbf{E} - \mathbf{A})^{-1} = \frac{1}{27}\begin{pmatrix} 90 & 45 & 45 \\ 40 & 95 & 35 \\ 70 & 65 & 95 \end{pmatrix}$

und $\boldsymbol{x} = (\mathbf{E} - \mathbf{A})^{-1} \cdot \begin{pmatrix} 10 \\ 11 \\ 5 \end{pmatrix} = \frac{1}{27}\begin{pmatrix} 1620 \\ 1620 \\ 1890 \end{pmatrix} = \begin{pmatrix} 60 \\ 60 \\ 70 \end{pmatrix}$.

4.9 $\mathbf{3D} + \mathbf{2AD} + \mathbf{AC} = \mathbf{BD} + \mathbf{5BE}$

$(\mathbf{3E} + \mathbf{2A} - \mathbf{B})\mathbf{D} = \mathbf{5B} - \mathbf{AC}$

$\mathbf{D} = (\mathbf{3E} + \mathbf{2A} - \mathbf{B})^{-1} \cdot (\mathbf{5B} - \mathbf{AC})$

$= \begin{pmatrix} 4 & 2 \\ 12 & 8 \end{pmatrix}^{-1} \cdot \begin{pmatrix} -2 & 1 \\ -36 & -11 \end{pmatrix}$

$= \frac{1}{4}\begin{pmatrix} 4 & -1 \\ -6 & 2 \end{pmatrix} \cdot \begin{pmatrix} -2 & 1 \\ -36 & -11 \end{pmatrix}$

$= \frac{1}{4}\begin{pmatrix} 28 & 15 \\ -60 & -28 \end{pmatrix}$

4	2	1	0
12	8	0	1
2	1	$\frac{1}{2}$	0
-4	0	-4	1
0	1	$-\frac{3}{2}$	$\frac{1}{2}$
1	0	1	$-\frac{1}{4}$

4.10 a.

	Lieferung an Hallali	Glückstreffer	Gemeinde	Gesamt - abschuß	
Hallali	2	2	6	10	Rehe
Glückstreffer	1	4	15	20	Wildschweine

$$\mathbf{A} = \begin{pmatrix} \frac{2}{10} & \frac{2}{20} \\ \frac{1}{10} & \frac{4}{20} \end{pmatrix} = \frac{1}{10}\begin{pmatrix} 2 & 1 \\ 1 & 2 \end{pmatrix}$$

Die Spalten der Matrix **A** geben den Eigenbedarfsanteil an, wenn 1 Reh und 1 Wildschwein erlegt wurden.

b. $\mathbf{E} - \mathbf{A} = \frac{1}{10}\begin{pmatrix} 8 & -1 \\ -1 & 8 \end{pmatrix}$

$(\mathbf{E} - \mathbf{A})^{-1} = \frac{1}{63}\begin{pmatrix} 80 & 10 \\ 10 & 80 \end{pmatrix}$

8	-1	10	0
-1	8	0	10
0	63	10	80
1	-8	0	-10
0	1	$\frac{10}{63}$	$\frac{80}{63}$
1	0	$\frac{80}{63}$	$\frac{10}{63}$

Um die Bestellung der Stadt Frankfurt erfüllen zu können, müssen

$(\mathbf{E} - \mathbf{A})^{-1}\begin{pmatrix} 126 \\ 63 \end{pmatrix} = \begin{pmatrix} 80 & 10 \\ 10 & 80 \end{pmatrix}\begin{pmatrix} 2 \\ 1 \end{pmatrix} = \begin{pmatrix} 170 \\ 100 \end{pmatrix}$, d.h. 170 Rehe und 100 Wildschweine erlegt werden.

4.11 Zunächst drücken wir die kanonische Basis des $\mathbf{R}^3$ in der neuen Basis $\{\boldsymbol{a}_1, \boldsymbol{a}_2, \boldsymbol{a}_3\}$ aus. Dazu bestimmten wir die inverse Matrix von $\mathbf{A} = (\boldsymbol{a}_1, \boldsymbol{a}_2, \boldsymbol{a}_3)$, wobei wir gleichzeitig überprüfen, ob die Vektoren $\boldsymbol{a}_1$, $\boldsymbol{a}_2$ und $\boldsymbol{a}_3$ linear unabhängig sind.

	a_1	a_2	a_3	e_1	e_2	e_3
e_1	1	2	1	1	0	0
e_2	0	-1	1	0	1	0
e_3	1	0	-1	0	0	1
e_1	0	2	2	1	0	-1
e_2	0	-1	1	0	1	0
a_1	1	0	-1	0	0	1
e_1	0	0	4	1	2	-1
a_2	0	1	-1	0	-1	0
a_1	1	0	-1	0	0	1
a_3	0	0	1	$\frac{1}{4}$	$\frac{2}{4}$	$-\frac{1}{4}$
a_2	0	1	0	$\frac{1}{4}$	$-\frac{2}{4}$	$-\frac{1}{4}$
a_1	1	0	0	$\frac{1}{4}$	$\frac{2}{4}$	$\frac{3}{4}$

d.h. $\mathbf{A}^{-1} = \frac{1}{4}\begin{pmatrix} 1 & 2 & 3 \\ 1 & -2 & -1 \\ 1 & 2 & -1 \end{pmatrix}$

und $\boldsymbol{e}_1 = \frac{1}{4}\boldsymbol{a}_1 + \frac{1}{4}\boldsymbol{a}_2 + \frac{1}{4}\boldsymbol{a}_3$

$\boldsymbol{e}_2 = \frac{2}{4}\boldsymbol{a}_1 - \frac{2}{4}\boldsymbol{a}_2 + \frac{2}{4}\boldsymbol{a}_3$

$\boldsymbol{e}_3 = \frac{3}{4}\boldsymbol{a}_1 - \frac{1}{4}\boldsymbol{a}_2 - \frac{1}{4}\boldsymbol{a}_3$

Dann ist

$$f(\boldsymbol{e}_1) = \frac{1}{4}\begin{pmatrix} 1 \\ 4 \\ 0 \\ 2 \end{pmatrix} + \frac{1}{4}\begin{pmatrix} -2 \\ 1 \\ 4 \\ -3 \end{pmatrix} + \frac{1}{4}\begin{pmatrix} 3 \\ -1 \\ 0 \\ 3 \end{pmatrix} = \frac{1}{2}\begin{pmatrix} 1 \\ 2 \\ 2 \\ 1 \end{pmatrix}$$

$$f(\boldsymbol{e}_2) = \frac{1}{2}\begin{pmatrix} 1 \\ 4 \\ 0 \\ 2 \end{pmatrix} - \frac{1}{2}\begin{pmatrix} -2 \\ 1 \\ 4 \\ -3 \end{pmatrix} + \frac{1}{2}\begin{pmatrix} 3 \\ -1 \\ 0 \\ 3 \end{pmatrix} = \begin{pmatrix} 3 \\ 1 \\ -2 \\ 4 \end{pmatrix}$$

$$f(\boldsymbol{e}_3) = \frac{3}{4}\begin{pmatrix} 1 \\ 4 \\ 0 \\ 2 \end{pmatrix} - \frac{1}{4}\begin{pmatrix} -2 \\ 1 \\ 4 \\ -3 \end{pmatrix} - \frac{1}{4}\begin{pmatrix} 3 \\ -1 \\ 0 \\ 3 \end{pmatrix} = \frac{1}{2}\begin{pmatrix} 1 \\ 6 \\ -2 \\ 3 \end{pmatrix}.$$

Die Abbildung f läßt sich damit bzgl. der kanonischen Basen des $\mathbf{R}^3$ und des $\mathbf{R}^4$ beschreiben durch die Matrix $\frac{1}{2}\begin{pmatrix} 1 & 6 & 1 \\ 2 & 2 & 6 \\ 2 & -4 & -2 \\ 1 & 8 & 3 \end{pmatrix}$.

Lösungen zu den Aufgaben des 5. Kapitels

5.1

$$|\mathbf{B}| = \left|\begin{matrix} -2 & 8 & 5 \\ 1 & 7 & 2 \\ 0 & 3 & 0 \end{matrix}\right| \begin{matrix} -2 & 8 \\ 1 & 7 \\ 0 & 3 \end{matrix} \quad = 15 - (-12) = 27$$

$$|\mathbf{C}| = \left|\begin{matrix} 1 & 7 & 5 \\ 0 & 2 & 4 \\ 0 & 0 & -3 \end{matrix}\right| \begin{matrix} 1 & 7 \\ 0 & 2 \\ 0 & 0 \end{matrix} \quad = 1 \cdot 2(-3) = -6$$

5.2 **a.** 2 3 4 1 — 3 Inversionen

b. 4 2 1 3 — 2 Inversionen

c. 3 1 5 4 2 — 3 Inversionen .

(Neben den vorstehenden Inversionen sind noch andere Reihenfolgen der paarweisen Vertauschungen möglich !)

5.3 $$|\mathbf{G}| = (-2)|\mathbf{B}| + |\mathbf{F}| = \begin{vmatrix} 4 & 8 & 5 \\ -2 & 7 & 2 \\ 0 & 3 & 0 \end{vmatrix} + \begin{vmatrix} 4 & 3 & 5 \\ -2 & -5 & 2 \\ 0 & -1 & 0 \end{vmatrix} = \begin{vmatrix} 4 & 11 & 5 \\ -2 & 2 & 2 \\ 0 & 2 & 0 \end{vmatrix}$$

Multiplikation der 1. Spalte mit (-2)

5.4

$$|\mathbf{C}| = \begin{vmatrix} 1 & 2 & 1 & 0 & 1 \\ 0 & 1 & 2 & -3 & 2 \\ 3 & 4 & 0 & 1 & 1 \\ 1 & 2 & 3 & 0 & 2 \\ 2 & 4 & 2 & 1 & 0 \end{vmatrix} = \begin{vmatrix} 1 & 2 & 1 & 0 & 1 \\ 0 & 1 & 2 & -3 & 2 \\ 0 & -2 & -3 & 1 & -2 \\ 0 & 0 & 2 & 0 & 1 \\ 0 & 0 & 0 & 1 & -2 \end{vmatrix} = \begin{vmatrix} 1 & 2 & 1 & 0 & 1 \\ 0 & 1 & 2 & -3 & 2 \\ 0 & 0 & 1 & -5 & 2 \\ 0 & 0 & 2 & 0 & 1 \\ 0 & 0 & 0 & 1 & -2 \end{vmatrix}$$

$$= \begin{vmatrix} 1 & 2 & 1 & 0 & 1 \\ 0 & 1 & 2 & -3 & 2 \\ 0 & 0 & 1 & -5 & 2 \\ 0 & 0 & 0 & 10 & -3 \\ 0 & 0 & 0 & 1 & -2 \end{vmatrix} = - \begin{vmatrix} 1 & 2 & 1 & 0 & 1 \\ 0 & 1 & 2 & -3 & 2 \\ 0 & 0 & 1 & -5 & 2 \\ 0 & 0 & 0 & 1 & -2 \\ 0 & 0 & 0 & 0 & 17 \end{vmatrix} = -1\cdot 1\cdot 1\cdot 1\cdot 17 = -17$$

Vertauschen von 4. mit 5. Zeile

5.5 $$|\mathbf{C}| = 1\cdot(-1)^{2+1}\cdot \begin{vmatrix} 1 & -1 & 0 \\ -2 & 2 & 1 \\ -1 & 1 & 5 \end{vmatrix} + 2\cdot(-1)^{2+4}\cdot \begin{vmatrix} 4 & 1 & -1 \\ 3 & -2 & 2 \\ 0 & -1 & 1 \end{vmatrix}$$

Entwicklung nach der 2. Zeile

$$= -1\cdot[10 + 1 - (1 + 10)] + 2 \cdot 0 = 0$$

da die 3. Spalte das (-1)-fache der 2. Spalte ist

$$|\mathbf{F}| = 3\cdot(-1)^{2+3}\cdot \begin{vmatrix} 3 & 1 & 2 & 1 \\ 1 & 1 & -2 & 1 \\ -1 & 0 & 1 & 0 \\ 0 & 2 & 0 & -1 \end{vmatrix}$$

Entwicklung nach der 3. Spalte

$$= -3\cdot\left[2(-1)^{4+2}\cdot \begin{vmatrix} 3 & 2 & 1 \\ 1 & -2 & 1 \\ -1 & 1 & 0 \end{vmatrix} - 1\cdot(-1)^{4+4}\cdot \begin{vmatrix} 3 & 1 & 2 \\ 1 & 1 & -2 \\ -1 & 0 & 1 \end{vmatrix}\right]$$

Entwicklung nach der 4. Zeile

$$= -3\cdot[2\cdot(-2 + 1 - (2 + 3)) - 1\cdot(3 + 2 - (-2 + 1))] = -3\cdot[-12 - 6] = 54.$$

5.6 $$|\mathbf{C}| = \begin{vmatrix} 1 & 2 & 3 \\ 2 & 4 & 8 \\ 2 & 6 & 1 \end{vmatrix} = 4 + 32 + 36 - (24 + 48 + 4) = 72 - 76 = -4$$

$$|\mathbf{C}_1| = \begin{vmatrix} 1 & 2 & 3 \\ 2 & 4 & 8 \\ -1 & 6 & 1 \end{vmatrix} = 4 - 16 + 36 - (-12 + 48 + 4) = 24 - 40 = -16,$$

d.h. $x_1 = \frac{-16}{-4} = 4$

$$|\mathbf{C}_2| = \begin{vmatrix} 1 & 1 & 3 \\ 2 & 2 & 8 \\ 2 & -1 & 1 \end{vmatrix} = 2 + 16 - 6 - (12 - 8 + 2) = 12 - 6 = 6,$$

d. h. $x_2 = \frac{6}{-4} = -1{,}5$

$$|\mathbf{C}_3| = \begin{vmatrix} 1 & 2 & 1 \\ 2 & 4 & 2 \\ 2 & 6 & -1 \end{vmatrix} = -4 + 8 + 12 - (8 + 12 - 4) = 16 - 16 = 0,$$

d. h. $x_3 = \frac{0}{-4} = 0$

Die Lösung des Gleichungssystems ist $(x_1, x_2, x_3) = (4; -1{,}5; 0)$.

5.7 $$\mathbf{A}^{-1} = \frac{1}{|\mathbf{A}|}\begin{pmatrix} \begin{vmatrix} 4 & 8 \\ 6 & 1 \end{vmatrix} & -\begin{vmatrix} 2 & 3 \\ 6 & 1 \end{vmatrix} & \begin{vmatrix} 2 & 3 \\ 4 & 8 \end{vmatrix} \\ -\begin{vmatrix} 2 & 8 \\ 2 & 1 \end{vmatrix} & \begin{vmatrix} 1 & 3 \\ 2 & 1 \end{vmatrix} & -\begin{vmatrix} 1 & 3 \\ 2 & 8 \end{vmatrix} \\ \begin{vmatrix} 2 & 4 \\ 2 & 6 \end{vmatrix} & -\begin{vmatrix} 1 & 2 \\ 2 & 6 \end{vmatrix} & \begin{vmatrix} 1 & 2 \\ 2 & 4 \end{vmatrix} \end{pmatrix} = \frac{1}{-4}\begin{pmatrix} -44 & 16 & 4 \\ 14 & -5 & -2 \\ 4 & -2 & 0 \end{pmatrix}$$

$$\boldsymbol{x} = \frac{1}{-4}\begin{pmatrix} -44 & 16 & 4 \\ 14 & -5 & -2 \\ 4 & -2 & 0 \end{pmatrix}\begin{pmatrix} 1 \\ 2 \\ -1 \end{pmatrix} = \frac{1}{-4}\begin{pmatrix} -16 \\ 6 \\ 0 \end{pmatrix} = \begin{pmatrix} 4 \\ -1{,}5 \\ 0 \end{pmatrix}$$

5.8 Die charakteristische Gleichung

$$|\mathbf{B} - \lambda\mathbf{E}| = \begin{vmatrix} 1-\lambda & 2 \\ 3 & 2-\lambda \end{vmatrix} = \lambda^2 - 3\lambda - 4 = 0$$

hat die Wurzeln $\lambda_1 = -1$ und $\lambda_2 = 4$.

Für $\lambda_1 = -1$ folgt aus

$\begin{pmatrix} 2 & 2 \\ 3 & 3 \end{pmatrix} \cdot \boldsymbol{x} = \mathbf{0}$ der Eigenvektor $\boldsymbol{x}_1 = \begin{pmatrix} 1 \\ -1 \end{pmatrix} \cdot t_1, \quad t_1 \in \mathbf{R}$.

Für $\lambda_2 = 4$ folgt aus

$\begin{pmatrix} -3 & 2 \\ 3 & -2 \end{pmatrix} \cdot \boldsymbol{x} = \mathbf{0}$ der Eigenvektor $\boldsymbol{x}_2 = \begin{pmatrix} 2 \\ 3 \end{pmatrix} \cdot t_2, \quad t_2 \in \mathbf{R}$.

Die charakteristische Gleichung

$$|\mathbf{C} - \lambda\mathbf{E}| = \begin{vmatrix} 2-\lambda & 1 & 0 \\ 0 & 1-\lambda & -1 \\ 0 & 2 & 4-\lambda \end{vmatrix} \begin{aligned} &= (2-\lambda)(4 - 5\lambda + \lambda^2 + 2) \\ &= (2-\lambda)(2-\lambda)(3-\lambda) = 0 \end{aligned}$$

hat die Wurzeln $\lambda_1 = \lambda_2 = 2$ und $\lambda_3 = 3$.

Für $\lambda_1 = \lambda_2 = 2$ hat das Gleichungssystem

$$\begin{pmatrix} 0 & 1 & 0 \\ 0 & -1 & -1 \\ 0 & 2 & 2 \end{pmatrix} \cdot \boldsymbol{x} = \boldsymbol{0} \qquad \text{die einzige unabhängige}$$

Lösung $\boldsymbol{x}_1' = (1, 0, 0) \cdot t_1, \quad t_1 \in \mathbf{R}$.

Für $\lambda_3 = 3$ folgt aus

$$\begin{pmatrix} -1 & 1 & 0 \\ 0 & -2 & -1 \\ 0 & 2 & 1 \end{pmatrix} \cdot \boldsymbol{x} = \boldsymbol{0} \qquad \text{der Eigenvektor} \quad \boldsymbol{x}_3 = \begin{pmatrix} 1 \\ 1 \\ -2 \end{pmatrix} \cdot t_3, \qquad t_3 \in \mathbf{R}.$$

5.9 a.

$$|\mathbf{A}| = -\begin{vmatrix} 1 & 1 & 0 & -2 \\ 0 & 1 & -1 & 5 \\ 0 & -4 & -1 & 0 \\ 0 & 3 & -4 & 12 \end{vmatrix} = -\begin{vmatrix} 1 & 1 & 0 & -2 \\ 0 & 1 & -1 & 5 \\ 0 & 0 & -5 & 20 \\ 0 & 0 & -1 & -3 \end{vmatrix}$$

Vertauschen von 1. mit 4. Zeile

$$= 5 \cdot \begin{vmatrix} 1 & 1 & 0 & -2 \\ 0 & 1 & -1 & 5 \\ 0 & 0 & 1 & -4 \\ 0 & 0 & 0 & -7 \end{vmatrix} = 5 \cdot 1 \cdot 1 \cdot 1\,(-7) = -35.$$

b. Da die 2. Zeile der Matrix **B** das (-2)-fache der 4. Zeile ist, gilt nach Satz 5.6: $|\mathbf{B}| = 0$.

$$|\mathbf{C}| = 3 \cdot (-1)^{3+2} \cdot \begin{vmatrix} -2 & 5 \\ 1 & 2 \end{vmatrix} = -3 \cdot (-4 - 5) = 27.$$

c. i. Da $|\mathbf{B}| = 0$, sind die Vektoren der Matrix **B** linear abhängig, und es gilt daher $r(\mathbf{B}) < 4$.

ii. Da $|\mathbf{C}| \neq 0$, ist **C** eine reguläre Matrix und besitzt eine Inverse.

iii. Da $|\mathbf{A}| \neq 0$, ist $r(\mathbf{A}) = 4$ und das Gleichungssystem besitzt nach Satz 4.8 eine eindeutige Lösung für jede Wahl der rechten Seite.

Lösungen zu den Aufgaben des 6. Kapitels

6.1 $Q_1(x, y) = 2x^2 + 2xy + y^2 = (x, y) \cdot \begin{pmatrix} 2 & 1 \\ 1 & 1 \end{pmatrix} \cdot \begin{pmatrix} x \\ y \end{pmatrix}$

$$\begin{vmatrix} 2-\lambda & 1 \\ 1 & 1-\lambda \end{vmatrix} = \lambda^2 - 3\lambda + 1 = 0$$

$\Leftrightarrow \quad \lambda_1 = \frac{1}{2}(3+\sqrt{5}) > 0 \quad$ oder $\quad \lambda_2 = \frac{1}{2}(3-\sqrt{5}) > 0$,

d. h. $Q_1(x, y)$ ist nach Satz 6.2 positiv definit.

$Q_2(x, y) = -x^2 + 6xy - 2y^2 = (x, y) \cdot \begin{pmatrix} -1 & 3 \\ 3 & -2 \end{pmatrix} \cdot \begin{pmatrix} x \\ y \end{pmatrix}$

$$\begin{vmatrix} -1-\lambda & 3 \\ 3 & -2-\lambda \end{vmatrix} = \lambda^2 + 3\lambda - 7 = 0$$

$\Leftrightarrow \quad \lambda_1 = \frac{1}{2}(-3+\sqrt{37}) > 0 \quad$ oder $\quad \lambda_2 = \frac{1}{2}(-3-\sqrt{37}) < 0$,

d. h. $Q_2(x, y)$ ist nach Satz 6.2 indefinit.

$Q_3(x, y) = 8x^2 - 8xy + 2y^2 = (x, y) \cdot \begin{pmatrix} 8 & -4 \\ -4 & 2 \end{pmatrix} \cdot \begin{pmatrix} x \\ y \end{pmatrix}$

$$\begin{vmatrix} 8-\lambda & -4 \\ -4 & 2-\lambda \end{vmatrix} = \lambda^2 - 10\lambda = \lambda(\lambda - 10) = 0$$

$\Leftrightarrow \quad \lambda_1 = 0 \quad$ oder $\quad \lambda_2 = 10 > 0$,

d. h. $Q_3(x, y)$ ist positiv semidefinit.

6.2 **a.** $Q_1(x, y, z) = (x, y, z) \cdot \begin{pmatrix} -1 & 2 & -1 \\ 2 & -5 & 1 \\ -1 & 1 & -7 \end{pmatrix} \cdot \begin{pmatrix} x \\ y \\ z \end{pmatrix}$

Da $-1 < 0$, $\begin{vmatrix} -1 & 2 \\ 2 & -5 \end{vmatrix} = 1 > 0$, $\begin{vmatrix} -1 & 2 & -1 \\ 2 & -5 & 1 \\ -1 & 1 & -7 \end{vmatrix} = -5 < 0$,

ist $Q_1(x, y, z)$ nach Satz 6.3 negativ definit.

b. Da $Q_2(1, 0, 0) = 1 > 0$ und $Q_2(0, 1, 0) = -3 < 0$, ist $Q_1(x, y, z)$ indefinit.

Alternative Lösung: Da die Matrix $\mathbf{A} = \begin{pmatrix} 1 & -1 & 2 \\ -1 & -3 & 1{,}5 \\ 2 & 1{,}5 & 1 \end{pmatrix}$ von $Q_3(x, y, z)$

positive und negative Elemente auf der Hauptdiagonalen aufweist, ist

$Q_3(x, y, z)$ nach Satz 6.1 indefinit. Weitere alternative Lösungswege basieren auf den Sätzen 6.2 und 6.3.

c. Da die Matrix von $Q_3(x, y, z)$ nicht symmetrisch ist, muß vor Anwendung der Sätze 6.2 und 6.3 die quadratische Form umgeschrieben werden als

$$Q_3(x, y, z) = (x, y, z) \cdot \begin{pmatrix} 3 & -3 & 0 \\ -3 & 2 & 1 \\ 0 & 1 & 5 \end{pmatrix} \cdot \begin{pmatrix} x \\ y \\ z \end{pmatrix}.$$

Da $\begin{vmatrix} 3 & -3 \\ -3 & 2 \end{vmatrix} = 6 - 9 = -3 < 0$ ist $Q_3(x, y, z)$ nach Satz 6.3 indefinit.

(Hätte man den Fehler begangen und den Satz 6.3 auf die vorgegebene nicht symmetrische Matrix angewandt, so hätte man das falsche Ergebnis "positiv definit" erhalten !)

6.3 $Q_1(x_1, x_2, x_3) = (x_1, x_2, x_3) \cdot \begin{pmatrix} -3 & 1 & -1 \\ 1 & -2 & 2 \\ -1 & 2 & -5 \end{pmatrix} \cdot \begin{pmatrix} x_1 \\ x_2 \\ x_3 \end{pmatrix}$

Da $-3 < 0$, $\begin{vmatrix} -3 & 1 \\ 1 & -2 \end{vmatrix} = 5 > 0$, $\begin{vmatrix} -3 & 1 & -1 \\ 1 & -2 & 2 \\ -1 & 2 & -5 \end{vmatrix} = -15 < 0$,

ist $Q_1(x_1, x_2, x_3)$ negativ definit.

$$Q_2(x_1, x_2, x_3) = (x_1, x_2, x_3) \cdot \begin{pmatrix} 4 & 0 & 3 \\ 0 & 0 & 0 \\ 3 & 0 & 2 \end{pmatrix} \cdot \begin{pmatrix} x_1 \\ x_2 \\ x_3 \end{pmatrix}$$

Da $4 > 0$, $\begin{vmatrix} 4 & 0 \\ 0 & 0 \end{vmatrix} = 0$, $\begin{vmatrix} 4 & 0 & 3 \\ 0 & 0 & 0 \\ 3 & 0 & 2 \end{vmatrix} = 0$,

könnte $Q_2(x_1, x_2, x_3)$ positiv definit sein.
Schreibt man aber diese quadratische Form als

$$Q_2(x_1, x_3, x_2) = (x_1, x_3, x_2) \cdot \begin{pmatrix} 4 & 3 & 0 \\ 0 & 2 & 0 \\ 3 & 0 & 0 \end{pmatrix} \cdot \begin{pmatrix} x_1 \\ x_3 \\ x_2 \end{pmatrix},$$

so zeigt die 2 Hauptabschnittsdeterminante $\begin{vmatrix} 4 & 3 \\ 3 & 2 \end{vmatrix} = 8 - 9 < 0$, daß Q_2 indefinit ist.

$$Q_3(x_1, x_2, x_3) = (x_1, x_2, x_3) \cdot \begin{pmatrix} 2 & 4 & 1 \\ 4 & 8 & 2 \\ 1 & 2 & 1 \end{pmatrix} \cdot \begin{pmatrix} x_1 \\ x_2 \\ x_3 \end{pmatrix}$$

Die Vorzeichenfolge $2 > 0, \quad \begin{vmatrix} 2 & 4 \\ 4 & 8 \end{vmatrix} = 0, \quad \begin{vmatrix} 2 & 4 & 1 \\ 4 & 8 & 2 \\ 1 & 2 & 1 \end{vmatrix} = 0$

spricht dafür, daß $Q_2(x_1, x_2, x_3)$ positiv semidefinit ist. Da auch bei einer Änderung der Ordnung der Variablen die Hauptabschnittsdeterminante 3. Ordnung stets gleich 0 ist und die Hauptabschnittsdeterminanten 2. Ordnung immer positiv sind, sind nur noch die Hauptabschnittsdeterminanten 2. Ordnung zu überprüfen.

Da $\begin{array}{c|cc|} & x_2 & x_1 \\ x_2 & 8 & 4 \\ x_1 & 4 & 2 \end{array} = 16 - 16 = 0, \quad \begin{array}{c|cc|} & x_1 & x_3 \\ x_1 & 2 & 1 \\ x_3 & 1 & 1 \end{array} = 1 = \begin{array}{c|cc|} & x_3 & x_1 \\ x_3 & 1 & 1 \\ x_1 & 1 & 2 \end{array} > 0$

und

$$\begin{array}{c|cc|} & x_2 & x_3 \\ x_2 & 8 & 2 \\ x_3 & 2 & 1 \end{array} = 8 - 4 = 4 = \begin{array}{c|cc|} & x_3 & x_2 \\ x_3 & 1 & 2 \\ x_2 & 2 & 8 \end{array} > 0$$

ist Q_3 positiv semidefinit.

6.4 Stellt man die quadratische Form und die Nebenbedingung in Matrizenschreibweise dar, so gilt

$$\mathbf{A} = \begin{pmatrix} 2 & -1 & 0 \\ -1 & -12 & 0 \\ 0 & 0 & -1 \end{pmatrix}, \quad \mathbf{B} = (4, 1, 0), \quad \text{d. h. } m = 3, r = 1.$$

Da $|\widetilde{\mathbf{A}}| = \begin{vmatrix} \mathbf{0} & \mathbf{B} \\ \mathbf{B}' & \mathbf{A} \end{vmatrix} = \begin{vmatrix} 0 & 4 & 1 & 0 \\ 4 & 2 & -1 & 0 \\ 1 & -1 & -12 & 0 \\ 0 & 0 & 0 & -1 \end{vmatrix} \underset{\uparrow}{=} (-1) \cdot (-1)^{4+4} \cdot \begin{vmatrix} 0 & 4 & 1 \\ 4 & 2 & -1 \\ 1 & -1 & -12 \end{vmatrix}$

Entwicklung nach der 4. Zeile

$$= -(-4 - 4 - 2 + 192) = -182 < 0$$

und $\begin{vmatrix} 0 & 4 & 1 \\ 4 & 2 & -1 \\ 1 & -1 & -12 \end{vmatrix} = 182 > 0$

ist nach Satz 6.4 die quadratische Form $Q(x_1, x_2, x_3)$ negativ definit unter der Nebenbedingung $4x_1 + x_2 = 0$.

Alternative Lösung: Die Nebenbedingung $4x_1 + x_2 = 0$ wird erfüllt für alle $(x_1, x_2, x_3) \in \mathbf{R}^3$ mit $x_2 = -4x_1$.
Da die quadratische Form

$$\begin{aligned}\overline{Q}(x_1, x_3) &= Q(x_1, x_2 = -4x_1, x_3) = 2x_1^2 + 8x_1^2 - 192x_1^2 - x_3^2 \\ &= -182x_1^2 - x_3^2 < 0 \quad \forall (x_1, x_3) \neq (0, 0)\end{aligned}$$

negativ definit ist, ist $Q(x_1, x_2, x_3)$ negativ definit unter der Nebenbedingung $4x_1 + x_2 = 0$.

6.5 **a.** $Q(\boldsymbol{x}) = (x_1, x_2, x_3) \cdot \begin{pmatrix} 1 & 1 & -5 \\ 1 & 1 & -2 \\ -5 & -2 & -8 \end{pmatrix} \cdot \begin{pmatrix} x_1 \\ x_2 \\ x_3 \end{pmatrix}$

Da $Q(1, 0, 0) = 1 > 0$ und $Q(0, 0, 1) = -8 < 0$ ist $Q(\boldsymbol{x})$ indefinit.

b. Die Nebenbedingung läßt sich schreiben als $\mathbf{B}\boldsymbol{x} = (2, 1, 3) \cdot \boldsymbol{x} = 0$.

$$|\tilde{\mathbf{A}}| = \begin{pmatrix} 0 & 2 & 1 & 3 \\ 2 & 1 & 1 & -5 \\ 1 & 1 & 1 & -2 \\ 3 & -5 & -2 & -8 \end{pmatrix}, \qquad m = 3, r = 1$$

Da $\begin{vmatrix} 0 & 2 & 1 \\ 2 & 1 & 1 \\ 1 & 1 & 1 \end{vmatrix} = -1 < 0$ und $\begin{vmatrix} 0 & 2 & 1 & 3 \\ 2 & 1 & 1 & -5 \\ 1 & 1 & 1 & -2 \\ 3 & -5 & -2 & -8 \end{vmatrix} = -9 < 0$

haben alle Hauptminoren mit der Ordnung größer als $2r = 2$ das Vorzeichen $(-1)^r = (-1)^1 = -1$. Nach Satz 6.4 ist dann $Q(\boldsymbol{x})$ positiv definit unter Beachtung der Nebenbedingung $2x_1 + x_2 + 3x_3 = 0$.

c. Die Nebenbedingungen

$x_1 + x_2 + x_3 = 0$ und $2x_1 + x_2 = 0$ lassen sich auflösen zu

$x_2 = -2x_1$ und $x_3 = -x_1 - x_2 = x_1$.

Eingesetzt in $Q(\boldsymbol{x})$ erhält man dann

$$\begin{aligned}Q(x_1) &= Q(x_1, x_2 = -2x_1, x_3 = x_1) \\ &= x_1^2 + 4x_1^2 - 8x_1^2 - 4x_1^2 - 10x_1^2 + 8x_1^2 \\ &= -9x_1^2 < 0 \quad \text{für alle } x_1 \neq 0,\end{aligned}$$

d. h. $Q(\boldsymbol{x})$ ist negativ definit unter Beachtung der Nebenbedingungen $x_1 + x_2 + x_3 = 0$ und $2x_1 + x_2 = 0$.

<u>*Alternative Lösung*</u>: Die Nebenbedingungen lassen sich schreiben als

$$\mathbf{B} \cdot \boldsymbol{x} = \begin{pmatrix} 1 & 1 & 1 \\ 2 & 1 & 0 \end{pmatrix} \cdot \boldsymbol{x} = \mathbf{0}.$$

$$\begin{vmatrix} 0 & 0 & 1 & 1 & 1 \\ 0 & 0 & 2 & 1 & 0 \\ 1 & 2 & 1 & 1 & -5 \\ 1 & 1 & 1 & 1 & -2 \\ 1 & 0 & -5 & -2 & -8 \end{vmatrix} = \begin{vmatrix} 1 & 1 & 1 & 1 & -2 \\ 1 & 2 & 1 & 1 & -5 \\ 0 & 0 & 2 & 1 & 0 \\ 0 & 0 & 1 & 1 & 1 \\ 1 & 0 & -5 & -2 & -8 \end{vmatrix}$$

Vertauschen von 1. mit 4. Zeile
Vertauschen von 2. mit 3. Zeile

$$= \begin{vmatrix} 1 & 1 & 1 & 1 & -2 \\ 0 & 1 & 0 & 0 & -3 \\ 0 & 0 & 2 & 1 & 0 \\ 0 & 0 & 1 & 1 & 1 \\ 0 & -1 & -6 & -3 & -6 \end{vmatrix} = \begin{vmatrix} 1 & 1 & 1 & 1 & -2 \\ 0 & 1 & 0 & 0 & -3 \\ 0 & 0 & 2 & 1 & 0 \\ 0 & 0 & 0 & 0{,}5 & 1 \\ 0 & 0 & 0 & 0 & -9 \end{vmatrix} = -9 < 0\,.$$

Die einzige Hauptabschnittsdeterminante mit einer Ordnung größer als $2r = 4$ hat somit das Vorzeichen $(-1)^m = (-1)^3 = -1$. Die quadratische Form $Q(\boldsymbol{x})$ ist bei Beachtung der Nebenbedingungen

$x_1 + x_2 + x_3 = 0$ und $2x_1 + x_2 = 0$ negativ definit.

6.6 a. $Q_1(x, y, z) = (x, y, z) \cdot \begin{pmatrix} 2 & -3 & 0 \\ -3 & 3 & 2 \\ 0 & 2 & 5 \end{pmatrix} \cdot \begin{pmatrix} x \\ y \\ z \end{pmatrix}$

Da $\begin{vmatrix} 2 & -3 \\ -3 & 3 \end{vmatrix} = 6 - 9 < 0$ ist $Q_1(x, y, z)$ indefinit.

$$Q_1(x, y, z) = 2x^2 + 3y^2 + 5z^2 - 6xy + 4yz$$

b. $Q_2(x, y, z) = (x, y, z) \cdot \begin{pmatrix} -2 & 0 & 1 \\ 0 & -2 & 3 \\ 1 & 3 & -5 \end{pmatrix}$

Da $-2 < 0$, $\begin{vmatrix} -2 & 0 \\ 0 & -2 \end{vmatrix} = 4 > 0$, $\begin{vmatrix} -2 & 0 & 1 \\ 0 & -2 & 3 \\ 1 & 3 & -5 \end{vmatrix} = -20 + 2 + 18 = 0$

könnte Q_2 negativ semidefinit sein.

Da durch eine Umordnung der Variablen der Wert der Hauptabschnittsdeterminanten 3. Ordnung unverändert gleich 0 bleibt und die Hauptabschnittsdeterminanten 1. Ordnung alle negativ sind, müssen noch die Hauptabschnittsdeterminanten 2. Ordnung genau untersucht werden.

$$\text{Da}\quad \begin{matrix} & y & x \\ y & -2 & 0 \\ x & 0 & -2 \end{matrix} = 4 > 0, \quad \begin{matrix} & x & z \\ x & -2 & 1 \\ z & 1 & -5 \end{matrix} = 10 - 1 = 9 = \begin{matrix} & z & x \\ z & -5 & 1 \\ x & 1 & -2 \end{matrix} > 0,$$

und

$$\begin{matrix} & y & z \\ y & -2 & 3 \\ z & 3 & -5 \end{matrix} = 10 - 9 = 1 = \begin{matrix} & z & y \\ z & -5 & 3 \\ y & 3 & -2 \end{matrix} > 0$$

ist $Q_2(x, y, z)$ negativ semidefinit.

Lösungen zu den Aufgaben des 7. Kapitels

7.1

	in	(0, 1, -2)	(1, 0, -2)	(1, 1, -2)
$f_x = 4xy^2 - 12x^2y + 8x$	=	0	$8 \neq 0$	$4 - 12 + 8 = 0$
$f_y = 4x^2y - 4x^3 + 2y - 2$	=	$2 - 2 = 0$		$4 - 4 + 2 - 2 = 0$
$f_z = 2(z + 2)$	=	0		0

d. h. i. f hat in P_1 und P_3 eine stationäre Stelle,

ii. f hat in P_2 keine stationäre Stelle und damit kein relatives Extremum.

$$\mathbf{F}(x, y, z) = \begin{pmatrix} 4y^2 - 24xy + 8 & 8xy - 12x^2 & 0 \\ 8xy - 12x^2 & 4x^2 + 2 & 0 \\ 0 & 0 & 2 \end{pmatrix}$$

in P_1:

$$\text{Da}\quad |\mathbf{F}(0, 1, -2)| = \begin{vmatrix} 12 & 0 & 0 \\ 0 & 2 & 0 \\ 0 & 0 & 2 \end{vmatrix} = 12 \cdot 2 \cdot 2 > 0, \quad \begin{vmatrix} 12 & 0 \\ 0 & 2 \end{vmatrix} > 0 \quad \text{und} \quad 12 > 0$$

ist $\mathbf{F}(0, 1, -2)$ positiv definit.

$\Rightarrow$ f hat in P_1 ein relatives Minimum.

in P_2:

Da für $\mathbf{F}(1, 1, -2) = \begin{pmatrix} -12 & -4 & 0 \\ -4 & 6 & 0 \\ 0 & 0 & 2 \end{pmatrix}$ die 2. Hauptabschnittsdeterminante $\begin{vmatrix} -12 & -4 \\ -4 & 6 \end{vmatrix} = -72 - 16$ negativ ist, ist $\mathbf{F}(1, 1, -2)$ indefinit.

$\Rightarrow$ f hat in P_3 kein relatives Extremum.

7.2 **a.** I $\quad f_{x_1} = 2 - 9x_1 + 3x_2 + 2x_3 = 0$

II $\quad f_{x_2} = 2 - 2x_2 + 3x_1 \quad = 0 \quad \Leftrightarrow \quad$ II* $\; x_2 = 1 + \frac{3}{2}x_1$

III $\quad f_{x_3} = \quad -x_3 + 2x_1 \quad = 0 \quad \Leftrightarrow \quad$ III* $\; x_3 = 2x_1$

II* und III* in I: $\quad 2 - 9x_1 + 3 + \frac{9}{2}x_1 + 4x_1 = 0$

$$\Leftrightarrow \quad x_1 = 10 \quad \overset{\text{II*}}{\Rightarrow} \quad x_2 = 16$$

$$\overset{\text{III*}}{\Rightarrow} \quad x_3 = 20\,,$$

d. h. die in ganz $\mathbf{R}^3$ und allen Variablen partiell differenzierbare Funktion f kann nur in der stationären Stelle $P^* = (10, 16, 20)$ ein relatives Extremum besitzen.

Da $\quad \left|\mathbf{F}(x_1, x_2, x_3)\right| = \begin{vmatrix} -9 & 3 & 2 \\ 3 & -2 & 0 \\ 2 & 0 & -1 \end{vmatrix} = -1 < 0\,,$

$\begin{vmatrix} -9 & 3 \\ 3 & -2 \end{vmatrix} = 9 > 0$ und $-9 < 0$

ist $\mathbf{F}(x_1, x_2, x_3)$ negativ definit für alle $(x_1, x_2, x_3) \in \mathbf{R}^3$.

$\Rightarrow$ f hat in $P^* = (10, 16, 20)$ ein relatives Extremum, das gleichzeitig das absolute Maximum ist.

Verwendet der Landwirt 10 EH Dünger der Sorte 1, 16 EH der Sorte 2 und 20 EH der Sorte 3, so erzielt er den maximal möglichen Ertrag in Höhe von

$490 + 20 + 32 - 450 - 256 - 200 + 480 + 400 = 516$ Getreideeinheiten.

b. $\quad f_{x_1}(5, 20, 10) = 2 - 45 + 60 + 20 = 37\,; \quad dx_1 = 3$

$f_{x_2}(5, 20, 20) = 2 - 40 + 15 \quad = -23\,; \quad dx_2 = -2$

$f_{x_3}(5, 20, 10) = -10 + 10 \quad = 0\,; \quad dx_3 = 5$

$\Delta f \approx df = 37 \cdot 3 + (-23)(-2) + 0 \cdot 5 = 157\,,$

d. h. ändert der Landwirt den Düngemitteleinsatz von (5, 20, 10) auf (8, 18, 15), so erhöht sich der Ertrag näherungsweise um 157 Getreideeinheiten.

7.3 **a.** I $f_x = 4x - 14 + 2y = 0$

II $f_y = 2x - 10 + 2y = 0 \Leftrightarrow$ II* $y = 5 - x$

III $f_z = 4z^3 = 0 \Leftrightarrow z = 0$

II* in I: $4x - 14 + 10 - 2x = 0 \Leftrightarrow x = 2 \overset{\text{II*}}{\Rightarrow} y = 3$,

d. h. die einzige stationäre Stelle ist P* = (2, 3, 0).

$$\mathbf{F}(x, y, z) = \begin{pmatrix} 4 & 2 & 0 \\ 2 & 2 & 0 \\ 0 & 0 & 12z^2 \end{pmatrix}$$

Da $4 > 0$, $\begin{vmatrix} 4 & 2 \\ 2 & 2 \end{vmatrix} = 4 > 0$, $\begin{vmatrix} 4 & 2 & 0 \\ 2 & 2 & 0 \\ 0 & 0 & 0 \end{vmatrix} = 0$

könnte **F**(2, 3, 0) positiv semidefinit sein. Zum gleichen Ergebnis kommt man auch, wenn man die Reihenfolge der Variablen ändert. Ob ein relatives Extremum in P* vorliegt, läßt sich daher mit Satz 7.6 nicht feststellen.

Schreibt man $f(x, y, z)$ in der Form $f(x, y, z) = (x-2)^2 + (x + y - 5)^2 + z^4$, so erkennt man, daß f in (2, 3, 0) ein relatives und absolutes Minimum hat, denn $f(2, 3, 0) = 0$ während $f(x, y, z) \geq 0$ für alle $(x, y, z) \in \mathbf{R}^3$.

b. Löst man die Nebenbedingung $g(x, y, z) = x - z^2 = 0$ nach x auf und ersetzt dann in $f(x, y, z)$ die Variable x durch $x = h(y, z) = z^2$, so reicht es aus, die Funktion

$$\begin{aligned} \hat{f}(y, z) &= 2z^4 - 14z^2 + 2yz^2 - 10y + z^4 + 29 + y^2 \\ &= 3z^4 - 14z^2 + 2yz^2 - 10y + y^2 + 29 \end{aligned}$$

auf relative Extrema zu untersuchen.

I $\hat{f}_y = 2z^2 - 10 + 2y = 0 \Leftrightarrow$ I* $y = 5 - z^2$

II $\hat{f}_z = 12z^3 - 28z + 4yz = 0$

I* in II: $12z^3 - 28z + 20z - 4z^3 = 8z(z^2 - 1) = 0$

$\Rightarrow \hat{P}_1 = (y_1, z_1) = (5, 0)$, $\hat{P}_2 = (4, 1)$ und $\hat{P}_3 = (4, -1)$ sind stationäre Stellen der Funktion $\hat{f}(y, z)$.

$$\hat{\mathbf{F}}(y,z) = \begin{pmatrix} 2 & 4z \\ 4z & 36z^2 + 4y - 28 \end{pmatrix}$$

in $\hat{\mathbf{P}}_1$:

Da $\left|\hat{\mathbf{F}}(5,0)\right| = \begin{vmatrix} 2 & 0 \\ 0 & -8 \end{vmatrix} = -16 < 0$ ist $\hat{\mathbf{F}}(5,0)$ indefinit.

$\Rightarrow \hat{f}$ hat in $\hat{P}_1$ kein relatives Extremum.

$\Rightarrow f$ hat in $P_1 = (0, 5, 0)$ kein relatives Extremum unter Beachtung der Nebenbedingung.

in $\hat{\mathbf{P}}_2$:

Da $\left|\hat{\mathbf{F}}(4,1)\right| = \begin{vmatrix} 2 & 4 \\ 4 & 24 \end{vmatrix} = 32 > 0$ und $2 > 0$ ist $\hat{\mathbf{F}}(4,1)$ positiv definit.

$\Rightarrow \hat{f}$ hat in $\hat{P}_2$ ein relatives Minimum

$\Rightarrow f$ hat in $P_2 = (1, 4, 1)$ ein relatives Minimum unter Beachtung der Nebenbedingung.

in $\hat{\mathbf{P}}_3$:

Da $\left|\hat{\mathbf{F}}(4,-1)\right| = \begin{vmatrix} 2 & -4 \\ -4 & 24 \end{vmatrix} = 32 > 0$ und $2 > 0$ ist $\hat{\mathbf{F}}(4,-1)$ positiv definit

$\Rightarrow \hat{f}$ hat in $\hat{P}_3$ ein relatives Minimum

$\Rightarrow f$ hat in $P_3 = (1, 4, -1)$ ein relatives Minimum unter Beachtung der Nebenbedingung.

7.4 $L(\lambda, x, y) = 4x + 12y + \lambda(x^2 + 2y^2 - 22)$

I $L_\lambda = x^2 + 2y^2 - 22 = 0$

$$\left.\begin{array}{lll} \text{II } L_x = 4 + \lambda \cdot 2x & = 0 & \big| \cdot 2y \\ \text{III } L_y = 12 + \lambda \cdot 4y & = 0 & \big| \cdot (-x) \end{array}\right\} \Rightarrow 8y - 12x = 0 \Leftrightarrow \text{II* } y = \tfrac{3}{2}x$$

II* in I: $x^2 + 2 \cdot \frac{9}{4}x^2 - 22 = \frac{11}{2}x^2 - 22 = 0$

$\Leftrightarrow x^2 = 4 \Leftrightarrow x_1 = 2$ oder $x_2 = -2$

$\underset{\text{II}}{\overset{\text{II*}}{\Rightarrow}} y_1 = 3 \qquad y_2 = -3$

$\Rightarrow \lambda_1 = -1 \qquad \lambda_2 = 1$

d. h. die einzigen stationären Stellen sind $P_1 = (2, 3)$ und $P_2 = (-2, -3)$.

$$\mathbf{L}(\lambda, x, y) = \begin{pmatrix} 0 & 2x & 4y \\ 2x & 2\lambda & 0 \\ 4y & 0 & 4\lambda \end{pmatrix} \quad , \quad m = 2,\ r = 1 \quad \text{(Fall A)}$$

in $\mathbf{P_1}$: Da $\left|\mathbf{L}(-1,2,3)\right| = \begin{vmatrix} 0 & 4 & 12 \\ 4 & -2 & 0 \\ 12 & 0 & -4 \end{vmatrix} = 2 \cdot 12^2 + 4^3 > 0$

hat nach Satz 7.10 die Funktion f in $P_1 = (2, 3)$ ein relatives Maximum unter Beachtung der Nebenbedingung.

in $\mathbf{P_2}$: Da $\left|\mathbf{L}(1,-2,-3)\right| = \begin{vmatrix} 0 & -4 & -12 \\ -4 & 2 & 0 \\ -12 & 0 & 4 \end{vmatrix} = -2 \cdot 12^2 - 4^3 < 0$

hat nach Satz 7.10 die Funktion f in $P_2 = (-2, -3)$ ein relatives Minimum unter Beachtung der Nebenbedingung.

7.5 Die Gewinnfunktion des Unternehmens ist

$$G(x_1, x_2) = x_1 \cdot (1000 - x_1) + x_2 \cdot (1600 - 2x_2)$$
$$- [\tfrac{1}{4}(x_1 + x_2)^2 + 400(x_1 + x_2) + 9200]$$
$$= -\tfrac{5}{4}x_1^2 - \tfrac{9}{4}x_2^2 - \tfrac{1}{2}x_1 x_2 + 600x_1 + 1200x_2 - 9200 .$$

Da für alle (x_1, x_2) mit $x_1 + x_2 \le 240$ gilt

$$G_{x_1} = -\tfrac{5}{2}x_1 + 600 - \tfrac{1}{2}x_2 \ge 0$$
$$G_{x_2} = -\tfrac{9}{2}x_2 + 1200 - \tfrac{1}{2}x_1 > 0$$

nimmt die Funktion G das (absolute) Maximum nur für $x_1 + x_2 = 240$ an, d. h. die Nebenbedingung lautet

$$h(x_1, x_2) = x_1 + x_2 - 240 = 0.$$

$$L(\lambda, x_1, y_1) = -\tfrac{5}{4}x_1^2 - \tfrac{9}{4}x_2^2 - \tfrac{1}{2}x_1 x_2 + 600x_1 + 1200x_2 - 9200$$
$$+ \lambda(x_1 + x_2 - 240) \quad .$$

I $\quad L_\lambda = x_1 + x_2 - 240 = 0$

II $\quad L_{x_1} = -\tfrac{5}{2}x_1 - \tfrac{1}{2}x_2 + 600 + \lambda = 0$

III $\quad L_{y_1} = -\tfrac{9}{2}x_2 - \tfrac{1}{2}x_1 + 1200 + \lambda = 0$

II - III : $-\tfrac{5}{2}x_1 - \tfrac{1}{2}x_2 + 600 + \tfrac{9}{2}x_2 + \tfrac{1}{2}x_1 - 1200 = 0$

$\Leftrightarrow$ II* $x_1 = 2x_2 - 300$

$$\text{II* in I}: \; 2x_2 - 300 + x_2 - 240 = 0 \quad \Leftrightarrow \quad x_2 = 180$$

$$\overset{\text{II*}}{\Rightarrow} \quad x_1 = 60$$

$$\overset{\text{II}}{\Rightarrow} \quad \lambda = -600 + 150 + 90 = -360,$$

d. h. die einzige stationäre Stelle ist $P^* = (60, 180)$ mit $\lambda^* = -360$.

$$\left|\mathbf{L}(\lambda, x_1, x_2)\right| = \begin{vmatrix} 0 & 1 & 1 \\ 1 & -2{,}5 & -0{,}5 \\ 1 & -0{,}5 & -4{,}5 \end{vmatrix} = 6 > 0$$

$\Rightarrow$ Nach Satz 7.10 hat die Funktion G in P* ein relatives Maximum unter Berücksichtigung der Nebenbedingung. Der optimale Absatzplan des Unternehmens ist somit $(x_1^*, x_2^*) = (60, 180)$.

7.6 $L(\lambda, \mu, x, y, z) = x^2 - xz + y^3 + y^2 z - 2z + \lambda(x - y^2 - z - 2) + \mu(x + z - 4)$

in P* = (11, -4, -7):

$$\begin{aligned} L_\lambda &= x - y^2 - z - 2 &&= 0 \\ L_\mu &= x + z - 4 &&= 0 \end{aligned}$$

$$\left.\begin{aligned} L_x &= 2x - z + \lambda + \mu &&= 29 + \lambda + \mu = 0 \\ L_y &= 3y^2 + 2yz - 2\lambda y &&= 104 + 8\lambda \quad = 0 \\ L_z &= -x + y^2 - 2 - \lambda + \mu = 3 - \lambda + \mu &&= 0 \end{aligned}\right\} \text{für } \lambda = -13 \text{ und } \mu = -16,$$

d. h. P* ist eine stationäre Stelle.

$$\mathbf{L}(\lambda, \mu, x, y, z) = \begin{pmatrix} 0 & 0 & 1 & -2y & -1 \\ 0 & 0 & 1 & 0 & 1 \\ 1 & 1 & 2 & 0 & -1 \\ -2y & 0 & 0 & 6y + 2z - 2\lambda & 2y \\ -1 & 1 & -1 & 2y & 0 \end{pmatrix}$$

$$\text{Da} \quad \left|L(-13, -16, 11, -4, -7)\right| = \begin{vmatrix} 0 & 0 & 1 & 8 & -1 \\ 0 & 0 & 1 & 0 & 1 \\ 1 & 1 & 2 & 0 & -1 \\ 8 & 0 & 0 & -12 & -8 \\ -1 & 1 & -1 & -8 & 0 \end{vmatrix} = -48 < 0,$$

hat nach Satz 7.10 die Funktion f unter Beachtung der beiden Nebenbedingungen in P* ein relatives Maximum.

Ausgewählte Literatur

BECKMANN, M. J./ KÜNZI, H. P.: Mathematik für Ökonomen II. Heidelberger Taschenbücher, Bd. 117. Springer Verlag, Berlin Heidelberg 1973[2]

BORGWARDT, K. H.: Der durchschnittliche Rechenaufwand beim Simplexverfahren. Operations Research Proceedings 1984, S. 647-660. Springer Verlag, Berlin Heidelberg 1985

CHIANG, A. C.: Fundamental Methods of Mathematical Economics. McGraw Hill, New York Tokio 1974[2]

CLERMONT, S./ JOCHEMS, B./ KAMPS, U.: Wirtschaftsmathematik: Aufgaben und Lösungen. Oldenbourg Verlag, München Wien 1994[2]

DANTZIG, G. B.: Linear Programming and Extensions. Princeton University Press, Princeton/New Jersey 1963 (Deutsche Bearbeitung von A. JAEGER. Springer Verlag, Berlin Heidelberg New York 1966)

DEBREU, G.: Definite and Semidefinite Quadratic Forms. Econometrica 20, S. 295-300, 1952

DERIGS, U.: Neuere Ansätze in der Linearen Optimierung. Operations Research Proceedings 1985, S. 47-58. Springer Verlag, Berlin Heidelberg 1986

DINKELBACH, W.: Operations Research. Springer Verlag, Berlin Heidelberg 1992

DOMSCHKE W./ DREXL, A.: Einführung in Operations Research. Springer Verlag, Berlin Heidelberg New York 1990

DÜCK, W. H./ KÖRTH, H./ RUNGE, W./ WUNDERLICH, L. (Hrsg.): Mathematik für Ökonomen. Harri Deutsch Verlag, Thun Frankfurt 1980

GAL, T./ KRUSE, H. J./ VOGLER, B. /WOLF, H.: Mathematik für Wirtschaftswissenschaftler. I. Lineare Algebra. Springer Verlag, Berlin Heidelberg New York 1983

GAL, T.: Mathematik für Wirtschaftswissenschaftler. III. Lineare Optimierung. Springer Verlag, Berlin Heidelberg New York 1983

GANTMACHER, F. R.: The Theory of Matrices. Chelsea Publishing Company, New York 1959

GASS, S. I.: Linear Programming - Methods and Applications. McGraw Hill, New York 1985[6]

HILLIER, F.S./ LIEBERMAN, G.J.: Operations Research. Oldenbourg, München 1988[4]

JAEGER, A. G./ WÄSCHER, G.: Mathematische Propädeutik für Wirtschaftswissenschaftler. Oldenbourg Verlag, München 1987

JAEGER, A./ WENKE, K.: Lineare Wirtschaftsalgebra. Teubner Verlag, Stuttgart 1969

KISTNER, K. -P.: Optimierungsmethoden. Physica Verlag, Heidelberg 1988

LANCASTER, K.: Mathematical Economics. The Macmilian Company, Toronto 1970[4]

MÜLLER-MERBACH, H.: Operations Research. Vahlen, München 1973[3]

NAAS, J./ SCHMIDT, H. L.: Mathematisches Wörterbuch. Akademie-Verlag, Berlin 1979

NEUMANN, K.: Operations Research Verfahren. Band I. Lineare Optimierung - Spieltheorie - Nichtlineare Optimierung - Ganzzahlige Optimierung. Hanser Verlag, München Wien 1975

OBERHOFER, W.: Lineare Algebra für Wirtschaftswissenschaftler, Oldenbourg Verlag, München Wien 1978

OHSE, D.: Mathematik für Wirtschaftswissenschaftler II. Lineare Wirtschaftsalgebra. Vahlen Verlag, München 1995[3]

OPITZ, O.: Mathematik. Lehrbuch für Ökonomen. Oldenbourg Verlag, München 1995[5]

ROMMELFANGER, H.: Differenzengleichungen. B.I. Wissenschaftsverlag, Mannheim Wien Zürich 1986

ROMMELFANGER, H.: Mathematik I für Wirtschaftswissenschaftler. Spektrum Akademischer Verlag, Heidelberg Berlin 1995[3]

ROMMELFANGER, H.: Fuzzy Decision Support-Systems - Entscheiden bei Unschärfe. Springer Verlag, Berlin Heidelberg 1994[2]

SCHÜFFLER K.: Mathematik in der Wirtschaftswissenschaft. Hanser Verlag, München Wien 1991

SCHUMANN, J.: Input-Output-Analyse. Springer Verlag, Berlin Heidelberg New York 1968

SCHWARZE, J.: Mathematik für Wirtschaftswissenschaftler. Band 3: Lineare Algebra und Lineare Programmierung. Verlag Neue Wirtschaftsbriefe, Herne Berlin 1992[9]

VOGEL, F.: Matrizenrechnung in der Betriebswirtschaftslehre, Grundlagen und Anwendungsmöglichkeiten. Westdeutscher Verlag, Opladen 1970

ZURMÜHL, R.: Matrizen. Springer Verlag, Berlin Göttingen Heidelberg 1964[4]

Sachregister